船舶与海洋工程翻译出版计划

Heat Pipe Design and Technology

Modern Applications for Practical Thermal Management

Second Edition

热管设计和技术

实用热管理的现代应用

〔美〕巴赫曼·佐胡里（Bahman Zohuri）著

夏庚磊　朱海山　杜　雪　译

哈尔滨工程大学出版社
Harbin Engineering University Press

黑版贸登字 08-2024-013 号

First published in English under the title
Heat Pipe Design and Technology: Modern Applications for Practical Thermal Management (2nd Ed.)
by Bahman Zohuri
Copyright © Springer International Publishing Switzerland, 2016
This edition has been translated and published under licence from
Springer Nature Switzerland AG.

图书在版编目(CIP)数据

热管设计和技术：实用热管理的现代应用／（美）巴赫曼·佐胡里（Bahman Zohuri）著；夏庚磊，朱海山，杜雪译. -- 哈尔滨：哈尔滨工程大学出版社，2024.5
书名原文：Heat Pipe Design and Technology：Modern Applications for Practical Thermal Management, second edition
ISBN 978-7-5661-4356-3

Ⅰ. ①热… Ⅱ. ①巴… ②夏… ③朱… ④杜… Ⅲ. ①热管技术 Ⅳ. ①TK172.4

中国国家版本馆 CIP 数据核字(2024)第 089430 号

热管设计和技术——实用热管理的现代应用
REGUAN SHEJI HE JISHU—SHIYONG REGUANLI DE XIANDAI YINGYONG

选题策划　石　岭
责任编辑　张　昕
封面设计　李海波

出版发行　哈尔滨工程大学出版社
社　　址　哈尔滨市南岗区南通大街 145 号
邮政编码　150001
发行电话　0451-82519328
传　　真　0451-82519699
经　　销　新华书店
印　　刷　哈尔滨市海德利商务印刷有限公司
开　　本　787 mm×1 092 mm　1/16
印　　张　24.5
字　　数　605 千字
版　　次　2024 年 5 月第 1 版
印　　次　2024 年 5 月第 1 次印刷
书　　号　ISBN 978-7-5661-4356-3
定　　价　168.00 元
http://www.hrbeupress.com
E-mail:heupress@ hrbeu.edu.cn

第 2 版前言

现在,本书的第 2 版已经出版了,读者需要知道在这个版本中添加的内容和所做的改进。首先,根据读者 Mahboobe Mahdavi 和 Saeed Tiari 的提示,更正了本书第 1 版中的错误,并删除了部分不需要的内容。

其次,增加了一个完整的第 4 章,题目是"热管的应用",包括由宾夕法尼亚州费城坦普尔大学机械工程系的 Mahboobe Mahdavi 和 Saeed Tiari 友情提供的内容,阐述了热管在聚光太阳能发电系统(CSP)中的进一步应用。近年来,CSP 作为可再生能源基础设施显示出了巨大的应用潜力。

热管是 21 世纪热物理学和传热工程的显著成就之一,这是因为热管具有远距离传热而不造成热量巨大损失的独特能力。热管主要用于解决环境保护以及能源和燃料节约的问题。

热管已成为一种有效且成熟的热解决方案,特别是在高热流密度应用中,以及在热负荷不均匀、发热部件气流受限、空间或质量受限的情况下。本书简要介绍了热管技术,然后重点阐述其作为非能动热控制设备的基本应用。读者无论是需要了解基本物理和数学知识,还是希望更新自己的知识,书中都给出了提示,以便有针对性地阐述某些复杂差分方程的先进求解方法,以及关于流体力学、传热学和气体动力学等物理主题。

本书讨论了用于航天器的自动热控制、可变热导热管(VCHP)的设计和应用所涉及的热管技术,针对以下内容开展广泛研究:(1)现有设计工具的可信度;(2)新设计工具的开发进展;(3)先进的可变热导热管设计。此外,还开发了一套用于设计和预测热管系统性能的计算机程序。

在本书中针对用于航天器热控制的自控、可变热导热管设计所涉及的所有方面开展了全面的研究和分析。专业涉及流体静力学、流体动力学、管道传热(吸热、放热)、工作液体选择、材料兼容性和可变热导控制技术,还包括对可变热导热管设计技术的讨论。

本书讨论了可变热导热管系统(VCHPS)及其设计,并确定了各种参考资料以获得更多信息,以便为卫星发射实验装置(TEP)提供热控制。可变热导热管系统在发射实验装置运行时用于散热,并在断电时最大限度地减少热泄漏。所描述的可变热导热管系统具有一种辅助启动干道热管的独特方法,以及具有一种通过调整控制范围来平衡热管负荷的新方法。

本书介绍了热管的运行和设计原理。热管本质上是一种能快速将热量从一点传递到另一点的非能动装置。因为热管具有极高的传热能力和传热速率,而且几乎没有热损失,所以通常被称为热的"超导体"。从热源传递的热量使吸液芯中的液体蒸发,导致蒸汽膨胀到热管的中心。汽化潜热被蒸汽携带到热管的冷凝段,当蒸汽凝结时转移到热阱中。然后,在毛细力和重力(如果热管在水平方向倾斜)的作用下,冷凝产物通过吸液芯回到热管的蒸发段,重新开始循环。这种两相传热机制使热管的传热能力达到等效铜片的上百甚至上千倍。

热管结构紧凑而高效,因为:(1)翅片管束本质上是一种良好的对流换热结构;(2)热管内的蒸发-冷凝循环是一种高效的内部换热方法。

本书将考虑不同因素对热管性能的影响,如材料的兼容性、运行温度范围、直径、功率限制、热阻和运行方向等。

热管可以在一个非常广泛的温度范围内运行,从低温(小于 30 K)到高温(超过 2 000 K)。由于受到成本和复杂的吸液芯结构限制,热管的应用主要局限于空间技术领域,并在这一领域有多种应用,如航天器温度平衡、部件冷却、温度控制和卫星散热器设计等。当前,热管技术已经融入现代热工设计中,如地热控制系统、太阳能等。

电子元件功率的增加和尺寸的缩小给热管理带来了越来越大的挑战。虽然固态金属导体(如铝型材)在某些情况下可以为单个部件提供足够的冷却能力,但在越来越多的应用中,需要更先进的冷却技术来解决散热问题。

本书在回顾传热传质理论的基础上,结合热管性能,建立了计算高温热管传热极限以及低温热管传热极限和温度梯度的数学模型。计算结果与各种实验数据进行了比较,提高了数学模型的可信度。

针对使用现有理论的用户,本书附有分别用于高温热管和低温热管的计算机程序的完整清单。利用这些程序,用户可以对缠绕丝网热管、矩形凹槽热管和丝网覆盖矩形凹槽吸液芯的性能进行预测。

另外还提到了一些计算机程序,其中一些是可以从美国政府机构或银河高级工程公司或其他帮助设计稳态热管的商业公司获得的,大部分程序都可以在 Windows /PC 计算机平台上执行。这些程序不仅为读者计算工作液体的性质提供了额外的帮助,还可以辅助翅片设计的传热分析(无论是恒定或可变热导热管)。此外,可以从银河高级工程公司网站(www.gaeinc.com)下载 Excel 表格,用于评估四种视图因子几何图形(有公共边的垂直矩形、同轴平行圆盘、同轴圆柱体和平行矩形)的解析解。

美国新墨西哥州阿尔伯克基

Bahman Zohuri

第1版前言

热管是21世纪热物理学和传热工程的显著成就之一,这是因为热管具有远距离传热而不造成热量巨大损失的独特能力。热管主要用于解决环境保护以及能源和燃料节约的问题。

热管已成为一种有效且成熟的热解决方案,特别是在高热流密度应用中,以及存在热负荷不均匀、发热部件气流受限、空间或质量受限的情况下。本书将简要介绍热管技术,然后重点阐述其作为非能动热控制设备的基本应用。读者无论是需要了解基本物理和数学知识,还是希望更新自己的知识,书中都给出了提示,以便有针对性地阐述某些复杂差分方程的先进求解方法,以及关于流体力学、传热学和气体动力学等物理主题。

本书讨论了用于航天器的自动热控制、可变热导热管(VCHP)的设计和应用所涉及的热管技术,针对以下内容开展广泛研究:(1)现有设计工具的可信度;(2)新设计工具的开发进展;(3)先进的可变热导热管设计。此外,还开发了一套用于设计和预测热管系统性能的计算机程序。

在本书中针对用于航天器热控制的自控、可变热导热管设计所涉及的所有方面开展了全面的研究和分析。专业涉及流体静力学、流体动力学、管道传热(吸热、放热)、工作液体选择、材料兼容性和可变热导控制技术,还包括对可变热导热管设计技术的讨论。

本书讨论了可变热导热管系统(VCHPS)及其设计,并确定了各种参考资料以获得更多信息,以便为卫星发射实验装置(TEP)提供热控制。可变热导热管系统在发射实验装置运行时用于散热,并在断电时最大限度地减少热泄漏。所描述的可变热导热管系统具有一种辅助启动干道热管的独特方法,以及具有一种通过调整控制范围来平衡热管负荷的新方法。

本书介绍了热管的运行和设计原理。热管本质上是一种能快速将热量从一点传递到另一点的非能动装置。因为热管具有极高的传热能力和传热速率,而且几乎没有热量损失,所以通常被称为热的"超导体"。从热源传递的热量使吸液芯中的液体蒸发,导致蒸汽膨胀到热管的中心。汽化潜热被蒸汽携带到热管的冷凝段,当蒸汽凝结时转移到热阱中。然后,在毛细力和重力(如果管道在水平方向倾斜)的作用下,冷凝产物通过吸液芯回到热管的蒸发段,重新开始循环。这种两相传热机制使热管的传热能力达到等效铜片的上百甚至上千倍。

热管结构紧凑而高效,因为:(1)翅片管束本质上是一种良好的对流换热结构;(2)热管内的蒸发-冷凝循环是一种高效的内部换热方法。

本书将考虑不同因素对热管性能的影响,如材料的兼容性、运行温度范围、直径、功率限制、热阻和运行方向等。

热管可以被设计在一个非常广泛的温度范围内运行,从低温(小于30 K)到高温(超过2 000 K)。由于受到成本和复杂的吸液芯结构限制,热管的应用主要局限于空间技术领域,并在这一领域有多种应用,如航天器温度平衡、部件冷却、温度控制和卫星散热器设计等。

当前,热管技术已经融入现代热工设计中,如地热控制系统、太阳能等。

电子元件功率的增加和尺寸的缩小给热管理带来了越来越大的挑战。虽然固态金属导体(如铝型材)在某些情况下可以为单个部件提供足够的冷却能力,但在越来越多的应用中,需要更先进的冷却技术来解决散热问题。

本书在回顾传热传质理论的基础上,结合热管性能,建立了计算高温热管传热极限以及低温热管传热极限和温度梯度的数学模型。计算结果与各种实验数据进行了比较,提高了数学模型的可信度。

针对使用现有理论的用户,本报告附有分别用于高温热管和低温热管的两种计算机程序的完整清单。利用这些程序,用户可以对缠绕丝网热管、矩形凹槽热管和丝网覆盖矩形凹槽吸液芯的性能进行预测。

另外还提到了一些计算机程序,其中一些是可以从美国政府机构或银河高级工程公司或其他帮助设计稳态热管的商业公司获得的,大部分程序都可以在 Windows /PC 计算机平台上执行。这些程序不仅为读者计算工作液体的性质提供了额外的帮助,还可以辅助翅片设计的传热分析(无论是恒定或可变热导热管)。此外,可以从银河高级工程公司网站(www. gaeinc. com)上下载 Excel 表格,用于评估四种视图因子几何图形(有公共边的垂直矩形、同轴平行圆盘、同轴圆柱体和平行矩形)的解析解。

美国新墨西哥州阿尔伯克基
Bahman Zohuri

致　谢

我深感亏欠于那些超乎预期地给予我支持、鼓励和帮助的人。对于那些已经不在身边，无法亲眼见证在他们的帮助下所达成的最终成果的人，我希望这份致谢可以传达给他们，让他们知道他们的付出没有白费。我非常感谢美国国家航空航天局的 Joe Rogers，他是我的好朋友之一，他帮助我完成了本书中介绍的大部分计算机程序。

我也感谢劳伦斯利弗莫尔国家实验室的 Hal Brand，他同样为我的计算机编程需求提供了帮助。感谢我的其他朋友，如科罗拉多州立大学的 Patrick Burns 博士和美国国家航空航天局兰利研究中心的 David Glass 博士，他们给我提供了他们的研究论文和计算机程序。此外，感谢 Leonardo Tower，他是我在撰写本书的过程中有幸认识的最好的人，他给我提供了他新开发的计算机程序。非常感谢 Darryl Johnson、David Antoniuk 和 North Grumman（TRW）的 Bruce Marcus 博士，以及 Thermacore 公司的 Mark North，感谢他们的大力支持，因为在出版本书的过程中他们都付出了很多的努力。

我要感谢我的另一个好朋友，来自新墨西哥州阿尔伯克基空军武器实验室的 William Kemp，他是我真正的朋友，并且将一直是我的朋友。最后，我要感谢 Tiffany Gasbarrini 女士，她是施普林格出版公司机械、航空航天、核能和能源工程的高级编辑，是她负责本书的出版。最后，我要感谢允许我复制那些受版权保护的材料和已发表图片的个人和组织。

我也要感谢艾姆斯国家航空航天局位于 ARC 的空气热力学分部的 David Saunders，他总是很支持我。我也要感谢美国天主教大学的 Kimberly Hoffman 女士，她不遗余力地从 Chi 的著作中获取珍贵文献，这是我非常需要的。

我也借此机会感谢 Mahboobe Mahdavi 和 Saeed Tiari，感谢他们为本书第 2 版的改进所做的宝贵贡献。

最重要的是，我要特别感谢我的母亲、父亲（在世的时候），还有我的妻子和孩子。他们给了我鼓励，没有他们，这本书就无法完成。尤其感谢他们在我准备手稿时经常不在家以及长时间坐在电脑前时给予的理解。

关 于 作 者

Bahman Zohuri 博士目前就职于银河高级工程公司,这是一家咨询公司。在担任了多年的首席科学家后,Bahman 博士从 1991 年开始不再从事半导体和国防工业的工作,独立创办了这家公司。从伊利诺伊大学物理与应用数学专业毕业后,Bahman 博士加入了西屋电气公司(Westinghouse),针对液态金属快中子增殖反应堆(LMFBR)的堆芯冷却问题,开展了非能动停堆排热系统(ISHRS)的热工水力分析和自然循环特性研究。该固有停堆排热系统用于二回路热交换,是第二个完全非能动停堆系统。所有这些设计均被用于自启动停堆系统的核安全和可靠性工程。大约在 1978 年,他为 LMFBR 的大型池式概念设计了汞热管和电磁泵,用于这种类型反应堆的热量导出,并获得了发明专利授权。后来,他被调到西屋电气公司的国防部门,负责 MX 型导弹的动力学分析、发射方法和发射后处理的研究工作。研究结果应用于 MX 型火箭发射密封性能和炮口爆炸现象分析(如导弹振动和流体动力冲击形成)。他还参与了等离子体中非线性离子波的解析计算和分析研究。研究结果应用于激光辐照靶球电晕稀薄特性中"孤子波"的传播和由此产生的电荷收集器轨迹。作为阿贡国家实验室研究生研究工作的一部分,他进行了表面物理和固体物理多交换积分的计算和编程。

他拥有扩散工艺和扩散炉设计等领域的专利,同时他还是英特尔、瓦里安和国家半导体公司等不同半导体行业的高级工艺工程师。后来,他加入了洛克希德导弹和航空航天公司,担任首席高级科学家,负责研究和发展"战略防御倡议"(也称为"星球大战计划")不同组成部分的脆弱性、生存能力以及辐射和激光硬化。这个项目由防御支持计划(DSP)、助推段监视和跟踪卫星(BSTS)以及防空监视和跟踪卫星(SSTS)的有效载荷(即红外传感器)组成,可抵抗激光或核威胁。在此期间,他还研究并分析了激光束和核辐射与材料的相互作用、电子系统的瞬态辐射效应(TREE)、电磁脉冲(EMP)、系统电磁脉冲(SGEMP)、单事件扰动(SEU)、喷砂处理,以及热机械、硬度保证、维护和设备技术。

他在与桑迪亚国家实验室(SNL)合作的银河高级工程公司工作的几年中,还与其他相关方合作,为空军安全中心(AFSC)运行危险评估提供支持。成果最终将用于空军专门针对定向能量武器(DEW)的操作安全发布的指令(AFI)。他完成了用于机载激光(ABL)、先进战术激光(ATL)、战术高能激光(THEL)、移动/战术高能激光(M-THEL)等详细激光工具综合库的第一版本。

他还参与了美国战略防御倡议(SDI)的计算机程序开发,这些程序涉及战场管理 C3 系统、人工智能和自主系统。他也是几篇相关出版物的作者,并拥有多项专利,例如"激光激活放射性衰变"和"穿过舱壁引燃技术"。

近年来,他与泰勒弗朗西斯集团旗下的 CRC 出版社合作出版了 1 本书,与施普林格出版公司合作出版了 6 本书:

1. *Heat Pipe Design and Technology : A Practical Approach 1 edition*, published by CRC Publishing Company, 2011, First Edition.

2. *Dimensional Analysis and Self-Similarity Methods for Engineering and Scientist*, published by Springer Publishing Company.

3. *High Energy Laser (HEL): Tomorrow's Weapon in Directed Energy Weapons Volume* I, published by Trafford Publishing Company.

4. *High Energy Laser (HEL): Tomorrow's Weapon in Directed Energy Weapons Volume* II, published by Trafford Publishing Company.

5. *Thermodynamics In Nuclear Power Plant Systems*, published by Springer Publishing Company.

6. *Thermal-Hydraulic Analysis of Nuclear Reactors*, published by Springer Publishing Company.

7. *Application of Compact Heat Exchangers for Combined Cycle Driven Efficiency in Next Generation Nuclear Power Plants: A Novel Approach*, published by Springer Publishing.

8. *Nuclear Energy for Hydrogen Generation through Intermediate Heat Exchangers: A Renewable Source of Energy 1st ed. 2016 Edition*, published by Springer Publishing Company.

9. *Directed Energy Weapons: Physics of High Energy Lasers (HEL)*, Springer Publisher 2016.

目　　的

本书给出了热管的详细概述,包括历史回顾、工作原理、类型、性能特征、传热极限、冻结启动和停闭、分析模拟等。在过去的几十年里,有多种因素促进了热管科学和技术的重大转变。一个主要因素是新型热管的发展和进步,如回路热管、微型和小型热管以及脉动热管。此外,现在有许多新的商业应用有助于提高人们对热管的兴趣,尤其是在电子冷却和能源领域,例如,所有的现代笔记本电脑都使用热管来冷却中央处理器(CPU)。现在人们每个月生产几百万根热管。由于人们对热管中各种物理现象的理解逐渐加深以及计算和实验方法的进步,因此热管的数值模拟、分析和实验模拟也取得了显著的进展。

本书涵盖了热管的基本原理以及和热管相关的所有知识。可以充分理解热管作为一种简单的设备是如何实现从一个点(蒸发段)向另一个点(冷凝段)快速转移热量。因为热管具有非凡的传热能力和速率,而且几乎没有热损失,所以通常被称为热的"超导体"。

本书把热管描述为一个封闭的蒸发-冷凝系统,由一个密封的中空管组成,在管子内壁衬有毛细结构或吸液芯。管子内部的热力学工作液体在理想的运行温度下具有相当大的蒸汽压力,使吸液芯的孔隙处于液-汽饱和平衡状态。当热量被施加到热管上时,吸液芯中的液体被加热并蒸发。蒸汽首先充满管子中心,然后向整个管道内扩散。在温度略低于蒸发段温度的区域,就会发生蒸汽的凝结,此时蒸汽释放在蒸发过程中获得的热量。

这种有效的高热导率有助于保持整个热管长度上的温度接近恒定。

本书展示了基于热管的设备冷却解决方案,通常比由传统冷却解决方案设计的热管质量更小,并且可以在较低的温差下导出更多的热量,同时可以延长和增强设备的寿命和运行可靠性。

本书给出的热管非能动冷却解决方案,适用于高热负荷和高温设备,不需要机械运动部件,并且可以长期使用。

译 者 序

    热管是一种高效的非能动传热装置,它可以通过工作液体的蒸发和冷凝,以很小的温差在较大距离上传输大量热量,且在传热过程中无须使用任何机械运动部件,极大提高了装置的可靠性。热管技术近年来在工程中的应用日益普及,特别是在航空航天装置、核反应堆系统、微电子元器件等热流密度高、热负荷不均匀以及空间或质量受限的应用场景下,展现出独特的性能优势。

    本书从热管的基本原理与历史出发,首先介绍了热管的基本特征、工作方式、应用场景以及热管使用的经验教训等内容。在此基础上,本书对发展至今的热管理论进行了详细的阐述,包括热管内的流动传热过程、关键物理现象以及传热极限等内容,并对热管的启动和控制进行了论述。此外,本书还对现有的、不同类型的热管进行了简单介绍。

    为方便读者针对具体的应用场景进行热管的设计和分析,本书提供了详尽的热管设计准则和用于设计计算的数学模型。同时对当前可应用于热管计算分析的计算机程序进行汇总,并说明了程序的可用性和获取方式。

    本书还对热管的主要应用场景进行了论述,并给出了不同应用场景下的方案。对于热管的制造流程、组装、密封以及性能验证,本书也给出了可供制造商使用的、经济有效的方法,形成了一个完整的设计手册。

译 者

2024 年 1 月

目　　录

第1章 热管的基本原理与历史

热管具有可以远距离传输热量而不会造成巨大热量损失的独特能力,是21世纪热物理和传热工程的一项杰出成就。热管的主要应用涉及环境保护以及能源和燃料节约等方面。热管是一种高效的传热解决方案,特别是在高热通量应用以及存在热负荷不均匀、发热部件气流和空间或质量受限的情况下。本章首先简要介绍了热管技术,然后重点阐述了其作为非能动热控制设备的基本应用。

1.1 概 述

最初的热管概念是由 Gaugler[1](1944 年) 和 Trefethen[2](1962 年) 所构想的。Gaugler 申请了一种非常轻巧的传热设备的专利,该设备实质上是热管非常基本的介绍。但在那个时代并不需要这样技术复杂而结构简单的两相非能动传热装置,因此没有引起人们的太多关注。热管的概念由 Trefethen[2] 在 1962 年提出后,1963 年在 Wyatt[3] 的热管专利申请中再次出现。直到 1964 年,洛斯阿拉莫斯国家实验室的 Grover[4] 及其同事在当时的太空计划及应用中重新提出同样的概念,热管才得到广泛宣传和应用。Grover 将这种最令人满意、最简单的传热设备命名为"热管",并开发了其应用程序。

热管是一种两相流传热装置,在蒸发段和冷凝段之间进行液体和蒸汽的循环流动过程,具有很高的传热系数。由于热管换热器具有较高的传热能力,因此在处理高热通量传热方面,其体积比传统热交换器小得多。借助热管中的工作液体,热量在蒸发段被吸收,并被输送到冷凝段,再通过蒸汽冷凝释放到冷却介质中。在微电子领域,热管技术在提高热交换器的热性能方面得到了越来越多的应用;热管作为一种完全非能动的冷却设备,常用于手术室、酒店、无尘室等传统供暖、通风领域和空调系统,人体温度调节系统,以及其他工业领域,包括航天器和各种类型的核反应堆技术中。热管具有独立的结构,通过细管内循环的两相流体可实现很高的热量传递。热管作为一种蒸发冷凝装置在工作液体两相流动状态下运行,利用蒸发的汽化潜热,在相对较小的温差下实现远距离热量传输。

输入蒸发段的热量通过热传递进入工作液体中,使工作液体在毛细芯表面汽化。汽化导致蒸发段内的局部蒸汽压力增大,蒸汽流向冷凝段,从而实现汽化潜热传输。热量在冷凝段中输出,因此通过蒸汽空间传输的蒸汽在毛细芯的表面冷凝,从而释放汽化潜热。工作液体的闭式循环通过毛细作用和/或体积力来维持。热管相对于其他传统热量传递方法(如翅片散热器)的优势在于,其在稳态运行时可以具有极高的导热系数。因此,热管可以在相对长的距离上以相对较小的温差传递大量的热量。装有液态金属工作液体的热管的导热系数甚至可以比最好的固态金属导体(银或铜)高几万倍。热管利用工作液体的相变而不是大的温度梯度来传输热量,而且不需要外部动力。同时,通过小横截面传递的能量要比通过热传导或对流传递的能量大得多。通过选择合适的工作液体,热管可以在很大的温度范围内工作(图1.1)。

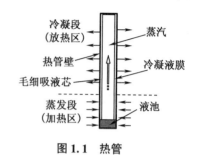

图1.1 热管

但是,这种有用的设备存在一些运行极限,例如声速极限、毛细极限、夹带极限和沸腾极限,这些极限将在本书中进行讨论。当出现运行极限时,毛细吸液芯可能会变干,从而导致热管失效。除了这些运行极限外,如果使用液态金属作为工作液体,由于工作液体可能会变成固体,并且蒸汽密度极低,因此热管可能出现启动困难的现象。

1.2 热管的历史

在洛斯阿拉莫斯进行的关于热管的早期研究是针对运行温度超过1 500 K的空间热离子能量转换系统的应用。热管被用于加热热离子发射器、冷却热离子收集器以及最终将热量辐射到太空中,而热管材料也是根据这个温度范围选择的。Deverall 和 Kemme[5]开展了多项热管试验,包括:①使用 Nb-1%Zr 热管,工作液体是锂,运行温度为1 573 K,蒸发段的轴向热通量为207 W/cm²;②轴向热通量为1.95 kW/cm²,工作液体是 Ag-Ta,运行温度为2 273 K,蒸发段的轴向热通量为410 W/cm²;③轴向热通量为4 kW/cm²。Deverall 和 Kemme[5]、Grover 等[7]、Cotter 等[8],以及 Ranken 和 Kemme[9]在早期热离子相关应用热管流体-壁面兼容性和寿命试验研究的结果如下:In-W 组合在2 173 K的温度下持续运行了75 h,Ag-Ta 组合在2 173 K的温度下持续运行了100 h,Cs-Ti 组合在673 K的温度下持续运行了2 000 h以上,Na-不锈钢组合在1 073 K的温度下持续运行了500 h,Li-Nb-1%Zr 组合在1 373 K的温度下持续运行了4 300 h。Kemme[10]对具有不同吸液芯结构的钾和钠热管的特性进行了研究,并探讨了热管的启动和运行极限。

1963年7月24日,Grover 记录了以下内容:"通过液体的毛细效应进行传热,表面张力的'泵送'作用可能足以将液体从低温区移至高温区(随后以两种温度下的蒸汽压差为驱动力,以蒸汽形式返回),再将热量从高温区转移到低温区。这种不需要外部动力的封闭系统在空间反应堆中特别重要,因为它可以将热量从反应堆堆芯转移到辐射系统。在没有重力的情况下,只需要克服液体通过毛细结构以及返回的蒸汽通过管道的阻力。"

同年晚些时候,Grover 发表了他在《应用物理》杂志上以水和钠作为工作液体的"热管"试验结果。钠热管长90 cm,外径1.9 cm,运行温度1 100 K,输入热量1 kW。本节回顾了自热管发明以来,在洛斯阿拉莫斯开展的与空间动力相关的液态金属热管的研究。

1.3 热管的介绍和热管技术

热管本质上是一种具有极高的有效热导率的非能动传热装置。它是一种简单的封闭(密封)设备,可以通过两相流模式将热量从一点快速传递到另一点。它也是一种高效的导热装置,通过两相流体循环来传递热量。热管的工作温度范围取决于所用工作液体的类型及其最佳设计范围。因为热管具有非凡的传热能力和速率,而且几乎没有热损失,所以热管通常被称为热的"超导体"。在各种传热方式中,热管被公认为是最令人满意的装置之一。热管结构简单,通过蒸发和冷凝将热量从一点传递到另一点,并且传热液体在毛细作用力的驱动下进行循环,而毛细作用力随着传热过程的产生而自动形成。

热管的闭合回路由一个密封的空心管组成,有两个区域,即蒸发段和冷凝段。在这种设备的非常简单的结构中,其内壁衬有被称为"吸液芯"的毛细结构,在所需的工作温度下具有相当大蒸汽压力的热力学工作液体会充满毛细结构的孔隙。当热量传递到热管蒸发段的任一部位时,工作液体就会被加热,然后蒸发,从而很容易充满中空管道的中心。然后,蒸汽向整个热管中扩散。当温度略低于蒸发段的温度时,蒸汽在管壁上冷凝。随着蒸汽的冷凝,工作液体将释放所吸收的热量,并通过吸液芯的毛细作用返回蒸发段部分或热源。该过程趋向于等温运行并具有非常高的热导率。当将散热器连接到热管上时,在这个有热损失的点处优先发生冷凝,然后建立蒸汽流动模式。

热管系统已经在航空航天应用中得到验证,其热传输速率是最有效的实心导体的数百倍,并且能量-质量比也非常优越。

就热传导而言,热管被设计为具有非常高的热导率。热管借助于包含在密封腔内的可冷凝液体,将热量从热源(热管的蒸发段部分)输送到冷源(热管的冷凝段部分)。

液体在蒸发段吸收热量而蒸发,然后蒸汽流到冷凝段,在其中冷凝并释放潜热。液体通过吸液芯的毛细作用被抽吸回蒸发段,液体被再次蒸发以继续下一次循环。当蒸汽从蒸发段流向冷凝段时,通过设计一个非常小的蒸汽压降,可将沿管道轴向的温度梯度降到最低。因此,两个部分的饱和温度(发生蒸发和冷凝的温度)几乎相同。

热管的概念最早是由 Gaugler[1] 在 1944 年提出的。然而,直到 1962 年 Grover 等[4] 发明了热管,人们才认识到热管的非凡性能,并开始认真地研发。热管由一个密封的铝或铜容器组成,其内表面有毛细芯材料。热管类似于热虹吸管,不同之处在于,热管能够借助构成吸液芯的多孔毛细结构,通过蒸发冷凝循环抵抗重力来输送热量。吸液芯提供毛细驱动力,使冷凝液返回蒸发段。吸液芯的质量和类型通常决定着热管的性能。人们应根据热管的应用需求选择不同类型的吸液芯。

热管工作液体的选择范围从制冷剂到液态金属都可以,液体在工作压力下的饱和温度应匹配热管的应用场景。此外,因为要润湿管道和吸液芯,选择的液体应是化学惰性的。理想情况下,工作液体应具有高热导率和潜热,还应具有较高的表面张力和较低的黏度。

热管的传热受到多种限制,如液体流过吸液芯的速率;"淤塞"(蒸汽流量无法随着压差的增大而增大,也称为"声速极限");蒸汽流中夹带液体,使流向蒸发段的液体量减少;在蒸发段不存在过大温差的情况下发生蒸发的速率。

等温热管将沿任一方向传递热量,对于给定的结构,热通量将完全取决于热源和冷源之间的温差。因此,只要不超过其极限条件(声速、夹带、毛细和沸腾极限),等温热管基本上是一种具有固定热导率的非能动设备。可以通过两种方式改变热管的等温功能,使其成为能动(可控)器件:二极管热管,在正向模式下作为等温热管运行,而在反向模式下关闭热管;可变热导热管,在正向模式下,可以控制热导率,而在反向模式下,同样可以关闭热管。

如图 1.2 所示,常规热管是一个充满可汽化液体的空心圆柱体。A——热量在蒸发段被吸收;B——液体沸腾为蒸汽;C——热量从热管的上部散发到环境中,蒸汽冷凝为液体;D——液体在重力作用下返回热管下部(蒸发段)。

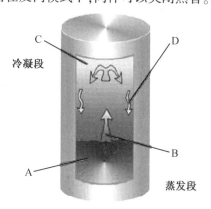

图 1.2　常规热管示意图

但是,如今的热管可以在垂直和水平方向上工作,也可以在其应用中以任意角度安装和运行。最近,美国航空航天局(NASA)、空军、洛斯阿拉莫斯国家实验室以及其他供应商(如 TRW 和 Honeywell等)合作,加强和证明了热管在零重力环境下的应用,特别是在卫星上的应用。图 1.2~图 1.5 是这类热管的工作原理和应用示例。

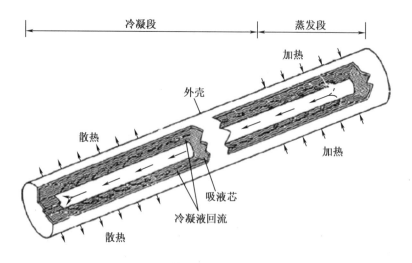

图 1.3　基本热管的部件和功能

图 1.6 给出了回路热管的应用,该回路包含两个平行的蒸发段和两个平行的冷凝段,这些蒸发段和冷凝段之间的热负荷均匀分配,具有非能动和自动调节功能。该配置已应用到 NASA 的"新千年计划"中,即太空技术 8(ST8)任务[11]。图 1.7 展示了新航天器的一部分,其中使用了回路热管。

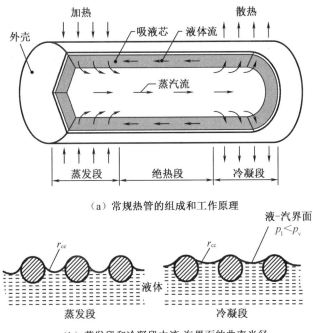

（a）常规热管的组成和工作原理

（b）蒸发段和冷凝段中液-汽界面的曲率半径

图 1.4 常规热管的组成和工作原理与蒸发段和冷凝段中液-汽界面的曲率半径[12]
（分别为图中的 r_{ce} 和 r_{cc} ）

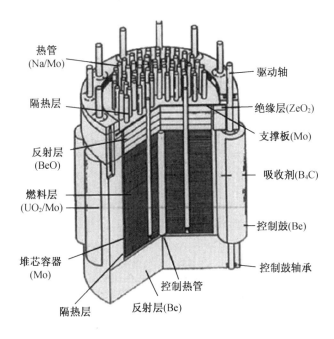

图 1.5 Na/Mo 热管在核动力堆热控制中的应用[13]

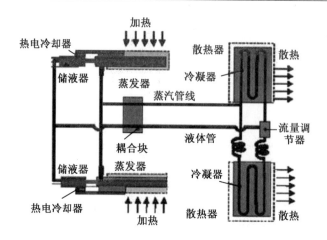

图1.6 包含两个平行的蒸发段和两个平行的冷凝段的回路热管

根据其应用,尤其是在那些以反应堆作为电力来源的核反应堆行业中,热管被用作非能动停堆系统的二回路冷却部分,通常视其为液体热管(即汞或钠作为热管内的工作液体),其将热管整合到冷却装置的结构中,需要考虑将热管的部分区域设置为绝热段。这种方法的典型例子可以在一些公司的研究中找到,如西屋电气公司在液态金属快中子增殖反应堆堆芯设计的早期研究中,汞热管被认为是该特殊反应堆设计的完全非能动停堆系统的一部分(作者参与了该设计,但是西屋电气公司获得的专利很少)。这种方法有助于将堆芯温度降低到临界点以下而无须在回路内进行任何操作,为防止反应堆的任何意外熔毁提供了更好的安全系数,并且为释放更多的热量提供了更好的手段。

现代设计和新一代液态金属快中子增殖反应堆(例如法国制造的"凤凰"堆)都在使用这种热管。图1.4所示为带有绝热段的典型常规热管。这些带有绝热段的热管用于核反应堆堆芯的热控制。这些热管以对流、传导和辐射传热装置的形式使用,如图1.5所示。当堆芯温度急剧下降时,在热管蒸发段的顶部以翅片的形式增加辐射表面积,或者采用本节后面介绍的可变热导热管。

这种类型的回路热管已被用作新NASA系列实验的一部分,以进行具有空间应用价值的热管研究。

回路热管的运行涉及复杂的物理过程,例如:

(1)流体力学、传热学和热力学;

(2)重力、惯性力、黏性力和毛细作用力。

证明热管可以在零重力条件下运行的第一次轨道测试是在1967年进行的。ATS-A卫星的运载火箭携带了一根带热电偶的热管,以确定热管在地球轨道不同位置和不同热负荷条件下的温度均匀性和性能。在这次试验成功1年后,带有由约翰斯·霍普金斯大学设计的热管的卫星GEOS-2发射。GEOS-2是第一颗将热管作为其整体热控制系统组成部分的卫星(图1.7)。

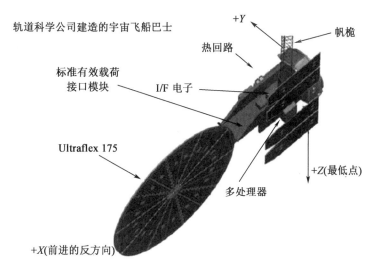

图 1.7 NASA"新千年计划"卫星的一部分

在过去的几十年中,大型卫星和国际空间站技术取得了巨大的进步。因为存在大量需要被转移并辐射到外太空的热量,所以散热问题是迫切需要解决的问题之一。在过去的十年中,单相液体回路是用于大型航天器传热和散热的主要方法。自 20 世纪 80 年代以来,世界各国的研究重点是致力于将两相流体回路技术用于国际空间站、电信和技术卫星的航天器热控制系统。

空间堆系统需要大面积的散热器,以将未转换的热量排入太空。文献[11]中已经开发了一种用于热电空间核动力系统的废热散热器的概念设计。该热管散热器的基本形状是一个直角圆锥体。该设计包括纵向热管,用于将来自热电模块的废热传递到由小直径、薄壁横叉热管组成的散热器表面。为防止被流星击穿,纵向热管进行了装甲防护。横叉热管的设计目的是在任务结束时以最小的初始系统质量提供必要的无击穿辐射区域。该设计研究了几种设计案例,并计算了散热系统的质量,其中各个纵向热管的生效概率各不相同。结果给出了在六种候选容器材料、三种候选热管流体、两种散热器工作温度、两种流星体屏蔽类型和两种辐射表面情况下,系统质量与单个纵向热管生效概率的函数;该设计还给出了三种系统尺寸的散热器排热与系统质量、面积和长度相关的函数。这些内容将在后续章节中进行阐述。

在地面上热管的运行受重力影响,因此很难预测热管在空间中的性能,这要求热系统工程师采用保守的设计和地面测试方案来降低发射后系统故障的风险。热管是一种非常有效的传热设备,通常用于冷却电子组件和传感器。最近,一项热管性能试验的结果促进了改进的热管模型的开发和验证。这种被称为 GAP 的计算机模型的准确性使工程师在设计时可以减少保守性,从而使每个航天器的热管数量减少,显著节省成本并减小质量。

在卫星上使用两相流"自然"循环的环路热管和毛细泵环路,可以确保从核心模块设备到散热器的热传递。环路热管和毛细泵环路被认为是可靠的热管理设备,能够在重力场的任何方向上运行,并且可以远距离传输热量。环路热管和毛细泵环路的主要部件是蒸发段,该蒸发段负责产生毛细力,驱动工作液体通过多孔结构和冷凝段[14]。

通常使用的电热毯的加热是不均匀的,并可能使用户遭受低强度的电磁辐射。但是,无论是用于加热还是冷却,类似原理的衣服和毯子通常连接外部电源。目前已经开发出许多用于局部治疗的热传递装置。Faghri 的发明[15]通过使用热管重新分配人体热量并提供外部热源来补充热量,以满足人们对能调节体温的,轻便、舒适的衣服和毯子的需求。温度调节系统以衣服、毯子和垫子的形式出现。

该发明还提供了一种包含热管的改进垫子,用于实现局部治疗的热传递。在身体的一个或多个独立部位之间放置热管可以进行热传递。因此,在寒冷环境中所穿的服装,如紧身衣、裤子或夹克,可能嵌入从较暖的身体部位延伸到较低温度部位的热管。例如,人体防护服等服装中,提供了一种方法,该方法克服了因医疗目的诱导全身高热对热敏器官的损伤问题。通过一个具有加热装置的热交换器,可以将热量添加到身体的主要热疗部位,而通过另一个具有冷却装置的热交换器,可以冷却身体中与热敏器官接触的部位(图 1.8)。当该发明用于特定诱导体温上升的医疗治疗,或为体温过低或体温过高的患者提供受控的加热或冷却时,温度控制具有特别的意义。

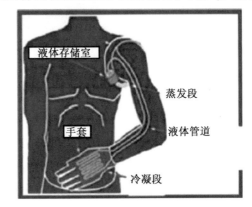

图 1.8　手部的温度调节方法

注意,传热机制可分为三大类:导热、对流和辐射。

导热

分子动能较大的区域通过分子的直接碰撞将其热能传递到分子动能较小的区域,这一过程称为导热。在金属中,传输的热能大部分是由带电子携带的。

对流

当热量传导到静态流体中时,会导致局部体积膨胀。重力引起的压力梯度使膨胀的流体团浮起并产生位移,因此除了导热外还可以通过流体运动(即对流)来传递热量。这种在静态流体中由热引起的流体运动被称为自然循环。对于流体已经运动的情况,传导到流体中的热量将主要通过流体对流而被带走,这种情况称为强迫对流,需要压力梯度来驱动流体运动,而不是重力梯度需要通过浮力来引起运动。

辐射

所有材料辐射热能的数量均取决于其温度,能量由电磁光谱中的红外线和可见光部分的光子携带。当温度均匀时,物体之间的辐射通量处于平衡状态,没有净热能交换。当温度不均匀时,平衡被打破,热能从温度较高的表面传输到温度较低的表面。

一般而言,通常有两类热管,即常规热管和可变热导热管,常规热管也称为恒定热导热管或固定热导热管。典型的常规热管的平衡状态如图 1.9 所示,冷源可变热导热管如图 1.10 所示。可变热导热管与常规热管的不同之处在于,不管热源和冷源的条件如何变化,可变热导热管都能够沿着热管的某些部分在特定的温度范围内工作。当根据应用需要改变热源和冷源条件时,可以能动或非能动地控制热管以维持所需的温度范围。

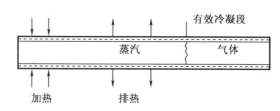

图 1.9　典型的常规热管的平衡状态[12]

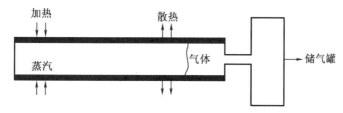

图 1.10　冷源可变热导热管[12]

在设计冷源可变热导热管的早期,存在蒸汽扩散到附加容器中然后在其内部冷凝的问题。我们将对可变热导热管进行更详细的讨论,并对这些热管的设计者为改善其结构和工业应用而采用的一些方法进行阐述。开发的计算机程序对这种类型的热管有更好的适应性,其中最著名的计算机程序"GASPIPE"是由 Marcus[16] 及其 TRW 的同事共同开发的,他们在 20 世纪 70 年代早期为 NASA 研究并设计了可变热导热管。

目前,人类已经研制出了一种新型的可变热导热管,即液控热管。气控热管能够稳定加热区的温度,而液控热管将冷却区的温度限制在一定的可调值内。其物理原理是通过调节热管内部的液体量来控制传热能力。液体部分存储在具有可变体积的容器中,例如波纹管。冷凝段的温度对应于热管内部的蒸汽压力,可以通过外部压力(气体或弹簧)进行调节,如图 1.11 所示。液控热管适用于需要在恒定温度下加热或必须限制热管内部蒸汽压力的场合。

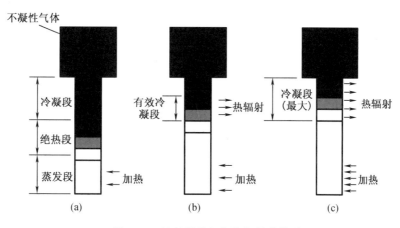

图 1.11　液控热管运行期间的热传递

在图 1.11(a)中,随着工作液体的饱和蒸汽压力迅速增大,工作温度逐渐升高。相反,不凝性气体的温度仅略有升高,并且由于压力和容积之间的关系是恒定的,汽-液界面表面被工作液体推出,因此"冷凝段中混合工作液体的有效热辐射部分"向储气罐移动。

在图 1.11(b)中,工作液体占据的区域减小,内部传热率仍然很小。如果温度进一步升高,则冷凝段的有效热辐射部分变大,并且热辐射率增加。在最大的热辐射点上,不凝性气体完全进入储气罐中。

在图 1.11(c)中,如果热辐射率大于通过热源输入到蒸发段的最大热量,则可以获得足够的热辐射量,蒸发段的温度不会进一步升高[15]。

如前所述,恒定热导热管也称为固定热导热管,这类热管以很小的温差将热量从热源输送到冷源。之所以使用轴向凹槽毛细吸液芯结构,是因为其相对易于制造(铝型材),并且在航天器和仪器热控制应用中具有悠久的历史。恒定热导热管可以沿任一方向传递热量,通常用于将特定热负荷的热量传递到散热器面板,或作为集成式热管散热器面板的一部分。常见的工作液体包括氨、丙烯、乙烷和水。

在低温或中温下充满工作液体的恒定热导热管,当在高温下工作时会产生大量多余的液体。多余的液体在冷凝段的最冷端形成水坑或塞状,并在蒸发段和冷凝段之间产生温差。设计者提出了一种简单的代数表达式以预测由于液体密度温度依赖性与弯月面凹陷共同影响的 FCHP 的热性能。

开发的差分模型和两节点模型,是为了考虑将冷凝模型作为一个具有恒定内部薄膜系数的等温蒸汽的恒定通量处理器。其中包含了一些数值示例,以说明在一定热负荷范围内运行的两个分别装有实际和理想液体的轴向凹槽热管的运行特性。蒸发段温度和液塞长度的预测对模型和冷凝方式选择的依赖性较弱,对实际液体效应的依赖性较强。

图 1.12 给出了常规热管和可变热导热管的结构比较。在常规热管中,少量工作液体被密封到抽真空的金属管中。由于蒸发段和冷凝段之间的温差(或温度梯度)比较小,工作液体反复汽化和冷凝,热量通过工作液体的潜热传递。热管包括蒸发段、绝热段和冷凝段部分,并且在管中安置了吸液芯或丝网结构以促进工作液体的循环。

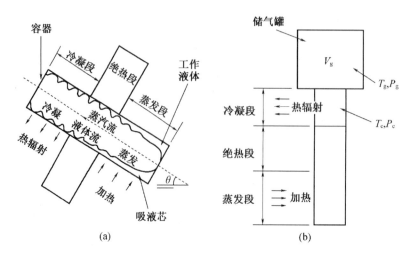

图 1.12 常规热管和可变热导热管的结构比较[10]

作为热管性能衡量标准的最大传热速率是由吸液芯结构、工作液体体积等决定的,而工作温度则是由外部热源、热辐射器(冷凝器)部分的温度决定的[15]。

图 1.13 比较了常规热管和可变热导热管的热辐射特性。与热辐射率相对于温度具有恒定梯度的常规热管不同,可变热导热管的热辐射率在给定温度(热辐射起始温度)迅速增加,直到达到热辐射极限为止。当超过热辐射极限时,可变热导热管会形成一个类似于常规热管的恒定梯度。术语"可变热导"即起源于此特性,并且辐射起始点和辐射极限点之间的曲线斜率(以下称为辐射梯度)是可变热导热管的重要特征[15]。

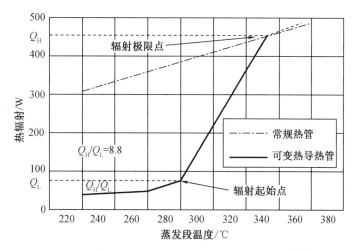

图 1.13 常规热管和可变热导热管的热辐射特性[14]

1.4 热管的运行原理

热管的三个基本组成部分是管道容器、工作液体、吸液芯或毛细结构。以下三个小节将分别进行介绍。

1.4.1 管道容器

管道容器的作用是将工作液体与外部环境隔离,因此容器必须是密封的以保持其壁面内外两侧的压差,并能够使热量传入或传出工作液体。

容器材料的选择取决于以下因素:

(1)相容性(工作液体和外部环境);

(2)强度-质量比;

(3)热导率;

(4)易于制造,包括焊接、可加工性和延展性;

(5)孔隙率;

(6)润湿性。

以上大多数都是很容易理解的。高强度-质量比在航天器应用中更加重要。容器材料应该是无孔的以防止蒸汽向环境扩散。高热导率可确保热源和吸液芯之间的温度梯度达到最低。

1.4.2 工作液体

在确定合适的工作液体时,首先要考虑的是工作蒸汽的温度范围。在近似的温度范围内,可能存在多种可用的工作液体,为了确定最合适的工作液体,必须对液体的各种特性进行筛选[1]。主要要求是:

(1)与吸液芯和管壁材料相容;

(2)良好的热稳定性;

(3)对吸液芯和管壁材料的润湿性;

(4)在整个工作温度范围内,蒸汽压力不要太高或太低;

(5)高汽化潜热;

(6)高热导率;

(7)低液体和蒸汽黏度;

(8)高表面张力;

(9)可接受的凝固点。

工作液体的选择还必须基于热力学考虑,与发生在热管内的各种极限有关,如黏性极限、声速极限、毛细极限、夹带极限和沸腾极限。

在设计热管时,为了使热管能够在重力作用下工作并产生较大的毛细驱动力,需要工作液体具有比较大的表面张力。除要求表面张力大之外,工作液体还必须能够润湿吸液芯和容器材料,即接触角应为0°或很小。在工作温度范围内的蒸汽压力必须足够大,以避免产生较大的蒸汽速度,蒸汽速度过大往往会形成较大的温度梯度并引起流动不稳定。

为了以最小的液体流量传递大量的热量,并保持热管内的低压降,需要工作液体具有很大的汽化潜热。工作液体的热导率最好比较高,以使轴向温度梯度最小,并减小在吸液芯或壁面发生核态沸腾的可能性。通过选择蒸汽和液体黏度值较小的液体,可以最大限度地减小液体流动阻力。图1.14给出了热管运行示意图。

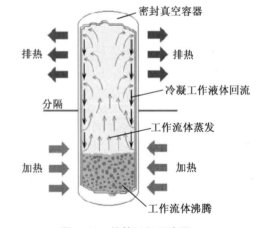

图 1.14 热管运行示意图

（图中标注）密封真空容器；排热；排热；冷凝工作液体回流；分隔；工作流体蒸发；加热；加热；工作流体沸腾

1.4.3 吸液芯或毛细结构

吸液芯是一种多孔结构,由不同孔径的钢、铝、镍或铜等材料制成。吸液芯是使用金属泡沫或金属毡制作的,后者更常用。在组装过程中,通过改变毛毡上的压力,可以产生不同孔径的吸液芯。通过与可移动的金属芯棒结合,也可以将干道结构塑造在毛毡上。

纤维材料(如陶瓷)也已被广泛使用。纤维材料的空隙通常更小。陶瓷纤维的主要缺点是刚度小,通常需要金属网来支撑。因此,尽管纤维材料本身可以与工作液体化学相容,但是支撑材料可能会存在问题。最近,人们开始关注以碳纤维作为吸液芯材料。碳纤维丝表面有许多细的纵向凹槽,毛细力高、化学稳定性好。许多使用碳纤维吸液芯制造的热管显示出更高的热传输能力。

吸液芯的主要作用是产生毛细力,将工作液体从冷凝段输送到蒸发段。吸液芯还必须能够将蒸发段周围的液体分配到热管可能吸收热量的任何区域。通常,这两个功能的实现需要不同形式的吸液芯。热管吸液芯的选择取决于多种因素,其中一些因素与工作液体的特性密切相关。

吸液芯产生的最大毛细压头随孔径减小而增大。而吸液芯的渗透率随孔径增大而增大。吸液芯的另一个必须优化的特性是其厚度。通过增加吸液芯厚度,可以提高热管的传热能力。吸液芯中工作液体的热导率还对蒸发段的总热阻产生决定性影响。吸液芯的其他必要特性是与工作液体的相容性和润湿性。

最常见的吸液芯类型如下:

烧结金属粉末吸液芯

该工艺将为热管的反重力应用提供高功率处理能力、低温度梯度和高毛细作用力。图 1.15 给出了不同吸液芯结构的横截面示意图,具有多个蒸汽通道和小干道以增加液体流速。通过这种类型的结构,可以实现非常紧密的热管弯曲。

凹槽管吸液芯

当在水平或重力辅助下运行时,轴向凹槽产生的较小的毛细驱动力足以满足低功率热管的需求。这样的热管更容易弯曲。当与丝网配合使用时,性能可大大提高。

金属丝网吸液芯

大多数产品都使用这种类型的吸液芯,根据所使用的丝网层数和网格数,可以很容易地在功率传输和方向敏感性方面提供可变特性(图 1.16)。

(a)干道

(b)凹槽

(c)丝网

(d)同心环

(e)新月环

图 1.15　各种吸液芯结构的横截面[17]

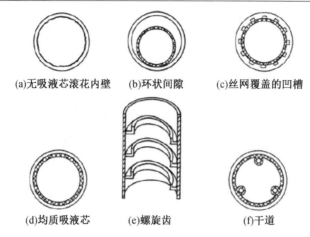

(a)无吸液芯滚花内壁   (b)环状间隙   (c)丝网覆盖的凹槽

(d)均质吸液芯   (e)螺旋齿   (f)干道

图1.16　热管液体回流通道几何形状[18]

　　图1.17给出了目前使用的几种常见的吸液芯结构以及正在开发的更先进结构的概念图[18]。

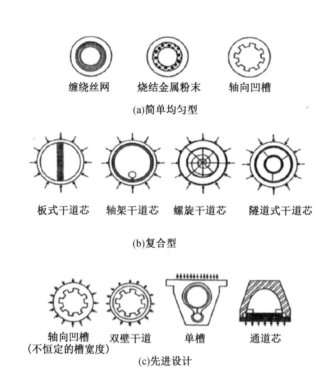

缠绕丝网　　烧结金属粉末　　轴向凹槽

(a)简单均匀型

板式干道芯　　轴架干道芯　　螺旋干道芯　　隧道式干道芯

(b)复合型

轴向凹槽　　双壁干道　　单槽　　通道芯
(不恒定的槽宽度)

(c)先进设计

图1.17　典型的热管吸液芯配置和结构[19]

（背景和历史发展）

1.5　热管的工作方式

热管容器内部是处于工作压力下的液体,液体进入毛细管材料的孔隙,润湿所有内部表面。沿热管表面的任一位置加热都会使该位置处的液体沸腾并变为蒸汽状态。在这种情况下,液体吸收汽化潜热。然后,具有较高压力的蒸汽在密封容器内移动到温度较低的位置,并在该位置处冷凝为液体。此过程中,蒸汽释放汽化潜热,并将热量从热管的输入端传递到输出端(图 1.18)。

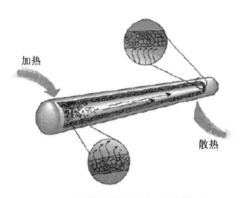

图 1.18　热管的能量守恒和传热原理

热管的有效导热系数是铜的数千倍。热管的轴向功率额定值(APR)规定了热管的传热或输送能力。APR 是沿管道轴向运动的能量。热管直径越大,APR 越大;热管越长,APR 越小。热管几乎可以制成任何尺寸和形状。

在许多热管制造商那里都可以找到简单的热管组件设计指南。图 1.19 是作者找到的最佳结果。

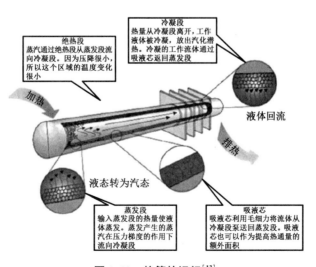

绝热段
蒸汽通过绝热段从蒸发段流向冷凝段。因为压降很小,所以这个区域的温度变化很小

冷凝段
热量从冷凝段离开,工作液体被冷凝,放出汽化潜热。冷凝的工作流体通过吸液芯返回蒸发段

加热

液体回流

排热

液态转为汽态

蒸发段
输入蒸发段的热量使液体蒸发。蒸发产生的蒸汽在压力梯度的作用下流向冷凝段

吸液芯
吸液芯利用毛细力将流体从冷凝段泵送回蒸发段。吸液芯也可以作为提高热通量的额外面积

图 1.19　热管的运行[13]

Aavid Engineering 是 Aavid Thermal Technologies, Inc. 的子公司, 其网站建立于 1964 年, 那里推荐了一些简单的标准作为热管的经验准则。

1.6 热管组件的设计指南

以下方法是一种快速但粗略的分析方式, 可以在对热管进行模拟之前开展设计选择, 以使设计的最佳点落在热管的工作范围和限制(如声速极限、夹带极限、毛细极限和沸腾极限)之内。

1.6.1 关于重力的方向

为了获得最佳性能, 应该利用重力配合热管系统运行; 也就是说, 相对于重力方向, 蒸发段(加热区)应比冷凝段(放热区)低。这是因为在重力不能帮助冷凝液回流的其他方向上, 热管的整体性能会下降。

性能下降取决于多种因素, 包括吸液芯结构、长度、工作液体以及热通量。精细的设计可以最大限度地降低热管的性能损失, 并提供准确的性能预测。

1.6.2 温度极限

大多数热管使用水和甲醇/酒精作为工作液体。根据吸液芯结构, 热管可在-40 ℃的环境中运行。温度上限取决于工作液体, 但平均温度极限为 60~80 ℃。

1.6.3 热排放

利用空气冷却, 结合挤压、黏合翅片散热器或板翅换热器, 可以将热量从冷凝段中排出。将冷凝段密封在冷却水套管中可以实现液体冷却。

1.6.4 可靠性

热管没有活动部件, 使用寿命超过 20 年。对热管可靠性的最大影响来自对制造过程的控制。热管的密封性、吸液芯所用材料的纯度和内部腔室的清洁度对热管的长期性能有很大的影响。任何形式的泄漏最终都会使热管无法使用。

内部腔室和吸液芯结构的污染会导致不凝性气体产生, 随着时间的推移, 热管性能会降低。完善的工艺和严格的测试是确保热管可靠性的必要条件。

1.6.5 成型

热管很容易弯曲或压平,以适应散热器设计的需要。热管的成型可能会影响散热处理能力,因为弯曲和压平会引起管内液体运动的变化。因此,考虑热管配置和对热性能影响的设计原则可保证解决方案达到预期效果。

1.6.6 长度和管径的影响

冷凝段与蒸发段之间的蒸汽压差控制着蒸汽从一端流向另一端的速率。热管的直径和长度也会影响蒸汽的移动速度,因此在设计热管时必须加以考虑。直径越大,可用于允许蒸汽从蒸发段移动到冷凝段的横截面积越大。

大直径允许热管有更大的功率承载能力。相反,长度对传热有负面影响,因为工作液体从冷凝段返回蒸发段的速率受吸液芯毛细极限的限制,这是长度的逆函数。因此,在没有重力辅助的情况中,较短的热管比较长的热管输送的功率更大。

1.6.7 吸液芯结构

热管内壁可以内衬各种吸液芯结构。四种最常见的吸液芯是:凹槽管、金属丝网、烧结金属粉末、纤维/弹簧。

在上述常见的结构中,工业上用于制造热管的最常见的是凹槽管和金属丝网,在1.4.5 和1.4.6 节中进行了介绍。

吸液芯结构为液体提供了一条通过毛细作用从冷凝段流向蒸发段的通道。根据散热器设计的所需特性,吸液芯结构在性能上有优点也有缺点。

有些吸液芯结构的毛细极限很低,因此不适合在没有重力辅助的情况下使用。图 1.20 所示为简单热管的标准工作范围示意图。

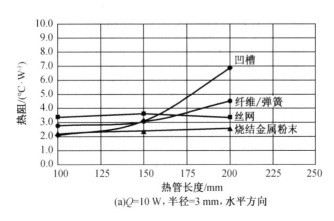

(a)Q=10 W,半径=3 mm,水平方向

图 1.20　简单热管的标准工作范围示意图

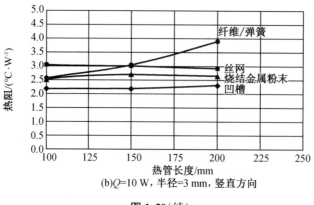

(b)Q=10 W，半径=3 mm，竖直方向

图 1.20(续)

1.7　热管的运行极限

无论考虑哪种类型的应用,保证热管正常运行,并能够在特定的环境下实现对热管的应用要求,都有一定的局限性。

热管的运行极限简要说明如下:

黏性极限

在长管道和低温条件下,蒸汽压力较低,黏性摩擦对蒸汽流动的影响可能超过惯性力,使工作液体的循环受到限制,从而限制了通过管道的热传递。

声速极限

在低蒸汽压力下,蒸发段出口处的蒸汽速度可能达到声速。蒸发段无法响应冷凝段压力的进一步降低,也就是说,蒸汽流被堵塞,从而限制了蒸汽流速。

夹带极限

蒸汽流对吸液芯内与蒸汽流动方向相反的液体施加剪切力。如果剪切力超过液体的表面张力,小液滴就会进入蒸汽流中形成夹带(Kelvin-Helmholtz 不稳定性)。液体的夹带增加了流体的循环质量,但没有增加通过管道的传热。如果毛细作用不能适应流量的增加,蒸发段内的吸液芯可能会蒸干。

毛细极限

毛细管结构能够使给定的液体在一定范围内循环。这个极限取决于吸液芯结构的渗透率和工作液体的性质。

沸腾极限

在高温下,可能会发生泡核沸腾,从而在液体层内产生气泡。气泡可能会阻塞毛细孔并降低蒸汽流量。此外,气泡的存在减少了通过液体层的热传导,这限制了仅通过导热从热管壳体到液体的热传递(图1.21)。

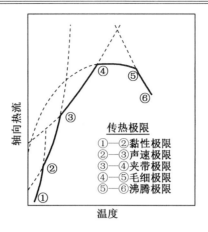

图 1.21　热管运行极限的典型范围

本书后续章节将给出这些极限的数学模型的计算方法。通过分析,设计者可以绘制出热管运行极限曲线,而热管的最佳设计和制造区间就在这些曲线的包络范围内,也就是图 1.21 中所有曲线以下的面积,这一区间称为热管的最佳优化设计区间。

1.8　约 束 条 件

影响热管性能的参数有材料的相容性、工作温度范围、传热极限、热阻、工作方向、尺寸和几何约束等。比如,微型热管的最大传热能力主要由毛细力决定[18]。

所有热管都有三个共同的物理组件,包括外部容器、少量工作液体和毛细吸液芯结构。除了这些基本组件外,热管还可能包括储气罐(可变热导/二极管热管)和液体或气体捕集器(二极管热管)。从功能上讲,热管由蒸发段、冷凝段和绝热段三部分组成。蒸发段安装在发热部位,冷凝段与散热器或热辐射器热耦合,绝热段允许热量以很小的热量损失和温差从蒸发段传递到冷凝段。图 1.22 描述了基本的热管构造。

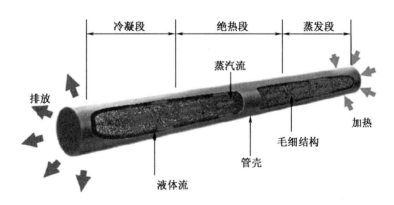

图 1.22　基本的热管构造

热管可以在固定热导、可变热导或二极管模式下工作。固定热导热管可以向任意方向传递热量,并且可以在较宽的温度范围内工作,但没有温度控制能力。固定热导热管可实现支架、散热器和结构的等温,传递高散热部件的热量,并将热量从仪器和卫星内嵌入的发热设备中传导出去。

在可变热导热管中装入少量的不凝性气体,可使设备的温度控制在非常小的范围内。通过精准控制,控制的温度范围可能小于 1 K。这是通过控制不凝性气体-蒸汽界面在热管冷凝段内部的位置来实现的,通过改变冷凝段的有效长度引起冷凝段散热能力的变化。附加储气设备的温度控制是通过主动反馈系统实现的,该主动反馈系统由热源处的温度传感器和不凝性气体储罐处的加热控制器组成。加热器使储罐中的气体膨胀,从而移动气体-蒸汽界面。二极管热管允许热量向一个方向流动,阻止热量向相反的方向流动。

热管的特殊优势如下:

(1)按质量和尺寸计算,热管比其他装置具有更大的传热能力;

(2)热管可以在热源和散热器的接触区域中灵活配置;

(3)可以在温差很小的情况下远距离传输热量;

(4)吸液芯中的毛细力是在传热过程产生的,不需要其他动力或运动部件来泵送液体;

(5)热管在失重环境下运行良好。

工作液体的选择取决于多种因素,包括工作温度、汽化潜热、液体黏度、毒性、与容器材料的化学相容性、吸液芯系统设计和性能要求。

图 1.23、图 1.24 和表 1.1 给出了几种液体的上述某些特性。

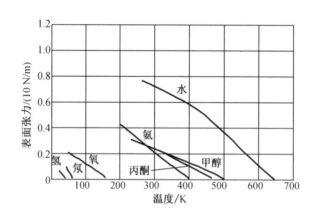

图 1.23　典型热管工作液体的表面张力

热管的最高性能是利用具有高表面张力(σ)、高潜热(λ)和低液体黏度(ν_l)的工作液体获得的。这些液体特性包含在液相传输因数 N_l 中。图 1.25 是五种典型热管工作液体的 N_l 比较图。这些数据被用作热管工作液体的选择标准。

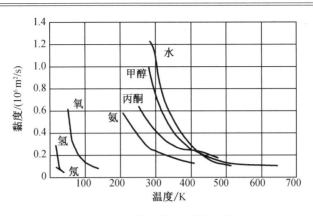

图 1.24　典型热管工作液体的黏度

表 1.1　典型热管工作液体的潜热与比热容的比较

工作液体	液体特性			
	沸点/K	潜热 h_{fg}/(kJ/kg)	比热容 c_p/[kJ/(kg·K)]	比值(h_{fg}/c_p)/K
氦气	4	23	4.60	5
氢气	20	446	9.79	46
氖气	27	87	1.84	47
氧气	90	213	1.90	112
氮气	77	198	2.04	97
氩气	87	162	1.14	142
丙烷	231	425	2.20	193
乙烷	184	488	2.51	194
甲烷	111	509	3.45	147
甲苯	384	363	1.72	211
丙酮	329	518	2.15	241
庚烷	372	318	2.24	142
氨	240	1 180	4.80	246
汞	630	195	0.14	2107
水	373	2 260	4.18	541
苯	353	390	1.73	225
铯	943	49	0.24	204
钾	1 032	1 920	0.81	2 370
钠	1 152	3 600	1.38	2 608
锂	1 615	19 330	4.27	4 526
银	2 450	2 350	0.28	8 393

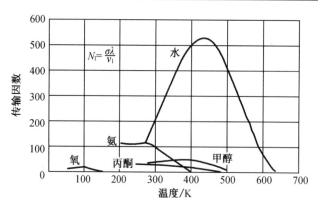

图 1.25 典型热管工作液体的 N_1 比较

一旦给定了应用条件,热管设计者就需要根据需求选择最佳的工作液体。在低于水的凝点且高于约 200 K 的温度范围内,氨是一种极好的工作液体。无论选择哪种流体,流体的纯度都必须至少为 99.999%。在使用之前,应该单独对氨的纯度进行仔细分析。

热管的外部容器通常使用金属管,以提供机械支撑和压力密封。在选择金属时,所选容器的设计和加工极为重要,因为它们会影响到热导管的使用寿命。另外,管道材料和工作液体之间必须存在相容性。对于热管,工作液体与容器的相容性问题包括,液体与壁面、吸液芯材料之间发生的任何化学反应或扩散过程,这一过程可能会生成气体或造成腐蚀。

表 1.2 列出了几种金属与工作液体的相容性。除了金属与液体的相容性外,在选择金属时还要考虑材料的易用性、材料的挤压能力和焊接性。此外,正确的容器清洁和热管处理步骤至关重要,因为热管内的残留污染也可能导致气体产生。还必须采取措施以确保充注流体的纯度;氨中的微量水会与铝制容器发生反应并产生氢气。Chi[12] 和 B&K Engineering 列出了用于各种工作液体-管壁材料组合的标准清洁和充注方法。对于使用温度在 250 K 以下的热管,必须特别注意,当温度下降时,液体的蒸汽压力会减小,使得残留污染产生的不凝性气体膨胀,从而产生更大的问题。

表 1.2 几种金属与工作液体的相容性

工作液体	铝	不锈钢	铜	镍	钛
水	I	C*	C	C	
氨	C	C		C	
甲醇	I	C	C	C	
丙醇	C	C	C		
钠		C		C	I
钾				C	I

注:C—相容;I—不相容;＊—清洁敏感性。

热管吸液芯结构提供了用于形成液体弯月面(引起毛细泵送作用)的多孔结构,并为工作液体从冷凝段返回到蒸发段提供了载体。为了有效地实现吸液芯的功能,设计者必须提供适当尺寸、形状、数量和位置的孔、腔或通道。吸液芯设计中使用了一种优化技术,以找到理想的极限传热能力、泵送能力和温差的组合。设计者还必须考虑吸液芯制造的简易性、与工作液体的相容性、润湿角和所选吸液芯材料的渗透性。

图 1.26 给出了轴向槽吸液芯的截面图。这种设计是空间应用中最常用的。

此外,要求对端盖和充注管的所有焊缝进行 X 射线探测,以确保良好的焊透深度并且没有空隙。在充注之前,必须使用至少为其最大额定工作压力 2 倍的压力对热管容器进行压力测试[20]。其他测试程序包括在不利的倾斜角度下进行性能测试以证明吸液芯功能正常,以及在回流模式下对热管进行气穴测试。应小心放置热管,特别是那些使用氨或其他高蒸汽压

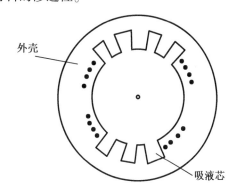

图 1.26　轴向槽吸液芯截面图

力液体的热管,必须采取适当的安全措施,要像对任何其他压力容器一样。人暴露在氨蒸气中时,氨蒸气会对眼睛和其他黏膜造成严重刺激,接触氨水会导致皮肤严重烧伤。热管应尽可能存放在阴凉干燥的环境中。

这些测试操作将抑制任何产生不凝性气体的内部化学反应。

1.9　经 验 教 训

通过热管以外的方式传热存在以下问题:

(1)与传热设备的质量和尺寸相关的价格;

(2)在长距离传输过程中损失大量的热量;

(3)传递热量需要电动设备,例如液体泵;

(4)在零重力条件下运行可能带来问题。

不遵守上述实施方法可能会产生以下影响:铝制容器的不正确清洁和处理可能导致污染物与氨发生反应形成不凝性气体,污染物会干扰蒸汽的流动并降低传热效率。

与氨反应通常产生氢气,气体会聚集在冷凝段。随着越来越多的冷凝段被堵塞,可用于排热的表面积减小,从而降低了传热效率,最终导致热管停止工作。如果不检查端盖和充注管的焊接,可能导致焊接不当或存在缺陷,从而使压力容器泄漏或发生灾难性故障。对于长期太空任务,在相应温度范围内的工作液体(例如甲醇和水)与铝不兼容,因此不应使用铝材料。

1.10　热管的应用

热管的许多应用已充分证明热管现在已经可以作为常规应用。在常规应用中,热管被集成到一个总热控子系统中,将热量从热源输送到较远的位置。热管充当主要导热路径的能力使工程师能够解决存在空间限制或其他限制的热问题,可以使用热管将热量从热敏元件转移到散热片阵列或位于允许更多散热空间的区域的散热器中,从而为电子设备提供灵活布局空间。

在没有足够的空间直接在热源上安装翅片散热器的情况下,大功率电子冷却器就是解决散热方案的一个例子。

除了充当导热路径并帮助远程传热外,热管还可以提高热解决方案的效率。可以通过将热管集成到散热器基座或使热管穿过散热片来实现此目的。在大多数情况下,将热管应用于传统的散热解决方案可以减小尺寸或质量。

将热管集成到散热器基座中最合适的应用是当基座比热容源大的时候。在这种应用中,最高温度出现在热源位置,热源越小,在散热器基座上的扩散距离就越大,从而导致基座中心的温升幅度更大。将热管集成到散热器的基座上,降低了整个基座的温度梯度,从而形成更有效的解决方案。

还可以通过热管集成来提高翅片效率。翅片效率与翅片的散热速率有关。翅片耗散能量的最大速率是翅片处于基准温度的速率。因此,可以通过使热管穿过散热片来提高散热片的效率。与传统的翅片式散热器相比,采用热管结构,将翅片用作冷凝段的一部分,可以减小散热器的占用面积,并提高散热能力。

虽然外部因素(例如冲击、振动、冲力、热冲击和腐蚀环境)可能影响热管寿命,但将其应用到散热系统中也会带来很多好处。如果制造和设计得当,热管是十分可靠的,并且没有活动部件。另外,热管成本很低,对总成本几乎没有影响。

热管本身不是加热或冷却设备。热管组件用于将热量从输入区域排出(最常见的应用是冷却)或将热量转移到输出区域(最常见的应用是加热)。热管组件通常包括三个部分:热输入组件、传热组件(热管)、热输出组件。

热管组件提供各种介质的热管理解决方案:液体、固体和气体。与热管相比,传统的冷却方法(挤压型金属散热器、风扇、水、空调等)在尺寸、质量和效率上都有固有的局限性。在各种系统中,散热问题往往是关键的限制因素。在更小的体积和质量中获得更大功率的目的,往往因为热量过多而无法实现。

在大功率(>150 W)冷却应用中,热管的使用仅限于需要低热阻或封闭面积严格受限的应用场合。由于制造商和手工组装时间的限制,这些较大直径热管的成本很高。

在本书中讨论了一种新的有价值的传热装置,即回路热管。随着回路热管在传热应用中变得越来越普遍,这方面的研究更加重要。回路热管在美国的商业用途将开始于休斯航天(Hughes Space)和通信公司正在研制的下一代通信卫星。这些卫星利用了回路热管的非能动特性,不需要外部泵送装置,并且能够在很长的距离上传输大量热量。这种设备在理想的时间进入传热领域,因为航空航天工业要求越来越高的有效载荷功率,所以这种不断增加的功率必须以最有效的方式来处理。回路热管还被研究用于地面应用,例如太阳能收集器和计算机冷却装置。

回路热管的研究工作以空间卫星应用为重点,但其成果也可用于实现其他应用。回路热管是传统热管的新一代产物。回路热管利用了传统热管的优点,同时克服了传统热管固有的一些缺点。本书是对回路热管的背景、发展和历史的文献综述,以及对重要的地面和空间应用计算机模拟和实验工作的一个完整体系论述。本书全面叙述了回路热管的工作原理,并研究回路热管的新应用,比如用加热功率的一小部分来控制整个航天器有效载荷系统的温度。回路热管给传热界带来了重要的新机遇,这里的研究进一步加深了对这一突破性装置的认识和理解。

热管的应用因其结构和形状的不同而不同。这种独特的传热设备被用于许多行业和领域,从简单的电子换热器到空间应用、核反应堆、输油管道,甚至穿过沼泽和钻井塔的地基建造冰桥,以及修建永久冻土地区的道路,热管都发挥了非常重要的作用。参考文献[21]给出了多种多样的热管应用实例,以及参与这种独特设备设计和应用的公司与制造商。

例如,在美国正在进行一种钻机的应用和开发,该钻机利用热管冷却的小型快中子反应堆进行超深钻孔。

在离心式热管形状中可以看到热管的其他应用,用于冷却带有短路铸造转子的异步电动机。这种电动机主要用于机械工程,通过在转子中使用离心式热管,使电动机速度的电气控制成为可能,而无须复杂的传动装置和齿轮系统[21]。目前在俄罗斯正在进行调研,以探索是否可能使用热管来冷却变压器,包括空气填充或油填充、小型和大型功率变压器,以及冷却电力母线。

德国的 Brown Boveri 公司开发出带有热管的电子设备系统。

(1)功率大于 1 kW 的晶闸管系统;热管的热阻为 0.035 K/W,冷却风速为 6 m/s。

(2)一种用于便携式电流整流器系统的设备(功率为 700 W,热阻为 0.055 K/W,冷却风速为 6 m/s)。

事实证明,热管适合与电子设备组合使用,从而将冷却效果提高 10 倍。

英国 SRDE 实验室(信号研究与开发机构)的产品包括平面电绝缘体形式的热管、极小直径热管、各种组合热管和保温模块。

基于热管、二极管、真空腔等,以及可改变其聚集状态的材料(熔融盐、金属、硫与卤素等)生产的静态电池和热能转换器,在令人关注的领域中应用。其工作温度为 500~800 ℃,热管材料为不锈钢,工作液体为钠,储热功率可达 10~100 kW/h。碱金属高温热管可以成功地用作热离子发生器的电极。

在能源行业,建造利用太阳能和地热能的发电站是一种趋势。目前,美国南部正在建造一座至少 100 kW 的发电站,其以高温热管电池的形式存在,由太阳能加热,在蒸汽发生器或热电转换器中工作。这种与储热单元相连的热管电池将使全天候发电成为可能,同时还有计划使用热管作为电缆和配电线路。

1974 年 10 月 4 日,一枚探空火箭(Black Brant 探空火箭)发射升空,携带了由 NASA/Goddard 太空飞行中心、ESRO、GFW、Hughes 制造的热管。

航空公司和 NASA/Ames 制造的热管包括:

(1)ESRO 斯图加特的 IKE 研究所制造的两个长度为 885 mm,直径为 5 mm 的铝热管。吸液芯是单层不锈钢丝网,干道直径为 0.5 mm。一个热管充满氨,另一个热管充满丙酮。氨热管的功率为 21 W,丙酮热管的功率为 8.4 W。散热器为铝块。

(2)德国技术部的 GFW(Geselfsehaft fiir Weltraumforschung)制造的一个长度为 600 mm 的钛热管和一个直径为 150 mm 的圆盘形状的扁平铝热管。钛热管里面充有甲醇且其端面通过一根铝管与圆盘连接。扁平铝热管装满丙酮,一端连接到一个温度为 35 ℃的"二十烷"蓄热装置(装有熔融物质的罐子)。该系统传输功率为 26 W。

(3)Hughes 航空公司制造的两根不锈钢柔性热管(直径为 6.4 mm,长度为 270 mm)。工作液体是甲醇,吸液芯是金属丝网。

(4)NASA/Ames 制造的两根长度为 910 mm,直径为 12.7 mm 的不锈钢热管。工作液体是甲醇,惰性气体是氮气。吸液芯的主体是螺纹结构,带有金属毡制成的干道,这种干道对不凝性气体不敏感。

(5)NASA 制造了一根铝低温热管,其纵向通道长为 910 mm,直径为 16 mm,装有甲醇。

因此,在 1974 年 10 月 4 日的国际实验中,NASA/GSFC(Grumman 和 TRW)、NASA/Ames、Hughes、ESRO 和 GFW(Dornier)组织参与空间热管的测试。其中,Grumman 建造了五组不同的热管,TRW 建造了三组。

除了探空火箭外,NASA 还使用了许多卫星来测试热管,以评估长期失重条件对热管参数的影响(Skylab 航天器、OAO-Ⅲ、ATS-6、CTS 等)。

法国国家太空研究中心(CNS)独立于美国和欧洲太空中心,开展了由 Aerospatiale 和 SABCA 公司制造的热管的太空实验。1974 年 11 月,法国探空火箭 ERIDAN 214 发射,携带有热管散热器。该实验的目的是验证热管在失重条件下的运行能力,验证热管在火箭飞行开始时是否可以运行,并为航天器设备选择各种热管结构。

研究者研究了三种类型的热管:

(1)由 SABCA 制作的弯曲热管,长为 560 mm,直径为 3.2 mm,钢制管道,吸液芯为不锈钢网,载热剂是氨,传输功率为 4 W,管道是柔性的。

(2)由 CENG(Grenoble 的原子中心)组织制造的热管,长为 270 mm,直径为 5 mm,由铜制成,吸液芯由烧结青铜粉制成,载热剂是水,传输功率为 20 W。

(3)SABCA 热管,类似于 SABCA 制造的热管,但是直的,传输功率为 5 W。

散热器是装有可相变易熔物质的盒子:$T_f = 28.5$ ℃(正十八烷)。能源是 $U = 27$ V 的电池。实验设备的总质量为 2.3 kg。

这些研究非常清楚地表明了目前的积极成果,我们可以有把握地断言,热管将在不久的将来在太空中得到广泛的应用。例如,美国计划将热管用于可重复使用航天飞机和 Spacelab 太空实验室的热控制与热保护。

对于这些设备,热敏性设备将被放置在盒子或罐子里,其中的温度将通过位于外壳壁上的热管保持恒定。参考文献[21]提供了热管在当前行业中的广泛应用和未来的发展趋势。

1.11 小 结

概述

热管是一种非能动能量回收换热器,它的外观类似于普通的板翅式盘管,只是管道之间没有连接。此外,热管被密封的隔板分为两部分。热空气通过一侧(蒸发段)并被冷却,而较冷的空气通过另一侧(冷凝段)。热管是显热换热器,但如果空气条件使散热片上形成冷凝,就可能发生一些潜热传递,从而提高效率(图1.27)。

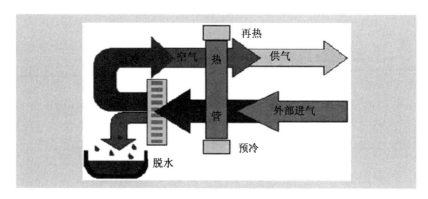

图1.27 热管应用概念

热管是指在其整个长度上都有毛细结构吸液芯的管子,先将其抽空,然后再充入制冷剂作为工作液体,最后永久密封。根据所需的温度条件选择工作液体,这些工作液体通常是Ⅰ类制冷剂。散热片类似于传统的盘管,有波纹板、平板和螺旋设计。管和散热片的间距是根据设计面速度下的适当压降来选择的。通常,暖通空调系统使用铜热管和铝散热片,也有其他材料可供选择。

优点

(1)无活动部件的非能动热交换。

(2)相对节省空间。

(3)在某些情况下,可以减小冷却或加热设备的尺寸。

(4)可以提高现有冷却设备的除湿能力。

(5)气流之间无交叉污染。

缺点

(1)增加了初始成本,也增加了风扇功率以克服阻力。

(2)要求两条气流彼此相邻。

(3)要求气流必须相对清洁并且可能需要过滤。

应用领域

强化热管换热器的应用可以提高系统的潜在散热能力。例如,进入冷却盘管的干空气温度下降 1 ℉,可使潜在散热能力增加约 3%。热管将进入空气中的热量直接传递到离开冷却盘管的低温空气中,从而节省了冷却和再加热的能量。热管也可以用来预冷或预热进入的室外空气和从空调排出的空气。

最佳应用

(1)出于适用度或工艺原因考虑,在相对较低湿度的情况下,可以使用热管。在进入冷却盘管的热空气与离开冷却盘管的冷空气之间使用的热管将显热传递给离开的冷空气,从而减少甚至消除再热的需求。同样,热管在空气到达冷却盘管之前对其进行预冷,增加了潜在散热能力,并可能降低系统的冷却能耗。

(2)需要大量室外空气且排气管紧邻进气口的应用,可通过将排气中的热量传递给进气口,进行预冷或预热来提高系统效率。

可能的应用

(1)在气候潮湿的地区热管和热泵联合使用。

(2)在超市制冷系统中,可以用热管换热器强化单路径系统或双路径系统的换热能力。

(3)法规要求或存在"建筑病综合征"且必须增加室外进气量的现有建筑。

(4)新建筑物所需的通风量导致负载过多,或者所需设备的潜在散热能力不足的情况。

应避免的应用

(1)必须大范围重新布置进气或排气管道的情况,其效益可能无法抵消更高的风扇功率和初始投资成本。

(2)使用热管时没有经过仔细处理,需要小心解决湿润状态可能发生的热管腐蚀、结垢和污垢。

技术类型(资源)

热空气是热源,流经蒸发段被冷却并使工作液体蒸发。较冷的空气流过冷凝段,被加热并使工作液体冷凝。蒸汽压差将蒸汽驱动到冷凝段,冷凝液体通过毛细作用回到蒸发段。热管性能受水平方向的影响,在热端(蒸发段)低于水平面的斜面上运行热管,可改善液体流回蒸发段的能力。热管可以并联或串联使用。

效率

热管的典型应用是风速在 450~550 ft[①]/min 的范围内,每行中有 4~8 列散热片,每英寸 14 片散热片,效率为 45%~65%。例如,如果通过热管蒸发段将温度为 77 ℉的空气冷却到 70 ℉,在冷凝段将冷却盘管中的空气从 55 ℉再加热到 65 ℉,则效率为 45%[(65−55)/(77−22)=45%]。随着行数的增加,效率会增加,但是风速会下降。例如,将效率为 48% 的热管行数加倍可使效率提高到 65%。

倾斜控制可用于:

(1)季节性转换改变运行;

---

① 1 ft = 304.8 mm。

（2）调节容量,以防止送风过热或过冷;

（3）室外空气温度较低时降低效率以防止结霜。

倾斜控制(最大极限为 6°)可以在一端通过温度驱动的倾斜控制器使交换器绕其底座在中心旋转,也可以使用阻尼器和旁路阀。

制造商

（1）American Heat Pipes, Inc.

6914 E. Fowler Ave.

Suite E

Tampa, FL 33617

1-800-727-6511

（2）Dectron Inc

4300 Blvd. Poirier

Montreal, PQ H4R 2C5

Canada

（514）336-9609

mail@ dectron. com

（3）Des Champs Laboratories Inc

P. O. Box 220

Douglas Way

Natural Bridges Station, VA 24579

（703）291-1111

（4）EcoTech Consultants, Inc.

3466 Holcombe Bridge Road

Suite 1000

Norcross, GA 30092

（404）723-6564

（5）Heat Pipe Technology Inc

P. O. Box 999

Alachua, FL 32615-0999

1-800-393-2041

（6）Munters Dry Cool

16900 Jordan Rd.

Selma, TX 78154-1272

1-800-229-8557

moreinfo-dc@ americas. munters. com

（7）Nautica Dehumidifiers, Inc.

9 East Carver St.

Huntington, NY 11743

(516) 351-8249

dehumidify@ aol. com

(8) Octagon Air Systems

1724 Koppers Road

Conley, GA 30288

(404) 609-8881

(9) Power-Save International

P. O. Box 880

Cottage Grove, OR 97424

1-800-432-5560

(10) Seasons 4 Inc.

4500 Industrial Access Road

Douglasville, GA 30134

(770) 489-0716

(11) Temprite Industries

1555 Hawthorne Lane

West Chicago, IL 60185

1-800-552-9300

(12) Venmar CES

2525 Wentz Ave.

Saskatoon, SK S7K 2K9

Canada

1-800-667-3717

customerservice@ venmarvent. com

参 考 文 献[①]

[1] Gaugler, R. S. (1944, June 6). Heat transfer device. U. S. Patent 2,350,348.

[2] Trefethen, L. (1962, February). On the surface tension pumping of liquids or a possible role of the candlewick in space exploration. G. E. Tech. Info. , Ser. No. 615 D114.

[3] Wyatt, T. (Johns Hopkins/Applied Physics Lab.). (1963). Satellite temperature stabilization system. Early development of spacecraft heat pipes for temperature stabilization. U. S. Patent No. 3,152,774 (October 13, 1964), application was files June 11, 1963.

---

① 译者注:为了忠实原著,便于读者阅读与查考,在翻译过程中本书参考文献格式与原著保持一致。

[4]　Grove, G. M., Cotter, T. P., & Erikson, G. F. (1964). Structures of very high thermal conductivity. Journal of Applied Physics, 35, 1990.

[5]　Deverall, J. E., & Kemme, J. E. (1964, October). High thermal conductance devices utilizing the boiling of lithium and silver. Los Alamos Scientific Laboratory report LA-3211.

[6]　Grover, G. M., Cotter, T. P., & Erickson, G. F. (1964). Structures of very high thermal conductance. Journal of Applied Physics, 35(6), 1990-1991.

[7]　Grover, G. M., Bohdansky, J., & Busse, C. A. (1965). The use of a new heat removal system in space thermionic power supplies. European Atomic Energy Community-EURATOM report EUR 2229.

[8]　Cotter, T. P, Deverall, J., Erickson, G. F., Grover, G. M., Keddy, E. S., Kemme, J. E., et al. (1965). Status report on theory and experiments on heat pipes at Los Alamos. Proceedings of the International Conference on Thermionic Power Generation, London, September 1965.

[9]　Ranken, W. A., & Kemme, J. E. (1965). Survey of Los Alamos and EURATOM heat pipe investigations. Proc. IEEE Thermionic Conversion Specialist Conf., San Diego, California, October 1965, Los Alamos Scientific Laboratory, report LA-DC-7555.

[10]　Kernme, J. E. (1966). Heat pipe capability experiments. Proc. of Joint AEC Sandia Laboratories report SC-M-66-623, 1, October 1966. Expanded version of this paper, Los Alamos Scientific Laboratory report LA-3585-MS (August 1966), also as LA-DC-7938. Revised version of LA-3583-MS, Proc. EEE Thermionic Conversion Specialist Conference, Houston, Texas, (November 1966).

[11]　Bennett, G. A. (1977, September 1). Conceptual design of a heat pipe radiator. LA-6939-MS Technical Report, Los Alamos Scientific Lab., N. Mex. (USA).

[12]　Chi, S. W. (1976). Heat pipe theory and practice. New York: McGraw-Hill.

[13]　Dunn, P. D., & Reay, D. A. (1982). Heat pipes (3rd ed.). New York: Pergamon.

[14]　Gerasimov, Y. F., Maidanik, Y. F., & Schegolev, G. T. (1975). Low-temperature heat pipes with separated channels for vapor and liquid. Journal of Engineering Physics, 28(6), 957-960 (in Russian).

[15]　Watanabe, K., Kimura, A., Kawabata, K., Yanagida, T., & Yamauchi M. (2001). Development of a variable-conductance heat-pipe for a sodium-sulfur (NAS) battery. Furukawa Review, 20.

[16]　Marcus, B. D. (1971). Theory and design of variable conductance heat pipes: Control techniques. Research Report No. 2, July 1971, NASA 13111-6027-R0-00.

[17]　Kemme, J. E. (1969, August 1). Heat pipe design considerations. Los Alamos Scientific Laboratory report LA-4221-MS.

[18]　Woloshun, K. A., Merrigan, M. A., & Best, E. D. (1988). HTPIPE: A steady-

state heat pipe analysis program, A User's Manual.

[19] Peterson, G. P. (1994). An introduction to heat pipes: Modeling, testing, and applications (pp. 175-210). New York: John Wiley & Sons.

[20] Brennan, P. J., & Kroliczek, E. J. (1979). Heat pipe design handbook. Towson, MD: B & K Engineering, Inc.

[21] MIL-STD-1522A (USAF). (1984, May). Military standard general requirements for safe design and operation of pressurized missile and space systems.

第 2 章　热管的理论与模型

在本章中,我们将基于读者不了解高等数学、物理和热管知识这样的假设来讨论热管理论。我们将介绍热管涉及的基础科学和技术。当需要参考物理学、流体力学和气体动力学的基础知识时,维基百科网站或非常基础的物理学书籍都可以给读者提供一些相关的基本概念,本章特定部分的专题讨论也可以为读者提供帮助。本章介绍了基于当前不同的研究论文和书籍的热管基本理论,从而为读者在设计和制造所需的热管时开辟出一条清晰的道路。

2.1　热管的理论

热传输一直是热管理中最困难和效率最低的环节之一,通常会造成热损失并降低系统整体效率。当前,汽车内部机械和电子部件的性能都取决于冷却系统的效率[1]。通过热管进行的热传递是最快和最有效的热管理方法之一。热管是一种高导热的传热装置,其利用工作液体的潜热在很小的温度梯度下进行高效的热传递。自20世纪50年代初期以来,热管一直是众多研究的主题,并且有多种形式的商业用途,是一项很有前景的技术。

2.2　基 本 考 虑

热管是一种非常有效的热导体。典型的热管由一个容器组成,在容器的内壁衬有吸液芯结构。工作过程为:首先将容器抽真空,然后充入工作液体并密封。当热管的一端被加热时,工作液体由液体蒸发成蒸汽(相变),蒸汽通过热管蒸汽腔到达热管的另一端,蒸汽凝结成液体,同时释放热量。最后,液体通过毛细作用经由吸液芯流回热管的起始端。

由液体转变为气体所需的能量称为蒸发潜热。热管可以弯曲或压扁以满足不同结构的需求,这种结构不需要底座,并且具有很强的热传导能力。参考文献[1-2]是关于弯曲对热管性能影响的研究,前期的研究中已成功演示了柔性和预弯热管,可弯曲热管是本研究中开发的一种新型装置,可以根据需要在制造完成后弯曲。研究内容包括弯曲对适用温度、性能和极限的影响。早期的研究主要集中在直管热管,然而,许多实际设计要求热管的形状是弯曲的[2-3]。本书研究了可弯曲热管的可行性,这些热管可以在制造完成后弯曲而不影响其性能。

当前,电子元件的散热通量一直在稳定增长,在某些应用中已经达到了仅凭空气冷却不再满足要求的程度。在过去十年中受到广泛关注的一种替代解决方案是使用热管或热虹吸管来转移或传递需耗散的热量。本章讨论了两相热虹吸回路,特别讨论了工作液体的选择及其对设计和性能的影响,相关讨论都是基于传热和压降的模拟结果得到的。一般情况下,高压流体可提供更好的性能和更紧凑的设计,因为高压导致更高的沸腾传热系数和更小的管径。

Bliss 等[4]开发并制造了一种柔性热管,以分析热管在不同程度弯曲和无弯曲模式下的运行特性。多年来,柔性热管一直受到人们的关注,毫无疑问这些问题都是由航空航天工业提出的。图 2.1 所示是典型的柔性热管 HP01 的弯曲结构示意图。

热管可以弯曲和压扁以满足不同结构的需要。一种短而粗形式的热管称为热柱,不需要底座,具有很强的热传导能力,在化学工业和与之密切相关的工业中发挥重要的传热作用。其应用包括热回收、过程等温化以及塑料成型中的模具冷却。热管用最简单的形式获得极高的热导率,通常是金属的数百倍。

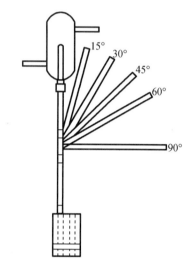

图 2.1　典型的柔性热管 HP01 的弯曲结构示意图

因此,热管可以产生几乎等温的条件,成为近乎理想的传热器件。另一种形式的热管可以在随时间变化的条件下提供积极、快速和精确的温度控制。

热管是独立的,没有机械运动部件,除了流经它的热量外,不需要外部动力。

带穿透翅片的热管散热器模块

这种散热器在热管的冷凝端使用厚间隙翅片(Cu 或 Al)。翅片和热管的组装方法有压配法和焊接法两种。目前,这些散热器广泛应用于电子通信、笔记本电脑、工业控制设备等领域,大大减小了冷却设备的尺寸,有效提高了散热性能。

带嵌入式热管的散热器模块

嵌入散热器底座内的热管可以平衡温度分布,提高热效率。特别是在散热面积有限但基底面积较大的条件下,这种散热器能带来更好的均匀化温度分布。

现代电子系统结构紧凑,通常包含一个或多个高功率、高密度设备,如微处理器。随着这些微处理器功能的增加,它们变得越来越密集,运行速度越来越快,因此产生的热量也越来越多。发热器件通常被集成到一个或多个集成电路中,每一个集成电路或模具被布置在一个相对平坦的电路封装包或外壳中。如下文所提到的"芯片",它是指电路封装包和所包含的芯片。用于冷却整个电子系统的传统强制空气冷却系统通常无法充分冷却高功率、高密度芯片。相反,这些芯片需要专用的冷却系统。一种专用冷却系统设计是使用液体冷却剂,当吸热或散热时会改变其相态。当热量从芯片传递到冷却剂时,冷却剂从液体变为蒸汽,并在将热量散发到周围环境时从蒸汽变回液体。冷却剂可以置于传统的热管中,该热管的一端用作蒸发段,而另一端用作冷凝段。作为蒸发段的热管末端与芯片的发热端接触,通过热管管壁将热量从芯片传递到冷却剂,使冷却剂蒸发。蒸汽在传输到热管的冷凝段时凝结,热量消散到周围环境中。吸液芯或其他毛细管装置将冷凝的冷却剂通过管道吸回蒸发段,热量再次从芯片转移到蒸发段。传统的热管包括可扩展波纹管,都是相对刚性的,这些热管可以弯曲,但需要较大的弯曲半径和较厚的有效截面。因此,这些传统热管无论是弹性的还是塑性的,都不太容易变形来匹配电子系统的空间限制。例如如果热管是金属之类的材料,即使是为了便于安装,它一般也不能弯曲或折弯。因此,必须在系统内留出可使用的适合热管形状大小空间,以及靠近发热芯片的空间,以容纳热管。随着客户对系统尺寸更小、性能更强大的需求不断增长,为这些刚性热管提供空间越来越难。除了那些集成到相对扁平的电路外壳的组件(如功率晶体管)外,通常圆柱形的组件也可能需要冷却。传统的刚性热管不易配置,因此,必须专门为这些部件制造形状特定的管道。这种定制的热管通常生产成本更高。这就需要一种特殊热管,它可以安装在相对狭窄的空间中,并且可以很容易实现弹性或塑性成形,以匹配系统内现有的空间和/或集成到电路外壳的组件。这是意料之中的,高功率芯片将包含在越来越多的设备中,以满足消费者对速度更快、功能更强大的电子系统的需求。因此,热管将被越来越多地纳入电子系统。这些热管的制造成本成为影响系统制造成本和定价的一个重要因素。因此,人们需要一种制造成本低的热管。

2.3　热管的工作特性

热管大致分为三个部分,即蒸发段、绝热段和冷凝段。如图 2.2 所示,典型的热管有一个从热源吸热的蒸发段,蒸发段中吸收的热量使工作液由液体变为蒸汽。蒸发段中蒸汽压力的增加使蒸汽离开蒸发段通过绝热段到达冷凝段,并释放汽化潜热到散热器。冷凝液通过毛细抽吸作用和/或体积力的结合,克服压力梯度泵送回蒸发段。在热管的正常运行过程中,这种流体回路是循环往复的,只要有足够的蒸汽压力和毛细压力,热管就可以持续运行。

在蒸发段,液体回到吸液芯孔隙中,因此蒸汽界面孔隙中的弯月面高度弯曲,而冷凝段蒸汽界面的液体弯月面几乎是平的。在蒸汽界面弯月面界面曲率的这种差异与工作液体的表面张力相结合,导致沿管道长度的液-汽界面处产生毛细力梯度。这种毛细力梯度泵送工作液体以抵抗各种压力损失,如摩擦和惯性以及体积力[5]。这种压力的轴向变化如图 2.2 和图 2.3 所示。

热管通过工作液体的两相流动传输热量[5]。如图 2.4 所示,热管是由工作液体和吸液芯组成的真空密封装置。热量输入使蒸发段吸液芯内的工作液体汽化。携带汽化潜热的饱和蒸汽流向较冷的冷凝段。在冷凝段中,蒸汽凝结并放出汽化潜热,冷凝液在毛细作用下通过吸液芯结构返回蒸发段。只要保持蒸发段和冷凝段之间的温度梯度,相变过程和两相循环流动就会持续。

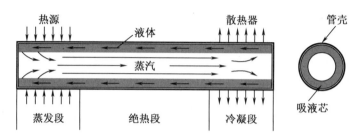

图 2.2 典型热管的构造和运行原理图

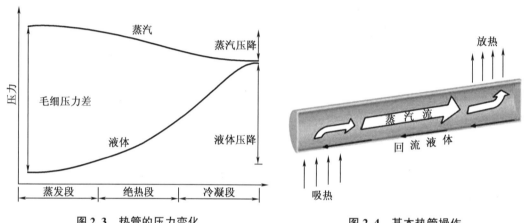

图 2.3 热管的压力变化

图 2.4 基本热管操作

可变热导热管,或称为 VCHP,可以非能动地在很宽的输入功率范围内保持相对恒定的蒸发段温度[6-8]。如图 2.5 所示,可变热导热管与传统热管类似,但有一个储存器控制着不凝性气体的含量。热管运行时,不凝性气体被蒸汽扫向热管的冷凝段,并阻止工作液体流动到不凝性气体所在的冷凝段。可变热导热管的工作方式是通过改变工作液体的冷凝段传热面积来调节温度。随着蒸发段温度的升高,蒸汽温度升高,不凝性气体被压缩[图 2.5(a)],更多冷凝段面积暴露在工作液中,从而使热管的有效热导率增加,蒸发段的温度降低。相反,如果蒸发段温度降低,蒸汽压力下降,不凝性气体膨胀[图 2.5(b)],冷凝段传热面积减小,热管的导热系数减小,促使蒸发段温度升高。

对于图 2.5 所示的简单可变热导热管,其控制程度主要取决于两个因素:工作液体蒸汽压力曲线的斜率和储存器与冷凝段的体积比。在特定的工作温度下,具有较陡蒸汽压力曲线的工作液体可以实现更好的温度控制。温度的微小变化会引起压力的较大变化,从而导致不凝性气体体积出现较大变化。同样,较大的储存器体积可以改善控制性能,因为给定的压力变化会导致冷凝段中气-汽界面位置的较大变化。较小体积的储存器含有的气体量少,可以提供较小的气-汽界面位置变化。典型的调节比在 5∶1 到 10∶1 之间,取决于储存器的大小。对于工作液体和工作温度的组合,温度控制范围可以在 ±3 ℃ 以内。

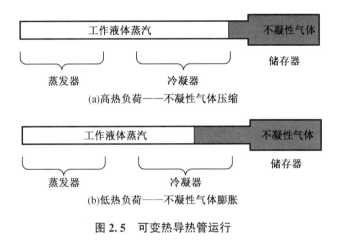

(a)高热负荷——不凝性气体压缩

(b)低热负荷——不凝性气体膨胀

图 2.5　可变热导热管运行

2.4　运 行 限 制

与其他系统一样,热管的性能和运行受到各种参数的限制。可能限制热管传热的物理现象包括毛细力、阻塞流、界面剪切和初始沸腾。传热极限取决于管道的尺寸和形状、工作液体、吸液芯参数和运行温度。这些约束中的最低极限定义了热管在给定温度下的最大热传输限制[9]。

2.5　毛 细 压 差

液-汽界面上的毛细压差决定了热管的运行。这是影响热管性能和运行的最重要参数之一,通常是低温热管运行的主要限制因素。当毛细力不足以将工作液体泵送回蒸发段时,会发生毛细极限,导致蒸发段末端吸液芯干涸。吸液芯的物理结构是造成这一极限的最重要原因之一,工作液体的类型也会对其产生影响。一旦出现毛细极限,热量输入的进一步增加可能造成热管损坏严重[9]。

当热管处于稳态运行时,蒸汽从蒸发段连续流向冷凝段,工作液体通过吸液芯从冷凝段流向蒸发段。由于沿热管存在轴向蒸汽压力梯度(Δp_v)和液体压力梯度(Δp_l)(图 2.6),这种流动是可能的。由于在液-汽界面形成的弯月面处存在毛细力,而毛细力(Δp_{cap})是液体回流到蒸发段所必需的。此外,由于蒸发段($\Delta p_{e_{phase}}$)和冷凝段($\Delta p_{c_{phase}}$)存在相变,以及重力(Δp_g)的影响都会形成压力梯度。因此,毛细极限 $\Delta p_{cap_{max}}$ 表示为

$$\Delta p_{cap_{max}} \geqslant \Delta p_{e_{phase}} + \Delta p_{c_{phase}} + \Delta p_l + \Delta p_v + \Delta p_g \qquad (2.1a)$$

可根据热管的工作倾角确定式(2.1a)的另一种形式[10]:

$$\Delta p_{cap_{max}} \geqslant \Delta p_l + \Delta p_v + \Delta p_g \qquad (2.1b)$$

式中 Δp_1——工作液体从冷凝段返回蒸发段所需的压降;

Δp_v——使蒸汽从蒸发段流向冷凝段所需的压降;

Δp_g——重力压头,是关于热管倾角的函数。

如果蒸发段部分位于冷凝段上部,Δp_g 表示压力下降[在式(2.1b)中表示为正],反向,则将产生压力上升[在式(2.1b)中表示为负]。

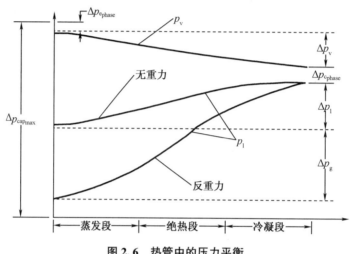

图 2.6 热管中的压力平衡

为了使热管正常工作,必须满足上述方程的压力平衡,最大毛细力可以通过下式计算[9]:

$$\Delta p_{cap_{max}} = \frac{2\sigma}{r_{eff}} \qquad (2.2)$$

式中,r_{eff} 是由因子 $l/\cos\theta_{max,min}$ 修正的有效孔隙或毛细半径,其中 l 为有效毛细半径,θ 为接触角。在式(2.1)中,Δp_v 应视为沿热管的绝对蒸汽压,Δp_g 应视为由于重力对热管轴向的影响而导致的工作液体中的压降,并表示为

$$\Delta p_g = \rho_1 g L_t \sin\varphi \qquad (2.3)$$

式中,φ 表示热管相对于水平方向的倾角。$\Delta p_{e_{phase}}$ 和 $\Delta p_{c_{phase}}$ 是由于液-汽界面的蒸发和冷凝而引起的压降,通常可以忽略不计。Δp_1 是引起毛细极限的主要因素,表示由摩擦阻力引起热管吸液芯结构中液体流动的压降[9]。

为了使热管正常工作,毛细力应大于液-汽环路上的整个压力梯度。为了使热管正常运行,毛细力必须大于或等于由惯性、黏性和流体静力以及压力梯度引起的压降之和,否则工作液体就不能迅速补充到蒸发段以补偿由液体蒸发而造成的损失。如果发生这种情况,蒸发段就会干涸。

为了推导式(2.2),我们假设在热管正常运行情况下,弯月面是由液-汽界面形成的,如图 2.6 所示,毛细力定义为 $(p_v - p_1)$,可以用 Young-Laplace 方程计算如下:

$$p_{cap} = p_c = \sigma\left(\frac{1}{R_1} + \frac{1}{R_2}\right) \qquad (2.4)$$

式中 R_1、R_2——弯月面曲率半径；

$\qquad$ σ——液体的表面张力系数[11]。

注意，使用 Young-Laplace 方程(2.4)的典型约束条件是液-汽界面为静态。这是因为当热管正常运行时，在液-汽界面的一维两相流动情况下，热管蒸发段和冷凝段之间的曲率差提供了工作液体在毛细作用下循环的潜在驱动力。我们可以将这些界面分别转化为宏观和微观尺度，在宏观尺度上，液体和蒸汽之间的界面被模拟为一个不连续的表面，并以表面张力为特征。而这两个界面的微观尺度是一个体积过渡区，分子数密度在这个区域上连续变化。宏观尺度的表面张力可以从热力学的角度定义为界面表面单位面积增加的自由能(或所需功)的变化，可以用式(2.5)表示：

$$\sigma = \left(\frac{\partial E}{\partial A_s}\right)_{T,n} \tag{2.5}$$

如图 2.7 所示，该界面的毛细力受弯月面曲率和工作液体表面张力影响，由 Young-Laplace 方程导出[12]如下：

$$\Delta p_c = \sigma\left(\frac{1}{R_1} - \frac{1}{R_2}\right) \tag{2.6}$$

式中 R_1, R_2——弯月面的半径，如图 2.7 所示；

$\qquad$ σ——液体的表面张力系数。

再次注意，这个方程的局限性是假设液-汽界面是静态的，界面质量通量(在热管蒸发段)很低，分离压力效应可以忽略不计。在薄膜非常薄的情况下，Wayner 提出了一种分析方法[12]［式(2.6)］，并指出，为了预测物理上正确和准确的界面毛细力，必须考虑分离的压力效应。

在这一点上，我们关注的是计算 $\frac{1}{R_1} + \frac{1}{R_2}$ 的最大值，考虑各种类型的吸液芯结构，得出最大毛细力

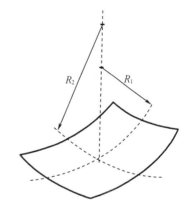

图 2.7 液-汽界面弯月面的几何形状

$p_{\text{cap}_{\max}}$。在圆柱形孔的形式中，R_1 和 R_2 彼此相等，可以等效为 R：

$$R = \frac{r}{\cos\theta} \tag{2.7a}$$

式中 r——圆柱形孔的半径；

$\qquad$ θ——润湿角。

将式(2.7a)中的 R 代入式(2.4)中，圆柱形孔(图 2.8)的毛细力计算结果如下：

$$p_c = \frac{2\sigma\cos\theta}{r} \tag{2.7b}$$

当式(2.7b)中的润湿角 $\theta = 0°$，即 $\cos\theta$ 值为 1 时出现最大毛细力。因此，圆柱形孔的最大毛细力可以用式(2.7c)计算：

$$p_{\text{cap}_{\max}} = \frac{2\sigma}{r_{\text{capillary}}} \tag{2.7c}$$

式中，$r_{\text{capillary}} = r_{\text{eff}}$ 是吸液芯有效毛细半径或孔隙，$\dfrac{2\sigma}{r_{\text{capillary}}}$ 可以表示为不同吸液芯结构的 $\dfrac{1}{R_1} + \dfrac{1}{R_2}$ 的最大值。对于简单几何形状和液–汽界面的吸液芯结构，该值可以从理论上确定，而对于复杂的几何形状，该值则需要通过实验结果来确定[13-15]。

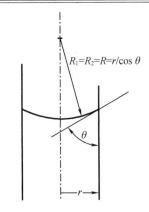

$R_1 = R_2 = R = r/\cos\theta$

图 2.8　圆柱形孔隙中弯月面的描述

　　总之，如果图 2.7 中的一个曲率半径是无穷大的，在最大毛细力的润湿角为零的情况下，只要凹槽深度大于凹槽宽度的一半，另一个曲率半径就等于凹槽宽度的一半，由此可以很容易地表示出矩形凹槽的曲率半径：

$$r_c = w \tag{2.7d}$$

式中，w 是凹槽宽度。

　　对于三角形凹槽，如果半包含角是 β，宽度是 w，当润湿角为零时，曲率半径等于无穷大，那么有

$$R = \frac{w}{2\cos\beta} \tag{2.7e}$$

因此，这种几何形状的有效毛细半径可以用以下方程来分析：

$$\frac{2}{r_c} = \frac{1}{R} = \frac{2\cos\beta}{w} \tag{2.7f}$$

因此

$$r_c = \frac{w}{\cos\beta} \tag{2.7g}$$

对于由一系列平行金属丝组成的吸液芯结构，可以很容易地得出

$$r_c = w \tag{2.7h}$$

表 2.1 中给出了不同吸液芯结构的有效毛细半径 $r_{\text{capillary}} = r_c$ 的表达式。

表 2.1　几种吸液芯结构的有效毛细半径 $r_{\text{capillary}} = r_c$ 的表达式

结构	r_c	数据
圆柱体（干道或隧道吸液芯）	$r_{\text{eff}} = r$	$r =$ 液体流道半径
矩形槽	$r_{\text{eff}} = w$	$w =$ 凹槽宽度
三角槽	$r_{\text{eff}} = \dfrac{w}{\cos\beta}$	$w =$ 凹槽宽度
		$\beta =$ 半包含角
平行吸液芯	$r_{\text{eff}} = w$	$w =$ 线间距离
金属丝网	$r_{\text{eff}} = \dfrac{w + d_w}{2} = \dfrac{1}{2N}$	$N =$ 丝网孔数
		$w =$ 线间距离
		$d_w =$ 金属丝直径
填充球	$r_c = 0.41 r_s$	$r_s =$ 球体半径

在物理学中,Young-Laplace 方程是一个非线性偏微分方程,它描述了由于表面张力现象而在两种静态流体(如水和空气)之间的界面上持续存在的毛细压差,它将压差与表面形状联系起来,这在静态毛细孔表面的研究中非常重要。该方程给出了在静态流体界面上的正应力平衡关系,其中界面被视为表面(零厚度):

$$\Delta p = \gamma \, \nabla \cdot \boldsymbol{n} = 2\gamma H = \gamma \left(\frac{1}{R_1} + \frac{1}{R_2} \right)$$

式中　Δp——流体界面的压差;

　　　γ——表面张力系数;

　　　$\boldsymbol{n}$——向界面外的单位法向量;

　　　H——平均曲率;

　　　R_1、R_2——主曲率半径。

(有些作者不恰当地将因子 $2H$ 称为总曲率)。数学上,曲面 S 上的平均曲率 H 是来自不同微分几何曲率的外部度量,描述了嵌入曲面在某些环境空间(例如欧氏空间)中的曲率。

这一概念是由索菲·热尔曼(Sophie Germain)在她的弹性理论中引入的。

注:只考虑法向应力,这是因为只有在没有切向应力的情况下,静态界面才是可能存在的。

定义:设 p 是表面 S 上的一个点,考虑 S 上的所有曲线 C_i 通过表面上的点 p。每一个这样的 C_i 在 p 点都有一个相关的曲率 R_i。在曲率 R_i 中,至少有一个被描述为最大 R_1,一个被描述为最小 R_2,这两个曲率 R_1、R_2 被称为 S 的主曲率。

在表面 S 上 p 点处的平均曲率是曲率的平均值(Spivak,第 3 卷,第 2 章)[16],因此定义为

$$H = \frac{1}{2} \left(\frac{1}{R_1} + \frac{1}{R_2} \right)$$

一般地说(Spivak,第 4 卷,第 7 章)[16],对于超曲面 T,平均曲率定义为

$$H = \frac{1}{n} \sum_{i=1}^{n} R_i$$

抽象地说,平均曲率是(乘以)第二基本形式的轨迹(或等效的,形状算子)。

此外,平均曲率 H 可以使用 Gauss-Weingarten 关系式,用协变导数 ∇ 写成 $H\boldsymbol{n} = \boldsymbol{g}_{ij} \, \nabla_i \nabla_j X$ 的形式,其中 X 是平滑嵌入超曲面中的一部分,$\boldsymbol{n}$ 是单位法向量,$\boldsymbol{g}_{ij}$ 是度量张量。当且仅当平均曲率为零时,曲面是最小曲面。根据表面的平均曲率演化的表面称为遵循平均曲率流动方程的热型方程。

球体是唯一没有边界或奇点的恒正平均曲率表面。

热管中的毛细力

在一个足够窄(即低连接数)的圆形截面管(半径 a)中,两种流体之间的界面会形成一个弯月面(图 2.9),该弯月面是半径为 R 的球体表面的一部分。穿过这个表面的压差为

$$\Delta p = \frac{2\gamma}{R}$$

这可以由球面形式的 Young-Laplace 方程来表示,通过用接触角边界条件和规定高度的边界条件,例如弯月面底部来求解。解是球体的一部分,解只存在于上面所示的压差。这很重要,因为没有另一个方程或定律来指定压差。压差的某一特定值的解存在性也规定了这一点。

球体的半径仅是接触角 θ 的函数,而接触角 θ 又取决于它们所接触的流体和固体的独特性质:

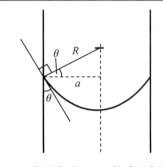

图 2.9 润湿角小于 90° 的球形弯月面

$$R = \frac{a}{\cos\theta}$$

因此压差可以写成

$$\Delta p = \frac{2\gamma\cos\theta}{a}$$

为了保持流体静力学平衡,通过高度 h 的变化来平衡毛细力,h 可以是正的也可以是负的,这取决于润湿角是小于还是大于 90°。对于密度为 ρ 的流体:

$$h = \frac{2\gamma\cos\theta}{\rho g a}$$

式中,g 是重力加速度。1718 年 James Jurin 研究了 h 对毛细力的影响,有时称其为 Jurin 规则或 Jurin 高度。

海平面空气中充满水的玻璃毛细管液柱示意图如图 2.10 所示。其中左侧 2 个高度变化表示接触角小于 90°;右侧 2 个高度变化表示接触角大于 90°。

$\gamma = 0.072\ 8\ \text{J/m}^2(20\ ℃)$	$\theta = 20°(0.35\ \text{rad})$
$\rho = 1\ 000\ \text{kg/m}^3$	$g = 9.8\ \text{m/s}^2$

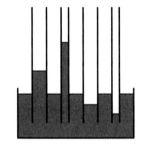

图 2.10 毛细管液柱示意图

因此,液柱的高度由下式给出:

$$h \approx \frac{1.4 \times 10^{-5}}{a}\ \text{m}$$

对于一个 2 mm(1 mm 半径)的毛细管,液柱将上升到 14 mm,而对于半径为 0.1 mm 的毛细管,液柱将上升到 14 cm(约 6 in[①])。

一般毛细作用

在一般情况下,如果在自由表面处施加了一个超压 Δp,则施加的压力、静水压力和表面张力之间存在平衡。

Young-Laplace 方程变为

---

① 1 in = 2.54 cm。

$$\Delta p = \rho g h - \gamma \left(\frac{1}{R_1} + \frac{1}{R_2} \right)$$

该方程可以根据其特征尺度、毛细管长度进行无量纲化：

$$L_c = \sqrt{\frac{\gamma}{\rho g}}$$

特征压力为

$$p_c = \frac{\gamma}{L_c} = \sqrt{\gamma \rho g}$$

对于标准温度和压力下的清洁水,毛细管长度约为 2 mm。

然后,无量纲方程变为

$$h^* - \Delta p^* = \left(\frac{1}{R_1^*} + \frac{1}{R_2^*} \right)$$

式中　$R_1^* = R_1 / L_c$；

$\qquad R_2^* = R_2 / L_c$；

$\qquad \Delta p^* = \Delta p / p_c$；

$\qquad h^* = h / L_c$。

因此,表面形状只由一个参数决定,即流体的超压 Δp^*,而表面的特征尺度由毛细管长度给出。求解方程需要位置初始条件和起始点的表面梯度。

在超压 $\Delta p^* = 3$ 和初始条件 $r_0 = 10^{-4}$、$z_0 = 0$、$dz/dr = 0$ 下产生的悬浮液滴如图 2.11 所示。

在超压 $\Delta p^* = 3.5$ 和初始条件 $r_0 = 0.25^{-4}$、$z_0 = 0$、$dz/dr = 0$ 下产生的液体桥如图 2.12 所示。

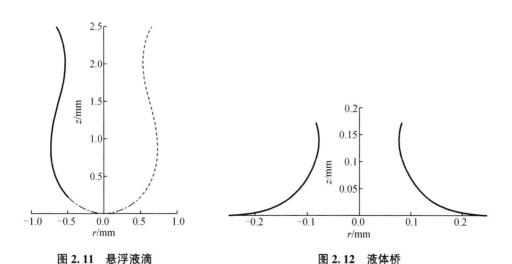

图 2.11　悬浮液滴　　　　　　　　　图 2.12　液体桥

轴对称方程

轴对称表面的(无量纲)形状 $r(z)$ 可以通过用曲率代替一般表达式的方式来给出静水力学的 Young-Laplace 方程：

$$\frac{r''}{(1+r'^2)^{\frac{3}{2}}} - \frac{1}{r(z)\sqrt{1+r'^2}} = z - \Delta p^*$$

$$\frac{z''}{(1+z'^2)^{\frac{3}{2}}} - \frac{z'}{r\sqrt{1+z'^2}} = \Delta p^* - z(r)$$

最小毛细力方程[17]:

$$(\Delta p_c)_m \geq \int_{Leff} \frac{\partial p_v}{\partial x} dx + \int_{Leff} \frac{\partial p_1}{\partial x} dx + \Delta p_{e_{phase}} + \Delta p_{c_{phase}} + \Delta p_{\perp} + \Delta p_{//} \tag{2.8a}$$

式中 $(\Delta p_c)_m$——湿点和干点之间毛细管吸液芯结构内产生的最大毛细压差;

$\frac{\partial p_v}{\partial x}$——在气相中的惯性和黏性压降之和;

$\frac{\partial p_1}{\partial x}$——在液相中的惯性和黏性压降之和;

$\Delta p_{e_{phase}}$——蒸发段中跨相转变的压力梯度;

$\Delta p_{c_{phase}}$——冷凝段中跨相转变的压力梯度;

$\Delta p_{\perp}$——正常静水压降;

$\Delta p_{//}$——轴向静水压降。

将冷凝的工作液体通过吸液芯输送到蒸发段的驱动力由毛细力提供。在热管中使用的工作液体具有凹面弯月面(润湿液体),而不是凸面弯月面(非润湿液体)[9]。

接触角定义为固体和蒸汽区域之间的夹角,润湿液体的角度在0°到90°之间,非湿润液体的角度在90°到180°之间[9]。

2.5.1 正常静水压力

在热管内,当热管受到气相和液相的重力或体积力作用时,会产生静水压力梯度。

由于在热管吸液芯中的工作液体可以周向联通,因此正常的静水压降 $\Delta p_{\perp}$ 只发生在热管中,它是垂直于热管纵轴的体积力分量作用的结果。正常静水压降可表示为[17]

$$\Delta p_{\perp} = \rho_1 g d_v \cos \psi \tag{2.8b}$$

式中 ρ_1——液体密度;

g——重力加速度;

ψ——热管倾角;

d_v——热管蒸汽部分直径。

2.5.2 轴向静水压力

轴向静水压降 $\Delta p_{//}$ 是由作用于纵轴的体积力分量引起的,可以表示如下[17]:

$$\Delta p_{//} = \rho_1 g L \sin \psi \tag{2.8c}$$

式中　ρ_1——液体密度；

　　g——重力加速度；

　　ψ——热管倾角；

　　L——热管总长度。

2.5.3　液-汽界面的毛细力

正如前述章节所讨论的,单个液-汽界面的毛细压差定义为 $p_v - p_1$ 或 $\Delta p_{capillary} = \Delta p_c$(图 2.13 和图 2.14),可以用 Young-Laplace 方程的形式表示,该方程以 $\Delta p_c = \sigma\left(\dfrac{1}{R_1} - \dfrac{1}{R_2}\right)$ 形式用式(2.6)表示,其中 R_1 和 R_2 定义为弯月面的半径,如图 2.7 所示,σ 是热管内工作液体的表面张力[17]。

对于许多热管吸液芯结构,最大毛细力可以用单个曲率半径 r_c 来表示。以这种方式,湿点和干点之间的最大毛细力可以表示为湿点处弯月面上的毛细力之差,如下所示:

$$\Delta p_c = \frac{2\sigma}{r_{c_{evaporator}}} - \frac{2\sigma}{r_{c_{condenser}}} \tag{2.9}$$

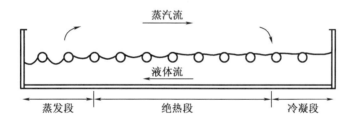

图 2.13　弯月面曲率随轴向位置的变化

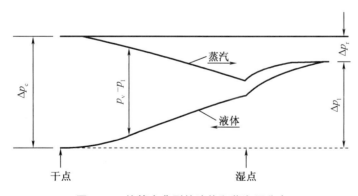

图 2.14　热管中典型的液体和蒸汽压分布

正如我们在上一节结合图 2.9 所讨论的,在蒸发段中发生的汽化导致液体弯月面退入吸液芯内,降低了局部毛细半径 $r_{c_{evaporator}}$,在冷凝段中,冷凝引起吸液芯溢流,从而增加了局部毛细半径 $r_{c_{condenser}}$。由此产生的两个曲率半径的差异形成压差,从而将液体从冷凝段泵送到蒸发段[17]。在热管稳态运行时，一般假定冷凝段或湿点处的毛细半径 $r_{c_{condenser}}$ 接近无穷大，在这种状态下运行的热管的最大毛细力可以表示为蒸发段吸液芯有效毛细半径的函数，如式（2.7）所示，在此处可以不同的形式表示为式（2.10）：

$$\Delta p_{capillary_{max}} = \frac{2\sigma}{r_c} \qquad (2.10)$$

Chi[18]等给出了表 2.1 所示的一些更常见的吸液芯结构有效毛细半径 r_c 值。对于其他简单的几何形状，理论上可以用 Chi[18] 提出的方法给出有效的毛细半径。本书 2.13.1 节给出了 Chi 等的方法。Ferrell 和 Alleavitch、Freggens[19] 和 Eninger[20] 等给出的实验方法可以描述更复杂几何形状的孔隙或结构。此外，Colwell 和 Chang 等[21]研究了毛细结构瞬态行为。

例 2.1（Peterson[17]）

一种经常用于提高热管传输能力的方法是使用较高网格数的丝网（即用较小毛细孔的丝网）来提高最大毛细力，但是这也增加了液体流动的阻力。使用从手册中获得的铜丝网的尺寸，绘制吸液芯毛细力与网格数的关系，分析网格数的变化如何影响最大传输能力。

解 最大毛细力由下式给出（假设接触角为 0°）：

当吸液芯中的网格毛细半径 $r_c = \frac{1}{2N}$ 时，有

$$\Delta p_{capillary_{max}} = \frac{2\sigma}{r_{c_{evaporator}}}$$

渗透率 K 和孔隙度 ε 由式（2.52）和式（2.53）得出，则有

$$K = \frac{d^2\varepsilon^3}{122(1-\varepsilon)^2}, \varepsilon = 1 - \frac{\pi SNd}{4}$$

假设流体是 33 ℃的水，$\sigma = 7.09 \times 10^{-2}$ N/m，网格尺寸、毛细力、孔隙度和渗透率的值如表 2.2 所示。

表 2.2　水作为工作液体的网格尺寸、毛细力、孔隙度和渗透率

网格/in	网格/m	d_w/in	d_w/m	p_c/Pa	ε	K
8.0000	314.96	0.028 0	0.000 71	89.32	0.815 3	6.58×10^{-8}
12.0000	472.44	0.023 0	0.000 58	133.98	0.772 4	2.49×10^{-8}
16.0000	629.92	0.018 0	0.000 46	178.65	0.762 5	1.35×10^{-8}
18.0000	708.66	0.017 0	0.000 43	200.98	0.747 7	1.00×10^{-8}
24.0000	944.88	0.014 0	0.000 36	267.97	0.722 9	5.10×10^{-9}
30.0000	1 181.10	0.013 5	0.000 34	334.96	0.666 0	2.55×10^{-9}
40.0000	1 574.80	0.010 0	0.000 25	446.61	0.670 1	1.46×10^{-9}
50.0000	1 968.50	0.009 0	0.000 23	558.27	0.628 9	7.74×10^{-10}
60.0000	2 362.20	0.007 5	0.000 19	669.92	0.628 9	5.37×10^{-10}
80.0000	3 149.60	0.005 5	0.000 14	893.23	0.637 1	3.14×10^{-10}
100.0000	3 937.00	0.004 5	0.000 11	1 116.53	0.628 9	1.93×10^{-10}

这些值可以用图形表示,如图 2.15 所示,图中的单位是英制单位。

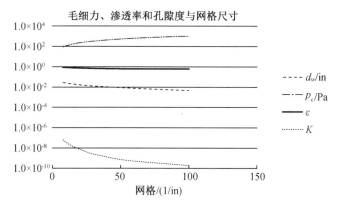

图 2.15　毛细管热输运与绝热温度的关系

观察毛细力和渗透率与网格数的关系图,可以看出这两个值成反比[17]。增加网格数,毛细力相应地增加,但是渗透率降低,因此液体摩擦压降增加。为了准确地确定改变网格数是否会增加最大热传输能力,必须考虑热管的长度。对于"短"热管,毛细力的增加将远远大于液体压降的增加。对于一个"长"热管,情况正好相反[17]。

2.6　蒸汽的湍流和层流

在本节中,将简要讨论层流和湍流之间的区别,大多数读者应该都知道以下针对两种流动类型的基本介绍。

层流

层流有时称为流线型流动,当流体在平行层中流动时发生,层间没有中断。在流体力学中,层流是一种高动量扩散、低动量对流、压力和速度与时间无关的流动状态。在非科学术语中,层流是"平滑的",而湍流是"粗糙的"。

因此,缓慢的流体流动一般趋于层流,当流动加速时流型会发生转变,形成复杂的随机湍流流动。但即使是大直径孔道的缓慢流动也可能处于湍流状态,烟囱就是典型的例子。由于湍流是与层流完全不同类型的流体流动,因此希望能够量化湍流的发生条件。随着速度 U[国际单位中以 m/s 来表示]的增加,将发生层流向湍流的转变。假设能够提供足够大的压力,即使是快速流动也会保持层流状态。但是,流体力学实验室的任何实验都表明,层流发生在低速、小直径、低密度和高黏度的情况下,而湍流发生在相反的条件下:高速、大直径、高密度和低黏度。

当前,黏度与密度、温度等特性一样,也是一种可测量的流体性质,通常使用"运动黏度 ν"来表示,其由动力黏度 μ(kg/m·s)除以密度所得,运动黏度的单位是 m²/s。请注意,其单位量纲与长度乘以速度相同。如果流体速度为 $U(\text{m/s})$，孔板直径为 $D(\text{m})$，可以写出如下无量纲数，称为雷诺数，雷诺数是描述流体流动特性的无量纲数之一：

$$Re = \frac{\rho U D}{\mu} = \frac{U D}{\nu} \tag{2.11}$$

湍流

在流体力学中，扰动或湍流是一种以混沌、随机性质变化为特征的流体流动状态，包括低动量扩散、高动量对流，以及压力和速度在空间和时间上的快速变化。不是湍流的流动称为层流。（无量纲）雷诺数表征的流动条件可用于判断流动处于层流还是湍流。例如，对于管内流动，雷诺数在 4 000 以上的将是湍流（雷诺数在 2 100 到 4 000 之间的称为过渡流）。在非常低的速度下，流动是层流的，即流动是平滑的（尽管可能存在大尺度的涡旋）。

随着速度的增加，在某一时刻层流会过渡到湍流。在湍流中会出现多种尺度的不稳定并相互作用的涡旋。由于边界层摩擦作用会导致阻力增加，边界层分离的结构和位置经常发生变化，有时会导致整体阻力减小。由于层流-湍流转变受雷诺数的控制，如果物体的尺寸逐渐增大，或流体的黏度降低，或流体的密度增加，也会发生相同的转变。

湍流导致许多不同长度尺寸的漩涡形成，湍流运动的动能大部分包含在大尺度涡结构中。由于惯性和无黏机理本质，能量从这些大尺度涡结构"级联"到较小尺度的涡结构。这一过程持续进行，出现越来越小的涡结构，从而产生了分层次的漩涡。最终，这个过程产生了足够小的涡结构，使得分子扩散变得非常重要，最终发生能量的黏性耗散。发生这种情况的尺度是柯尔莫戈洛夫长度标尺。

图 2.16 所示为核潜艇船体上的层流（艇首附近）和湍流（艇尾附近）结合的原理图。

正如我们上面所表达的，湍流的特征是不稳定的涡流运动，彼此处于相互恒定运动中。在流动的任何一点上，涡流都会产生流速和压力的波动。如果测量湍流管道流动中的流向速度，可以观察到图 2.17 所示的速度随时间的变化。

图 2.17 表明，速度具有时间平均值 $\langle U \rangle$ 以及波动值 u'，因此 $\langle U \rangle$ 不是时间的函数，而 u' 是时间的函数。

图 2.16 层流和湍流结合的原理图

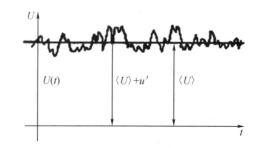

图 2.17 湍流模式下的速度随时间的变化

请注意，在热管中蒸汽流动的二维分析处理中，即使轴向雷诺数远大于 1，也可以保守地假定蒸汽流动保持层流。此时惯性力占主导地位,黏性力可以忽略不计。当流速恒定时,这种情况通常会导致湍流产生。因此,可以回答热管蒸汽中流动稳定性的问题。在没有轴向加热或排热的情况下,流体通过恒定质量流量管道的稳定性可用轴向雷诺数表示,定义为

$$Re_a = \frac{\rho U D}{\mu} \tag{2.12}$$

式中　ρ——流体密度;

　　　μ——流体动力黏度;

　　　U——平均流体速度;

　　　D——平均通道直径。

根据 Re_a 的值,可以判断两种不同的流态。

基于式(2.12)的描述,当 $Re_a < 2\,000$ 时,流动保持在层流状态,在这种状态下,所有流体分子平行于通道轴运动。任何轴向速度分布都是抛物线形的,即从轴心处的最大值降到壁面处的零[22]。

当 $Re_a > 4\,000$ 时,流动处于湍流状态,其性质发生剧烈变化,所有相邻的流体分子之间发生广泛的随机交换活动。在大部分流道截面上,速度分布变得相对均匀,在管道或管道内壁附近的薄边界层中急剧下降为零。湍流过程中的摩擦阻力比层流条件下的摩擦阻力大得多。

最后,对于 $2\,000 < Re_a < 4\,000$,流型处于层流和湍流之间的过渡区,可能同时表现出层流和湍流的行为与特征[22]。

2.7　一维两相流

两相或多相流学科对于各种工程系统的优化设计和安全运行变得越来越重要。但是,系统的设计优化和安全运行绝不仅限于需要更深入地理解现代工业技术和多相流动现象。下面列出一些重要的应用:

包括两相闭式热虹吸管在内的热管都是两相传热装置,其有效热导率是铜的数百倍。热管建模时必须考虑以下主要物理过程:

(1)通过蒸发段/冷凝段管壁的导热;

(2)汽-气界面的扩散;

(3)吸液芯-工作液体动力学;

(4)在热管蒸发段的吸液芯内蒸发,并通过热管蒸汽腔将产生的蒸汽从蒸发段中移动到冷凝段中;

(5)蒸汽空间内的两相流动。

工作液体从冷凝段到达蒸发段末端的过程必须考虑以吸液芯-工作液体动力学的方式建模。因此,数值分析必须考虑瞬态解的收敛性质来提高数值稳定性和约束精度。在过去

的几年里,对热管瞬态特性进行了几次建模尝试,但是这些分析只涉及单相,而实际的过程应该对热管内的两相流动进行分析。文献[23]已经发表了一项类似的数值计算工作,基于由蒸汽和水滴组成的雾状流开展数值计算,计算过程中假设水滴表面的反射是完全弹性散射。

在一维两相流动条件下,对热管运行情况的分析表明,在相同条件下,热管内蒸汽流动的稳定性远低于恒定流量条件下管内流动的稳定性。蒸汽流量在蒸发段不断增加,在绝热段保持不变,在冷凝段不断减小。也有实验和观测表明,流动中的连续夹带流体使流动保持在轴向雷诺数的层流状态,通常在这种状态下,预测的流动状态是湍流[24]。

热管正常运行条件下的任何变化,比如从蒸发段产生蒸汽到冷凝段凝结蒸汽散发热量的突然转变都会干扰层流模式的稳定性,从而引起湍流。如果式(2.12)中给出的蒸发段轴向雷诺数 Re_a 大于 4 000,在绝热段中层流将发展为湍流,并持续到冷凝段,可能不可避免地产生声速极限,而且湍流可能部分传播回蒸发段中,最终导致热管烧毁。

当传热速率是声速热传输极限(声速极限)的 20% 时,蒸发段出口蒸汽的轴向雷诺数 Re_a 如表 2.3 所示。除锂外,所有热管流体的 Re_a 均大于 4 000。因此,在高换热速率条件下,许多热管流体存在蒸汽湍流流动的可能性。

表 2.3　摩擦系数和动量系数随轴向雷诺数的变化

轴向雷诺数 Re_r	f/f_{Po}	Ω/Ω_{Po}
≪0.1	1.000	1.000
0.1	1.010	0.998
1.0	1.068	0.984
10.0	1.202	0.947
100.0	1.245	0.929
≫100.0	—	0.926

表 2.3 给出了热管蒸发段蒸汽流动的摩擦系数,称为泊肃叶摩擦,它是一个等于 64 ($f_{Po}=64$)的常数,而 Ω_{Po} 被指定为动量系数, $\Omega_{Po}=4/3$,下标 Po 表示泊肃叶流动。

相只是物质的一种状态,可以是气体、液体或固体。多相流是几个相的同时流动,两相流是多相流中最简单的情况。

"双组分"一词有时用于描述由不同化学物质组成的各相流动。例如,蒸汽-水流动是两相的,而空气-水流动是两个组分。一些双组分流体(主要是液-液)由单相组成,但通常称为两相流,其中的相被看作连续或不连续的组分。由于在数学上描述两相或双组分流体的模型是相同的,所以选择哪一个定义并不重要。因此,在大多数情况下这两个表达方式将被视为同义词。发生在自然界的两相流有许多常见的例子,如雾、烟、雨、云、雪、冰山、流沙、沙尘和泥浆。其他的,如沸水、泡茶、搅拌鸡蛋等,都是这种状态的例子[25]。

2.8　流　　型

更高精度的分析可能导致给定问题的复杂性增大,特别是对于热管中的两相流动来说更是如此。在两相流中,进行微观粒子层面的分析所需的知识量往往大得惊人。例如,在研究停滞液体中单个气泡的上升运动时,应该关注以下所有影响:

(1)气体和液体的惯性;

(2)气体和液体的黏性;

(3)密度差和浮力;

(4)表面张力和表面污染。

上述影响的最后一项本身就是极其复杂的,因为以污垢、溶解物质或表面活性剂的形式存在的"污染"会对系统内的传热产生严重影响。对于气泡的传热和传质,也会改变气泡本身的运动。也许使这个复杂问题易于处理的第一步就是将其分解为各种流型,每个流型都由某些主要的几何或动态参数决定。流型定义的一部分是描述组分的形态排列或流动模式。

图 2.18 中描述了两相流的复杂性,该示例显示了随着越来越多的液体转化为蒸汽,在热管蒸发段内发生的一系列流动模式。这一问题的复杂性出现在蒸发段的不同部分,需要不同的分析方法,并且需要考虑一个流型如何发展为另一个流型。

许多作者绘制了关于流型和流态描述的图。对于给定的设备和特定组件,一般在图中用两个独立的流量坐标来表示,如图 2.19 和图 2.20 所示。但是由于流型由十几个变量控制,因此二维图对于一般的流态描述是相当不充分的。

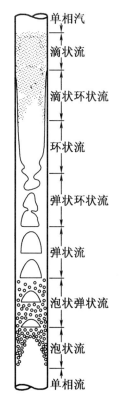

单相汽

滴状流

滴状环状流

环状流

弹状环状流

弹状流

泡状弹状流

泡状流

单相流

图 2.18　垂直热管蒸发段的大致流动过程

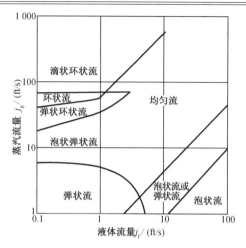

图 2.19 从参考文献[25]中推导出的 **1 in** 直径管中 **15 psi**① 的空气和水垂直向上流动的流型边界

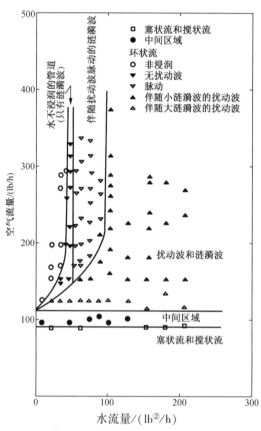

图 2.20 在 15 psi 下直径为 1¹ᐟ⁴ in 的管道中,空气和水向上流动的环形流型的各种状态或分区
(Hall-Taylor 和 Hewitt AERE-R3952, UKAEA, 1962 年)

---

① 1 psi = 6.894 76×10³ Pa。

② 1 lb = 0.453 592 kg。

2.9　传　　热

热量通常是从高温物体传递到低温物体。根据热力学第一定律,传热改变了两个系统的内能。热可以定义为从高温物体到低温物体的能量传输。物体不具有“热”,物体中微观能量的适用术语是内能。内能可以通过将能量从更高温度(更热)的物体传递过来而增加,这一过程被称为加热。温度的一个方便理解的定义是,它是与原子和分子无序微观运动相关的平均平移动能的度量。热量从高温区流向低温区,在动力学理论中描述了与分子运动相关的细节。由动力理论定义的温度称为动力学温度。温度不与内能成正比,因为温度只测量内能的动能部分,所以温度相同的两个物体一般不具有相同的内能(如水-金属)。温度有三个标准度量尺度(摄氏度、开尔文和华氏温度)。热量的输送机制有三种:对流、导热和辐射。

对流

能量是通过分子群的运动来传递的,从而导致分子的迁移和混合。当热量传导到静态流体中时,会导致局部体积膨胀。由重力引起的压力梯度,使膨胀的流体分子开始上浮并发生移动,除了热传导外,热量还通过流体的运动(即对流)输送。这种在最初静止的流体中由热引起的流体运动称为自由对流。对于流体已经在运动的情况,通过热传导进入流体的热量将主要通过对流传递出去,这种情况称为强迫对流,需要一个压力梯度来驱动流体运动,而不是通过浮力引起流体运动。

1. 强迫对流

牛顿冷却定律给出了强迫对流换热分析的基本方程:

$$\dot{Q} = hA(T_w - T_\infty) = hA \cdot \Delta T$$

可知热量 $\dot{Q}$ 传递到周围流体的速率,与物体的暴露面积 A 以及物体温度 T_w 和自由流动的流体温度 T_∞ 之间的差成正比。比例系数 h 称为对流换热系数,描述 h 的其他术语包括薄膜系数和薄膜热导率。

2. 自由对流

与强迫对流相似,自由对流的传热也可以用牛顿冷却定律描述,则有

$$\dot{Q} = hA(T_w - T_\infty) = hA \cdot \Delta T$$

举例　将手悬放在暖炉上。在气象学中,我们所说的对流主要是由暖空气的上升流动引起的。我们把空气的所有其他质量运动称为平流。

导热

能量是通过分子的直接接触,而不是物质的运动来传递的。在分子动能较大的区域,直接通过分子碰撞,将其热能传递到分子能量较小的区域,这一过程称为导热。在金属中,传输的热能的很大一部分也是由分子携带的。

举例　用手直接接触暖炉。传递能量的多少取决于材料的导热性能。金属是良导体,

所以它们被用来将能量从炉子转移到容器中的食物。空气是最好的绝缘体,所以好的绝缘产品试图限制空气流动。

辐射

所有材料的热能辐射量由其温度决定,其中的能量由电磁光谱的红外和可见部分的光子携带。当温度均匀时,物体之间的辐射通量处于平衡状态,不交换净热能。当温度不均匀时,平衡被打破,热能从较高温度的表面输送到较低温度的表面。

举例 在一个平静的夜晚,站在远离大火的地方也会感觉到热。任何温度高于绝对零度的物体都会辐射能量。辐射在被物质吸收之前不会被"感觉"到。辐射不需要像导热和对流那样通过介质来传递能量。

比热容

比热容是将 1 g 物质的温度提高 1 ℃所需的热量。与其他物质相比,水的比热容非常高,因此水可以比大多数其他物质储存更长时间的能量。

举例 墨西哥湾在夜间也能保持温暖,而当时的空气和土壤温度已经迅速下降。

为什么南半球的夏天一般不会比北半球的夏天热?这是因为虽然南半球夏季时地球离太阳更近,但南半球大部分地区是水,可以调节季节性温度。

能量

能量是在某种形式的物质上做功的能力或容量。能量包括以下几种形式:

(1)势能是物体由于其在重力场中的位置而拥有的能量(例如大坝后面的水)。

(2)动能是物体由于运动而拥有的能量(例如,风吹过风力发电机)。动能取决于物体的质量和速度(例如,移动的水和移动的空气)。

(3)内能是储存在分子中的总能量(势能和动能之和)。

(4)热能是由于原子和分子的运动而产生的动能。正是温差而使能量从一个物体转移到另一个物体中。

(5)辐射能是以电磁辐射的形式通过空间或通过物质介质传播的能量。

热力学第一定律指出,在一个过程中损失的能量必须等于在另一个过程中获得的能量。

潜热

潜热是将物质从一种状态转变为另一种状态所需的热能。物质基本上有三种状态,即固态、液态和气态。它们之间的区别在于分子是如何排列的。固体有紧密堆积的分子结构;液体分子仍然结合在一起,但结合的强度不足以阻止它们流动;气体分子是自由流动的,根本不互相结合。因此能量从一种状态转变为另一种状态,相态变化时,化学键必须松开、断裂、收紧或结合。要松开或断裂化学键,分子必须获得能量;要收紧或结合化学键,则分子必须释放能量。从固体到液体,液体到气体(蒸发),或固体到气体(升华),需要从外界获取能量。从液体到固体(融合),气体到液体(冷凝),或气体到固体,需要释放能量。

总体来说,在恒定温度下,当一种物质改变其物理状态时会吸收或释放热量,例如在熔点温度下从固体到液体,或在沸点温度下从液体到气体。在飓风上升空气中的凝结潜热是强化这种气象现象的主要力量。

蒸发是一个升温过程,蒸发潜热是用来将液体转变为蒸汽的能量。

冷凝是一个冷却过程,冷凝潜热蒸汽凝结形成液滴时释放的能量。

熔化潜热描述了从固体到液体以及从液体到固体的变化。

升华潜热描述了从固体到气体以及从气体到固体的变化。

2.10　纯蒸汽的冷凝

在凝结过程中,气冷冷凝段表面的传热系数涉及许多因素。当蒸汽中含有可能凝结也可能不凝结的不同分子物质时,问题就更加复杂了。总而言之,"纯蒸汽"一词意味着只有一种物质存在。

在冷凝段中,蒸汽和冷凝水的流动一般是三维的,涉及重力、由蒸汽速度引起的凝结水表面的剪切应力和由非平衡和淹没(即来自较高或上游表面的凝结水撞击较低或下游表面)而产生的界面温差的影响。对于异形表面(例如翅片管),表面张力效应也很重要。冷凝水和蒸汽流动可以是层流的,也可以是湍流的。冷凝水可以在表面形成连续的薄膜,或者,当表面不被凝结水润湿时,形成离散的液滴(当蒸汽凝结在不被凝结水润湿的表面时,发生珠状凝结)。冷凝可能发生在外表面,例如在外部管壳式冷凝段的管外,或传热管的内表面(例如管内冷凝)。在"直接接触"冷凝中,温度低于饱和温度的液体与蒸汽接触。对冷凝过程的了解程度和传热系数的计算精度取决于具体情况。经过近 100 年的研究,现在可以对相对简单的几何形状的传热管(例如平板或单水平管)和明确的流动条件进行准确的预测。

2.11　声 速 极 限

声速极限是几个可能出现的传热极限中的第一个,直到蒸汽温度相应增加或使得离开蒸发段的蒸汽速度小于声速时,热管的性能才不会受到限制。蒸汽以声速离开蒸发段,蒸汽流被"阻塞",因此最大传热速率受到限制。这两种效应在热管启动过程中通常都很重要。由于工作液体的循环流动,热管的蒸发段和冷凝段重复出现质量的增加和减小。热管就像一个喷嘴,蒸汽从绝热段流入或流出热管的末端。蒸汽流动路径上收缩-扩张喷嘴状(拉伐尔喷管)的性质对蒸汽速度施加了阻塞流动条件。阻塞点处的速度不能大于当地的声速,这就是所谓的声速极限,而要增加传热量只能提高热管的工作温度。虽然这种情况会导致热管的温度下降,但这并不被认为是一种严重的风险[9]。当蒸发段的蒸汽速度达到声速时,就会发生声速极限,即使增大压差,也不会使得收缩-扩张喷嘴中的阻塞流加速流动。由于存在阻塞流和与给定蒸发段入口温度有关的沿蒸发段的固定轴向温度降,在声速极限下有一个最大的轴向热传输速率。声速极限通常发生在液体-金属热管内,在蒸汽密度非常低的情况下,启动或低温运行热管时才会发生。此外,增加超过声速极限的热阻率

(降低冷凝段温度)也会导致超声速蒸汽流动,从而导致压缩性、摩擦、蒸汽速度剖面、不均匀质量和温度依赖性。针对高温热管冷凝段蒸汽的超声速流动,文献[26]提出了一种合理的计算方法,使用平衡两相流动模型来描述蒸汽状态。该方法针对不同冷却强度的钠热管中的超声速蒸汽流动进行了测试,计算结果与实验数据吻合较好。对于这种情况,冷凝段入口的蒸汽速度达到声速,并引入阻塞流动条件。此时,在冷凝段的持续降温有助于降低热管内冷凝段的温度,但是对热管蒸发段的蒸汽温度无影响。正如科特尔[26]所解释的,在热管的启动阶段,蒸汽逐渐通过冷凝段经历了从连续流到分子流的转变。一旦连续流到达冷凝段末端,就会形成冲击波。这种冲击波缓慢地向上游传播并变弱,最终在蒸发段的出口处消失[17]。在这种情况下,整个流动状态将恢复到亚声速状态。图 2.21 很好地说明了蒸汽温度与热管中轴向位置之间的关系。

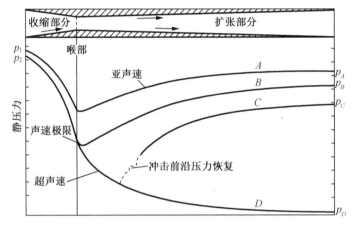

图 2.21   收缩-扩张喷嘴中的压力分布

对图 2.21 进行以下说明:

(1)曲线 A 表示具有亚声速条件和分压恢复的热管温度。

(2)曲线 B 是提高排热率和降低冷凝段温度的实验演示。提高排热率和降低冷凝段温度会造成蒸发段温度降低,出口蒸汽速度变成声速,存在临界和阻塞流动条件。进一步增加排热率只会降低冷凝段温度,由于存在阻塞流,热管的传热速率不能增加。在这种情况下,冷凝段温度的变化不会对蒸发段产生任何影响,因为蒸汽在蒸发段出口以声速运动,冷凝段条件的变化不会传递到热管上游蒸发段部分。

(3)蒸汽在通过扩张区的过程中,速度会降低,并且会有一些压力恢复。如果出口压力进一步降低,流量将保持恒定,压力分布将遵循曲线 C 变化。

(4)曲线 D 表明,在一定的出口压力下,气体可以在整个发散区加速,进一步降低压力不会影响喷嘴区域的流型。需要注意的是,曲线 C 后段压力降低不影响收缩段的流型;因此,喉部速度达到声速后,质量流量没有增加,这种情况称为阻塞流[27]。

与以往其他关于热管传热限制的讨论不同,声速极限实际上是轴向热传输能力的上限,不一定会导致热管蒸发段吸液芯干涸或完全失效。但超过声速极限会导致沿热管的轴向温度梯度增加,并将消除或减少通常在蒸汽流动区域中发现的等温特性。

肯姆[13]已经非常清楚地表明,热管的工作方式与扩张喷嘴非常相似。肯姆以钠为工作液体,保持 64 kW 的恒定热输入,测量了轴向温度变化,但由于温度与压力直接相关,其温度分布与压力分布相同。

根据大卫·雷伊和彼得·邱[27]关于热管的说法,肯姆[13]计划通过不凝性气体间隙改变冷凝段的散热量,气体的热阻可以通过改变气体的氩/氦的比值来改变。肯姆的研究结果如图 2.22 所示,曲线 A 显示了压力恢复的亚声速流动;通过降低冷凝段温度得到的曲线 B 在蒸发段末端达到声速,从而在阻塞流条件下运行。冷凝段和散热器之间热阻的进一步减小只是降低了冷凝段的温度,但在阻塞流条件下热流量没有增加,只是蒸发段的轴向温度下降。需要注意的是,在声速极限的条件下,会存在相当大的轴向温度和压力变化,热管运行时将偏离等温性[28]。

可以看出[11],热管中的恒定面积与流量之间存在着对应关系:在收缩-扩张喷嘴中,质量增加(蒸发段)和减少(冷凝段)与恒定质量流量之间存在着对应关系。热管中蒸发段的末端对应于喷嘴的喉部。因此,正如通过喷嘴喉部的声速极限一样,热管蒸发段出口处的流速也存在类似的限制。对于给定的蒸发段出口温度和工作液体,这种阻塞流动条件是热管轴向热流密度的基本限制。为了提高热管的轴向传热能力,必须增加蒸汽流动面积。

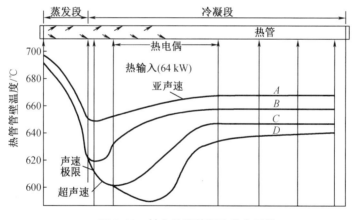

图 2.22　轴向位置的温度分布函数

在以下假设下,可以根据一维蒸汽流动理论推导出声速极限的表达式:

(1)蒸汽的性质遵循理想气体定律;

(2)惯性效应占主导地位;

(3)摩擦效应被忽略。

所有这些假设都是非常合理的,因为声速极限通常发生在低蒸汽密度和高蒸汽流速的状态[11,18]。在上述第一个假设下,理想气体定律指出

$$\frac{p_0}{\rho_0 T_0} = \frac{p_v}{\rho_v T_v} \tag{2.13}$$

式中,下标 0 和 v 分别表示蒸汽的滞止状态(速度为 0 的状态)与蒸汽的实际状态。忽略摩擦效应,考虑能量和动量的守恒要求

$$\frac{T_0}{T_v} = 1 + \frac{V_0^2}{2C_p T_v} \tag{2.14}$$

$$\frac{p_0}{p_v} = 1 + \gamma_v M_v^2 \tag{2.15}$$

此外,热管轴向蒸汽密度 $\dot{m}_v''$ 与通过的轴向热流密度 $\frac{Q}{A_v}$ 成正比,即

$$\dot{m}_v'' = \frac{Q}{A_v \lambda} = \rho_v V_v \tag{2.16}$$

这意味着可以通过将蒸汽流速设置为等于连续方程中的声速并乘以汽化潜热 λ 来计算声速极限,如下所示:

$$\frac{Q_s}{A_v} = \lambda \rho_v V_s \tag{2.17}$$

式(2.17)适用于局部马赫数为 1 的情况,当使用该方程计算声速极限时,必须在蒸发段出口发生阻塞的局部条件下对参数进行评估。在这个方程中:

$\frac{Q_s}{A_v}$ 表示在马赫数为 1 条件下的轴向热流密度。

V_s 表示蒸发段出口蒸汽的声速。

有时,用蒸发段开始时的条件来计算这个极限更方便。可以使用 Levy[11] 提出的方程[11]:

$$\frac{Q_s}{A_v} = \frac{\lambda \rho_v V_s}{\sqrt{2(\gamma+1)}} \tag{2.18}$$

式中,γ 表示两种比热容的比率,$\gamma = \frac{C_p}{C_v}$。

但是 Chi[18] 通过利用局部马赫数 M_v 和声速极限定义 $\sqrt{\gamma_v R_v T_v}$ 导出式(2.16),然后式(2.14)到式(2.16)可以分别写成如下形式:

$$\frac{T_0}{T_v} = 1 + \frac{\gamma_v - 1}{2} M_v^2 \tag{2.19}$$

$$\frac{p_0}{p_v} = 1 + \gamma_v M_v^2 \tag{2.20}$$

$$\dot{m}_v'' = \frac{Q}{A_v \lambda} = \rho_v M_v \sqrt{\gamma_v R_v T_v} \tag{2.21}$$

在上述方程中,γ_v 是蒸汽的比热容比,单原子蒸汽的比热容比为 5/3,双原子蒸汽的比热容比为 7/5,多原子蒸汽的比热容比为 4/3。R_v 是蒸汽的气体常数,等于通用气体常数除以蒸汽的分子量。将式(2.19)和式(2.20)代入式(2.14)得出式(2.22):

$$\frac{\rho_0}{\rho_v} = \frac{1 + \gamma_v M_v^2}{1 + \frac{\gamma_v - 1}{2} M_v^2} \tag{2.22}$$

将由式(2.19)和式(2.20)计算出的 T_v 和 ρ_v 代入式(2.21)中,可以得到

$$Q = \frac{A_v\rho_0\lambda\sqrt{\gamma_v R_v T_v}\,M_v\left(1+\dfrac{\gamma_v-1}{2}M_v^2\right)^{\frac{1}{2}}}{1+\gamma_v M_v^2} \tag{2.23}$$

当蒸发段出口处的马赫数等于 1 时,蒸汽速度达到声速,蒸发段发生声速极限。在这种情况下,式(2.23)表示的热流量 Q 将降低到声速极限,称为最大声速极限热流量 $Q_{S_{max}}$,表示为

$$Q_{S_{max}} = A_v\rho_0\lambda\left[\frac{\gamma_v R_v T_v}{2(\gamma_v+1)}\right]^{\frac{1}{2}} \tag{2.24}$$

对于热管来说,蒸汽马赫数的轴向分布与其在声速极限下运行之间存在关系,通过以下方程表示:

$$\frac{Q}{Q_{S_{max}}} = \frac{M_v\left[2(\gamma_v+1)\left(1+\dfrac{\gamma_v-1}{2}M_v^2\right)\right]^{\frac{1}{2}}}{1+\gamma_v M_v^2} \tag{2.25}$$

该式可以通过式(2.23)除以式(2.24)来导出,液-汽界面温度 T_v 的轴向分布可以用式(2.19)计算并使用式(2.25)中 M_v 的值。

式(2.24)最初是由 Levy 导出的,通常称为 Levy 方程[11],用于计算热管在声速极限下的最大热传输速率。式(2.19)连同式(2.24)和式(2.25),可用于评估热管蒸发段的液-汽界面温度。

Levy[11]通过处理一维两相流动方法,从一维蒸汽流理论推导出声速极限的封闭方程组表达式。在该分析中,假设摩擦效应可以忽略不计,惯性效应占主导地位,蒸汽表现为理想气体。

Busse[23]后来提出了另一种方法,假设一维流体中只存在惯性效应。在这种情况下的动量方程如下:

$$\frac{\mathrm{d}p}{\mathrm{d}x} = -\frac{\mathrm{d}}{\mathrm{d}x}\overline{\rho v^2} \tag{2.26}$$

对等式(2.26)两边积分,结合连续性方程,并假设蒸汽为理想气体,得出最大热传输能力随热物理和几何性质的变化如下:

$$Q = \lambda\left(\frac{\rho_v p_v}{A}\right)^{\frac{1}{2}}\left[\frac{p}{p_v}\left(1-\frac{p}{p_v}\right)\right]^{\frac{1}{2}} \tag{2.27}$$

确定一阶导数 $\dfrac{\mathrm{d}Q}{\mathrm{d}P}$ 消失的点,得出热管内声速极限的关系式如下:

$$Q_s = 0.474\lambda A_v(\rho_v p_v)^{\frac{1}{2}} \tag{2.28}$$

式中, ρ_v 和 p_v 分别为热管蒸发段出口的蒸汽密度和压力。确定声速极限最困难的地方在于确定这两个变量以及热管内冷凝段的进口压力。

进一步使用 Navier-Stokes 方程,从理想化的一维蒸汽流动的理想气体方程(可忽略摩

擦效应)到用二维方法来描述声速极限,不同作者尝试用数值方法来求解。Bankstone 和 Smith[29] 以及 Rohani 和 Tien[30] 都使用了这种方法。前两者研究表明,在冷凝段末端高凝结速率下会发生轴向流动反转。与 Busse[23] 开发的一维模型的预测结果进行比较表明,在冷凝段区域沉积的高凝结速率具有较好的一致性,这种流动是反向的[30]。

比较黏性极限和声速极限的结果是很有趣的,两者之间存在 $\rho_v p_v$ 的关系。惯性效应随 $(\rho_v p_v)^{\frac{1}{2}}$ 而变化,而黏性效应相对于 $\rho_v p_v$ 线性变化。因此,当 $\rho_v p_v$ 较小时,黏性效应通常限制输运能力,但随着 $\rho_v p_v$ 的增加,惯性效应开始起主导作用,并发生从黏性极限到声速极限的转变。两个极限之间的边界可以通过设置这两个极限方程相等,并将组合项作为温度的函数来确定(Ivanovski 等[31] 和 Busse[23])。结果表明,转变温度取决于工作液体的热物理性质、热管的几何形状以及蒸发段和冷凝段的长度。Vinz 和 Busse 的实验工作[32] 验证了这种转变与预测值相比附合很好。这些研究表明,在高蒸发和冷凝条件下,冷凝段末端 $Re_r < -2.3$ 时发生轴向流动反转。

例 2.2(出自 Chi 书) 确定核心直径为 0.75 in(1.91×10⁻² m)的热管内常规钠蒸汽声速极限下的最大热传输速率。假设蒸发段上游的蒸汽温度为 800 ℉(700 K)。

解 由于蒸发段上游的蒸汽速度为 0,所以 800 ℉(700 K)为蒸汽停滞温度。钠蒸汽在 800 ℉(700 K)的性质与声速极限[18]有关,如下:

蒸汽密度 $\rho_0 = 2.6×10^{-5}$ lbm/ft³ $= 4.17×10^{-4}$ kg/m³

蒸发潜热 $\lambda = 1\ 800$ Btu/lbm $= 4.18×10^6$ J/kg

单原子蒸汽比热容比 $\gamma_v = 5/3 ≈ 1.67$

摩尔气体常数 $\overline{R} = 1\ 545$(ft·lbf/lbm·mol·°R)$= 8.314×10^3$ J/(kmol·K)

蒸汽常数 $R_v = 1\ 545/23$(ft·lbf/lbm·°R)$= 67.17$(ft·lbf/lbm·°R)$= 361$ J/(kg·K)

蒸汽吸液芯截面面积如下:

$$A_v = \frac{\pi d_v^2}{4} = \frac{\pi(0.75)^2}{4×(144)} = 3.07×10^{-3}\ \text{ft}^2(= 2.85×10^{-4}\ \text{m}^2)$$

声速极限下的最大传热量

$$Q_{S_{max}} = A_v \rho_0 \lambda \left[\frac{\gamma_v R_v T_v}{2(\gamma_v+1)} \right]^{\frac{1}{2}}$$

$$= (3.07×10^{-3})×(2.6×10^{-5})×(1\ 800)\left[\frac{1.67×2\ 163×1\ 260}{2×(1.67+1)} \right]^{\frac{1}{2}}$$

$$= 0.132\ 6\ \text{Btu/s}$$

$$= 478\ \text{Btu/h}$$

$$= 140\ \text{W}$$

因此,热管的声速极限最大传热量为 478 Btu/h(140 W)。实际的热传输极限取决于吸液芯结构。如果声速极限最大传热量小于其他三个极限中的任何一个(即毛细极限、夹带极限或沸腾极限),则 478 Btu/h 将是在 800 ℉(700 K)下运行的这种热管的实际最大热传输极限。

在热管的设计中,不仅要考虑热管的内部结构和流体动力学特性,而且要考虑施加在热管上的外部条件。假设热管处于稳定运行状态,以恒定的速率将热量输入热管中并从热管中排出。在这种情况下,我们认为热管是相对等温的,热量在整个冷凝段的长度上向外耗散。如果热量的输入和输出速率相等,热管将在稳态条件下运行。如果输入和输出热速率之间存在不平衡,正常运行的热管的温度将继续随着时间的推移而变化,然后又恢复到热量输入和输出速率之间平衡的状态[22]。

热管工作液体在环境温度下的蒸汽压和物理状态,以及冷凝段与相邻散热器之间的热阻都对热管的启动有显著影响。

启动前,热管的温度等于环境温度,其内部压力等于环境温度下热管工作液体的蒸汽压。热管状态也取决于其凝固点,热管工作液体可能处于液态或固态。Cotter[26] 和 Deverall 等[14]研究了热管启动的瞬态行为和问题。后者测试结果表明,热管的瞬态行为取决于上述情况[14]。

分析图 2.23,当连续流体不断到达热管的冷凝段并开始使冷凝段的温度升高时,蒸发段入口温度逐渐远离声速曲线,表明蒸汽速度降低,蒸汽密度增加[13]。最后,沿蒸发段的温度梯度接近零,实现等温运行。这表明,通过准确控制热输入和排出率,可以实现声速蒸汽流启动。但是,在一些应用中,热管可能需要在满足设计热输入和紧密耦合散热器的条件下启动,这可能使启动困难,甚至在某些情况下无法启动[26]。

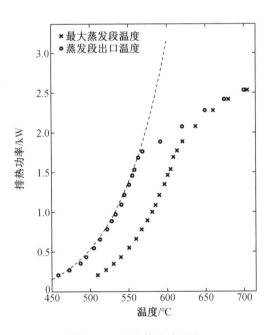

图 2.23　钠热管启动行为

2.12 夹带极限

当液体和蒸汽沿相反的方向移动时,蒸汽在液-汽界面处对液体施加剪切力。如果这种剪切力超过工作液体的表面张力,液滴就会被夹带到蒸汽流中,并被带到冷凝段。这种剪切力的大小取决于蒸汽的热物理性质及其速度,如果剪切力变得足够大会导致蒸发段干涸[5, 17]。夹带极限发生在较高的蒸汽速度条件下,吸液芯内的工作液体在高速蒸汽施加的剪切力作用下变成液滴并进入蒸汽中,从而导致蒸发段干涸。当夹带开始时,吸液芯会突然干涸,并且流体循环流量突然大幅增加,以至于液体系统无法承受这种流量突然增加的情况[18]。这一极限是由 Kemme[28] 发现的,他通过热管内的工作液体的液滴撞击冷凝段端盖发出的声音,以及热管蒸发段突然过热给出夹带极限的判定条件。夹带极限也称为轴向热通量,即单位蒸汽空间截面面积的传热速率。在这种条件下,通过热管的热量增大,流体速度增大,流动阻力也随传热速率的增大而增大。热管工作液体的阻力与吸液芯孔隙中的液体表面积成正比,而表面张力的反作用力与垂直于阻力的吸液芯孔隙宽度成正比[22]。因此,阻力与表面张力的比值与吸液芯孔径成正比,并随着孔径的减小而减小(图 2.24)。

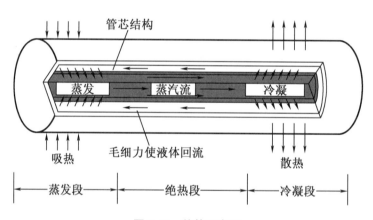

图 2.24　热管示意图

也就是说,需要更高的蒸汽速度来增加阻力才会引起夹带。因此,夹带极限是吸液芯孔隙大小的反函数。如果吸液芯部分充满液体,液-汽界面将位于吸液芯结构内部。与液体接触的蒸汽如果相对停滞不动,液体表面的黏性剪应力将非常小,此时的夹带极限将比液-汽界面位于吸液芯结构边缘时的大得多。一般来说,提高夹带极限只能考虑采用复合或两层吸液芯,其中的流道层保持充满状态,工作液体的液位下降局限在毛细管泵送层。在由切入热管壁的开放凹槽组成的单层吸液芯结构中,即使是很少的底部填充也会严重降低热传输能力[33-34]。由于蒸汽中夹带的液体并没有到达蒸发段,因此不能提升热管传递的热量,但确实有助于减小液体流动损失。因此,热管中的最大轴向传热量不再等于最大流体循环速率乘以汽化潜热,而是定义为考虑夹带极限的某个较小值。热管中的蒸汽速度一般比液体速度大得多。用 F_s 表示液-汽界面上的剪切力[18],其倾向于从吸液芯表面撕裂液体，F_s 与移动蒸汽的动态压力 $\dfrac{\rho_v V_v^2}{2}$、吸液芯单个孔隙表面积 A_s 的乘积成正比，可以用式（2.29）表示：

$$F_s = K_1 \frac{\rho_v V_v^2 A_s}{2} \tag{2.29}$$

用 F_t 表示将液体保持在吸液芯内的表面力，其与表面张力系数 σ、吸液芯单个孔隙的润湿周长 C_s 的乘积成正比，根据式（2.29）表示如下：

$$F_t = K_2 C_s \sigma \tag{2.30}$$

在式（2.29）和式（2.30）中，K_1 和 K_2 表示比例常数。

用蒸汽惯性力与液体表面张力的比值作为判断夹带极限的准则，称为韦伯数，它是 F_s 和 F_t 的比值，可以表示为

$$We = \frac{\rho_v \overline{V}_v^2 z}{\sigma} \tag{2.31}$$

式中　ρ_v——蒸汽密度；

　　　$\overline{V}_v$——平均蒸汽速率；

　　　σ——液体表面张力系数；

　　　z——与液体表面相关的特征尺寸，$z = \dfrac{K_1 A_s}{2 K_2 C_s}$，其中 A_s 为吸液芯单个孔隙的表面积，C_s 为吸液芯单个孔隙的润湿周长。

目前，关于网状吸液芯的实验数据有限，表明当 z 近似等于网状金属丝直径时韦伯数为 1，这代表了夹带极限的临界条件。一些作者认为金属丝与金属丝之间的间距是更合适的 z 值[35]，但是需要额外的实验数据来验证这种说法。随后的研究表明，通过使用更细的金属丝网结构可以抑制夹带，这一假设已经在洛斯阿拉莫斯热管项目中得到了验证。

对于不涉及丝网的吸液芯结构，任何减少蒸汽和液体之间相互作用的结构都可以提高夹带极限。另外，开放式吸液芯结构，如在壁面切割的轴向凹槽，特别容易受到汽-液阻力的影响[10]。

当韦伯数等于 1 时，可由式（2.32）给出：

$$We = \frac{K_1 \rho_v V_v^2 A_s}{2 K_2 C_s \sigma} = 1 \tag{2.32}$$

$\dfrac{K_1}{K_2}$ 的数值由 Kemme 和 Busse 给出[28,35]，虽然目前计算有困难，但 $\dfrac{K_1}{K_2}$ 的数值近似为 8。

因此，式（2.32）表示的夹带极限可以写成如下形式：

$$We = \frac{2 r_{h,s} \rho_v V_v^2}{\sigma} = 1 \tag{2.33}$$

式中，$r_{h,s}$ 是吸液芯表面孔隙的水力半径，定义如下[18]：

$$r_{h,s} = \frac{2 A_s}{C_s} \tag{2.34}$$

这个半径等于丝网状吸液芯的丝网间距的 0.5 倍,对于凹槽式吸液芯相当于凹槽的宽度,对于填充球状吸液芯相当于球体半径的 0.41 倍。

热管的蒸汽速度与轴向热流有关,用式(2.35)表示如下:

$$V_v = \frac{Q}{A_v \rho_v \lambda} \tag{2.35}$$

将式(2.35)中的 V_v 代入式(2.33),可以推导出夹带极限:

$$Q_{e_{max}} = A_v \lambda \left(\frac{\sigma \rho_v}{2 r_{h,s}} \right)^{\frac{1}{2}} \tag{2.36}$$

例 2.3(出自 Chi 书) 一根轴向开槽的钠热管有以下尺寸:

蒸汽腔半径,$r_v = 0.75$ in(1.91×10^{-2} m)。

矩形凹槽的数量,$n = 120$。

凹槽宽度,$w = 0.02$ in(5.08×10^{-4} m)。

凹槽深度,$\delta = 0.05$ in(1.27×10^{-3} m)。

确定热管夹带热输送极限时的运行温度为 800 ℉(700 K),钠的相关性质在 800 ℉(700 K)下获得。

解 表面张力系数 $\sigma = 1.1 \times 10^{-2}$ lbf/ft $= 1.605 \times 10^{-1}$ N/m

蒸汽密度 $\rho_v = 2.6 \times 10^{-5}$ lbf/ft³ $= 8.07 \times 10^{-7}$ slug/ft³ $= 4.17 \times 10^{6}$ kg/m³

汽化潜热 $\lambda = 1\,800$ Btu/lbm $= 5.8 \times 10^{4}$ Btu/slug $= 4.18 \times 10^{6}$ J/kg

相关管道尺寸:

吸液芯表面孔隙水力半径 $r_{h,s} = w = 0.02$ in $= 1.667 \times 10^{-3}$ ft $= 5.1 \times 10^{-4}$ m

蒸汽吸液芯截面积 $A_v = \pi r_v^2 = 1.227 \times 10^{-2}$ ft² $= 1.14 \times 10^{-3}$ m²

用式(2.36)计算夹带极限:

$$Q_{e_{max}} = A_v \lambda \left(\frac{\sigma \rho_v}{2 r_{h,s}} \right)^{\frac{1}{2}}$$

$$= (1.227 \times 10^{-2}) \times (5.8 \times 10^{-4}) \left[\frac{(1.1 \times 10^{-2}) \times 8.7 \times 10^{-7}}{2 \times (1.667 \times 10^{-3})} \right]^{\frac{1}{2}}$$

$$= 1.16 \text{ Btu/s}$$

$$= 4\,180 \text{ Btu/h}$$

$$= 1\,224 \text{ W}$$

因此,该热管在 800 ℉(700 K)时的夹带极限为 4 180 Btu/h(1 224 W)。

2.13 吸液芯/毛细或循环极限

"吸液芯极限"或"毛细极限"是最好理解的。当施加的热通量导致吸液芯结构中的液体蒸发速度快于吸液芯的毛细力所能提供的液体时,就会出现这种情况。一旦发生毛细极限,液-汽界面的弯月面就会持续抽回并移动进入吸液芯内部,直到所有液体耗尽。这将导致吸液芯变干,并且蒸发段热管壁面温度可能继续上升,直到达到"烧毁"条件[36]。液-汽界面上的毛细压差决定了热管的运行状态,这是影响热管性能和运行的最重要参数之一。毛细极限通常是低温或超低温热管运行的主要限制因素。

当毛细力不足以将液体输送回蒸发段时会产生毛细极限,从而导致蒸发段末端吸液芯干涸。吸液芯的物理结构是造成这一极限的最重要原因之一,工作液体的类型也有影响。一旦产生毛细极限,热输入的进一步增加可能导致热管严重损坏[17]。

给定热管和热虹吸管的性能和运行特性作为平均绝热温度或运行温度的函数,这些运行极限已在本书的各个章节中都进行了讨论。图 2.25 中给出了各种运行极限的包络线。

落在其功能运行范围(灰色区域)内的热管设计,基本上都被认为是一种良好的设计,并将在为该设计给定的运行温度的特定功能下工作。

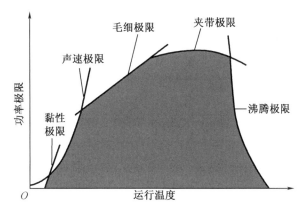

图 2.25　典型热管性能图

注:热虹吸是一种基于自然对流循环液体而不需要机械泵的非能动热交换方法。

任何热管的建模,即使是最简单的配置,都需要涉及两相本构关系的二维轴对称几何形状,并且至少需要假设高马赫数下的蒸汽流是可压缩的一维两相流,该模型应该相应地补偿在液-汽和固-汽界面上汽化和冷凝的影响[37]。对于高蒸汽流量,了解多孔介质中液体流动的知识是必需的,因为高蒸汽流量可能会引发汽-液界面的不稳定。最后,其他复杂的问题,如流体性质退化、冻结[39]或腐蚀[40]以及工作液体、吸液芯和热管内部材料结构之间的化学反应[41]将影响最简单的热管稳态流动建模。通常,作为热管设计过程的一部分,我们从吸液或毛细极限的计算开始,因为吸液芯结构和材料在这方面起着很大的作用。这是由于用于分析雷诺数和马赫数的方程是热传输能力的函数,而大多数常用的求解方法都假定了热管内部结构内是层流、不可压缩蒸汽流动[17]。

Chi[18]已经详细说明了如何在式(2.8a)的帮助下,利用蒸汽雷诺数和马赫数的表达式来获得最大热输运能力 $Q_{c_{max}}$ 来确定上述假设的准确性。在这里,我们可以使用由 Chi[18] 给出的热管详细推导式 $Q_{c_{max}}$。

当热管处于稳态运行时,从蒸发段到冷凝段的蒸汽和通过吸液芯从冷凝段到蒸发段的液体连续流动。因为存在沿热管轴向的蒸汽压力梯度(Δp_v)和液体压力梯度(Δp_l)(更多细节见2.5节),这些流动是可行的。考虑到蒸发段和冷凝段之间的蒸汽流循环,沿蒸汽流通道存在压力梯度。同理,当冷凝液体从冷凝段流回热管的蒸发段侧时,也存在压力梯度。沿整个热管轴向所需的压力平衡以及液-汽界面两侧的压力差称为毛细力,毛细力的大小由界面上的弯月面决定。图2.26所示为热管内的工作液体循环示意图。

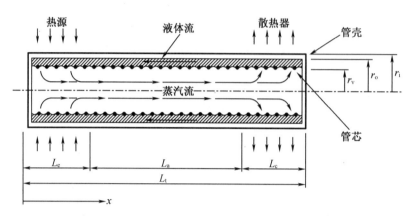

图 2.26　热管内的工作液体循环示意图(Chi[18])

从数学上讲,压力平衡可以表示如下:

$$[p_v(x_{ref})-p_v(x)]+[p_v(x)-p_1(x)]+[p_1(x)-p_1(x_{ref})]+[p_1(x_{ref})-p_v(x_{ref})]=0 \quad (2.37)$$

引入毛细力 p_c,该压力表示为在液-汽界面的汽侧压力减去液侧压力(两相情况),因此有

$$p_c(x)=p_c(x_{ref})+\Delta p_v(x-x_{ref})+\Delta p_1(x_{ref}-x) \quad (2.38)$$

式中　$p_c(x)$——沿整段热管位置 x 处的毛细力,即 $p_c(x)=p_v(x)-p_1(x)$;

$p_c(x_{ref})$——在参考位置 x_{ref} 处的毛细力,即 $p_c(x_{ref})=p_v(x_{ref})-p_1(x_{ref})$;

$\Delta p_v(x-x_{ref})$——从 x 到 x_{ref} 处的蒸汽压降,即 $\Delta p_v(x-x_{ref})=p_v(x)-p_v(x_{ref})$;

$\Delta p_1(x_{ref}-x)$——从 x_{ref} 到 x 处的液体压降,即 $\Delta p_1(x_{ref}-x)=p_1(x_{ref})-p_1(x)$。

气体和液体的最小压差为0,即当参考位置 x_{ref} 选择在气体和液体压差最小且等于零的位置 x_{min} 时,式(2.38)可简化为式(2.39),表示如下:

$$p_c(x)=\Delta p_v(x-x_{min})+\Delta p_1(x_{min}-x) \quad (2.39)$$

一般来说,在热管运行过程中,式(2.39)右边的压降 Δp_v 和 Δp_1 随着热负荷的增加而增大,导致毛细力 p_c 相应增大。但是,特定的液体-吸液芯组合存在一个最大的毛细力,在2.5节中对这种发展进行了详细分析。为了使热管在吸液芯区域内没有任何干涸的情况下正常且连续地工作,那么所需的毛细力不应超过热管上任何一点可能的最大毛细力[式(2.7)]。热管热传输能力对毛细力的限制称为吸液芯极限或毛细极限。

2.13.1　液体压降

根据 Chi[18],对流体压力梯度进行积分,可以得到吸液芯结构中液体的压降为

$$\Delta p_1(x_{min}-x)=p_1(x_{min})-p_1(x)$$

$$= -\int_{x_{\min}}^{x} \frac{\mathrm{d}p_1}{\mathrm{d}x} \mathrm{d}x \tag{2.40}$$

式中，$\dfrac{\mathrm{d}p_1}{\mathrm{d}x}$ 是液体流动方向的压力梯度。

对于稳态模式（恒定的热量输入和排出），对整段热管进行积分，式（2.40）可以写成如下形式：

$$\Delta p_1 = \left(\frac{\mu_1}{KA_w \rho_1 \lambda}\right) L_{\mathrm{eff}} q \tag{2.41}$$

式中　μ_1——液体黏度；

ρ_1——液体密度；

λ——汽化潜热；

A_w——吸液芯横截面积；

K——渗透率，代表了吸液芯的结构属性；

L_{eff}——有效热管长度；

q——液体的质量流量。

在这种情况下，动态压力可以忽略，因为热管内的液体速度通常很低。对于稳态条件，流体压力梯度与摩擦阻力和重力有关，由以下方程给出：

$$\frac{\mathrm{d}p_1}{\mathrm{d}x} = -\frac{2\tau_1}{r_{h_1}} \pm \rho_1 g \sin \psi \tag{2.42}$$

式中　r_{h_1}——液体流动的水力半径，水力半径定义为横截面积的两倍除以湿润周长；

τ_1——液-固界面的摩擦应力；

ψ——从水平方向测量的热管倾角；

ρ_1——液体密度；

g——重力加速度。

注：重力可以是正的，也可以是负的，取决于液体的流动方向是否与重力加速度的方向一致。

现在我们可以在这个分析中引入另外两个参数，即阻力系数 f_1 和无量纲雷诺数 Re_1，可以表示如下：

$$Re_1 = \frac{2r_{h_1}\rho_1 V_1}{\mu_1}$$

$$f_1 = \frac{2\tau_1}{\rho_1 V_1^2} \tag{2.43}$$

式中　μ_1——液体黏度；

V_1——液体速度。

液体速度 V_1 与局部轴向热量 Q 有关：

$$V_1 = \frac{Q}{\varepsilon A_w \rho_1 \lambda} \tag{2.44}$$

式中 A_w——吸液芯横截面积;

λ——汽化潜热;

ε——吸液芯孔隙度。

将式(2.43)和式(2.44)代入式(2.42),液体压力梯度的表达式如下:

$$\frac{dp_1}{dx} = -\frac{(f_1 Re_1)\mu_1}{2\varepsilon A_w r_{h_1}^2 \rho_1 \lambda} Q \pm \rho_1 g \sin \psi \qquad (2.45)$$

或者我们可以将上述方程重新整理如下:

$$\frac{dp_1}{dx} = -F_1 Q \pm \rho_1 g \sin \psi \qquad (2.46)$$

式中,F_1 表示液体流动的摩擦系数,定义为

$$F_1 = \frac{\mu_1}{K A_w \rho_1 \lambda} \qquad (2.47)$$

吸液芯渗透率根据式(2.48)计算:

$$K = \frac{2\varepsilon r_{h_1}^2}{(f_1 Re_1)} \qquad (2.48)$$

在式(2.48)中,渗透率 K 代表了吸液芯的结构特性,因为:

(1)由于液体速度普遍较低,热管吸液芯结构中的液体流动是层流的。

(2)对于层流,$(f_1 Re_1)$ 是一个常数,其大小仅取决于吸液芯结构的几何形状,式(2.48)中的其他量也是如此。Chi[18] 提出了适用于评价几种常见的吸液芯 K 值的方法,读者可以参考 Chi 著作的第40~42页。表2.4给出了几种不同结构的吸液芯渗透率 K 的表达式。

表2.4　几种不同结构的吸液芯结构渗透率 K 的表达式

吸液芯结构	K 的表达式	式中变量含义
干道式	$K = \dfrac{r^2}{8}$	—
开式方形凹槽	$K = \dfrac{2\varepsilon r_{h_1}^2}{(f_1 Re_1)}$	ε 表示孔隙度,$\varepsilon = \dfrac{w}{s}$($s$ 表示槽距,w 表示槽宽) $r_{h_1} = \dfrac{2w\delta}{w+2\delta}$($\delta$ 表示凹槽深度) $(f_1 Re_1)$ 值取自图2.27
圆形吸液芯	$K = \dfrac{2\varepsilon r_{h_1}^2}{(f_1 Re_1)}$	$r_{h_1} = r_1 - r_2$ $(f_1 Re_1)$ 值取自图2.28 d 表示吸液芯直径
覆盖丝网	$K = \dfrac{d^2 \varepsilon^3}{122(1-\varepsilon)^2}$	$\varepsilon = 1 - \dfrac{1.05\pi Nd}{4}$ N 表示网格数
填充球	$K = \dfrac{r_s^2 \varepsilon^3}{37.5(1-\varepsilon)^2}$	r_s 表示球体半径 ε 表示孔隙度(取决于填充方式)

注意,水力半径等于液体流动通道的半径 r,对于在圆形通道中的模块化吸液芯结构,例如干道芯或凹槽形状,孔隙率等于 1。在这种情况下,层流管道中使用著名的哈根-泊肃叶方法,(f_1Re_1) 等于 16[42]:

$$K = \frac{r^2}{8} \tag{2.49}$$

矩形管道中的层流流体的 (f_1Re_1) 值与通道纵横比 α 之间的关系如图 2.27 所示。使用式(2.48)可计算已知纵横比 $\left(\alpha = \frac{w}{\delta}\right)$ 和孔隙度 ε 的矩形凹槽式吸液芯的渗透率 K。(f_1Re_1) 从图 2.27 中读取,r_{h_1} 等于 $\frac{w\delta}{w+\delta}$。对于具有已知孔隙率的开式方形凹槽吸液芯,K 可以用式(2.48)计算。但是,吸液芯的纵横比应首先通过以下方程计算:

$$\alpha = \frac{w}{2\delta} \tag{2.50}$$

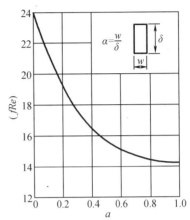

图 2.27 矩形管中层流的摩擦系数

在这种情况下,可以使用图 2.27 获得 (f_1Re_1) 的值,用式(2.51)计算吸液芯的水力半径:

$$r_{h_1} = \frac{2w\delta}{w+\delta} \tag{2.51}$$

另一方面,图 2.28 确定了一系列圆环形流道 (f_1Re_1) 的理论值[42]。对于已知 r_1、r_2 和 K 的环形吸液芯,渗透率值可以用式(2.48)计算。在此假设下,下列数值是有效的:

$$\varepsilon = 1$$

$$r_{h_1} = r_1 - r_2$$

(f_1Re_1) 从图 2.28 中读取。

对于缠绕丝网式吸液芯,渗透率变化很大,因为渗透率是缠绕紧密度的函数。但对于一个松散的缠绕丝网式吸液芯,K 可以近似为一系列平行的环形通道。

Marcus[43] 在 1972 年 4 月的报告"可变热导热管的理论和设计"中表明,紧密缠绕丝网式吸液芯的实验数据已经与修正的 Blake-Kozeny 方程符合得很好(见附录 A):

$$K = \frac{d^2\varepsilon^3}{122(1-\varepsilon)^2} \tag{2.52}$$

式中,d 是吸液芯直径,ε 可以用下列方程计算:

$$\varepsilon = 1 - \frac{\pi SNd}{4} \tag{2.53}$$

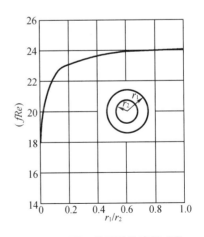

图 2.28 圆环状层流的摩擦系数

式中　N——网格数；

　　　S——压接系数（≈ 1.05）[44]。

压接系数解释了丝网吸液芯不是简单的交叉束。Chi[18]指出，如果每次缠绕丝网的紧密程度是不确定的，那么使用式（2.52）和式（2.53）获得紧密缠绕丝网式吸液芯渗透率是一种保守的方法，因为紧密缠绕丝网式吸液芯比松散缠绕丝网式吸液芯具有更高的流动阻力。

利用 Blake-Kozeny[45-46] 方程对填充球型吸液芯进行近似计算。可以用以下方程计算渗透率：

$$K = \frac{r_s^2 \varepsilon^3}{37.5(1-\varepsilon)^2} \tag{2.54}$$

请注意，热管吸液芯中的液体流动通常具有非常低的流速和雷诺数（层流）[43]。因此，稳态运行时惯性效应可以忽略，流动损失仅归因于黏性剪切力。

Chi[18]给出了与上述参数相关联的两个图。

2.13.2　蒸汽压降

同样，对蒸汽压力梯度积分，计算热管蒸汽流量中的蒸汽压降如下：

$$\Delta p_v(x - x_{min}) = p_v(x) - p_1(x_{min}) = -\int_{x_{min}}^{x} \frac{\mathrm{d}p_v}{\mathrm{d}x}\mathrm{d}x \tag{2.55}$$

式中，$\dfrac{\mathrm{d}p_v}{\mathrm{d}x}$是蒸汽流动方向的压力梯度。

Chi[18]发现，在对蒸汽压力梯度积分后，动态压力效应被抵消，这是式（2.55）的另一个结果，可表示如下：

$$\Delta p_v = \left[\frac{C(f_v Re_v)\mu_v}{2A_v(r_{h_v})^2 \rho_v \lambda}\right]L_{eff}q \tag{2.56}$$

式中　r_{h_v}——蒸汽空间的水力半径；

　　　C——取决于马赫数的常数；

　　　A_v——宽度为 $\mathrm{d}x$ 的蒸汽控制体积的横截面积；

　　　f_v——蒸汽的阻力系数；

　　　Re_v——蒸汽的雷诺数；

　　　μ_v——蒸汽的动力黏度；

　　　ρ_v——蒸汽密度；

　　　λ——汽化潜热；

　　　q——传递的热量；

　　　L_{eff}——有效热管长度。

计算热管中的蒸汽压降通常比液体压力分析要困难得多。除了黏性剪切力外，还必须考虑动量效应，以及可能的湍流和可压缩性[43]。由于在蒸发段中的蒸汽质量增加以及在冷凝段侧的减小，速度分布变化明显，从而使得局部压力梯度改变，因此该计算变得更加复杂。在稳态条件下,蒸汽的质量流量等于相同轴向位置的液体的质量流量。但是,由于蒸汽密度比液体密度低,可以认为蒸汽速度比液体速度大得多。在这些情况下,蒸汽压力梯度不仅来自摩擦阻力,还来自动力效应。蒸汽的流动可能是层流也可能是湍流[18],蒸汽的压缩性也可能变得重要。因此,描述蒸汽压降的理论取决于流动是层流还是湍流,可以根据蒸汽速度剖面的抛物线或七分之一次方定律来分析。

使用图2.29,该分析首先考虑了在横截面积 A_v、长度 $\mathrm{d}x$ 的控制体积中的静止蒸汽,在液-汽界面上单位长度质量流量为 $\dfrac{\mathrm{d}\dot{m}_v}{\mathrm{d}x}$。根据我们的假设,由于蒸汽密度低而忽略了重力的影响,并利用轴向动量守恒原理的定义得到式(2.57):

$$\frac{\mathrm{d}p_v}{\mathrm{d}x} = \frac{-(f_v Re_v)\mu_v \dot{m}_v}{2A_v(r_{h_v})^2 \rho_v} - \beta \frac{2\dot{m}_v}{A_v^2 \rho_v} \frac{\mathrm{d}\dot{m}_v}{\mathrm{d}x} \tag{2.57}$$

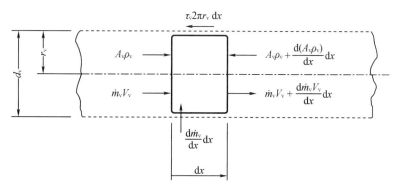

图 2.29 蒸汽流的基本控制体积(Chi[18])

由于整个热管存在层流条件,而且热管蒸发段和冷凝段动量梯度可以近似为黏性和剪切这两项之和。

式(2.57)右边的第一项表示摩擦阻力引起的蒸汽压力梯度,第二项表示动态压力变化引起的压力梯度,其中 f_v 表示摩擦阻力系数,β 由以下方程定义:

$$\beta = \frac{A_v \rho_v^2}{\dot{m}_v^2} \int_{A_v} V_v^2 \mathrm{d}A \tag{2.58}$$

式(2.58)说明了截面蒸汽速度变化的影响[18]。另一方面,质量流量 $\dot{m}_v$ 与同一位置 x 处的轴向热通量有关($\dot{m}_v = Q/\lambda$)。式(2.57)可以写成如下不同的形式:

$$\frac{\mathrm{d}p_v}{\mathrm{d}x} = -F_v Q - D_v \frac{\mathrm{d}Q^2}{\mathrm{d}x} \tag{2.59}$$

式中 F_v——蒸汽流动的摩擦系数;

D_v——蒸汽流动的动态压力系数,它们的定义如下:

$$F_v = \frac{(f_v Re_v)\mu_v}{2A_v(r_{h_v})^2 \rho_v \lambda} \tag{2.60}$$

$$D_v = \frac{\beta}{A_v^2 \rho_v \lambda^2} \tag{2.61}$$

式中 A_v——蒸汽横截面积；

$\quad\quad D_v$——动态压力系数；

$\quad\quad f_v$——蒸汽的阻力系数；

$\quad\quad Re_v$——蒸汽的雷诺数；

$\quad\quad r_{h_v}$——蒸汽的水力半径；

$\quad\quad \beta$——动量剖面系数；

$\quad\quad \mu_v$——蒸汽动力黏度；

$\quad\quad \rho_v$——蒸汽密度；

$\quad\quad \lambda$——汽化潜热。

式(2.60)中($f_v Re_v$)的值可以用与液体压降分析相同的方法来估算,对于圆形蒸汽流动通道,该值等于16。对于不同纵横比矩形通道的($f_v Re_v$)值,请参阅图2.27,对于不同半径比的环形通道,请参阅图2.28。假设速度为抛物线分布,β的值可以用式(2.58)计算。对于半径比接近1的环形通道、圆管和矩形通道,β分别等于1.25,1.33和1.44[18]。

如果已知取决于流动条件的f_v和β值,则可以估算F_v和D_v的值,我们需要用蒸汽雷诺数和马赫数两个无量纲数来指定流动条件,分别定义如下[18]：

$$Re_v = \frac{2r_{h_v}Q}{A_v \mu_v \lambda} \quad\quad\quad (2.62)$$

$$M_v = \frac{Q}{A_v \rho_v \lambda \sqrt{\gamma_v R_v T_v}} \quad\quad\quad (2.63)$$

式中 γ_v——蒸汽比热容比,对于单原子、双原子及多原子蒸汽,其值分别等于1.6,1.4和1.33；

$\quad\quad R_v$——蒸汽的气体常数；

$\quad\quad M_v$——蒸汽的马赫数；

$\quad\quad Re_v$——蒸汽的雷诺数；

$\quad\quad Q$——热流量；

$\quad\quad T_v$——蒸汽温度；

$\quad\quad A_v$——蒸汽横截面积；

$\quad\quad r_{h_v}$——蒸汽的水力半径；

$\quad\quad \mu_v$——蒸汽动力黏度；

$\quad\quad \rho_v$——蒸汽密度；

$\quad\quad \lambda$——汽化潜热。

当满足$Re_v = 2\,300$和$M_v = 0.2$的条件时,蒸汽可以被认为是层流和不可压缩的。在$Re_v < 2\,300$和$M_v > 0.2$的情况下,流动仍然是层流的,在式(2.60)中的β值仍将大致适用[18]。根据参考文献[47],在相同的雷诺数(基于集总性质)下可压缩层流的阻力系数$f_{v,c}$与不可压缩层流的阻力系数$f_{v,i}$的比率可以通过以下方程表示：

$$\frac{f_{v,c}}{f_{v,i}} = \left(1 + \frac{\gamma_v - 1}{2}M_v^2\right)^{-\frac{1}{2}} \quad\quad\quad (2.64)$$

将式(2.64)代入式(2.60),可以建立一种新的方程形式来表示蒸汽摩擦系数 F_v,如下:

$$F_v = \frac{(f_v Re_v)\mu_v}{2A_v(r_{h_v})^2\rho_v\lambda}\left(1+\frac{\gamma_v-1}{2}M_v^2\right)^{-\frac{1}{2}} \tag{2.65}$$

在这个方程中,$(f_v Re_v)$ 的值与上述不可压缩层流的值相同。对于雷诺数 $Re_v > 2\ 300$ 的流动,f_v 和 β 的值可以按速度分布[18]的七分之一次方定律计算,对于圆管流动,β 的值非常接近 $1(\beta=1.02)$,不可压缩湍流的阻力系数存在以下关系:

$$f_v = \frac{0.038}{Re_v^{0.25}} \tag{2.66}$$

在这种情况下,压力梯度方程(2.59)的摩擦系数和动态压力系数可分别表示为

$$F_v = \frac{0.019\mu_v}{A_v(r_{h_v})^2\rho_v\lambda}\left(\frac{2r_{h_v}Q}{A_v\mu_v\lambda}\right)^{\frac{3}{4}} \tag{2.67}$$

$$D_v = \frac{1}{A_v^2\rho_v\lambda^2} \tag{2.68}$$

同样,根据 Von Karman[47] 的研究,可压缩湍流的阻力系数与相同雷诺数下的不可压缩流动的阻力系数相关,并由以下方程给出:

$$f_{v,c} = f_{v,i}\left(1+\frac{\gamma_v-1}{2}M_v^2\right)^{-\frac{3}{4}} \tag{2.69}$$

因此,当雷诺数大于 $2\ 300$,马赫数大于 0.2 时,蒸汽压降可以用式(2.59)计算。F_v 和 D_v 计算如下:

$$F_v = \frac{0.019\mu_v}{A_v(r_{h_v})^2\rho_v\lambda}\left(\frac{2r_{h_v}Q}{A_v\mu_v\lambda}\right)^{\frac{3}{4}}\left(1+\frac{\gamma_v-1}{2}M_v^2\right)^{-\frac{3}{4}} \tag{2.70}$$

$$D_v = \frac{1}{A_v^2\rho_v\lambda^2} \tag{2.71}$$

总之,利用式(2.59)对蒸汽压力梯度积分,可以计算热管中的蒸汽压降。针对不同的蒸汽流动条件的摩擦系数 F_v 和动态压力系数 D_v 的值如表 2.5 所示。

表 2.5　圆形蒸汽截面的蒸汽摩擦系数 F_v 和动态压力系数 D_v 的表达式

流动条件	F_v	D_v
$Re_v \leqslant 2\ 300, M_v \leqslant 0.2$	$\dfrac{8\mu_v}{A_v(r_{h_v})^2\rho_v\lambda}$	$\dfrac{1.33}{A_v^2\rho_v\lambda^2}$
$Re_v \leqslant 2\ 300, M_v > 0.2$	$\dfrac{8\mu_v}{A_v(r_{h_v})^2\rho_v\lambda}\left(1+\dfrac{\gamma_v-1}{2}M_v^2\right)^{-\frac{1}{2}}$	$\dfrac{1.33}{A_v^2\rho_v\lambda^2}$
$Re_v > 2\ 300, M_v \leqslant 0.2$	$\dfrac{0.019\mu_v}{A_v(r_{h_v})^2\rho_v\lambda}\left(\dfrac{2r_{h_v}Q}{A_v\mu_v\lambda}\right)^{\frac{3}{4}}$	$\dfrac{1}{A_v^2\rho_v\lambda^2}$
$Re_v > 2\ 300, M_v > 0.2$	$\dfrac{0.019\mu_v}{A_v(r_{h_v})^2\rho_v\lambda}\left(\dfrac{2r_{h_v}Q}{A_v\mu_v\lambda}\right)^{\frac{3}{4}}\left(1+\dfrac{\gamma_v-1}{2}M_v^2\right)^{-\frac{3}{4}}$	$\dfrac{1}{A_v^2\rho_v\lambda^2}$

例2.4(出自 Peterson 的书)　一个水平放置的简单铜/水热管,内径为 1.5 cm,管长为 0.75 m。热管的蒸发段和冷凝段长度各为 0.25 m。吸液芯结构由两层100目铜丝网组成。考虑到热管在 30 ℃时的最大传热能力为 24.5 W,请绘制蒸汽和液体压力作为热管轴向位置的函数。对于蒸汽压,分别使用一维近似和二维近似计算,并比较结果。

解　1. 一维蒸汽:压力梯度由式(2.57)给出(图2.30):

$$\frac{dp_v}{dx}=\frac{-(f_vRe_v)\mu_v\dot{m}_v}{2A_v(r_{h_v})^2\rho_v}-\beta\frac{2\dot{m}_v}{A_v^2\rho_v}\frac{d\dot{m}_v}{dx}$$

假设 $\beta\approx1$,并有

$\frac{d\dot{m}}{dx}=4.04\times10^{-5}$ kg/s	蒸发段
$\frac{d\dot{m}}{dx}=0$	绝热段
$\frac{d\dot{m}}{dx}=-4.04\times10^{-5}$ kg/s	冷凝段:冷凝段和绝热段的长度相同 $L_c=L_a$
$f_vRe_v=16$	层流和不可压缩流,在质量均匀的假设下;质量流率为 $P_x(x)=\int_0^x\frac{dp_v}{dx}$

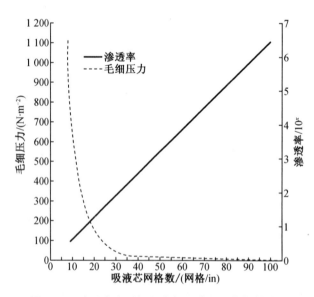

图2.30　渗透率和毛细压力与吸液芯网格数的关系

蒸发段:

$$p_x(x)=\int_0^x\left(-F_{v,1}\dot{m}_v-F_{v,2}\dot{m}_v\frac{d\dot{m}_v}{dx}\right)dx$$

其中

74

$$F_{v,1} = \frac{(f_v Re_v)\mu_v}{2A_v(r_{h_v})^2 \rho_v} = \frac{16(9.29 \times 10^{-6})}{2(1.56 \times 10^{-4})(0.007\,05)^2(0.035)} = 2.739 \times 10^5$$

$$F_{v,2} = \frac{2}{A_v^2 \rho_v} = \frac{2}{(1.56 \times 10^{-4})^2(0.035)} = 2.35 \times 10^9$$

$$p_x(x) = \int_0^x [-2.739 \times 10^5(1.62 \times 10^{-4}x) - 2.35 \times 10^9(4.04 \times 10^{-5})(1.62 \times 10^{-4}x)]\mathrm{d}x$$

$$p_x(x) = \int_0^x -59.75x\,\mathrm{d}x = -29.88x^2 \big|_0^x$$

$$p_x(x) = -29.88x^2$$

绝热段：

$\dot{m}_v$ 为常数并且 $\dfrac{\mathrm{d}\dot{m}_v}{\mathrm{d}x} = 0$

$$p_v(x) = P(x = L_e) - F_{v,1}\dot{m}_v(x - L_e) = p(x = L_e) - 11.06(x - L_e)$$

冷凝段：

$$p_v(x) = p_v(x = L_e + L_a) + 29.88[x^2 - (L_e + L_a)^2] - 44.98(x - L_e - L_a)$$

2. 二维蒸汽

蒸发段[Peterson 的书中式(3.12)[17]]：

$$p(x) \simeq p(x = 0) - 4\mu \frac{\bar{v}L_e}{r_0^2}\left(1 + 0.61Re_r + \frac{0.61Re_r}{3.6 + Re_r}\right)\frac{x^2}{L_e^2}$$

其中，$\bar{v}$ 为平均速度；Re_r 为轴向雷诺数，且

$$Re_r = \frac{\rho_v u_v r_0}{\mu_v} = \frac{1}{2\pi\mu_v}\frac{\mathrm{d}\dot{m}_v}{\mathrm{d}x}$$

式中　u_v——蒸汽速度的轴向分量，m/s；

　　　r_0——外径；

　　　μ_v——蒸汽绝对黏度，$N \cdot s/m^2$；

　　　$\dot{m}_v$——蒸汽质量流量，kg/s。

参考 Peterson 的书[17]，我们有

$$\bar{v} = \frac{\dot{m}}{\rho_v A_v} = \frac{Q}{\lambda \rho_v A_v} = \frac{24.5}{(2\,425 \times 10^3)(0.035)(1.56 \times 10^{-4})} = 1.85 \text{ m/s}$$

并根据总质量流量除以蒸发段壁面区域的长度（假设整个蒸发段的质量是均匀的）计算 Re_r：

$$\frac{\mathrm{d}\dot{m}}{\mathrm{d}x} = \frac{\dot{m}}{L_e} = \frac{Q}{\lambda L_e} = \frac{24.5w}{2\,425 \times 10^3 \times 0.25} = 4.04 \times 10^{-5} \text{ kg/(s} \cdot \text{m)}$$

$$Re_r = \frac{1}{2\pi\left(9.29 \times 10^{-6}\frac{NS}{r^2}\right)} \times 4.04 \times 10^{-5} \text{ kg/(s} \cdot \text{m)} = 0.692$$

因此

$$p(x) = p(x=0) - 4(9.29 \times 10^{-6}) \frac{1.85 \times 0.25}{(0.007\ 05)^2} \left[1 + 0.61 \times 0.692 + \frac{0.61 \times 0.692}{3.6 + 0.692} \right] \frac{x^2}{(0.25)^2}$$

得出 $p(x) = p(x=0) - 8.4x^2 (\mathrm{Pa})$ 并有

$$\frac{\mathrm{d}p}{\mathrm{d}x} = -16.8x$$

绝热部分［Peterson 的书中公式(3.13)］[17]：

$$p(x) \simeq p(x=0) - \frac{8\mu\bar{v}x}{r_0^2} \left[1 + \frac{0.106 Re_r}{18 + 5 Re_r} \frac{1 - \mathrm{e}^{(-30x/Re_a r_0)}}{x/Re_a r_0} \right]$$

其中，$Re_a = \dfrac{4\dot{m}}{\pi q_v \mu_v} = 97.9$，而 $x=0$ 是绝热段的入口：

$$p(x) \simeq p(x=0) - \frac{8 \times 9.29 \times 10^{-6} \times 1.85x}{(0.007\ 05)^2} \left[1 + \frac{0.106 \times 0.692}{18 + 5 \times 0.692} \frac{1 - \mathrm{e}^{-30x/(97.9 \times 0.007\ 05)}}{x/(97.9 \times 0.007\ 05)} \right]$$

$$p(x) \simeq p(x=0) - 2.76x \left[1 + 0.002\ 36 \frac{1 - \mathrm{e}^{(-43.4x)}}{x} \right]$$

得出

$$p(x) \simeq p(x=0) - 2.76x - 0.006\ 5 \left[1 - \mathrm{e}^{(-43.4x)} \right]$$

冷凝段部分［Peterson 的书中公式(3.14)］[17]：

$$p(x) = p(x=L_c) + \frac{4\mu\bar{v}L_c}{r_0^2} \left[1 - Re_{r_{\text{capillary}}} \left(\frac{7}{9} - \frac{8a}{27} + \frac{23a^2}{405} \right) \right] \left(1 - \frac{x}{L_c} \right)^2$$

其中，a 是一个速度分布校正因子，它补偿了与泊肃叶流的偏差[48]。在蒸发段部分，速度分布校正因子 a 的表达式如下：

$$a = 0.68 \left\{ \left(5 + \frac{18}{Re_r} \right) - \left[\left(5 + \frac{18}{Re_r} \right) - 8.8 \right]^{\frac{1}{2}} \right\}$$

当泊肃叶流速度分布轴向雷诺数接近零时，a 为 0；当轴向雷诺数接近无限大时，a 为 0.665[48]。在绝热段，这一校正因子取决于绝热段入口处的速度分布[18]。

在例 2.4 中，可以从图 2.31 中确定 $a = 0.142$（相对较低的值）。在蒸发段 $L_a = 0.25$ m 中，可以假定蒸汽流的速度曲线为泊肃叶速度曲线，即 $a_0 = 0$。因此，对于 $a_0 = 0$，$Re_r = -0.692$，有

$$0 > a > -0.15$$

由图 2.31 可知

$$p(x) = p(x=L_c) + \frac{4 \times 9.29 \times 10^{-6} \times 1.85 \times 0.25}{(0.007\ 05)^2} \times$$

$$\left[1 - (-0.692) \left(\frac{7}{9} - \frac{8a}{27} + \frac{23a^2}{405} \right) \right] \times \left(1 - \frac{x}{L_c} \right)^2$$

$$= p(x=L_c) + 0.346 \left[1 + 0.692 \left(\frac{7}{9} - \frac{8a}{27} \right) \right] \left(1 - \frac{x}{L_c} \right)^2$$

注：本项微分需要已知函数 $a(x)$。

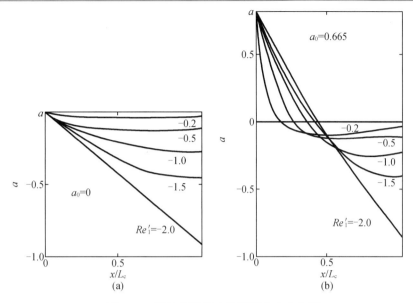

图 2.31　沿冷凝段长度修正的速度分布[48]

3. 液体通道

压力梯度由式(2.57)给出,将 $\dot{m}\lambda = 1$ 代入方程,有

$$\frac{\mathrm{d}p_1}{\mathrm{d}x} = \frac{\mu_1 \dot{m}_1}{KA_{\mathrm{w}}\rho_1}$$

$$= \frac{(7.69 \times 10^{-4})\dot{m}_1}{1.94 \times 10^{-10} \times 2.057 \times 10^{-5} \times 995.3}$$

$$= 1.94 \times 10^{8} \dot{m}_1$$

因此,通过代入和积分,有

$$p_1(x) = p_1(x=0) + 1.57 \times 10^{4} x^{2} \,(蒸发段)$$

$$p_1(x) = p_1(x=L_{\mathrm{e}}) + 7.84 \times 10^{3}(x-L_{\mathrm{e}}) \,(绝热段)$$

$$p_{\mathrm{v}}(x) = p_{\mathrm{v}}(x=L_{\mathrm{e}}+L_{\mathrm{a}}) - 1.571 \times 10^{4}\left[x^{2}-(L_{\mathrm{e}}+L_{\mathrm{a}})^{2}\right] + 2.37 \times 10^{4}(x-L_{\mathrm{e}}-L_{\mathrm{a}}) \,(冷凝段)$$

2.13.3　毛细管或吸液芯热传输极限分析

在 2.13.1 节和 2.13.2 节,分别描述了液体和蒸汽的压降,最小毛细压力可以用 2.13 节的式(2.37)很好的定义。求解以下方程需要已知沿整个热管长度的毛细力:

$$p_{\mathrm{c}}(x) = \Delta p_{\mathrm{v}}(x-x_{\min}) + \Delta p_1(x_{\min}-x) \tag{2.72}$$

将式(2.40)和式(2.55)中的两个表达式 $\Delta p_1(x_{\min}-x)$ 和 $\Delta p_{\mathrm{v}}(x-x_{\min})$ 代入式(2.72)中,有

$$p_{\mathrm{c}}(x) = \int_{x_{\min}}^{x}\left(\frac{\mathrm{d}p_{\mathrm{v}}}{\mathrm{d}x} - \frac{\mathrm{d}p_1}{\mathrm{d}x}\right)\mathrm{d}x \tag{2.73}$$

对于任何工作液体-吸液芯的组合,存在最大可能毛细力[见 2.4 节和式(2.7)],此外,

如果热管在重力场中运行,工作液体的环形分布条件是可能的,那么可用于轴向输送流体的最大有效毛细力 $p_{\text{capillary}_{\max},\text{evaporator}}$ 将小于式(2.7)计算的最大毛细力。这种压力的下降是由于垂直于热管轴方向的重力的影响:

$$p_{\text{capillary}_{\max},\text{evaporator}} = \frac{2\sigma}{r_{\text{capillary}}} - \Delta p_\perp \tag{2.74}$$

对于相对于水平方向倾斜 ψ,直径为 d_v 的热管,蒸发段的最大有效毛细力 $p_{\text{capillary}_{\max},\text{evaporator}}$ 可用以下方程计算:

$$p_{\text{capillary}_{\max},\text{evaporator}} = \frac{2\sigma}{r_{\text{capillary}}} - \rho_1 g d_v \cos\psi \tag{2.75}$$

由式(2.74)和式(2.75)可以看出,对于在已知温度和方向下运行的给定热管,最大有效毛细力基本上是一个常数。但是,一般情况下,式(2.73)的积分随着热负荷的增加而增加,因为流体循环会随热负荷增加而增大[18]。

当式(2.73)在 x 处的积分等于式(2.74)在 $x_{\max}$ 处的最大有效毛细力时,吸液芯将开始干涸。

当式(2.73)和式(2.74)合并时,热管压力负荷下的毛细管或吸液芯极限的一般方程如下:

$$\frac{2\sigma}{r_{\text{capillary}}} - \Delta p_\perp = \int_{x_{\min}}^{x_{\max}} \left(\frac{\mathrm{d}p_v}{\mathrm{d}x} - \frac{\mathrm{d}p_1}{\mathrm{d}x}\right) \mathrm{d}x \tag{2.76}$$

对于常规热管来说,这一极限的具体求解步骤如下所示,每个步骤都参考 Chi[18]。常规热管如图2.32所示。

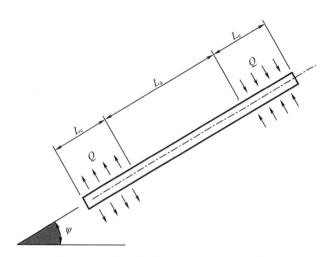

图2.32 以热管模式运行的传统热管示意图

常规热管被认为是固定热管而不是可变热导热管;一般来说,它是直的,且具有均匀的截面,由蒸发段、绝热段和冷凝段组成,其中蒸发段和冷凝段位于两端,而绝热段位于中间。当该装置在正常热管模式下运行时,假设蒸发段与冷凝段处于同一水平高度或高于冷凝段,如图2.32所示。在这种情况下,沿着工作液体的循环路径可以很容易地看出,最大蒸汽压出现在蒸发段的末端,而最小蒸汽压出现在冷凝段的末端。同样,最大液体压力出现在冷凝段的末端,最小液体压力出现在蒸发段的末端。这导致对于在正常循环模式下运行的常规热管,最小毛细力出现在冷凝段的末端(即在 $x_{min}=x=0$),最大毛细力出现在蒸发段的末端(即在 $x_{max}=x=L_{total}$),式(2.74)可简化为

$$\frac{2\sigma}{r_{capillary}} - \Delta p_\perp = \int_{x_{min}}^{L_{total}} \left(\frac{dp_v}{dx} - \frac{dp_l}{dx}\right) dx \qquad (2.77)$$

式中,L_{total} 为正常运行模式下热管的总长度。

使用式(2.46)和式(2.59),分别将 $\frac{dp_v}{dx}$ 和 $\frac{dp_l}{dx}$ 代入式(2.77),得到以下结果:

$$\frac{2\sigma}{r_{capillary}} - \Delta p_\perp = \int_0^{L_{total}} \left(F_v Q - D_v \frac{dQ^2}{dx} + F_l Q + \rho_l g \sin\psi\right) dx \qquad (2.78)$$

式中 $\Delta p_\perp$——垂直于热管轴方向的静水压力;

  L_{total}——热管的总长度;

  ψ——以水平位置测量的热管倾角;

  Q——热流量;

  F_l——液体流动的摩擦系数;

  D_v——动态压力系数;

  F_v——蒸汽流动的摩擦系数;

  g——重力加速度;

  ρ_l——液体密度;

  σ——表面张力系数;

  $r_{capillary}$——有效毛细半径。

我们使用式(2.44)和式(2.58)中的摩擦项,流体流动方向为负值,则用于式(2.79)中从 0 到 L_{total} 的积分,蒸汽向相反的方向流动。因此,摩擦项 $F_v Q$ 和 $F_l Q$ 在式(2.80)中都是正的。此外,由式(2.71)已知 D_v,并且已知在热管两端 Q 等于零,则有

$$\int_0^{L_{total}} D_v \frac{dQ^2}{dx} dx = \int_0^{L_{total}} \frac{2\beta Q}{\lambda^2 \rho_v A_v^2} dQ \frac{\beta}{\lambda^2 \rho_v A_v^2} Q^2 \Big|_0^{L_{total}} = 0 \qquad (2.79)$$

因此,式(2.79)可以写成如下形式:

$$\frac{2\sigma}{r_{capillary}} - \Delta p_\perp - \rho_l g L_{total} \sin\psi = \int_0^{L_{total}} (F_l + F_v) dx \qquad (2.80)$$

该方程一般可用于分析常规热管在正常模式下的毛细极限,因为液体和蒸汽流动的摩擦系数 F_l 和 F_v 已经分别在 2.13.1 节和 2.13.2 节中导出并得出表 2.4 和表 2.5。特别是,我们关注的是蒸汽流是层流且不可压缩的情况,此时的雷诺数 Re_v 小于 2 300,马赫数 M_v 也小于 0.2。在这种情况下,F_l 和 F_v 的值与传热速率无关,可以用式(2.47)和式(2.60)来计算。因此,毛细极限热传输因子 $(QL)_{capillary_{max}}$ 的表达式如下:

$$(QL)_{capillary_{max}} = \int_0^{L_{total}} Q dx = \frac{\frac{2\sigma}{r_{capillary}} - \Delta p_\perp - \rho_l g L_{total} \sin\psi}{F_l + F_v} \qquad (2.81)$$

其中

$$F_1 = \frac{\mu_1}{KA_w\rho\lambda_1}$$

$$F_v = \frac{(f_v Re_v)\mu_v}{2A_v(r_{h_v})^2\rho_v\lambda}$$

如果我们指定沿热管的热流分布，由于毛细管对热传输速率的限制，即 $Q_{capillary_{max}}$，热传输极限可以从热传输因子 $(QL)_{capillary_{max}}$ 导出。例如，如果图 2.32 中的热管沿蒸发段和冷凝段具有均匀的热流分布，那么轴向热流分布如下[17]：

$$Q = \frac{x}{L_c}Q_{capillary_{max}} \qquad 0 \leq x < L_c$$

$$Q = Q_{capillary_{max}} \qquad L_c \leq x < (L_c + L_a)$$

$$Q = Q_{capillary_{max}} \qquad (L_c + L_a) \leq x < L_{total}$$

因此，$Q_{capillary_{max}}$ 和 $(QL)_{capillary_{max}}$ 将通过以下方程联立：

$$(QL)_{capillary_{max}} = \int_0^{L_{total}} Q\mathrm{d}x = (0.5L_c + L_a + 0.5L_e)Q_{capillary_{max}} \qquad (2.82)$$

最后，在正常运行模式下的常规热管的最大毛细管或吸液芯极限由下式给出：

$$Q_{capillary_{max}} = \frac{(QL)_{capillary_{max}}}{0.5L_c + L_a + 0.5L_e} \qquad (2.83)$$

Chi 在文献[18]中详细分析了这一极限。本书为那些无法阅读文献[18]的读者重现这一极限的描述。Chi 还阐述了这样一个事实，如果蒸汽流是湍流的，它的可压缩性将不可忽视，那么式(2.77)的积分计算将需要花很长时间，这个过程令人乏味，建议使用计算机进行计算分析。然而，大多数热管的制造方式是使蒸汽流动在不可压缩层流范围内，并且蒸汽流的摩擦系数 F_v 远小于液体流动的摩擦系数 F_1。对于这样的热管，式(2.82)通常用于计算毛细极限。这里也展示了他使用这个方程的一些实例。

例 2.5（出自 Chi 的书）[18]　20 in(0.508 m) 长带有矩形轴向凹槽吸液芯的氨热管，具有以下技术特性参数：

铝管外径 $d_0 = 0.5$ in $= 4.167 \times 10^{-2}$ ft($= 0.00127$ m)。

凹槽深度 $\delta = 0.03$ in $= 2.5 \times 10^{-3}$ ft($= 7.62 \times 10^{-4}$ m)。

凹槽宽度 $w = 0.018$ in $= 1.5 \times 10^{-3}$ ft($= 4.57 \times 10^{-4}$ m)。

矩形凹槽的数量 $n = 36$。

蒸汽腔半径 $d_v = 0.36 \times 10^{-2}$ ft($= 9.14 \times 10^{-3}$ m)。

热管倾角 $\psi = 0$ rad。

冷凝段长度 $L_c = 5$ in($= 0.127$ m)。

绝热段长度 $L_a = 10$ in($= 0.254$ m)。

蒸发段长度 $L_e = 5$ in($= 0.127$ m)。

确定毛细极限时的热传输因子 $(QL)_{capillary_{max}}$ 和传热量 $Q_{capillary_{max}}$。假设沿蒸发段和冷凝段有均匀的热通量分布。工作液体的平均温度为 80 ℉(300 K)。

解　氨在 80 ℉(300 K)时的性质(见附录 C):

液体密度 $\rho_1 = 37.5$ lbm/ft$^3 = 1.165$ slugs/ft^3($= 601$ kg/m^3)。

蒸汽黏度 $\mu_1 = 0.516$ lbm/fth $= 4.451 \times 10^{-6}$ slug/fts($= 2.13 \times 10^{-4}$ kg/ms)。

表面张力系数 $\sigma = 1.35 \times 10^{-3}$ lbf/ft($= 1.97 \times 10^{-2}$ N/m)。

汽化潜热 $\lambda = 499$ Btu/lbm $= 1.607 \times 10^4$ Btu/slug $= 1.16 \times 10^6$ J/kg。

蒸汽密度 $\rho_v = 0.512$ lbf/ft$^3 = 1.59 \times 10^{-2}$ slug/ft^3($= 8.2$ kg/m^3)。

蒸汽黏度 $\mu_v = 2.67 \times 10^{-2}$ lbm/fth $= 2.3 \times 10^{-7}$ slug/fts($= 1.104 \times 10^{-5}$ kg/ms)。

1. 求解最大可用泵送压力 $p_{p_{max}}$

毛细半径(表 2.1)$r_c = w = 1.5 \times 10^{-3}$ ft($= 4.572 \times 10^{-4}$ m)。

最大毛细力[式(2.7)]$p_{capillary_{max}} = p_{c_{max}} = 2\sigma/r_c = 1.8$ lbf/ft^2($= 86.2$ N/m^2)。

正常静水压力(注意:对于轴向凹槽,不存在液体的轴向交汇)$\Delta p_\perp = 0$。

轴向静水压力 $\rho_1 g L_t \sin \psi = 0$。

最大有效泵送压力 $p_{p_{max}} = p_{c_{max}} - \Delta p_\perp - \rho_1 g L_t \sin \psi = 1.8$ lbf/ft^2($= 86.2$ N/m^2)。

2. 求液体摩擦系数 F_1

液体流动通道的平均半径 $r_m = d_v + \delta/2 = 0.195$ in $= 1.625 \times 10^{-2}$ ft($= 4.95 \times 10^3$ m)。

吸液芯横截面积 $A_w = 2\pi r_m \delta = 2.55 \times 10^{-4}$ ft^2($= 2.37 \times 10^{-5}$ m^2)。

吸液芯孔隙率 $\varepsilon = nw/2\pi r_m = 0.529$。

凹槽纵横比 $\alpha = w/\delta = 0.6$。

凹槽水力半径(表 2.4)$r_{h_1} = 2w\delta/(w+2\delta) = 1.154 \times 10^{-3}$ ft($= 3.52 \times 10^{-4}$ m)。

阻力系数(图 2.27)$f_1 Re_1 = 15$。

渗透率(表 2.4)$K = 2\varepsilon r_{h_1}^2/f_1 Re_1 = 9.393 \times 10^{-8}$ ft($= 8.73 \times 10^{-9}$ m^2)。

液体摩擦系数[式(2.44)]$F_1 = 9.924$(lb/ft^2)(Btu·ft/s)$[= 1.479$(N/m^2)/(W·m)$]$。

3. 求蒸汽摩擦系数 F_v

水力半径 $r_{h_1} = d_v/2 = 1.5 \times 10^{-2}$ ft($= 4.57 \times 10^3$ m)。

蒸汽流动面积 $A_v = \pi d_v^4/4 = 7.068 \times 10^{-4}$ ft^2($= 6.57 \times 10^{-5}$ m^2)。

阻力系数 $f_v Re_v = 16$。

蒸汽摩擦系数[式(2.59)]$F_1 = 0.045$(lb/ft^2)(Btu·ft/s)$[= 6.71 \times 10^{-3}$(N/m^2)/(W·m)$]$。

4. 求毛细极限时的 $(QL)_{capillary_{max}}$ 和 $Q_{capillary_{max}}$

最大热传输因子[式(2.81)]:

$$(QL)_{capillary_{max}} = \frac{1.8}{9.924 + 0.045} \text{ Btu} \cdot \text{ft/s}$$

$$= 0.181 \text{ Btu} \cdot \text{ft/s}$$

$$= 650 \text{ Btu} \cdot \text{ft/h}$$

$$= 2\,285 \text{ W} \cdot \text{in}(= 58 \text{ W} \cdot \text{m})$$

最大传热量[式(2.84)]:

$$Q_{capillary_{max}} = \frac{2\,285}{0.5 \times 5 + 10 + 0.5 \times 5} \text{ W}$$

$$= 152 \text{ W}$$

$$= 520 \text{ Btu/h} (\,= 152 \text{ W})$$

检查结果：

蒸汽流动的最大雷诺数[式(2.59)]：

$$Re_{\text{v}} = \frac{2r_{\text{h}_{\text{v}}} Q_{\text{capillary}_{\max}}}{A_{\text{v}} \mu_{\text{v}} \lambda} = 1\,657 (\,<2\,300)$$

最大马赫数[式(2.62)]：

$$M_{\text{v}} = \frac{Q_{\text{capillary}_{\max}}}{A_{\text{v}} \rho_{\text{v}} \lambda \sqrt{\gamma_{\text{v}} R_{\text{v}} T_{\text{v}}}} = 5.5 \times 10^{-4} (\,<0.2)$$

汽液摩擦比：

$$\frac{F_{\text{v}}}{F_{\text{l}}} = 0.45\%$$

根据 Chi[18] 和他在这里的例子，在几个不同的单位中，计算了毛细极限时的热传输因子和传热量，特别是 $(QL)_{\text{capillary}_{\max}}$ 和 $Q_{\text{capillary}_{\max}}$ 以 in 为单位，而 Btu/h 是热管文献中最常见的形式。在氨热管中 $(QL)_{\text{capillary}_{\max}}$ 等于 2 285 W·in(58 W·m)，最大传热值等于 520 Btu/h(152 W)，最大蒸汽流量雷诺数 Re_{v} 和马赫数 M_{v} 分别为 1 657 和 5.5×10⁻⁴，因此流动可以认为是层流和不可压缩的。此外，还发现汽液流动的摩擦比仅为 0.45%。当蒸汽压力较高，蒸汽流动的水力半径远大于液体流动的水力半径时，低温(极低温)和中温热管通常采用 M_{v} 和 $\frac{F_{\text{v}}}{F}$ 中的低值。对于所考虑的氨热管，蒸汽压在 153 psi(1.055×10⁶ N/m²)时，$r_{\text{h}_{\text{v}}}$ 和 $r_{\text{h}_{\text{l}}}$ 的比值等于 13。

2.13.4　吸液芯特性

热管是电子冷却行业中广泛使用的成熟两相装置，用于将产生的热量输送到系统中散发热量的位置。烧结金属粉末、丝网和凹槽是三种最常用的吸液芯结构，用来为液体返回蒸发段提供毛细通道。烧结金属粉末热管在笔记本电脑、服务器和台式机等产品中最常见，凹槽热管主要用于空间应用。到目前为止，丝网热管还没有达到另两种的普及程度。

丝网是用于热管的最古老的吸液芯结构之一，自 1964 年 Cotter 和 Grover[49] 首次发表关于热管的文章以来就一直在使用。随着当今对更高运行处理功率和减少可用空间的要求增加，丝网热管正成为某些要求苛刻的军事和医疗/分析应用的更具吸引力的选择。

热管内壁可内衬多种吸液芯结构。最常见的四种是：

(1)凹槽；

(2)丝网；

(3)烧结金属粉末；

(4)纤维/弹簧。

吸液芯结构为液体利用毛细作用从冷凝段到蒸发段提供了一条通道。吸液芯结构性能上的优势和劣势取决于对散热器设计的期望特征，一些结构具有较低的毛细极限，使得它们不适合在没有重力辅助的情况下使用。

通过热管输送热量的许多至关重要的过程都发生在吸液芯结构中,如热管工作液体从吸液芯表面蒸发并在吸液芯表面凝结,冷凝的工作液体通过吸液芯返回蒸发段。

在吸液芯表面产生维持热管内流体循环所必需的毛细力,并防止吸液芯内液体被相邻的高速蒸汽夹带的表面张力屏障也在吸液芯表面形成[22]。一方面,表征液体流动通道的结构需要粗孔结构,以尽量减少对液体流动的阻力;另一方面,需要相对较细的孔隙,以最大限度地利用毛细力平衡整个热管的液-汽压差。为尽量减少液体流动的轴向阻力,需要相对较厚的吸液芯结构,但通过吸液芯的热阻会随着厚度的增加而增大[22]。图 2.33 描述了热管中用于其正常运行的吸液芯的基本结构。

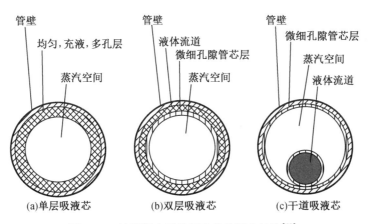

图 2.33　热管所应用的吸液芯的基本结构[22]

一般来说,热管的特定用途设计要求是由选择特定类型吸液芯的条件决定的。应该选择适合特定用途设计的最简单的吸液芯结构。在特定用途设计下使用的多孔吸液芯结构可以由各种小元件形成,包括丝网、颗粒和纤维,吸液芯结构也可以由切割到内部热管壁的凹槽形成。异形凹槽吸液芯可以是粗糙的管壁或在管壁上滚花以及雕刻的几何图案[22](图 2.34)。

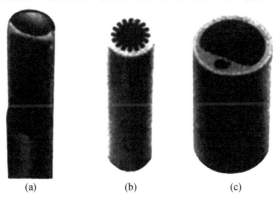

图 2.34　一种异形凹槽吸液芯[22]

槽片或丝网也可用于形成多个液体流动通道,而无须在热管壁切割凹槽(图 2.35)。

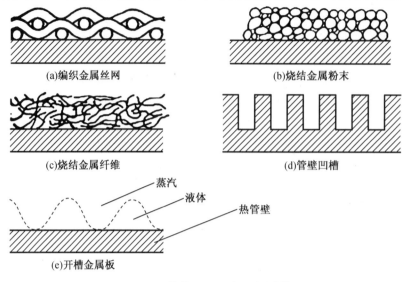

图 2.35　热管毛细吸液芯结构[22]

2.13.5　单层吸液芯

单层吸液芯如图 2.33 所示,是一种简单的吸液芯结构,是由丝网、纤维或颗粒等元素组成的相对均匀的组合。单层吸液芯热管的热传输能力通常会受到限制,需要选择一个能够同时适应液体流道和毛细力要求的单层吸液芯孔径。大孔径可以尽量减少摩擦流动阻力,而小孔径可以最大限度地提高毛细力,这两个相互矛盾的需求可能使单层均匀吸液芯结构很难协调。因此,涉及下列一个或多个应用条件时[22]单层吸液芯热管可能不适合:

(1)相对较小的液体热管输送参数;

(2)较高的传热速率;

(3)较长的热管长度。

2.13.6　双层吸液芯

如果希望将液体流动路径和产生毛细力的不同需求分配给单独的吸液芯层,则可以采用双层或复合吸液芯结构,如图 2.33 所示。在这种情况下,流道可以用粗孔来表征,以尽量减少热管液体流动的摩擦阻力,可以在不考虑孔隙对毛细力影响的情况下进行设计。与蒸汽流动通道相邻的单独芯层提供了产生足够毛细压力所必需的细孔结构。当然,这种双层吸液芯结构的热管具有比单层吸液芯结构的热管更大的热传输能力,因为液体流道和毛细泵送层的孔径是彼此独立的。事实上,可以完全消除双层吸液芯液体流道中的内部孔隙结构,从而产生完全开放的、摩擦阻力最小的环形流道。开放式环形液体流道的使用通常使热管具有较薄的吸液芯而具有较高的传热速率,有关更多细节请参阅 Silverstein 的著作[22]。

2.13.7　干道吸液芯

在给定时间内热管可以传递热量的一个明显限制是它的功率容量,也就是传热过程中毛细作用将液体移动或移出时,在传热表面可以承受的功率量。克服这一限制的一种方法是在高热导率的烧结金属粉末吸液芯结构中使用内部干道。这种结构在美国专利(No. 4196504)中有描述,制造这种干道的方法由乔治·Y. 伊斯特曼提出。大孔径可以尽量减少摩擦流动阻力,而小孔径可以最大限度地提高毛细力,这种相互矛盾的要求可以通过使用干道吸液芯来协调。使用干道吸液芯,液体流道将偏离通常设在热管壁旁的位置,从而进出热管的热量不需要穿过厚厚的液体流动通道。传热热阻仅限于沿管壁产生毛细力的最小厚度的吸液芯层(即毛细管泵送层)[22]。干道可作为管壁毛细泵送层的组成部分,与毛细泵送层接触(图 2.35)或通过同一吸液芯材料连接,更多细节由 Silverstein[22] 提供。

Hwang[50] 等在另一项调制吸液芯热管的实验研究中指出:增大蒸发段吸液芯厚度增加了额外的横截面积,增强了轴向毛细管液体流动和蒸发表面积,但只增加了中等程度的吸液芯过热(传热阻力);对这种调制吸液芯(具有丝网和凹槽,薄且均匀的吸液芯)进行了分析和优化,并给出了经验性吸液芯过热极限;提出了一种热液压热管的品质因数,并将其与标准的吸液芯品质因数进行了比较,以评价和优化其增强效果;在黏性流动状态(低渗透)的封闭表达式中给出了环形和扁平热管的最佳调制吸液芯,而在黏性–惯性流动状态(高渗透,也是重力敏感的)的数值计算中得到了类似的结果。将预测结果与原型热管(优化设计的低渗透钛/水热管)的实验结果进行了比较,预测结果和测量值有很好的一致性。调制吸液芯性能增强的最大值,受到管道内径(堆叠丝网逐渐变细)、吸液芯有效导热系数和吸液芯过热度的限制。

图 2.36 显示了在蒸发段、蒸发表面(位置)和原型热管调制吸液芯中的热量和液体的流动路径。调制吸液芯较厚的部分降低了液体流动的阻力,较薄的部分(即凹槽)降低了吸液芯的过热。这种对蒸发段的调制用来设计应用微重力的高性能热管[51-52]。调制的吸液芯有毛细管干道(具有方位规则的间隔),与管壁连接的薄且均匀的吸液芯将液体输送到蒸发段。液体在调制吸液芯的整个表面上蒸发,流入的热流量被带走,并作为蒸汽返回冷凝段,形成循环回路。

一种制造热管吸液芯和干道的新方法,包括在热管的两端钻径向孔,并在容器内的相应孔之间编织单丝聚合物线。热管以缓慢的速度旋转,而含有镍粉的浆料与装在热管内水、聚氧乙烯和甲基纤维素的黏性黏合剂充分混合,以覆盖热管的内表面和管线。然后,容器的旋转速率增加,以使附着的浆料达到一个均匀的厚度,这个厚度由热管两端附着的套管厚度设定。强制将空气通过旋转管道的内部,吹干浆料使之成为半成品的吸液芯。在停止旋转管道后,在带有还原性的气氛中烧结炉内加热,以分解黏结剂和聚合物线,并留下具有空心纵向干道的烧结金属粉末吸液芯。更多相关信息,请参阅制造热管吸液芯和干道的方法(美国专利,No. 4929414)。

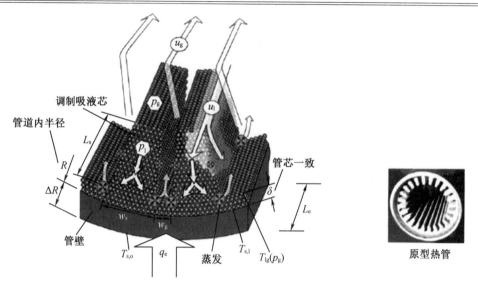

图 2.36　蒸发段中调制吸液芯几何形状示意图(液体/蒸汽流动路径和蒸发表面(位置),原型调制吸液
　　　　芯热管的照片也显示如上[50])

总之,航天器的高性能热管必须使用干道吸液芯结构,在这种情况下,热管中的温度梯度必须最小化,以应对低热导率工作液体的不利影响。基于此,由 NEI-IRD 开发的干道吸液芯如图 2.37 所示。

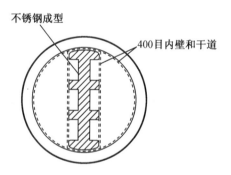

图 2.37　NEI-IRD 开发的干道吸液芯

2.13.8　槽道式吸液芯

最近基于单槽热管的开发已经生产出高性能的热管,测试的传热性能超过 14 000 W·m,理论容量超过 25 000 W·m。这些数据表明,高性能热管热传输能力比现有设计在接近环境温度下运行的其他热管增加了两个数量级以上。

基本的单槽热管设计包括两个相对较大的、独立的轴向通道,一个较大的蒸汽通道和一个较小的液体通道。这些设定用于解决流体(液体和蒸汽)的轴向传输,而不受限于热量的径向传递,蒸汽通道中的液体凹槽用于促进径向热量转移。一个小的毛细管槽将原本独立的通道分开(互连),并提供两者间的流体通道。毛细管槽保持了较高的毛细压差,加上两个独立通道提供的最小流动阻力,使得单槽热管设计具有较高的轴向传热能力。整体设计还通过蒸汽通道壁上的周向凹槽为工作液体提供了较高的蒸发和冷凝系数,同时不干扰轴向槽的整体热传输能力。

这种单槽热管设计在零重力环境下具有特殊的用途,例如,用于满足大型空间平台或空间站的散热要求,仅依靠毛细力就可以完全控制热管中的工作液体,且不需要移动部件或辅助设备。

在这种设计中,必须确保蒸汽通道蒸发部分的主轴向通道或凹槽与蒸汽通道的蒸发部分环向壁槽之间有连续液体通道。即使在两个凹槽的弯月面实际上出现不适于最大的热通量的情况,这种连续性也必须保持。单槽热管设计的一个显著优点是,在高热负荷情况下,轴向液体通道具有固有的抑制泡核沸腾能力。当前的设计在很大程度上是通过将热输入区定位在与液体通道相对的蒸汽通道顶部,将液体通道和热输入区分离开来。单独的液体和蒸汽通道的特殊优势是,如果有气泡形成或夹杂在液体通道内,气泡可以很容易地通过普通的单口槽道进入蒸汽通道。其劣势是,通常必须暂时减小热负荷以重新启动液体通道。

图 2.38 所示为干道吸液芯概念的变体,其中干道完全位于蒸汽空间之外,这一概念被称为单槽热管[53-54]。在图 2.33 的干道概念中,蒸汽和干道液体之间的压差由整个干道周围的毛细力平衡。在单槽热管中,汽-液压差是由产生在单个细槽内的毛细力所平衡的。与干道式吸液芯的情况一样,液体通过分布在蒸发段和冷凝段截面内圈的薄且带有细孔的芯层。该吸液芯层可以简单地做成周向细凹槽阵列[22]。

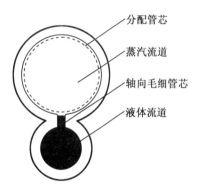

分配管芯
蒸汽流道
轴向毛细管芯
液体流道

图 2.38 单槽热管的概念

作为先进技术开发计划的一部分,空间可构造散热器(SCR)寿命试验中的热管性能测试,目前在美国航天局/约翰逊航天中心进行,以展示这种热管的使用情况。SCR 采用双通道单槽热管散热器设计,由格鲁曼航空航天机构为美国航天局设计制造。热管具有许多航空航天应用,因为它可以通过紧凑的轻量化设计传输大量热量。随着微小星体/轨道碎片环境的恶化,在空间站的热控制系统中放置热管散热器可能是有利的。在过去 10 年中一直在对 SCR 寿命进行测试,并将持续到 2000 年。整体传热系数从 792 W/K(1 500 Btu/h-mDF)下降到 475 W/K(900 Btu/h-mDF),但似乎已经稳定[55]。

热管在空间系统中的应用包括空间站和卫星的热控制,以及大型空间电力系统的散热器设计。虽然近几年来高换热性能热管取得了较大进展,但热管建模工作与技术的发展并不同步。

2.13.9　可变厚度吸液芯

一个更简单的替代干道吸液芯的方法是使用可变厚度吸液芯,用以协调液体和传热流动路径上相互冲突的吸液芯厚度需要,如图 2.39 所示。在蒸发段区域热流密度最高,液体流道变窄以尽量减少温差和过热度。在热管的其他区域,采用较厚的液体流道来降低液体压降。

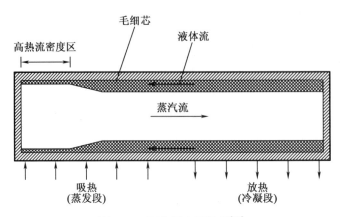

图 2.39　可变厚度吸液芯[22]

2.13.10　吸液芯结构及其对热管性能的影响

为了获得最佳的性能,热管使用时应考虑重力的影响,也就是说蒸发段(加热)截面应低于冷凝段(冷却)截面。在无法借助重力促使工作液体返回蒸发段的其他方向布置时,热管的整体性能会降低。热管传热性能下降取决于多种因素,包括吸液芯结构、长度和热管的工作液体以及热流量。精细的设计可以最大限度地减少性能损失,并准确预测性能。

热管的布置方向对其性能起重要的作用,热管在特定方向下的性能与其吸液芯结构直接相关。当蒸发段位于冷凝段下部时,低毛细极限的吸液芯结构在重力辅助条件下工作性能最好。有许多已发表的研究探讨了热管的性能限制,但是都没有明确研究布置方向对具有不同吸液芯结构的热管性能的影响。Loh[57]等对不同布置方向的吸液芯结构的热管性能进行了比较研究,发表的结果可以作为机电工程师的参考[57]。R. R. Roger 和 N. dos Santos[58]的一项研究还介绍了以丙酮为工作液体的回路热管(LHP)的研究,该回路热管的最大运行热负荷为80 W,并给出了在实验室条件下的测试结果。对两种相同的回路热管进行了测试,两种蒸发段的内表面都有微槽,其中一种是蒸发段带有轴向凹槽的吸液芯,另一种是有周向凹槽的吸液芯。对于相同的有效长度,当吸液芯使用周向凹槽时,接触面积增加了 20%。当回路热管在其最大运行热负荷条件下工作时,带周向凹槽吸液芯的蒸发段热源温度保持在较低的水平,比具有轴向凹槽的吸液芯蒸发段低 50%。除了接触面积的增加外,与热管蒸发段设计有关的其他因素也导致了热管性能的整体改进,这也得到了数学模型的验证。相关研究表明使用新设计的回路热管可以在较高的热负荷下工作,同时热源温度保持在较低的水平。

常规热管具有管状构件内侧壁上的吸液芯结构,吸液芯结构通常包括丝网或烧结金属粉末,以帮助传递工作液体。丝网或烧结金属粉末吸液芯各有优缺点,烧结金属粉末吸液芯结构的精细和致密结构为液态工作液体的回流提供了更好的毛细力。但在制造过程中,必须在管状构件中插入轴向杆作为烧结过程中吸液芯结构的支撑构件,以避免尚未烧结的金属粉末塌陷。因此,烧结金属粉末吸液芯结构较厚,毛细结构热阻的增加对传热不利。此外,轴向杆的工艺要求限制了热管的大规模生产,并会导致热管的制造质量问题。

复合吸液芯结构是将由丝网和烧结金属粉末制成的复合吸液芯附着在管状构件的内部侧壁上,制造时不需要轴向杆;烧结金属粉末可以提供更好的毛细力,液相工作液体可以充分回流到热管底端,因此,将烧结金属粉末涂覆在内侧壁可以提高传热效率。此外,还可以解决丝网热管传热效果差,以及在烧结金属粉末的应用过程中使用轴向杆引起的制造质量的问题[59]。

2.13.11　用于低温和更高传热量条件管吸液芯结构

工作在高温下的电子设备需要新的热处理装置,对于许多传统的电子冷却应用来说,铜/水热管是一种很好的解决方案,但是铜/水热管在应用于高温电子设备时存在如下几个问题。工作液体的高蒸汽压会造成材料强度降低,设计制造上会导致壁厚和质量大,并且无法制造如平面热管(蒸汽室)或具有平坦输入表面的热管。与高温水热管技术相关的另一个重大技术挑战是设计和制造在高温下具有高性能的吸液芯。随着温度的升高,水的表面张力迅速下降,给热管吸液芯设计增加了负担。图 2.40 显示了在高温水热管中设计、制造和测试的各种吸液芯结构的照片,包括顺时针螺旋式、轴向凹槽式、丝网筛式、烧结金属粉末式、烧结金属粉末凹槽(细槽)式、烧结板式、烧结金属粉末凹槽(粗槽)式。

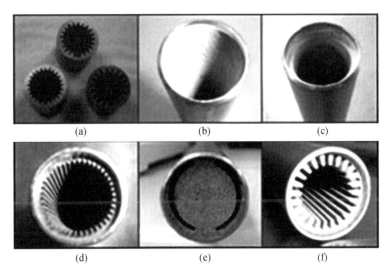

图 2.40　高温水热管的各种吸液芯结构

最近的研究工作[60]表明,钛/水和铜-镍合金/水热管可以克服铜/水热管的缺点,并为高温电子设备提供一种可行的热处理解决方案。该研究表明,水由于其良好的输运特性,仍然是首选的流体。钛和铜-镍合金提供了更高的强度,并设计出合理的壁厚和质量,相关实验也表明了高温下钛和铜-镍合金与水的兼容性。研究工作中介绍了对潜在替代工作液体的调研,铜-镍合金与钛和铜-镍合金作为包壳时热管寿命的测试结果,以及与铜/水热管质量和性能的影响比较。利用钛和铜-镍合金可制成多种吸液芯结构,如图 2.41 所示。最简单的吸液芯结构是一层被点焊到热管内壁的筛网。烧结金属粉末结构包括普通的圆周吸液芯、烧结金属粉末产生的轴向凹槽和板型或工字形吸液芯(由环壁吸液芯和热管中心的中心板组成)。板型吸液芯是蒸汽压和密度较高时的实用结构,蒸汽流动只需要少量的面积,因此热管段的其余部分可以专用于液体流动。烧结金属粉末和轴向凹槽吸液芯都被用于钛热管和铜-镍合金热管。烧结轴向凹槽既通过减小压降来增强热管冷凝段中的流体流动,又通过用作扩展表面积来提高蒸发段中的热流吸收能力。其中一种生产固体轴向凹槽的方法是使凹槽的侧壁呈锥形,如图 2.41(e)所示,这种结构允许凝固的工作液体从凹槽中排出,实现防冻功能[60]。

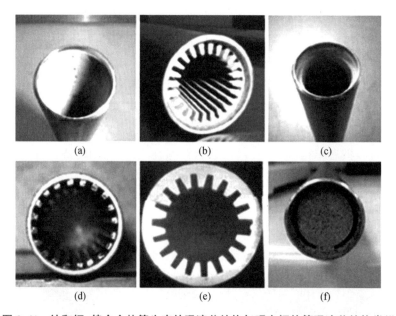

图 2.41 钛和铜-镍合金热管生产的吸液芯结构与现有铜热管吸液芯结构类似

2.13.12 吸液芯结构的有效热导率(有效导热系数)

热管最基本的传热机理如下[18]:

(1)热量通过热管壁和蒸发段部分含有饱和工作液体的吸液芯进行热传导,随后工作液体在蒸发段的液-汽界面蒸发。

(2)潜热通过蒸汽从蒸发段输送到冷凝段。

(3)蒸汽在冷凝段的液-汽界面冷凝,热量穿过带有饱和工作液体的吸液芯和热管壁消散到外部。

固体或液体等均匀材料的导热系数值可从多种来源获得(见附录 B 和附录 C)。下面将详细讨论含有非均质饱和工作液体的吸液芯的有效热导率。

Gorring 和 Churchill[61]建立了几种非均质材料的传热模型,其中大部分经过修改可以应用于带有饱和工作液体的吸液芯。图 2.42 所示是由吸液芯材料和液体组成的最简单的配置方式,有串联布置和并联布置两种,分别详细描述如下:

$$k_{e} = \frac{k_{1}k_{w}}{\varepsilon k_{w} + (1-\varepsilon)k_{1}} \tag{2.84}$$

和

$$k_{e} = \varepsilon k_{1} + (1-\varepsilon)k_{w} \tag{2.85}$$

式中　ε——工作液体的体积分数,即液体的体积除以饱和吸液芯的总体积;

　　　k_{1}——饱和吸液芯的有效导热系数;

　　　k_{w}——吸液芯材料的导热系数。

以下两个方程可分别计算圆柱形和球形饱和吸液芯的导热系数:

$$k_{e} = \frac{k_{1}[(k_{1}+k_{w})-(1-\varepsilon)(k_{1}-k_{w})]}{[(k_{1}+k_{w})+(1-\varepsilon)(k_{1}-k_{w})]} \tag{2.86}$$

和

$$k_{e} = \frac{k_{1}[(2k_{1}+k_{w})-2(1-\varepsilon)(k_{1}-k_{w})]}{[(2k_{1}+k_{w})+(1-\varepsilon)(k_{1}-k_{w})]} \tag{2.87}$$

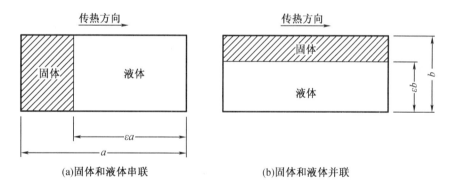

图 2.42　串联或并联布置的饱和吸液芯结构传热模型[18]

有效导热系数的表达式可以用于各种常见的热管吸液芯的设计。例如,式(2.85)可用于矩形槽式吸液芯的冷凝段,而式(2.86)适用于包覆丝网吸液芯的设计,式(2.87)可用于填充球式吸液芯。式(2.87)还可以有效地近似处理多孔材料饱和吸液芯的导热系数。但是该方程的精度随着相邻粒子之间接触半径的增加而降低(图 2.43)。因此,对于接触半径较大的烧结金属粉末吸液芯,k_{e} 应按以下方程[18]计算:

$$k_{e} = \frac{\pi}{8}\left(\frac{r_{c}}{r_{s}}\right)^{2}k_{w} + \left[1 - \frac{\pi}{8}\left(\frac{r_{c}}{r_{s}}\right)^{2}\right]\left[\frac{k_{1}k_{w}}{\varepsilon'k_{w}+(1-\varepsilon')k_{1}}\right] \tag{2.88}$$

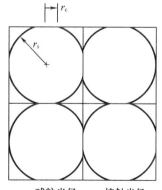

r_{s}—球粒半径;r_{c}—接触半径。

图 2.43　截断立方球体阵列的传热模型[18]

其中

$$\varepsilon' = \frac{\varepsilon}{1 - \frac{\pi}{8}\left(\frac{r_c}{r_s}\right)^2} \tag{2.89}$$

根据 Chi[18] 的研究,该方程考虑了烧结多孔吸液芯的两条平行热流路径。其中一条路径涉及均质吸液芯材料,另一条路径涉及串联的液体和吸液芯材料。此外,在未知接触半径 r_c 数据的情况下,可以通过理想几何形状的材料来估算 r_c(图2.42)。结果如下:

$$\varepsilon = \frac{\pi}{6\left[1 - \left(\frac{r_c}{r_s}\right)^2\right]^{\frac{2}{3}}}\left\{1 - \left(\frac{r_c}{r_s}\right)^2\left[2 - \sqrt{1 - \left(\frac{r_c}{r_s}\right)^2}\right]\right\} \tag{2.90}$$

应该注意的是,在冷凝段部分,可以通过考虑凹槽翅片与液体平行以及式(2.85)来计算矩形凹槽的有效热导率。式(2.91)是由式(2.85)转化而来的,因为矩形凹槽吸液芯的孔隙率等于凹槽的宽度和翅片宽度之和:

$$k_e = \frac{wk_1 + w_f k_w}{w + w_f} \tag{2.91}$$

式中　k_e——有效热导率;

　　　k_w——吸液芯材料的热导率;

　　　k_1——液体热导率;

　　　ε——吸液芯孔隙度;

　　　w_f——凹槽翅片厚度;

　　　w——凹槽厚度;

　　　δ——凹槽深度。

在蒸发段矩形凹槽吸液芯的传热方式与冷凝段的传热方式有些不同。这种差异是因为冷凝发生在凹槽翅片以及液-汽界面,而蒸发仅发生在液-汽界面。矩形凹槽吸液芯蒸发传热机理如图2.44所示,其中也给出了热流路径[18]。图中显示,热量通过两条平行路径从热管壁面传递到液-汽界面。热传递的两条平行路径:

(1)直接通过液膜;

(2)通过由凹槽翅片和靠近液体-翅片界面尖端的一层薄液膜组成的串联路径。

第一条平行路径的热导率简单地等于液体的热导率,可以用以下方程表示:

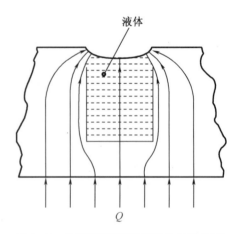

图2.44　矩形凹槽吸液芯蒸发传热机理示意图[18]

$$k_1 = k_1 \tag{2.92}$$

Chi[62] 报告了用于预测各种吸液芯结构(例如,包覆丝网式、开口凹槽式和丝网槽式)和从低温到金属熔点温度变化的热管性能的数学模型。尽可能地建立了一种理论与现有实验数据的比较方法,增强理论预测的可靠性。参考文献中给出了两个计算机代码,将在第 3 章中讨论。此外,Chi[62] 还表明,工作液体–凹槽翅片界面相对于翅片宽度的薄膜传热系数等于 $k_1/(0.185w_f)$。因此,由凹槽翅片和工作液体–凹槽翅片界面上的液膜组成的第二路径的等效热导率可以用 Chi[18] 给出的下列方程计算:

$$k_2 = \frac{k_1 k_w \delta}{0.185 w_f k_w + \delta k_1} \tag{2.93}$$

将等于凹槽和凹槽翅片宽度的两条平行路径分别与相应的热导率[分别以式(2.92)和式(2.93)表示]结合在一起[18],蒸发段凹槽吸液芯的有效热导率可由以下方程表示:

$$k_e = \frac{(w_f k_1 k_w \delta) + w k_1 (0.185 w_f k_w + \delta k_1)}{(w + w_f)(0.185 w_f k_w + \delta k_1)} \tag{2.94}$$

式中　k_e——有效热导率;

　　　k_w——吸液芯材料的热导率;

　　　k_1——液体热导率;

　　　ε——吸液芯孔隙率;

　　　w_f——槽翅片厚度;

　　　w——凹槽厚度;

　　　δ——凹槽深度。

为了便于参考,这些吸液芯结构的方程收集在 Chi[18] 著作,见表 2.6,推荐使用这些方程进行热管计算,除非可以获得特定的液芯组合数据。

表 2.6　饱和吸液芯有效热导率 k_e 的表达式

吸液芯结构	k_e 的表达式
吸液芯和液体串联	$k_e = \dfrac{k_1 k_w}{\varepsilon k_w + (1-\varepsilon)k_1}$
吸液芯与液体并联	$k_e = \varepsilon k_1 + (1-\varepsilon)k_w$
包覆丝网式吸液芯	$k_e = \dfrac{k_1[(k_1+k_w)-(1-\varepsilon)(k_1-k_w)]}{[(k_1+k_w)+(1-\varepsilon)(k_1-k_w)]}$
填充球式吸液芯	$k_e = \dfrac{k_1[(2k_1+k_w)-2(1-\varepsilon)(k_1-k_w)]}{[(2k_1+k_w)+(1-\varepsilon)(k_1-k_w)]}$
矩形凹槽吸液芯	$k_e = \dfrac{(w_f k_1 k_w \delta) + w k_1 (0.185 w_f k_w + \delta k_1)}{(w+w_f)(0.185 w_f k_w + \delta k_1)}$

2.14 沸腾极限

典型圆柱形热管在蒸发段末端接收热量,热量径向传递到工作液体。当输入的热通量足够大时,会在吸液芯内部形成汽化核心,气泡聚集在吸液芯内部会阻碍液体回流,导致蒸发段干涸[17]。与其他热管极限相比,沸腾极限是由轴向热通量限制而不是由轴向热通量限制的。对于液态金属热管,沸腾极限并不常见[9]。沸腾极限是由径向热流过大而引起的,而其他极限都是由轴向热流过大引起的。文献[17]给出了气泡生长导致干涸的最大热通量的计算方法如下:

$$Q_{b_{Evaporator}} = \frac{2\pi L_e k_{eff} T_v}{\lambda \rho_v \ln(r_i/r_v)} \left(\frac{2\sigma}{r_n} - \Delta p_{c,m} \right) \tag{2.95}$$

式中 $\Delta p_{c,m}$——毛细力的最大差值;

σ——表面张力(流体和温度的函数);

r_n——成核中心半径(假设在 2.54×10^{-5} m 到 2.54×10^{-7} m 之间);

T_v——蒸汽温度;

L_e——蒸汽通道的长度;

r_v——蒸汽空间(开口热管允许蒸汽通过的半径);

r_i——热管内半径;

ρ_v——蒸汽密度;

λ——汽化潜热;

k_{eff}——有效热导率。

沸腾极限由核化沸腾理论决定,有两种不同的现象[17]:气泡的形成和随后气泡的生长或破裂[18]。气泡的形成由固体表面成核中心的数量和大小以及热管管壁与工作液体之间的温差决定。这种温差称为过热度,控制着气泡的形成,通常可以用最大热通量来定义,如下所示[17]:

$$q_m = \left(\frac{k_{eff}}{T_w} \right) \Delta T_{cr} \tag{2.96}$$

式中 k_{eff}——液体-吸液芯组合的有效热导率;

ΔT_{cr}——临界过热度,由 Marcus 定义如下[63]:

$$\Delta T_{cr} = \frac{T_{sat}}{\lambda \rho_v} \left(\frac{2\sigma}{r_n} - \Delta p_{i,m} \right) \tag{2.97}$$

式中 T_{sat}——流体的饱和温度;

r_n——临界成核半径。

根据 Dunn 和 Reay 的理论[27],对于传统的金属热管外壳材料,r_n 可以假定在 2.54×10^{-5} m 到 2.54×10^{-7} m 之间。

正如 Brennan 和 Kroliczek[44] 所提出的,该模型对气泡形成所需过热度的估算是非常保守的,即使使用临界成核半径的下限也是如此。一些科学家和研究人员将此归因于在热管准备启动和充液时使用的脱气和清洗程序造成成核表面没有吸收气体。

一旦在平面或表面上形成气泡,其生长或塌陷取决于液体的温度和由液体的蒸汽压与表面张力引起的液-汽界面上的相应压差。通过对给定的汽泡进行压力平衡,并使用 Clausius-Clapeyron 方程将温度和压力联系起来,可以得到导致气泡生长的热流表达式如下[18]。这个表达式是流体性质的函数,可以用式(2.84)来说明。

$$Q_{b_{Evaporator}} = \left(\frac{2\pi L_e k_{eff} T_v}{\lambda \rho_v \ln(r_i/r_v)}\right)\left(\frac{2\sigma}{r_n} - \Delta p_{c,m}\right) \tag{2.98}$$

式中 k_{eff}——液体-吸液芯组合的有效热导率(表2.6);

 r_i——热管管壁的内半径;

 r_n——成核半径。

G. P. Peterson 在他的著作[17]中,提供了更详细的信息。

Chi[18] 很好地给出了对沸腾极限的分析,其中的核态沸腾理论涉及以下两个不同的过程:

(1)气泡的形成(成核);

(2)这些气泡随后的生长和运动。

所有这些过程在2.7节一维两相流中也有很好的定义,也可以在 Graham[64] 和 Busse[23] 的著作中找到。如果假设一个与吸液芯相接的汽泡球在吸液芯结构附近上升,并且处于平衡状态,可以得出以下表达式:

$$\pi r_b^2(p_{pw} - p_1) = 2\pi r_b \sigma \tag{2.99}$$

式中 p_{pw}——热管吸液芯接口处的饱和蒸汽压;

 p_1——液体压力;

 r_b——蒸汽泡半径;

 σ——表面张力系数。

在液体与蒸汽的界面处,液体压力 p_1 等于相同点处的蒸汽压 p_v 与毛细力 p_c 之差,可以表示为

$$p_1 = p_v - p_c \tag{2.100}$$

将式(2.100)代入式(2.99),可得

$$\pi r_b^2(p_{pw} - p_1 + p_c) = 2\pi r_b \sigma \tag{2.101}$$

利用 Clausius-Clapeyron 方程,将温度和压力沿着物性饱和线关联如下:

$$\frac{dp}{dT} = \frac{\lambda \rho_v}{T_v} \tag{2.102}$$

将式(2.101)与式(2.102)联立,假设:

$$p_{pw} - p_{wv} \approx (T_{pw} - T_{wv})\frac{dp}{dT} \tag{2.103}$$

得到以下结果:

$$T_{pw} - T_{wv} = \frac{T_v}{\lambda \rho_v}\left(\frac{2\sigma}{r_b} - p_c\right) \tag{2.104}$$

但 $T_{pw}-T_{wv}$ 是热管蒸发段吸液芯结构的温度降,利用热流沿蒸发段长度 L_e 分布均匀的热管导热定理,式(2.104)可以简化并写成以下形式:

$$T_{pw}-T_{wv}=\frac{Q\ln(r_i/r_v)}{2\pi L_e k_{eff}} \tag{2.105}$$

式中　Q——蒸发段的总传热量;

　　　r_i——管道的内半径;

　　　r_v——蒸汽核心半径;

　　　L_e——蒸发段长度;

　　　k_{eff}——饱和吸液芯的有效热导率。

用式(2.92)中的 $T_{pw}-T_{wv}$ 替换式(2.103),得出以下方程:

$$Q=\frac{2\pi L_e k_{eff} T_v}{\lambda \rho_v \ln(r_i/r_v)}\left(\frac{2\sigma}{r_b}-p_c\right) \tag{2.106}$$

这个方程表示在热管吸液芯中保持半径为 r_b 的汽泡达到平衡时所需的传热速率。

汽泡的成核半径 r_n(汽泡形成时的初始半径)取决于表面条件,并受液体中溶解气体的影响[18]。在式(2.106)中用 r_n 替换 r_b,汽泡(如果形成)会在以下情况下破裂:

$$Q<\frac{2\pi L_e k_{eff} T_v}{\lambda \rho_v \ln(r_i/r_v)}\left(\frac{2\sigma}{r_n}-p_c\right) \tag{2.107}$$

汽泡(如果形成)会在以下情况下坍塌:

$$Q>\frac{2\pi L_e k_{eff} T_v}{\lambda \rho_v \ln(r_i/r_v)}\left(\frac{2\sigma}{r_n}-p_c\right) \tag{2.108}$$

汽泡将在吸液芯结构中形成和生长。因此,下列方程给出了沸腾极限的最终表达式:

$$Q_{b_{max}}=\frac{2\pi L_e k_{eff} T_v}{\lambda \rho_v \ln(r_i/r_v)}\left(\frac{2\sigma}{r_n}-p_c\right) \tag{2.109}$$

式中,$Q_{b_{max}}$ 是传热速率的沸腾极限,计算时首先需要计算 r_n 的值。有关更多细节,请参见 Griffith 和 Walls[65] 以及 Rohsenow 和 Choi[66] 等的著作。

2.15　黏　性　极　限

当蒸汽腔的压降达到与蒸发段中的蒸汽压降相同的数量级时,热管中就会产生蒸汽压极限(或黏性极限)。在这种情况下,流经蒸汽腔的蒸汽压力逐步下降,会在冷凝段中产生极低的蒸汽压,阻碍蒸汽在冷凝段中的流动(图2.45)。邓恩和雷伊[27]给出了蒸汽压极限的一般表达式。

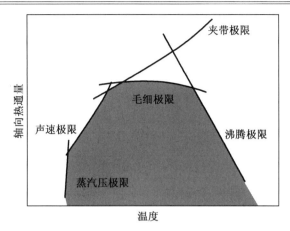

图 2.45　热管的传热限制

低工作温度下的黏性力在沿热管向下流动的蒸汽中占主导地位,热管或热虹吸管的冷凝段和蒸发段之间的蒸汽压差可能不足以克服黏性力,因此,蒸发段的蒸汽不会移动到冷凝段,热力学循环也不会发生。热管蒸汽部分的这种无流量或低流量条件称为黏性极限。因为蒸汽压力通常必须非常低才会发生这种情况,黏性极限最常发生在低温型热管、冷凝段很长的热管或从冻结状态开始启动过程的热管中:

$$Q_{vapor_{max}} = \frac{\pi r_v^4 h_{fg} \rho_{v_e} p_{v_e}}{12 \mu_{v_e} l_{eff}} \qquad (2.110)$$

式中　r_v——蒸汽腔的截面半径,m;

　　　h_{fg}——汽化潜热,J/kg;

　　　ρ_{v_e}——蒸发段中的蒸汽密度,kg/m³;

　　　p_{v_e}——蒸发段中的蒸汽压力,Pa;

　　　μ_{v_e}——蒸发段中的蒸汽黏度,N·s/m²;

　　　l_{eff}——流体工作液体工作温度范围内热管下端的有效长度,m。

式(2.107)由 Buss[67] 建立,指明轴向热通量随着冷凝段压力的降低而增加,当压力降低到零时出现最大热通量。他进行了二维分析,发现径向速度分量有显著的影响,并推导出式(2.110)。其他热管书籍和论文中给出了另一个版本的黏性极限,如下所示:

$$Q_{vapor_{max}} = \frac{r_v^4 L \rho_{v_e} p_{v_e}}{16 \mu_{v_e} l_{eff}} \qquad (2.111)$$

式中　p_{v_e}——蒸发段中的蒸汽压力,Pa;

　　　ρ_{v_e}——蒸发段中的蒸汽密度,kg/m³;

　　　r_v——蒸汽腔的截面半径,m;

　　　μ_{v_e}——蒸发段中的蒸汽黏度,N·s/m²;

　　　l_{eff}——流体工作液体工作温度范围内热管下端的有效长度,m;

　　　L——汽化潜热,J/kg。

或写成以下形式:

$$Q_{vapor_{max}} = \frac{A_v r_0^2 \lambda \rho_{v_e} p_{v_e}}{16 \mu_{v_e} l_{eff}}$$

(2.112)

式中　　p_{v_e}——蒸发段中的蒸汽压力，Pa；

　　　　ρ_{v_e}——蒸发段中的蒸汽密度，kg/m^3；

　　　　r_v——蒸汽腔的截面半径，m；

　　　　μ_{v_e}——蒸发段中的蒸汽黏度，$N \cdot s/m^2$；

　　　　l_{eff}——流体工作液体工作温度范围内热管下端的有效长度，m；

　　　　A_v——蒸汽截面面积，m^2；

　　　　λ——汽化潜热，J/kg。

2.16　冷凝极限

　　一般情况下，应给出设计热管冷凝段和冷却冷凝段的方法，使热管能够输送的最大热通量可以被排出。但是在特殊情况下，还不能设计出适当的热管冷凝段来排出热管的最大传热量。其他情况下，由于不凝性气体的存在，连续运行过程中热管的有效长度减小，因此热管冷凝段工作时不会达到其全部容量。在这种情况下，传热限制可能是由冷凝极限引起的[9]。

　　此外，在热管的冷凝段采用翅片有助于散热，可帮助排出冷凝段的热量。翅片的使用是应对冷凝极限的一个方法，特别是对于短热管来说。位于基板上方的翅片单元具有多个堆叠在一起的翅片，并且至少有一根热管的冷凝段与基板热接触。每个翅片的顶部可有多个平行且突出的法兰，翅片的突出法兰应高度相等，并与翅片的短边平行。每个凸缘的长度等于翅片的短边。在这种情况下，位于冷凝段之间的突出法兰的两个相邻法兰之间的距离是相同的，凸缘可用于增加翅片的散热面积。

2.17　输运极限

　　热管设计所要考虑的最重要的因素是热管能够传递的功率。根据应用条件的不同，热管可以设计为携带几瓦或几千瓦的功率。在给定的温度梯度下，热管可以传递高于最好的金属导体的功率。但是，如果超过其设计限值，热管的有效导热系数将大大降低。因此，最重要的是确保热管的设计能够安全传输所需的热负荷。

　　热管的最大热传输能力受几个因素的制约，在设计热管时必须解决这些限制因素。一共有五个主要的热管传热极限。这些传热极限是热管工作温度的函数，包括黏性极限、声速极限、毛细极限、夹带极限和沸腾极限。图 2.8 给出了这些极限的理论包线，而图 2.45、图 2.46 和图 2.47 给出了典型烧结金属粉末和丝网吸液芯热管的轴向热传输极限随工作温度的变化。

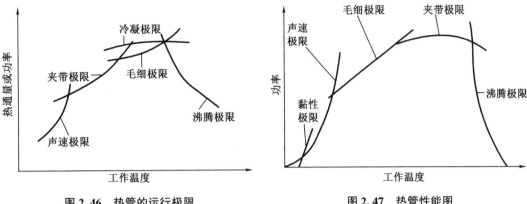

图 2.46　热管的运行极限　　　　　　图 2.47　热管性能图

每个极限都有其特定范围,在这个范围内,最重要的是设计一个运行良好而不发生任何故障的热管。然而,在实际运行中,毛细极限和沸腾极限是最重要的传热极限。

热管传输热量的最大限制分为如下两类:

(1)在热管运行极限的范围内,热管运行完全成功。

(2)热管运行失败。对于给定的热量输入和输出参数,由冷凝段到蒸发段的工作液体流量不足导致热管烧坏或干涸,吸液芯结构也起到了一定的促进作用。

在热管输入热量 Q 与蒸发段和冷凝段之间循环的热管工作液体的质量流量 $\dot{m}$ 和该工作液体的潜热 h_{fg} 之间存在如下关系:

$$Q = \dot{m} h_{\text{fg}} \tag{2.113}$$

请注意,如果热管稳定运行或随外界变化运行状态,或在没有重力的情况下运行,或处于不适当的安装倾角,这些限制将引入更多的复杂性。由于这种复杂性,热管的极限、故障或成功运行体现在图 2.47 中,该图称为热管性能图或最佳运行范围图。这是设计师或制造商为保证热管的成功运行所必须考虑的最佳运行极限。

实际性能方面,黏性极限、声速极限、毛细或吸液芯极限、夹带极限和沸腾极限是限制因素。热管不能成功运行的三个主要限制是:毛细或吸液芯极限、沸腾极限和夹带极限,在这里简要描述。

(1)毛细或吸液芯极限。这个极限是热管运行参数控制的主要内容,它是热管蒸发段与冷凝段之间的液-汽界面毛细压差的函数。

(2)沸腾极限。这个极限是由足够的热通量引起的,导致热管蒸发段吸液芯中出现核态沸腾。在这种情况下,汽泡会造成从冷凝段到蒸发段的液体通道堵塞,并导致吸液芯干涸,该极限也称为热通量极限。

(3)夹带极限。这个极限是由高剪切力引起的,该剪切力是由蒸汽在充满饱和工作液体吸液芯的反方向流动产生的。因为液体可能被蒸汽夹带返回冷凝段,导致流向蒸发段的工作液体不足。

以下是关于非运行失败限制的描述,同样绘制在图 2.47 中。

(1)黏性极限,也称为蒸汽压极限。当存在非常低的工作温度时会发生这个极限,此时的饱和蒸汽压等于驱动热管中蒸汽流动所需的压降。

（2）声速极限。在低蒸汽密度下，热管中的相关质量流量可能导致非常高的蒸汽速度，而蒸汽通道中的蒸汽流动可能发生阻塞现象，从而引发声速极限。

（3）冷凝极限。此极限是因为冷凝段冷却限制（如辐射或自然对流）而引发的。对于辐射情况，热管传热受冷凝段表面积、发射率和运行温度的控制。对于恒定或可变热导热管的这一限制的计算可能会发生变化。

此外，毛细极限、黏性极限、夹带极限和声速极限都是轴向热流极限。这些极限是热管轴向传热能力的函数，而沸腾极限是在蒸发段中发生的径向热流极限[68]。

对每个运行限制分别使用计算或分析方法，独立地给出运行限制的范围，如图2.45所示。在该图中，可以确定平均工作温度或绝热蒸汽温度下，热管的热传输能力。这些工作范围有效地定义了给定热管基于其性能和运行要求的包络线或优化设计。该运行极限下的区域定义了温度和最大传输能力的对应关系，在最大传输能力下，热管将在从启动到整个运行周期内正常工作。这将确保热管在所需的工作条件下运行，并可以带负荷运行或允许调整设计以达到最佳运行性能。应该说，运行极限与热管的工作温度有很大的关系。如果热管是可变热导热管或在没有重力的情况下工作，或者如果翅片被认为是冷凝段管道总体设计的一部分，或者可能是在所述热管的绝热区域，则条件自然会发生变化。

热管本质上是一种具有极高有效导热系数的非能动传热装置。两相传热机制导致其传热能力是等效铜片的几百甚至几千倍。

如图2.48所示，热管最简单的结构是一个封闭的、真空的圆柱形容器，内壁内衬毛细吸液芯结构，吸液芯内部浸润饱和工作液体。由于热管在密封前被抽真空后充入工作液体，因此，热管内部压力由流体的蒸汽压决定。

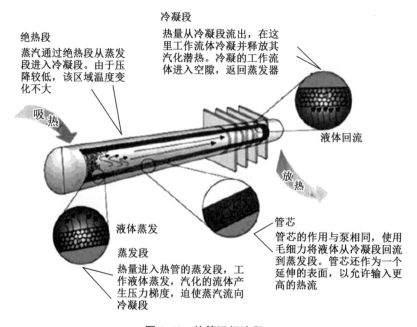

图2.48　热管运行流程

由此,设计人员可以对给定的热管要求设定一些最佳设计参数。每个独立极限的上限及其连接点设计的包络线表示热管设计的运行性能极限。这个运行极限可以很容易地计算并用功率作为工作温度的函数绘制出来(图 2.49)。

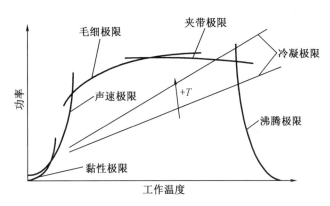

图 2.49　典型热管性能图

如图 2.50 和图 2.51 所示,毛细极限通常是热管设计的限制因素。毛细极限由吸液芯结构的泵送能力决定。如图 2.50 所示,毛细极限跟热管工作角度和吸液芯结构类型有着紧密的函数关系。

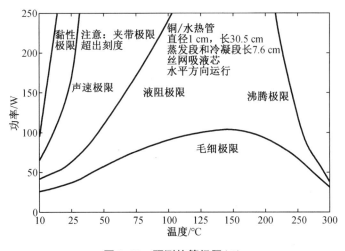

图 2.50　预测热管极限(1)

吸液芯的两个最重要的性质是孔隙半径和渗透率。孔隙半径决定了吸液芯能产生的毛细力。渗透率决定流体在流经吸液芯时的摩擦损失。有几种类型的吸液芯结构,包括凹槽、丝网、纤维和烧结金属粉末。图 2.52 显示了几种热管吸液芯结构。

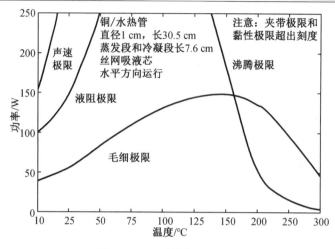

图 2.51 预测热管极限(2)

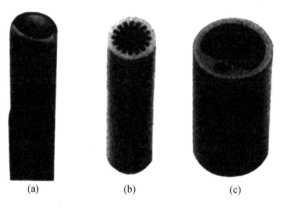

图 2.52 吸液芯结构

根据热管的应用选择适当的吸液芯结构是非常重要的。凹槽吸液芯具有较大的孔隙半径和较高的渗透率,因此,压力损失较小,但泵送压头也小。凹槽可以在水平或重力辅助条件下传递高热负荷,但不能克服重力传递较大热负荷。烧结金属粉末吸液芯具有较小的孔隙半径和相对较低的渗透率,烧结金属粉末吸液芯受水平位置压降的限制,但可以克服重力传递大负荷热量[69](图 2.53)。

另一种主要考虑的热管设计因素是,在给定的设计功率下的有效热管热阻或整体热管温差 ΔT。由于热管是两相传热装置,因此无法指定恒定的有效热阻值。有效热阻不是恒定的,而是关于多个变量的函数,如热管几何形状、蒸发段长度、冷凝段长度、吸液芯结构和工作液体。

热管的总热阻是通过管壁的导热、吸液芯的导热、液体蒸发或沸腾、轴向蒸汽流动、冷凝及通过冷凝段吸液芯与管壁的导热损耗的热阻总和。图 2.54 显示了典型的铜/水热管的功率与温差 ΔT 曲线。

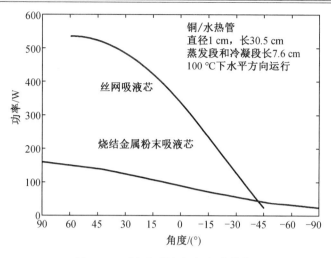

图 2.53　毛细极限与运行角度的关系

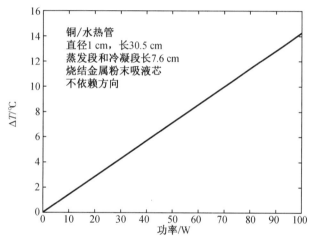

图 2.54　预测热管 ΔT

热管的详细热分析相当复杂,但是首次设计可以考虑一些经验法则。对于具有烧结金属粉末吸液芯结构的铜/水热管的粗略设计参考是,蒸发段和冷凝段的热阻为 0.02 $℃/(W \cdot cm^{-2})$,轴向热阻为 0.02 $℃/(W \cdot cm^{-2})$[69]。

蒸发段和冷凝段热阻是基于热管的外表面积,轴向热阻是基于蒸汽空间的横截面积。本设计参考仅适用于给定热管的设计功率或低于设计功率的功率水平。

例如,为了计算直径为 1.27 cm,长为 30.5 cm,蒸汽空间直径为 1 cm 的铜/水热管的有效热阻,做出以下假设:假设热管在 5 cm 蒸发段和 5 cm 冷凝段长度上耗散 75 W 功率。蒸发段热流 q 等于功率除以热输入面积($q=Q/A_{\text{evap}}$;$q=3.8$ W/cm^2)。轴向热流等于功率除以蒸汽空间的横截面积($q=Q/A_{\text{vapor}}$;$q=95.5$ W/cm^2)。

温度梯度等于热流乘以热阻:

$$\Delta T = q_{\text{evap}} \times R_{\text{evap}} + q_{\text{axial}} \times R_{\text{axial}} + q_{\text{cond}} \times R_{\text{cond}}$$

$\Delta T = 3.8$ $W/cm^2 \times 0.2$ $℃/(W \cdot cm^{-2}) + 95.5$ $W/cm^2 \times 0.02$ $℃/(W \cdot cm^{-2}) + 3.8$ $W/cm^2 \times$
0.2 $℃/(W \cdot cm^{-2})$

$$\Delta T = 3.4 \ ℃$$

必须注意的是,上面给出的热性能方程只是经验法则。这些参考只应用于帮助确定热管是否符合冷却要求,而不是作为最终的设计标准。关于功率限制和预测热管热阻的更详细的信息在参考文献中列出的热管设计书籍[69]中给出。

表 2.7 对传热极限进行了总结。

表 2.7　传热极限

传热极限	描述	原因	可能的解决办法
黏性极限	黏性力阻碍蒸汽在热管中流动	热管运行温度低于设计温度	增加热管工作温度或寻找替代工作液体
声速极限	蒸汽流量在离开热管蒸发段时达到声速,导致恒定热管输送功率下温度梯度大	功率/温度组合,在低工作温度下运行时功率过大	通常是启动问题,热管自身会承载部分内能,继续加热热管时,大温度梯度会自动校正
夹带极限	高速蒸汽流动阻碍冷凝工作液体返回蒸发段	热管在超设计功率或在太低的工作温度下运行	增加蒸汽空间直径或运行温度
毛细极限	重力、液体和蒸汽流动压降之和超过热管吸液芯结构的毛细压头	热管输入功率超过热管设计热输送能力	修改热管吸液芯结构设计或减少功率输入
沸腾极限	丝网式吸液芯热管蒸发段中的模态沸腾通常在 $5 \sim 10 \ W/cm^2$ 开始,粉末金属吸液芯为 $20 \sim 30 \ W/cm^2$	高径向热流导致出现模态沸腾,导致热管吸液芯干涸并出现较大热阻	使用具有较高热容量的吸液芯或分散热负荷

2.18　工作液体

考虑到热管是一种闭式换热器,其运行的主要方式是基于内部工作液体的蒸发和冷凝,那么选择合适的工作液体是热管设计及其制造过程中最重要的一个方面。

合适的工作液体选择需要基于许多考虑因素,其中包括[63]:

(1)工作温度范围;

(2)传热要求;

(3)预期重力场(例如 $0g$、$1g$ 等);

(4)吸液芯结构对沸腾的承受能力;

(5)热管类型(常规或可变热导);

(6)特殊要求;

(7)材料的兼容性和稳定性;

以下对这些考虑因素进行简要讨论。

2.18.1 工作温度范围

显然,热管不能在其工作液体的凝固点以下或热力学临界点以上运行。因此,选择工作液体的第一个标准是这两个热力学条件都在所需的工作温度范围内。

然而,这些条件实际上是热管运行很少接近的下界和上界。由于低蒸汽密度和相应的高蒸汽速度,大多数情况下给定流体工作温度范围的下限是由不利的蒸汽动力学(声速极限、夹带极限或较大的压差 Δp_v)确定的,温度范围的上限往往是由包含液体蒸汽压的机械因素来设定的。

2.18.2 传热要求

轴向传热要求对工作液体的选择有很大的影响。对于相同的吸液芯结构,不同的工作液体会产生不同的毛细极限。因此,很容易出现这样的情况,即通过选择合适的工作液体来用均质吸液芯的简单设计取代复杂的动脉干道式吸液芯设计。

为了确定给定应用的最佳工作液体,必须通过整合损失方程从理论上检查每种液体的最佳设计,以确定它们各自的毛细泵送极限(参见第 2.13.3 节)。在一般情况下,没有简单的流体物性组合可供选择。但是对于某些特殊情况,可以考虑一些特征物性组合的工作液体,或至少提供了一些一般性准则。对于在没有重力场情况下运行且蒸汽压降可以忽略的热管,毛细极限可以近似与物性组合 $(\sigma\rho_l\lambda/\upsilon_l)$ 成正比,该组合有时称为"液体传输系数"或"$0g$ 品质系数"。图 2.55 显示了航天器热控制中主要工作液体的液体传输系数与运行温度的关系。许多其他流体的关系曲线可在文献[35,70-71]中找到。

虽然该物性组合仅适用于可忽略重力场和蒸汽压降的特殊情况,但这些条件非常适用于许多航天器热控制应用,因此是对此类热管进行比较的有效基准。但是,如前所述,它并不具有一般性。正如 Joy[72] 所指出的,即使是小的重力场(例如加速场)的存在也会使低温液体的比较基准无效。

2.18.3 重力场

正如上一节所指出的,重力场的存在会对各种液体的相对性能产生重大影响。主要因为以下两种现象:

(1)必须将重力压头从最大毛细力中减去,以得出用于克服流动压力损失的泵送压头;

(2)重力压头必须通过表面张力效应来克服。

在这两种情况下,其中一个主要问题是表面张力与重力场的相互作用,这两个力的比值代表了流体比较的基准。在流体性质方面,该比值与 (σ/ρ_l) 成正比。因此,为了尽量减少重力场的不利影响,应该选择具有较高 (σ/ρ_l) 参数值的液体。图 2.56 显示了主要航天器热控制液体的重力场系数 (σ/ρ_l) 随工作温度的变化。

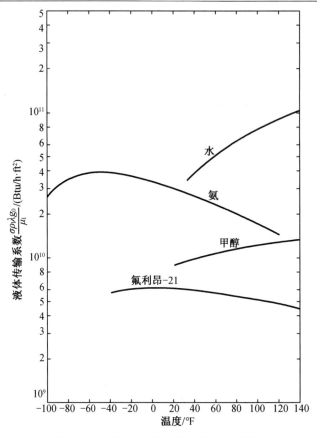

图 2.55　热管工作液体的液体传输系数

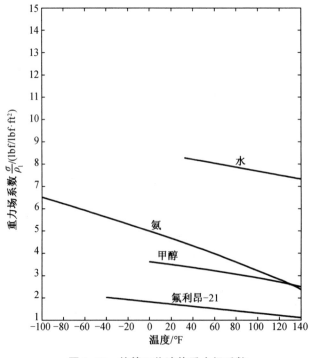

图 2-56　热管工作液体重力场系数

2.18.4　吸液芯结构对沸腾的承受能力

在 2.18.2 和 2.18.3 节,根据流体动力和静力特性对工作液体进行了比较。然而,正如本章所强调的,还必须考虑蒸发段中的径向传热,特别是沸腾会严重降低流体动力学性能(例如干道上汽泡的产生)。马库斯[49,73]讨论并给出了成核的基本条件。假设式(2.114)中,临界过热度的临界半径 r_n 等于吸液芯孔径,与过热度耐受性相关的流体性质组合为($\sigma/\lambda\rho_v$)。将这一组合乘以液体的导热系数就可以给出流体成核的径向传热限值。图 2.57 显示了此参数($k\sigma/\lambda\rho_v J$)随航天器主要热控流体的工作温度的变化;气体控制方案提供了基于蒸汽压曲线斜率的附加选择标准:

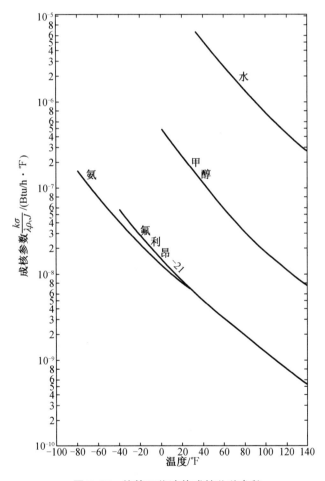

图 2.57　热管工作液体成核公差参数

$$\Delta T_{\text{critical}} = \frac{T_{\text{saturation}}}{\lambda\rho_v J}\left(\frac{2\sigma}{r_n}-\Delta p_c^*\right) \tag{2.114}$$

式中　$T_{\text{saturation}}$——流体的饱和温度;

　　　　J——机械热当量;

r_n——临界成核有效半径；

Δp_c^*——沿蒸发段毛细压头的最大值。

请注意，Δp_c^* 不等于式（2.10）中给出的 $\Delta p_{\text{capillary}_{\max}}$，除非热管在毛细极限下运行[63]。相反，$\Delta p_c^*$ 是沿热管蒸发段 Δp_c 的最大值，如式（2.115）所示[63]：

$$\Delta p_c = \Delta p_1 + \Delta p_v \pm \Delta p_b \tag{2.115}$$

式中各项对应关系为

[净毛细压头]=[液体压降]+[净压降]±[体积力压头(如果有)]

有关更多细节，请参阅马库斯的报告[63]。

通常，在等式（2.115）右边的所有项都是已知的，除了 r_n，这是沸腾表面光滑度的函数。为了给出适当的 r_n 值，首先应该假设表面上存在各种尺寸的空腔，然后给出适当的限制条件。这可以用 Rohsenow 和 Bergles[73] 的泡核生成理论来完成。给出 r_n 方程如下：

$$r_n = \left[\frac{2\sigma T_{\text{saturation}} k_1 v_{\text{lg}}}{\lambda q_r''} \right]^{\frac{1}{2}} \tag{2.116}$$

式中 k_1——液体的导热系数；

v_{lg}——蒸汽和液体比体积的差；

q_r''——进入蒸发段的径向热流。

假设这种尺寸的空腔存在于表面并且是潜在的成核中心，式（2.116）中给出的 r_n 值是式（2.115）中使用的合适值。有关更多细节，请参阅马库斯的报告[63]。

注意，潜在成核点是一个包含预先存在的气体的空腔。

2.18.5 常规或可变热导热管

到目前为止讨论的流体选择标准适用于所有热管。但是，如果要设计可变热导热管，可能会涉及其他标准，具体取决于控制方案。例如，采用蒸汽节流作为控制原理的热管需要低压工作液体。同样，不凝性气体控制方案提供了基于蒸汽压力曲线斜率的附加选择标准（图 2.57）。

2.18.6 特殊要求

除了影响热管热力学和流体力学性能的特性外，还有其他因素会对特定应用的工作液体选择施加严格的限制，例如：

在许多应用中，热管被集成到电子设备的包装内，将需要使用不导电的工作液体。

热管在载人航天器或飞机上的应用可能需要使用无毒和/或不易燃的工作液体。

2.18.7 材料的兼容性和稳定性

工作液体选择的一个主要因素是其稳定性和与热管系统中其他材料的兼容性。某些适用于航天器热控制的低温热管由于以下原因导致其性能持续下降。

(1)工作液体的化学反应或分解;

(2)管壁和吸液芯的腐蚀或侵蚀。

工作液体的化学反应或分解可能导致产生不凝性气体(例如 H_2、N_2、O_2)。这方面的一个具体例子是,当试图制造水铝热管时,会发生水解反应产生氢气。在普通热管中,所有不凝性气体都被带到冷凝段末端,形成蒸汽流的扩散屏障,显著减少了可用的冷凝段面积。在气体控制的可变热导热管中,多余的不凝性气体会使热管的工作温度高于设计条件。工作液体的化学成分由于其蒸汽压力随温度的变化而发生变化,也会产生类似的影响。

管壁和吸液芯的腐蚀和侵蚀表现为工作液体的润湿角以及吸液芯的渗透性、孔隙率或毛细孔径的变化。腐蚀和侵蚀产生的固体沉淀物由液体流动输送到蒸发段区域,当液体蒸发时,它们就会沉积在蒸发段,导致蒸发段中流体流动阻力增加,热管的传热能力下降。

目前,似乎不存在普遍满意的方法来预测在任意运行条件下的稳定性或兼容性。因此,许多热管实验室已经开展了大量的测试程序,以经验性地摸索出稳定的材料组合和制造工艺。有关更多细节,请参阅马库斯的报告[63]。

总之,识别合适的工作液体的首要考虑因素是工作蒸汽温度范围。在近似的温度范围内,可能存在几种备选的工作液体,必须检查各种液体特性以确定这些液体中最适合的一种。主要的要求是:

(1)与吸液芯材料和管壁材料的兼容性;

(2)良好的热稳定性;

(3)吸液芯材料和管壁材料的润湿性;

(4)蒸汽压力在工作温度范围内不会太高或太低;

(5)高潜热;

(6)高导热;

(7)低液体和蒸汽黏度;

(8)高表面张力;

(9)可接受的凝固点或倾斜角度。

工作液体的选择也必须基于热力学考虑,涉及热管内发生的热流的各种限制,如黏性极限、声速极限、毛细极限、夹带极限和核态沸腾水平。

在热管设计中,为了使热管能够抵抗重力并产生较高的毛细驱动力,需要较高的表面张力值。除了高表面张力外,工作液体还需要润湿吸液芯材料和管壁材料,即接触角应为零或很小。在工作温度范围内的蒸汽压力必须足够大,以避免出现较高的蒸汽速度,因为高的蒸汽速度往往会产生较大的温度梯度,并导致流动不稳定。

为了以最小的液体流量来传递大量的热量,从而保持热管内的低压降,需要高汽化潜热。工作液体的热导率最好是高的,以尽量减少径向温度梯度,并减少在吸液芯或管壁表面发生核态沸腾的可能性。通过选择蒸汽和液体黏度值较低的流体,降低液体流动的阻力。表 2.8 列出了几种工作液体及其正常工作的温度范围。

表 2.8　几种工作液体及其正常工作的温度范围

材料	熔点/℃	在大气压下的沸点/℃	有效范围/℃
氦	-271	-261	-271 ~ -269
氮	-210	-196	-203 ~ -160
氨	-78	-33	-60 ~ 100
丙酮	-95	57	0 ~ 120
甲醇	-98	64	10 ~ 130
全氟甲基环己烷	-50	76	10 ~ 160
乙醇	-112	78	0 ~ 130
水	0	100	30 ~ 200
甲苯	-95	110	50 ~ 200
汞	-39	361	250 ~ 650
钠	98	892	600 ~ 1 200
锂	179	1 340	1 000 ~ 1 800
银	960	2 212	1 800 ~ 2 300

2.19　热管的启动特性及控制

描述热管的启动行为不是一个非常容易的过程,可能会因工作液体、吸液芯结构及其配置等多种因素而有所不同。许多研究人员已经对这些因素的影响进行了研究,并对启动性能进行了定性识别,同时获得了对这一现象的一般描述[14,26,48]。

在启动过程中,蒸汽必须以相对较高的速度流动,才能将热量从蒸发段输送到热管的冷凝段,通过热管中心通道的压降会很大。热管中的轴向温度梯度是由蒸汽压降决定的,蒸发段的温度最初将远高于冷凝段的温度。蒸发段达到的温度水平将由工作液体的特性决定。如果热量输入足够大,温度前沿将逐渐向冷凝段部分移动。在正常热管启动时,蒸发段的温度会增加几度,直到蒸汽流前端到达冷凝段末端。此时,冷凝段温度将升高,直到管道结构变得几乎等温(当锂或钠用作工作液体时,热管会随着启动过程的进行而逐渐变红,这一温度变化过程是可以观测到的)。

只要热量不增加得太快,带覆盖丝网式吸液芯的热管在启动过程中都会表现正常。克梅[74]发现,具有开环通道的热管没有直接表现出启动行为。在测量出有很大的温度梯度后才以一种特殊的方式达到等温状态。

在某些情况下的启动过程中,如蒸汽密度较低而速度较高,液体返回蒸发段可能会受到阻碍。与使用多孔介质时相比,使用开放式回流通道进行液体传输的热管更容易发生这种情况。

范安德尔[75]在热管启动方面的进一步研究工作使人们能够获得一些定量关系,从而有助于确保满意的启动过程。如果保证热管不烧坏,那么加热区的饱和压力不应超过最大毛细力。如果允许发生烧毁,则会导致吸液芯干涸与液体回流受阻。

在启动条件下最大允许热输入速率的关系是

$$Q_{max} = 0.4\pi r_c^2 \times 0.73(p_E \rho_E) \tag{2.117}$$

式中　r_c——蒸汽腔半径;

　　　p_E——蒸发段中的蒸汽压;

　　　ρ_E——蒸发段中的蒸汽密度。

当热管用于可能涉及许多启动和停止动作的应用时,满足启动标准非常重要,例如,在冷却电子设备或冷却制动器时,可以克服该问题的一种方法是,使用一个连接到小型分支热管的额外热源,从而减少启动的次数[5]。气体缓冲热管的启动时间较短。

Busse[76]对热管性能的分析做出了重要贡献,指出在声速极限发生之前,可以满足远低于声速极限的黏性限制。当需要计算热管在启动过程中的瞬态行为时,可以使用参考文献中提出的方程计算时间常数和其他数据[77]。

两相热传输器件的一个重要问题是它们的启动特性,在热管的设计中,不仅要考虑管道的内部结构和流体动力学特性,而且要考虑施加在热管上的外部条件。了解热管能否成功启动的条件和可能阻碍启动的各种现象,对于正常运行条件下热管的实际使用具有重要意义。不同的作者对热管启动的瞬态行为和问题进行了研究和测试[14,26,78-79]。

热管的瞬态行为取决于热管结构、工作液体在散热器工作温度下的蒸汽压以及管道与冷凝散热器之间的热阻。热管启动的常见模式是考虑从散热器工作温度开始,热负荷从零缓慢增加。在这些条件下,热管在不同时刻的特性可以近似为稳态特性。图 2.58 示意性地给出了当热管工作液体在散热器工作温度下的蒸汽压力和冷凝段的界面热阻都很低时,热管启动时的故障特性[18]。由于界面热阻低,因此热负荷随时间的增加不能提高冷凝段蒸汽的温度(从而提高压力和密度)。低蒸汽密度导致蒸发段出口处的声速流动和冷凝段中的超声速流动和压缩冲击。随着热负荷的增加,这些高蒸汽速度最终将液体从吸液芯结构中带出,导致蒸发段吸液芯干涸和过热。

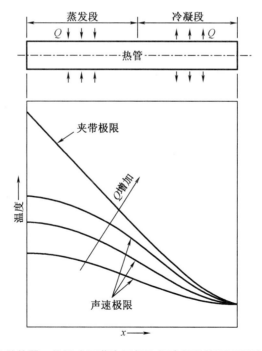

图 2.58　由散热器工作温度下蒸汽压低和低冷凝段热阻而导致启动失败[18]

第二种启动模式(图 2.59)在散热器工作温度下的蒸汽压很高时发生。高蒸汽压力导致蒸汽速度和温度下降。对于两相热管系统,温度与压力密切相关,因此,热管的温度在启动时基本上是均匀的,并且随着时间和热负荷的增加而增加。在这种条件下,管道的热负荷可以一直增加,直到达到设计的运行条件。

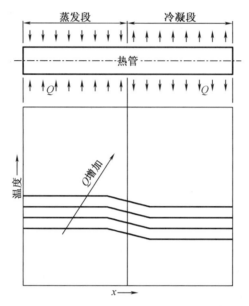

图 2.59　在散热器工作温度下成功启动蒸汽压高的热管[18]

第三种启动方式如图 2.60 所示,此时散热器工作温度下的蒸汽压较低,但冷凝段与散热器之间的界面热阻较高。在这种情况下,因为在散热器工作温度下的蒸汽压较低,在启动的初始阶段会发生声速和超声速流动。随着热负荷的增加,冷凝段温度和蒸汽压力也因界面热阻高而升高。蒸汽力的增加降低了蒸发段出口的蒸汽速度,使热管能够通过声速极限状态向图 2.60 的等温状态转变。此后,随着热负荷的增加,管道的温度基本上保持均匀,并按照一定的幅度上升。因此,在这种条件下,可以实现热管的设计热负荷。如图 2.61 所示,热管中不凝性气体的存在会增加热管冷凝段的界面热阻。随着热负荷的进一步增加,蒸汽温度和压力增加,不凝气体被更多地压缩到管道冷凝段的末端。除了被气体堵塞的部分,热管基本上保持等温运行。随着热负荷的增加,热管以蒸汽流向前沿移动的形式启动。采用不凝性气体(可变热导热管),即使散热器与冷凝段紧密耦合,界面热阻小,也可以成功启动[18]。

热管启动的四种模式如图 2.58 ~ 图 2.61 所示,是参照启动时液相中的工作液体描述的。对于从零度以下启动水热管或从环境温度启动碱金属热管的情况,工作液体将处于固态,热管的启动主要取决于冷凝段的散热器温度和界面热阻。热阻必须足够高,蒸汽传递的热量可以用来融化冷凝段中的流体,并在蒸发段的工作液体耗尽之前通过吸液芯结构返回。热管中少量的不凝性气体也有助于通过延缓蒸汽流动来帮助启动,从而使固体的熔化沿着热管逐渐进行[18]。

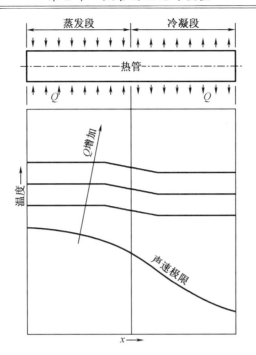

图 2.60 在散热器工作温度下蒸汽压较低但冷凝段热阻较高的热管成功启动[18]

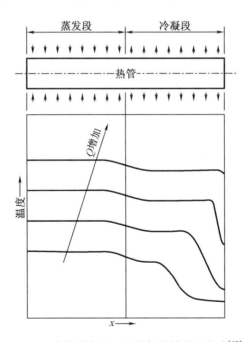

图 2.61 在管道含有不凝性气体的前沿启动[18]

总之,高蒸汽压状态下启动热管并不存在特殊问题。但是具有初始低蒸汽压的热管的启动通常涉及高蒸汽速度,在许多情况下可以达到声速或超声速,造成阻塞流动和沿热管温度梯度较大。声速极限本身并不能抑制启动,但是在某些条件下,高蒸汽速度会将液体从吸液芯中带出,破坏流体循环,从而使热管无法启动。即使热管在设计条件下可以正常工作,也可能无法达到设计水平。热管启动失败的一个常见原因是启动时的初始低蒸汽压伴随着冷凝段的低界面热阻。一种帮助启动的方法是在热管中加入少量惰性不凝性气体，该气体在启动过程中会增加冷凝段的界面热阻[18]。

2.19.1 正常启动特性

Cotter[26]等人撰写的关于热管及其瞬态特性（热虹吸）的早期分析论文中确定了三种基本的启动模式，并在上一节中对它们进行了描述。这三种基本的启动模式被称为均匀启动、前沿启动和含有不凝性气体的前沿启动，它们的原理图如图2.59~图2.61所示，顺序的变化表示启动的时间逐渐增加。

在环境温度下，蒸汽密度较高时发生均匀启动。在这种情况下，初始蒸汽密度足够高，在启动阶段之前和整个启动阶段都存在均匀或几乎均匀的温度分布（图2.59）。这种情况通常发生在低温工作液体的热管启动过程中。

前沿启动发生在初始蒸汽密度较低的情况，如图2.60所示。在这种模式下，可压缩流动效应可能很重要，由于蒸汽的轴向温度变化很大，在热管启动的初始阶段很可能出现声速。

含有不凝性气体的前沿启动特性如图2.61所示，热管内存在不凝性气体，蒸汽运动导致不凝性气体被扫向冷凝段。随着平均工作温度（绝热蒸汽温度）的增加，不凝性气体前端被缓慢压缩，堵塞积聚在冷凝段的一个越来越小的部分[17]。

2.19.2 冻结和启动特性

一般来说，热管稳态和瞬态运行所涉及的基本原理被热管领域的研究人员所熟知。但是热管运行中常见的几种现象还没有得到充分的研究，包括冻结和从冻结状态重新启动的瞬态过程。相关实验数据主要来自对液态金属热管的研究，因为这些设计在使用时必须重新熔化金属工作液体[17]。虽然利用如水和氨等工作液体的热管，通常在标准运行或制造过程中不会冻结，但在某些情况下的融冻行为也很重要[80]。

Antoniuk和Edwards[81]介绍了热管内冻结启动的三种类型，定义如下：吸积冻结、漏气冻结、扩散冻结，以下分别进行介绍。

（1）吸积冻结，液体冻结并耗尽热管区域内可用的液体储量。

（2）漏气冻结，完全堵塞蒸汽和液体通道的固体解冻时发生的现象。在堵塞物熔化过程中，堵塞物一侧存在高压区（蒸发段），另一侧存在低压区（冷凝段）。当堵塞物出现破口时，液体从高压蒸发段迅速进入低压冷凝段，并可能导致蒸发段吸液芯结构的快速干涸。

（3）扩散冻结，是指位于冷凝段的蒸汽扩散到被不凝性气体阻塞的冷凝段的工作液体的冻结，也由Edwards和Marcus[82]提出。

Chi[18]和Ivanovskii等人[31]已经讨论了重新启动冻结热管的能力问题，重新启动冻结热管的能力是冷凝段热排放率、热管几何形状、工作液体和冷凝段-蒸发段长度比的直接函数。这两位研究人员还指出，沿热管长度的熔化前端不断扩展，不凝性气体增加，有助于启动。但是这两位研究人员都没有讨论工作液体冻结的过程，并且在讨论冻结启动时都假设工作液体基本上为均匀分布。

针对在工作液体冻结过程中具有不同辐射热阻率的钼–锂热管,包括 Maerrigan 等人在内的几位研究人员已经对液态金属热管的冷冻启动进行了实验研究[83]。

关于在电子设备应用中更常见的室温工作液体,已经进行了多项调研。Deverall 等人[14]用水热管对冷冻启动进行了实验研究。

Abramenko 等人[84]使用具有辐射热抑制的铝氨热管进行了实验研究,产生了类似于航天器热控制系统中的条件,即只有在辐射散热器温度升高后才能从冻结状态启动,从而降低了冷凝段的排热率。

通过对冷冻热管的启动进行了两次数值研究,将 Bowman[85]的数值模型与铜/水热管和钼/锂热管的实验数据进行了比较,Jang 等人[86]提出了一个更通用的有限元数值模型,对自由分子流动和连续流动状态都进行了检验。该模型用于模拟冷冻不锈钢吸液芯钠热管的启动,但未与任何实验数据进行比较。

热管启动最好是使用初始状态为饱和状态的工作液体。如果很难实现,如许多低温或液态金属热管的情况,吸液芯应该在启动期间提供良好的输运能力。当需要使用可变热导热管时,热管启动的瞬态行为在很大程度上取决于所使用的可变热导热管的类型和选择的工作液体。

2.20 小 结

总之,对于热管的设计及其应用,都必须满足某些标准,并应考虑传热极限,以确保热管在其设计规范内工作并能正常运行。虽然热管是非常有效的传热装置,但它受到如本章各节所述的多种传热极限的限制。Faghri[9]很好地总结了这些传热极限。这些极限决定了特定热管在一定运行条件下能达到的最大传热速率。热管运行的传热极限类型由热管特定工作温度下的传热最低值决定。各种极限的最大轴向传热速率是热管工作温度的函数,如图 2.62 所示,简要描述如下[9]:

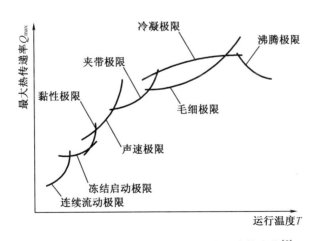

图 2.62 热管的最大传热极限随工作温度的变化[9]

（1）连续流动极限，对于小型热管，如电子设备中使用的微热管和低温（在非常低温下工作）热管，热管中的蒸汽可能处于自由分子或极稀薄的状态，如果没有达到连续蒸汽状态，热管传输能力就会受到限制。

（2）冻结启动极限，在从冻结状态开始的启动过程中，蒸发段的蒸汽可能被冻结在绝热段或冷凝段，会耗尽蒸发段的工作液体并导致蒸发段吸液芯干涸。

（3）黏性极限，当黏性力主导蒸汽流动时，如液态金属热管，冷凝段末端的蒸汽压可能降低到零。在这种情况下，热管输热可能受到限制。在低于其正常工作温度下工作的热管可能会遇到此限制，也称为蒸汽压极限。

（4）声速极限，也称为阻塞极限，对于一些热管，特别是那些使用液态金属工作液体的热管，在启动或稳态运行期间，蒸汽速度可能达到声速或超声速值。这种阻塞的工作条件称为声速极限。

（5）夹带极限，当热管中的蒸汽速度足够高时，液-汽界面上存在的剪切力可能会将工作液体从吸液芯表面撕裂并将其夹带到蒸汽流中。这种现象减少了返回蒸发段的冷凝液，限制了热传输能力。

（6）毛细极限，对于给定的毛细芯结构和工作液体组合，毛细芯结构为给定的工作介质提供循环的泵送能力是有限的。这个极限通常称为毛细或流体动力极限。

（7）冷凝极限，热管能够输送的最大热速率可能受到冷凝段冷却能力的限制。不凝性气体的存在会降低冷凝段（即可变热导热管）的效率。

（8）沸腾极限，如果径向热流或热管壁温度过高，吸液芯中的工作液体沸腾可能严重影响工作液体的循环，导致沸腾极限。

对热传输的限制主要是由于吸液芯将冷凝液泵送回蒸发段的能力和蒸汽流动中遇到的热力学阻碍。图 2.63 中给出了热管中传热极限的示意图，它是轴向热流与整体温度下降的关系图，而不是如图 2.62 所示的轴向热流与工作温度的关系图。

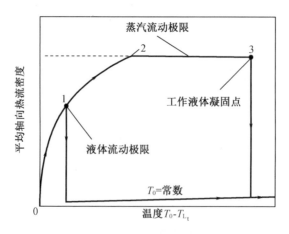

图 2.63　热管传热极限示意图[76]

根据 Faghri[9] 的研究，当热管两端温度相同时，没有热量传输，$T_0 = T_{L_t}$，其中 T_0 和 T_{L_t} 是蒸发段和冷凝段的温度。随着温降的增加，由于热管的有效导热系数很高，传热量迅速增加。在图 2.61 的点 1 处,传热量突然下降到与通过管壁轴向导热传递热量相同的值,点 1 处要么是发生毛细极限(其中的吸液芯结构未能保持足够的冷凝液体返回蒸发段),要么是发生沸腾极限(管壁因吸液芯结构中气泡的形成而过热)。假设吸液芯没有达到毛细极限或沸腾极限,热传输量继续增加,直到达到点 2 处的功率水平。在点 3 处,温度快速下降,以至于冷凝段的工作液体冻结,热管蒸发段干涸,再次导致热传输量突然下降到吸液芯结构和管壁的轴向传导水平。

点 2 和点 3 之间的水平曲线部分称为蒸汽流动极限,蒸汽流动极限与蒸汽流动的黏性力和惯性力的相对大小有关。在黏性力可以忽略不计的极限情况下(惯性流动状态),蒸汽流动受阻塞现象的限制,其中蒸发段末端的蒸汽压大约是蒸发段上游末端蒸汽压的一半,蒸汽流量(轴向热通量)只能通过增加蒸发段的压力(温度)来增加,这种情况称为声速极限,因为蒸汽在蒸发段的末端达到局部声速。

另一个极限情况是惯性力可以忽略不计(黏性流动状态)。在这种情况下,轴向热通量随总压降的增加而增大,直到冷凝段端盖处的压力基本为零。此时,轴向热通量不能进一步增大,称为黏性极限。当惯性力和黏性力都出现但惯性力占主导地位时,热管中再次发生堵塞,但这种情况发生在冷凝段,这是由于黏性力使蒸汽速度从蒸发段末端的亚声速增加到冷凝段前端的声速状态(Levy)[87]。

在上述热管极限中,毛细极限、声速极限和沸腾极限是热管运行中最常见的传热极限,在热管设计中起着重要的作用。

参 考 文 献

[1] Dhananjay Dilip Odhekar Master of Science, August 8, 2005(B. E. Mech, K. K. W. C. O. E., University of Pune, 1999).

[2] Kishimoto, T. (1994). Flexible-heat-pipe cooling for high-power devices. The International Journal of Microcircuits and Electronic Packaging, 17(2), 98-107.

[3] Lu, S., & Li, H. -S. (1999). Oscillatory mode with extremely high heat transfer rate in a flexible heat pipe. Inter PACK '99: Pacific RIM/A SME International Intersociety Electronics Photonic Packaging Conference 'Advances in Electronic Packaging 1999', Maui.

[4] Bliss Jr., F. E., Clark Jr., E. G., & Stein, B. (1970). Construction and test of a flexible heat pipe. ASME Conference Paper.

[5] Dunn, P. D., & Reay, D. A. (1994). Heat pipes(4th ed.). New York: Pergamon.

[6] Marcus, B. D. Theory and design of variable conductance heat pipes: Control techniques. Research Report 2, Ames Research Center, National Aeronautics and Space Administration. 13111-6027-R0-00.

[7] Marcus, B. D. (1971). Heat pipes: Control techniques. Report 2, NASA Contract No. NAS2-5503.

[8] Bienert, W. (1969). Heat pipes for temperature control. In Proceedings of the Fourth Intersociety Energy Conversion Conference, Washington, DC(pp. 1033-1041).

[9] Faghri, A. (1995). Heat pipe science and technology. Washington, DC: Taylor & Francis.

[10] Busse, C. A. (1969). Heat pipe thermionic converter research in Europe. Paper #699105, Proc. Fourth Intersociety Energy Conversion Engineering Conf., Washington, DC.

[11] Levy, E. K. (1968). Theoretical investigation of heat pipes operating at low vapor pressure. Journal of Engineering, 90, 547-552.

[12] Wayner Jr., P. C. (1999). Long range intermolecular forces in change-of-phase heat transfer. Proc. 33rd National Heat Transfer Conference, Albuquerque, NM, August 15-17, 1999.

[13] Kemme, J. E. (1978). Ultimate heat-pipe performance. IEEE Transaction on Electron Devices, ED-16, 717-723.

[14] Deverall, J. E., Kemme, J. E., & Florschuetz, L. W. (1970, September). Sonic limitations and startup problems of heat pipes. Los Alamos Scientific Laboratory Report No. LA-4578.

[15] Carey, V. P. (1992). Liquid-vapor phase-change phenomena. Washington, DC: Taylor and Francis.

[16] Spivak, M. (1999). A comprehensive introduction to differential geometry (3rd ed., Vols. 3-4). Publish or Perish Press, ISBN 0-914098-72-1 (Vol. 3), ISBN 0-914098-73-X (Vol. 4).

[17] Peterson, G. P. (1994). An introduction to heat pipes—Modeling, testing and applications. New York: John Wiley & Sons.

[18] Chi, S. W. (1976). Heat pipe theory and practice. New York: McGraw-Hill.

[19] Ferrell, K. J., & Alleavitch, J. (1969). Vaporization heat transfer in capillary wick structures. Preprint No. 6, ASME-AIChE Heat Transfer Conf., Minneapolis, MN.

[20] Eninger, J. E. (1975). Capillary flow through heat pipe wicks. Paper No. 75-661. Washington, DC: AIAA. American Institute of Aeronautics and Astronautics.

[21] Colwell, G. T., & Chang, W. S. (1984). Measurements of the transient behavior of a capillary structure under heavy thermal loading. International Journal of Heat and Mass Transfer, 27(4), 541-551.

[22] Silverstein, C. C. (1992). Design and technology of heat pipes for cooling and heat exchange. Washington, DC: Taylor and Francis.

[23] Busse, C. A. (1973). Theory of the ultimate heat transfer of cylindrical heat pipes. International Journal of Heat and Mass Transfer, 16, 169-186.

[24] Wageman, W. E., & Guevara, F. A. (1960). Fluid flow through a porous channel. Physics of Fluids, 3(6), 878-881.

[25] Mehta, R. C., & Jayachandran, T. (1996). Numerical analysis of transient two phase flow in heat pipe. Heat and Mass Transfer, 31, 383-386.

[26] Cotter, T. P. (1967). Heat pipe startup dynamic. Proc. SAE Thermionic Conversion Specialist Conference, Palo Alto, California.

[27] Dunn, P. D., & Reay, D. A. (1982). Heat pipes(3rd ed.). New York: Pergamon.

[28] Kemme, J. E. (1967). High performance heat pipe. Proc. 1967 Thermionic Conversion Specialist Conference, Palo Alto, California, October 1967.

[29] Bankston, C. A., & Smith, J. H. (1971). Incompressible laminar vapor flow in cylindrical heat pipes. ASME-71-WA/HT-15. New York: ASME.

[30] Rohani, A. R., & Tien, C. L. (1974). Analysis of the effects of vapor pressure drop on heat pipe performance. International Journal of Heat and Mass Transfer, 17, 61-67.

[31] Ivanovskii, M. N., Sorokin, V. P., & Yagodkin, I. V. (1982). The physical properties of heat pipes. Oxford: Clarendon.

[32] Vinz, P., & Busse, C. A. Axial heat transfer limits of cylindrical sodium heat pipes between 25 W - cm _ 2 and 15. 5 kW - cm 2. Proc. 1st International Heat Pipe Conference, Stuttgart, Germany, Paper 2-1.

[33] Kroliczek, E. J., & Brennan, P. J. (1983). Axial grooved heat pipes—Cryogenic through ambient. ASME Paper 73 - ENAc - 48. Presented at the Intersociety Conference on Environmental System, San Diego, California 1983.

[34] Alario, J., Brown, R., & Kosson, R. (1983). Monogroove heat pipe development for the space constructible radiator system. AIAA-83-1431. Presented at the AAIA 18th Thermophysics Conference, Montreal, Canada, June 1983.

[35] ICICLE Feasibility Study, Final Report, NASA Contract NAS 5-21039, RCA-Defense Electronic Product, Camden, New Jersey, NASA-CR-112308.

[36] Shah, R. K., & Giovannelli, A. D. (1988). Heat pipe heat exchanger design theory. In R. K. Shah, E. C. Subbarao, & R. A. Mashelkar(Eds.), Heat transfer equipment design. Washington, DC: Hemisphere Publishing.

[37] Hendrix, W. A. (1989). An analysis of body force effects on transient and steady-state performance of heat pipes. Ph. D. Dissertation, Georgia Institute of Technology.

[38] Cassel, S. D. (1991). The effect of increasing length on the overall conductance and capacitance of long heat pipes. Ph. D. Dissertation, Georgia Institute of Technology.

[39] Wells, K. J., Colwell, G. T., & Berry, J. T. (1985). Two-dimensional numerical simulation of casting solidification with heat pipe controlled boundary conditions. America Foundryman's Society Transactions, 1, 84-95.

[40] Modlin, J. M., & Colwell, G. T. (1992). Surface cooling of scramjet engine inlets using heat pipe, transpiration, and film cooling. AIAA Journal of Thermophysics and Heat Transfer, 6(2), 500-504.

[41] Ingram, T. J., Haman, L. L., Andes, G. M., Colwell, G. T., & Wepfer, W. J. (1984). Nonmetallic heat pipes for flue gas reheat. Report No. 84-JPGC-APC-7. New York: American Society of Mechanical Engineers.

[42] Kays, M. W. (1966). Convective heat and mass transfer. New York: McGraw-Hill.

[43] Marcus, B. D. (1972, April). Theory and design of variable conductance heat pipes. NASA CR-2018.

[44] Brennan, P. J., & Kroliczek, E. J. (1979). Heat pipe design handbook (Vols. I and II). Contract Report No NAS5 - 23406. Washington, DC: National Aeronautics and Space Administration.

[45] Luikov, A. V. (1972). Heat and mass transfer in capillary-porous bodies. London: Pergamon Press.

[46] Bird, R., Stewart, W., & Lightfoot, E. (1960). Transport phenomena. New York: John Wiley & Sons.

[47] Von Karman, T. (1935). The problem of resistance in compressible fluids. In Proc. 5th Volta Congr., Rome, November 1935 (pp. 255-264).

[48] Busse, C. A. (1967). Pressure drop in the vapor phase of long heat pipes. In Proceedings of the IEEE International Thermionic Conversion Specialist Conferences. New York: IEEE.

[49] Cotter, T., Grover, G., & Erickson, G. (1964). Structures of very high thermal conductance. Journal of Applied Physics, 35(6), 1990-1991.

[50] Hwang, G. S., Kaviany, M., Anderson, W. G., & Zuo, J. (2007). Modulated wick heat pipe. International Journal of Heat and Mass Transfer, 50, 1420-1434.

[51] Anderson, W. G., Sarraf, D., & Dussinger, P. M. (2005). Development of a high temperature water heat pipe radiator. In Proceedings of the International Energy Conversion Engineering Conference (IECEC), San Francisco, ISBN 1563477696.

[52] Anderson, W. G., Bonner, R., Hartenstine, J., & Barth, J. (2006). High temperature titanium-water heat pipe radiator. In Space Technology & Applications International Forum (STAIF) Conference (Vol. 813, pp. 91-99). New York: American Institute of Physics.

[53] Alario, J., Haslett, R., & Kosson, R. (1981). The monogroove high performance heat pipe. AIAA-81-1156. New York: American Institute of Aeronautics and Astronautics.

[54] Alario, J., Brown, R., & Kosson, R. (1983). Monogroove heat pipe development for the space constructible radiator system. AIAA-83-1431. Presented at the AIAA 18th Thermophysics Conference, Montreal, Canada, June 1983.

[55] Mai, T. D., Chen, A. L., Sifuentes, R. T., & Cornwell, J. D. (1994, June). Space constructible radiator (Scr) life test heat pipe performance testing and evaluation. Document Number: 941437.

[56] Alario, J., Haslett, R., & Kossor, R. (1981). The monogroove high performance heat pipe. AIAA-81-1156. New York: American Institute of Aeronautics and Astronautics.

[57] Loh, C. K., Harris, E., & Chou, D. J. (2005). Comparative study of heat pipes performances in different orientations. In Semiconductor Thermal Measurement and Management Symposium, 2005 I. E. Twenty First Annual IEEE, 15 - 17 March 2005 (pp. 191-195).

[58] Riehl, R. R., & dos Santos, N. Loop heat pipe performance enhancement using primary wick with circumferential grooves. National Institute for Space Research, Space

Mechanics and Control Division, DMC/Sate'lite, Av. dos Astronautas 1758, 12227-010 S~ao Jose dos Campos, SP, Brazil.

[59]　Hsu, H. C. (2005, November 10). Wick structure of heat pipe. United States Patent number US 2005/0247436 A1.

[60]　Sarraf, D. B., & Anderson, W. G. High-temperature water heat pipes. Advanced Cooling Technologies, Inc. 1046 New Holland Ave. Lancaster, PA 17601.

[61]　Gorring, R. L., & Churchill, S. W. (1961). Thermal conductivity of heterogeneous materials. Chemical Engineering Progress, 57(7), 53-59.

[62]　Chi, S. W. (1971). Mathematical modeling of high and low temperature heat pipes. George Washington University Report to NASA, Grant No. NGR bzohu00 09-010-070, December 1971.

[63]　Marcus, B. D. (1972, April). Theory and design of variable conductance heat pipes. Report No. NASA CR, 2018, National Aeronautics and Space Administration, Washington, DC.

[64]　Wallis, G. B. (1969). One-dimensional two-phase flow. New York: McGraw-Hill.

[65]　Griffith, P., & Wallis, J. D. (1960). The role of surface conditions in nucleate boiling. ASMEAIChE Heat Transfer Conference, August 1959. Published in Chemical Engineering Progress Symposium Series(Vol. 56). AIChE.

[66]　Rohsenow, W. M., & Choi, M. (1961). Heat, mass, and momentum transfer. Englewood Cliffs, NJ: Prentice-Hall.

[67]　Busse, C. A. (1967). Pressure drop in the vapor phase of long heat pipes. Palo Alto, CA: Thermionic Conversion Specialists.

[68]　Bystrov, P. I., & Popov, A. N. (1978). International Heat Pipe Conference, 3rd, Palo Alto, Calif., May 22-24, 1978. Technical Papers. (A78-35576 14-34)(pp. 21-26). New York: American Institute of Aeronautics and Astronautics.

[69]　Ochterbeck, J. M. (2003). Heat pipes, Chapter 16. In A. Bejan & A. D. Kraus (Eds.), Heat transfer handbook. Hoboken, NJ: John Wiley & Sons.

[70]　Phillips, E. C. Low-temperature heat pipe research program. NASA Report No. NASA CR-66792.

[71]　Gerrels, E. E., & Larson, J. W. (1971). Brayton cycle vapor chamber(heat pipe) radiator study. NASA CR-1677.

[72]　Joy, P. (1970). Optimum cryogenic heat pipe design. ASME Paper 70-HT/SpT-7. New York: American Society of Mechanical Engineers.

[73]　Bergles, A. E., & Rohsenow, W. M. (1954). A. S. M. E. Transaction, Journal of Heat Transfer. Transactions of ASME 76, 553-562.

[74]　Kemme, J. E. (1966, August). Heat pipe capability experiments. Los Alamos Scientific Laboratory, Report LA-3585.

[75]　Van Andel, E. (1969). Heat pipe design theory. Euratom Center for Information and Documentation. Report EUR No. 4210 e, f.

[76] Busse, C. A. (1973). Theory of the ultimate heat transfer limit of cylindrical heat pipes. International Journal of Heat and Mass Transfer, 16, 169–186.

[77] Anon. (1980). Heat pipes—General information on their use, operation and design. Data Item No. 80013, Engineering Sciences Data Unit, London.

[78] Faghri, A. (1974). Continuum transient and frozen funding numbers startup behavior of conventional and gas–loaded heat pipes. Final Report, Department of Mechanical and Materials Engineering Wright State University, Dayton OH, February 1974.

[79] Sockol, P. M., & Forman, R. Re–examination of heat pipe startup. NASA Lewis Research Center, Cleveland, Ohio, Technical Paper, NASA TMX–52924.

[80] Ochterbeck, J. M., & Peterson, G. P. (1993). Freeze/thaw characteristic of a copper–water heat pipe: Effects of non–condensable gas charge. AIAA Journal of Thermophysics and Heat Transfer, 7(1), 127–132.

[81] Antoniuk, D., & Edwards, D. K. (1990). Depriming of arterial gas–controlled heat pipes. Proc. 7th Int'l Heat Pipe Conf., Minsk, USSR, May 1990.

[82] Edwards, D. K., & Marcus, B. D. (1972). Heat and mass transfer in the vicinity of the vaporgas front in a gas–loaded heat pipe. ASME Journal of Heat Transfer, 94, 155–162.

[83] Merrigan, M. A., Keddy, S. E., & Sena, J. T. (1985). Transient heat pipe investigation for space power systems. Report No. LA–UR–85–3341. Los Alamos, NM: Los Alamos National Laboratory.

[84] Abramenko, A. N., Kanonchik, L. E., & Prokhorov, Y. M. (1986). Startup dynamics of an arterial heat pipe from the frozen or chilled state. Journal Engineering Physics, 51(5), 1283–1288.

[85] Bowman, W. (1990, June). Transient heat–pipe modeling. The frozen start–up problem. Paper No. 90–1773, AIAA/ASME 5th Joint Thermophysics and Heat Transfer Conference, Seattle, WA. Washington, DC: American Institute of Aeronautics and Astronautics.

[86] Jang, J. H., Faghri, A., Chang, W. S., & Mahefkey, E. T. (1990). Mathematical modeling and analysis of heat pipe start–up from frozen sate. ASME Journal of Heat Transfer, 112, 586–594.

[87] Levy, E. K. (1971). Effects of friction on the sonic velocity limit in sodium heat pipes. Proc. 6th AIAA Thermophysics Conf.

第3章 数学模型和可用的计算机程序

热管及闭式两相热虹吸管是一种高效的传热设备,在封闭系统中利用合适工作液体的连续蒸发和冷凝来进行两相传热。由于具有众多优点,热管在太空、地面、核电站和电子技术中都有大量应用。第1章介绍了不同类型热管的工作原理和性能特点。第2章针对应用中最常见的热管设计(毛细吸液芯热管、无吸液芯热管和闭式两相热虹吸管),给出了计算运行特征和传热极限的数学方法。本章将根据不同应用场景讨论热管的设计标准和方法,还提供了一些可从银河高级工程公司和其他商业公司以及开源途径获得的计算机程序的介绍,并且作者已确定了这些程序的可用性。在本章中,还收集了一些来自该领域不同作者或研究人员的热管设计实例,以便为读者提供更系统的指导。

大多数热管的数学建模、分析、力学和热力学设计理论可以在各种参考资料、市场上的部分书籍以及第2章中介绍的内容中找到。相关的计算机程序可从本章所提到的公司和制造商处购买。本章还提供了一些传统热管设计的流程和程序示例,问题陈述或规范可用于给出热源和散热器条件及其物理尺寸和位置,讨论了热管工作液体、吸液芯结构和容器材料的几种组合,通常可以进行不同配置以满足热管所需的规格和运行条件。本章的设计模型将用于确定容器和吸液芯的细节,以便热管按规定方式运行。

最终结果是给出制造和选型的最佳设计或几个可行设计建议。这些可选的解决方案与计算机分析结果相结合,可作为程序输入的评估标准,并为给定规格和环境的热管选择的合理性提供支持。

3.1 一 维 模 型

热管是一种简单的装置,可以实现热量在两个位置的快速传递,通常用于冷却空调、冰箱、热交换器或晶体管、电容器等电子元件。热管也用于降低笔记本电脑的工作温度,提高效率。用于特定任务的热管或热虹吸管的设计主要包括六个步骤:

(1)选择合适的类型和几何形状。需要首先确定热管的几何形状(例如直径),以保证内部蒸汽产量不会过大。

(2)选择候选材料。需要检查机械设计以确定容器细节。

(3)设计吸液芯时应考虑毛细极限。

(4)评估性能限制。

(5)检查其他传热极限(夹带极限和沸腾极限),以确保热管在规定范围内运行。

(6)评估实际性能。

在前面的章节中已经对这些过程中的大部分内容进行了定义和解释,本章主要介绍相关计算机程序,并给出一些实际的设计案例(图3.1)。

本章包含了大量不同作者和研究人员编写的关于热管设计的计算机程序。Chi[1-2]提供了少量非常基础却有价值的程序。Bienert 和 Skrabek 提供了另一些有用的计算机程序,可以参考文献[3]。在本书出版时,作者对参考文献[1-2]中的 FORTRAN 程序进行了整理,但因为文档的质量较差,无法进行清晰阅读,这些程序的完整性无法得到保证。有兴趣了解这些计算机程序的读者,请联系笔者或在本书出版商的网站上进行咨询。如果有读者拥有更好的版本,笔者十分乐意接受并与其他读者分享。

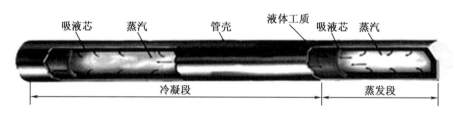

图3.1　热管结构(Dynatron 公司)

3.2　热管设计的基本内容

热管可分为两大类:常规热管和可变热导热管。传统热管是一种完全非能动的装置。热管没有固定的工作温度,而是根据热负荷和散热情况来调整工作温度。热管的热导率非常高,而且是一个几乎恒定的参数。只需稍作修改就可以将热管制成一种可变热导装置,在第1章中已经概述了可变热导热管的原理,因此本节不会对实现变热导的方法进行讨论。

热管结构设计包括以下三个基本部分:

(1)工作液体的选择;

(2)吸液芯或毛细结构的选择;

(3)管壳的选择。

这三个部分是任何热管设计及热管在工业中应用的基础。选择合适的工作液体以及吸液芯材料和结构,使热管在工作温度下正常运行,是设计人员正确设计合适热管的开始。

热管的运行温度范围如图3.2所示,在本节中,将热管的工作温度区间分为极低温(0~150 K)、低温(150~750 K)和高温(750~3 000 K)。

这些温度区间的定义不够严谨,导致当前已知的工作液体通常都属于同一温度类型,而且每个温度区间大约都是前一个温度区间的4倍。

在极低温区间内的工作液体主要是单元素或简单的有机气体,在低温区间内的工作液体主要是极性分子或卤代烃,在高温区间内的工作液体主要是液态金属。一些工作液体的大致可用温度区间如图3.2所示。由于一些工作液体的可用温度区间存在重叠,因此工作温度区间的划分界线可视为近似的。

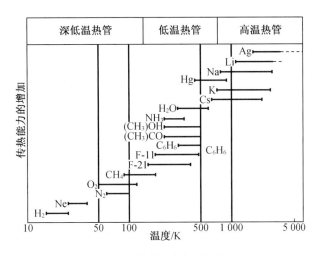

图 3.2　热管运行温度区间

3.2.1　工作液体的选择

确定合适的工作液体的首要考虑因素是工作液体蒸汽温度的有效范围,如表 3.1 所示。在近似温度范围内可用存在几种可能的工作液体,并且必须检查液体的各种特性以选择最适合应用的工作液体。主要要求如下:

(1)与吸液芯和管壁的相容性;

(2)良好的耐热性;

(3)与吸液芯和管壁的润湿性;

(4)在工作温度区间内蒸汽压不会太高或太低;

(5)高潜热;

(6)高导热性;

(7)低液体和蒸汽黏度;

(8)高表面张力;

(9)可接受的凝固点或熔点。

工作液体的选择还必须基于与热管内发生传热传质的各种限制有关的热力学考虑。

需要注意的是当管道温度低于工作液体的凝固点时,热管无法工作。冻结和解冻是设计面临的重要问题,特别是垂直放置时,该过程可能会破坏热管的密封接头,但适当的工程设计可以克服这一限制。与长寿命热管运行相关的许多问题也是材料不兼容的直接后果。有关更多详细信息,请参阅 Reay 和 Kew[4] 的文献。

表 3.1 热管工作液体[4]

工作液体	熔点/℃	在大气压下的沸点/℃	有效范围/℃
氦	-271	-261	-271~-269
氮	-210	-196	-203~-160
氨	-78	-33	-60~100
戊烷	-130	28	-20~120
丙酮	-95	57	0~120
甲醇	-98	64	10~130
全氟甲基环己烷①	-50	76	10~160
乙醇	-112	78	0~130
庚烷	-90	98	0~150
水	0	100	30~200
甲苯	-95	110	50~200
全氟甲基十氢萘②	-70	160	0~225
Thermex③	12	257	150~350
汞	-39	361	250~650
铯	29	670	450~900
钾	62	774	500~1 000
钠	98	892	600~1 200
锂	179	1 340	1 000~1 800
银	960	2 212	1 800~2 300

注:①包括在需要电绝缘的情况下。

②③也称为 Dowtherm A,是一种二苯醚和二苯的低共熔混合物。

3.2.2 吸液芯或毛细结构的选择

工作液体的性质与所选择的吸液芯间的紧密联系是影响热管传热量的几个因素之一。基于第 2 章的讨论和分析,吸液芯的主要作用是产生毛细力,将工作液体从冷凝段输送到蒸发段。同时,吸液芯需要将分布在蒸发段附近的液体输送到热管可接收热量的任意位置。根据热管工作环境有无重力,吸液芯的上述两个功能会影响吸液芯类型和结构的选择。

通过增加吸液芯的厚度可以优化热管的热传输能力,因此另一个需要考虑的特性是吸液芯的厚度。然而,由于增大厚度会导致吸液芯的径向热阻增加,会降低蒸发段允许的最大热流密度,反而使得热传输能力降低。蒸发段的总热阻还取决于吸液芯中工作液体的热传导性。总的来说吸液芯的选择需要考虑以下三个方面:

(1)为液体从冷凝段返回到蒸发段提供必要的流动通道;

(2)为毛细压头的发展提供汽-液界面的表面孔隙;

(3)提供从容器内壁到汽–液界面的热流路径。

由式(3.1)和图 3.6 可知,要获得较大的传热能力,吸液芯结构必须具有较大的渗透率 K 和较小的毛细孔隙半径 r_c。此外,由式(2.48)可以看出,吸液芯渗透率 K 与孔隙率 ε 的乘积和水力半径的平方 $r_{h_1}^2$ 成正比。各类吸液芯的结构,包括单一吸液芯以及组合吸液芯的结构如图 3.3 所示。

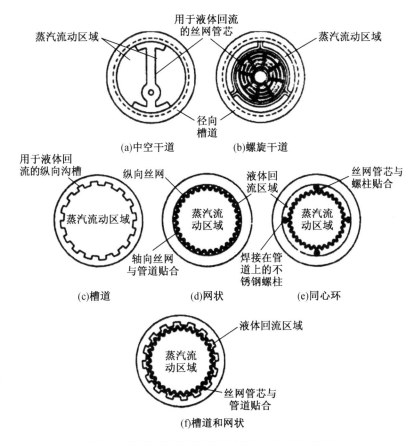

图 3.3　热管中使用的吸液芯类型(由 NASA 提供)

3.2.3　管壳的选择

管壳的作用是将工作液体与外界环境隔离开来,因此管壳需要能够防漏,保持壁面压差,并且能够将热量传入与传出工作液体。管壳材料的选择取决于如下几个因素[4]:

(1)相容性(与工作液体和外部环境);

(2)强度质量比;

(3)导热性;

(4)易于制造,包括焊接、机械加工和延展性;

(5)孔隙率;

(6)润湿性。

高强度质量比在航天器应用中更为重要,并且材料应该是无孔隙的,以防止气体扩散到热管内部。高导热性确保热源和吸液芯之间的温差最小。表3.2中给出了一些管壳材料的热导率。

表 3.2　热管管壳与吸液芯材料的热导率[4]

材料	热导率/[W/(m·℃)]
铝	205
黄铜	113
铜(0~100 ℃)	394
玻璃	0.75
镍(0~100 ℃)	88
低碳钢	45
304 不锈钢	17.3
聚四氟乙烯	0.17

3.3　热管的选择标准和设计指导

热管经常用于传统的冷却方法不适用的特定应用中。一旦需要使用热管,就要选择最合适的热管。这通常不是一项容易的任务。

在对热管的早期研究中[1]发现,可以通过一些技术手段来控制热管的有效热导率。最初的设想是利用不凝性气体阻塞热管的一部分冷凝段,近期研发了几种其他类型的控制方式,包括液体阻塞以及液体和蒸汽调节。可变热导技术使热管能够在固定的温度下运行,而不受热源和冷却条件的影响[1]。

实现热管优化设计的方法是非常复杂的,不仅涉及数学分析,更重要的是必须考虑和引入众多定性判断。图3.4是一个由Chi[3]提供的流程图,示意性地给出了一种热管设计的高级方法和设计程序。在附录B和C中给出了几种金属和工作液体的物理性质。

图3.5给出了几种工作液体从熔点到临界温度的变化范围。由于不同工作液体的温度范围是重叠的,因此对于给定的工作温度,通常可以选择多种工作液体。本章中的热管设计指南将提供有关热管工作液体、吸液芯结构和容器材料选择的信息,以及从本领域的各种参考文献和研究报告中收集的一些数据。

文献[2]提出了一种简单圆柱形热管在零重力场中运行的简单近似理论,所做的简化假设如下:

(1)管道受毛细力限制;

(2)蒸汽压损失可忽略不计;

(3)吸液芯厚度 t_w 比汽化核心半径小得多;

（4）在蒸发段或冷凝段表面的热流密度是均匀的；

（5）饱和液体吸液芯的导热系数与液体的导热系数成正比。

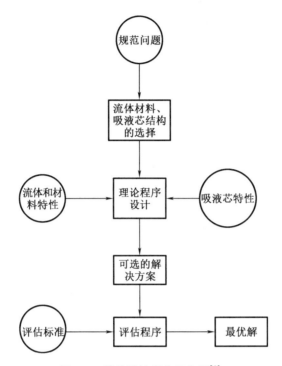

图 3.4　热管设计程序示意图[2]

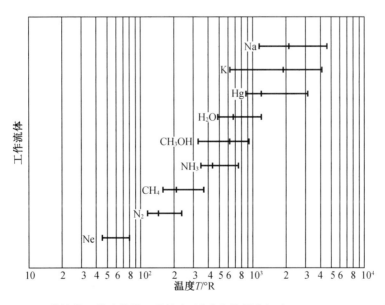

图 3.5　几种热管工作液体的正常熔点、沸点和临界点温度(1 °R = 0.555 6 K)[2]

在上述假设下，导热系数 $(QL)_{\text{capillary}_{\max}}$ 可以根据式(2.81)表示如下：

$$(QL)_{\text{capillary}_{\max}} = 2\left(\frac{\sigma\rho_l\lambda}{\mu_l}\right)\left(\frac{K}{r_c}\right)(2\pi r_v t_w) \tag{3.1}$$

式中　Q——热通量；

　　　L——热管长度；

　　　σ——表面张力系数；

　　　ρ_1——液体密度；

　　　λ——汽化潜热；

　　　μ_1——液体动态黏度；

　　　K——吸液芯渗透率；

　　　r_c——有效毛细半径；

　　　r_v——蒸汽芯半径；

　　　t_w——吸液芯厚度。

第一个括号内的式子表示液体性质，第二个括号内的式子表示吸液芯性质，第三个括号内的式子表示吸液芯截面积（图3.5）。

由式（3.1）可知，对于固定吸液芯结构和尺寸的管道，其传热系数 $(QL)_{\text{capillary}_{\max}}$ 与液体传输系数 N_1 成正比，其定义为 $\dfrac{\sigma\rho_1\lambda}{\mu_1}$。图3.6给出了几种液体的液体传输系数 N_1 的值。为了使热管达到最大温度梯度，饱和液体吸液芯上的温度降必须最小。如果我们进一步简化以上的假设（3）和（4），则吸液芯上的温度降与 Qt_w/k_1 成正比，可以写成如下形式[2]：

$$\Delta T \propto \frac{Qt_w}{k_1} \tag{3.2}$$

式中　k_1——液体的热导率（图3.6）。

同样，从式（3.1）可以推导出，对于相同的传热条件，所需的吸液芯厚度 t_w 与液相传输因子 N_1 成反比，因此式（3.2）可写为

$$\Delta T \propto \frac{Q}{k_1 N_1} \tag{3.3}$$

从该方程可以得出，吸液芯的温度降与液体特性（$k_1 N_1$）成反比，该特性被称为液相传输系数。几种工作液体的液相传输系数值（$k_1 N_1$）如图3.7所示。

根据 Dunn 和 Kew[2] 的研究，用于完成特定任务的热管或热虹吸管的设计涉及四个主要步骤：

（1）选择合适的型式和几何形状；

（2）选择材料；

（3）评估性能极限；

（4）评估实际性能。

以上每一个过程在第2章中都有详细介绍。本章中将根据实例开展理论和实践两方面的讨论。

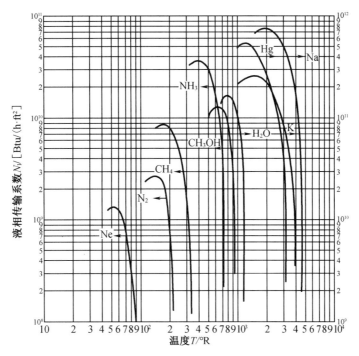

图 3.6 几种热管工作液体的液相传输系数与温度的关系(1 Btu/(h · ft²) = 3. 153 W/m² ; 1 °R = 0. 555 6 K) [2]

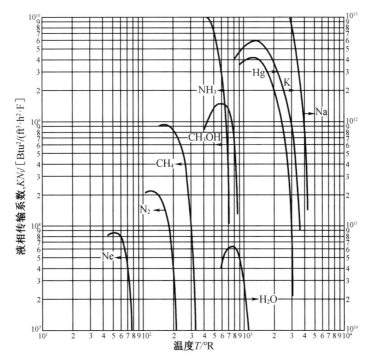

图 3.7 几种热管工作液体的液相传输系数与温度的关系(1 Btu²/(ft³ · h² · F) = 5. 455 W²/(m³ · K) ; 1 °R = 0. 555 6 K) [2]

根据 Reay 和 Kew[2]的研究,热管的设计过程如图 3.8 所示。与其他设计过程类似,必须采取的许多决策都是相互关联的,并且这个过程是迭代的。例如,由于相容性的限制,吸液芯和壳体材料的选择淘汰了许多工作液体(通常包括水)。如果设计证明没有可用的工作液体,则必须考虑重新选择吸液芯和壳体的材料。

在实际设计中还必须考虑两个方面,即液体装量和热管的启动。

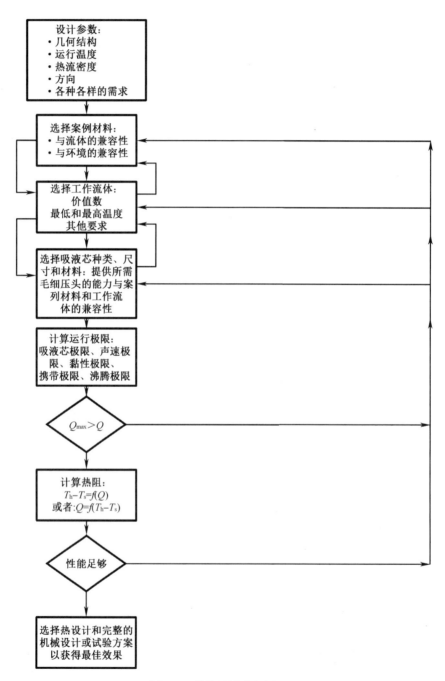

图 3.8　热管设计流程图

3.3.1　液体装量

热管设计的一个特点是工作液体装量对于小型热管和空间应用组件很重要。通常的做法是加入比饱和吸液芯稍过量的工作液体,当蒸汽空间的体积较小时,在冷凝段上可能出现明显的温度梯度,类似于不凝气体存在时的温度梯度。这减小了冷凝段的有效长度,因此降低了热管性能。过量流体的另一个缺点是空间热管所特有的,在失重状态下,液体可能在蒸汽空间中移动,从而影响航天器的动力学性能。如果工作液体不足,则热管可能由于吸液芯无法充注而失效。但是对于均质吸液芯,工作液体不足的影响要小得多,因为始终有一部分孔隙能够产生毛细作用。Chi[3]详细讨论了这些影响以及在确保是否向热管中注入正确量的工作液体时遇到的困难。解决该问题的一种方法是提供一个多余的储液罐,该储液罐的功能类似于海绵,可以吸收主吸液芯结构不需要的工作液体。

为了使热管成功运行,其工作液体必须处于液态,并且所选择流体的熔点(或蒸发点)温度必须低于热管的工作温度,而其临界点温度必须高于热管的工作温度。

3.3.2　热管启动

热管的干道包括一个安装在蒸发段端部的封闭管,在该封闭管的薄壁上有一个或多个气孔。包含气孔的管壁部分非常薄,以至于当气孔边缘有气泡时,液体会形成弯月面聚结,趋向于填充气泡。在弯液面的聚结作用下,气孔保持开放以排出在启动期间干道内存在的任何气泡。吸液芯必须满足两个主要要求:

首先,吸液芯必须能够产生较高的毛细力。吸液芯的毛细力是一个用于定义吸液芯的孔结构能够承受吸液芯中蒸汽和液体间压差的能力的术语,也就是说吸液芯可以承受该压差而不会导致孔中的液体弯月面崩塌。

其次,吸液芯必须具有较低的液体流动阻力。液体流动阻力是当液体以给定的流量从冷凝段流向蒸发段时产生的压降的量度。随着输入热量的增加,液体流速增大,从而使液体的压降增大。当压降太大,超过蒸发段内吸液芯的最大毛细力时,就达到热管的最大热容量,吸液芯最终会蒸干。吸液芯可以设计成小孔径的紧密结构以实现较高的毛细力。但是,吸液芯的孔径越小,其流动阻力就越大。为了满足上述相互矛盾的高毛细压力和低液体流动阻力对吸液芯的要求,热管的设计者已重新使用干道来处理非常高的热负荷需求。通常,干道是一种充满液体的封闭管,至少一部分干道的管壁结构是多孔的并且与吸液芯相连通。在干道中,最大毛细力由壁面的孔径决定,而流阻则由干道管的直径决定。因此,这两个参数可以独立调整[1]。

尽管干道可以使热管容量增加一个数量级,但是却有一个严重的缺点,即它们极难在不携带气泡的情况下可靠地启动和重新启动。而干道中是不允许存在气泡的,因为在达到最大容量之前气泡可能快速增长并清空干道中的液体。

因为纯净的蒸汽气泡会自发破裂(崩塌),只有当热管中既含有不凝性气体又含有热管工作液体时,气泡才会成为问题。然而,要使热管流体完全不受不凝性气体的影响是不太可能的。此外,还有一类重要的热管,为了控制热管而故意填充了一些不凝性气体。形成干道气泡的原因是,在从冷凝段到蒸发段的启动过程中,干道壁上的液体保护层会阻止气体排出。当蒸汽气泡被困在其中时,干道就会失效。在这种情况下,必须要降低热负荷以使干道能够重新充注。

如果在热管中内置了某种形式的干道吸液芯,则必须确保干道中的工作液体耗尽后能够自行充注。可以计算干道的最大直径以确保干道能够重新充注。以下方程[1]给出了毛细作用可能达到的最大启动水头。

$$h + h_c = \frac{\sigma_1 \cos \theta}{\rho_1 - \rho_v} \times \left(\frac{1}{r_{p1}} + \frac{1}{r_{p2}} \right) \tag{3.4}$$

式中　h——到干道底部的垂直高度;

　　　h_c——到干道顶部的垂直高度;

　　　ρ_1——液体密度;

　　　ρ_v——蒸汽密度;

　　　σ_1——液体表面张力;

　　　r_{p1}——充注弯液面的第一主曲率半径;

　　　r_{p2}——充注弯液面的第二主曲率半径;

　　　θ——接触角。

Reay 和 Kew[2] 指出,为了启动的目的,弯液面的第二主曲率半径非常大($\approx 1 \sin \phi$)。对于圆柱状干道

$$h_c = d_a$$

并且

$$r_{p1} = \frac{d_a}{2}$$

式中,d_a 是干道直径。

因此,式(3.4)可以变成如下形式:

$$h + d_a = \frac{2\sigma_1 \cos \theta}{(\rho_1 - \rho_v) g d_a} \tag{3.5}$$

形成一个可以求解 d_a 的二次方表达式:

$$d_a = \frac{1}{2} \left(\sqrt{h^2 + \frac{8\sigma_1 \cos \theta}{(\rho_1 - \rho_v)}} - h \right) \tag{3.6}$$

关于不同干道吸液芯的装配和结构,例如螺旋形凹槽、梯形凹槽和正弦形凹槽及设置于管内的干道,各种设计者已申请了多项专利。如图 3.9 所示,干道吸液芯通过毛细作用将冷凝的液体从冷凝器引导至蒸发段,并在其上表面形成通道。

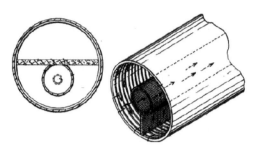

图 3.9　Franklin 等人申请美国专利(NO.4441548)的热管局部透视图

3.4　如何选择热管

1.分析并确定以下运行参数

(1)热源的热负荷和几何形状;

(2)可能的散热器位置,相对于热源的距离和方向;

(3)热源、散热器和环境的温度分布;

(4)环境状况(例如是否存在腐蚀性气体)。

2.选择管道材料、吸液芯结构和工作液体(咨询专家工程师或原热管制造商,选择由他们设计的最合适的热管。在第 1 章中提供了这些制造商的清单)

(1)确定适合应用条件的工作液体;

(2)选择与工作液体相容的管道材料;

(3)选择吸液芯结构;

(4)确定外壳;

(5)确定热管的长度、尺寸和形状。

图 3.10 给出了直径为 3~22.23 mm 的热管的性能。所选择热管的直径应该在这个给定的范围内。值得注意的是,图 3.10 是基于铜/水干道槽吸液芯热管在垂直方向的运行条件下绘制的图。对于其他不同类型的工作液体和吸液芯结构,也可以得出类似的图。

蒸汽从蒸发段到冷凝段的流动速率取决于蒸发段和冷凝段之间的压差,还受热管的直径和长度的影响。相比于小直径热管,大直径热管的横截面积能使从蒸发段输送到冷凝段的蒸汽体积增大。热管的横截面积是声速极限和夹带极限的函数。图 3.11 比较了不同直径热管的传热量。此外,热管的工作温度也会影响声速极限。在图 3.11 中可以看出,在较高的工作温度下热管可以输送更多的热量。

工作液体从冷凝段返回蒸发段的速率受毛细极限控制,并且是热管长度的倒数函数。较长的热管输送的热量比较短的相同热管输送的热量少。在图 3.11 中,Y 轴的单位是 $Q_{max}L_{effective}$(W·m),表示每米长度管道可输送的热量。如果管道长度是 0.5 m,则可以输送两倍的功率。

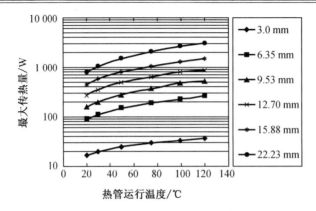

图 3.10　垂直方向铜/水槽热管的性能(重力辅助)(Enertron 公司)

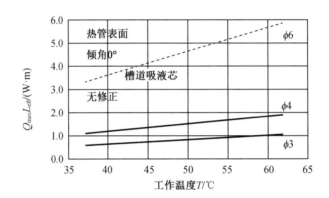

图 3.11　各种槽吸液芯铜/水热管的性能

由此可见,选择合适的热管是一个复杂的过程。

3.5　制造热管的材料

特定的工作液体只能在一定的温度范围内发挥作用。而且,特定的工作液体需要与容器材料相容,以防止流体与容器之间发生腐蚀或化学反应。腐蚀会损坏容器,化学反应会产生不凝性气体。一些工作液体的运行温度范围和可相容材料如表 3.3 所示。例如,液氨热管的温度范围为-70~+60 ℃,可以与铝、镍和不锈钢相容。

表 3.3　热管的典型运行特性

温度范围/℃	工作液体	容器材料	测量的径向[①] 热流密度(kW/cm²)	测量的表面[①] 热流密度(W/cm²)
-200~-80	液氮	不锈钢	0.067@ -163 ℃	1.01@ -163 ℃
-70~+60	液氨	镍、铝、不锈钢	0.295	2.95
-45~+120	甲醇	铜、镍、不锈钢	0.45@ 100 ℃[②]	75.5@ 100 ℃

表 3.3(续)

温度范围/℃	工作液体	容器材料	测量的径向[①] 热流密度(kW/cm²)	测量的表面[①] 热流密度(W/cm²)
+5 ~ +230	水	铜、镍	0.67@ 200 ℃	146@ 170 ℃
+190 ~ +550	汞[③]+0.02% 镁+0.001%	不锈钢	25.1@ 360 ℃ [④]	131@ 750 ℃
+400 ~ +800	钾[c]	镍、不锈钢	5.6@ 750 ℃	181@ 750 ℃
+500 ~ +900	钠[c]	镍、不锈钢	9.3@ 850 ℃	224@ 760 ℃
+900 ~ +1 500	锂[c]	铌+1%锆	2.0@ 1 250 ℃	207@ 1 250 ℃
+1 500 ~ +2 000	银[c]	钽+5%钨	4.1	413

注:参考《传热》,第 5 版,JP Holman,McGraw-Hill;

　　①随温度变化;

　　②使用螺纹干道吸液芯;

　　③在洛斯阿拉莫斯科学实验室测试;

　　④热管中汞达到声速极限时的测量值。

　　液氨热管已广泛应用于太空领域,目前仅适用质量较轻的铝制容器。温度范围为 5 ~ 230 ℃的水热管对于电子设备冷却应用最为有效,铜制容器与水相容。

　　当热管温度低于工作液体的凝固点时,会导致热管失效。当热管垂直放置时,冻结和解冻是需要解决的一个设计问题,因为冻结和解冻可能会破坏热管的密封接头。采用适当的制造和设计技术可以克服这一限制。

3.6　何时考虑热管

　　热管一般分为固定热导热管和可变热导热管两种类型。固定热导热管具有很高的热导率,但是没有固定的工作温度,其温度根据热源或散热器的变化而升高或降低。

3.7　设计热管时要考虑的事项

　　作为一种有效的热导体,在需要将热源和散热器分开放置的情况下,可以使用热管帮助实现固体的导热或平面的散热。但是,并非每种热管都适用于所有的应用。因此,在进行热管设计时需要考虑以下几点:

　　(1)热管的传热极限;

　　(2)热管吸液芯结构;

　　(3)热管的长度和直径;

(4)热管的方向;

(5)热管弯曲和压扁的影响;

(6)热管的可靠性。

3.7.1 热管的四个传热极限

热管是一种密闭的真空管,通常包含网状或烧结金属粉末的吸液芯以及液气两相的工作液体。当热管的一端被加热时,液体变成蒸汽,吸收汽化潜热。热蒸汽流到热管较冷的一端,凝结并释放出汽化潜热。然后,重新冷凝的液体通过吸液芯流回到热管的热端。由于蒸发的潜热通常非常大,因此可以在很小的温差下从一端向另一端传输大量的热量。

蒸发段和冷凝段之间的蒸汽压降非常小,沸腾-冷凝循环实质上是一个等温过程。此外,通过合理的设计可以减小热源与蒸汽之间以及蒸汽与散热器之间的温差。因此,热管的第一个特点是,可以通过设计以非常小的温差在热源和散热器之间传递热量。

以汽化潜热的形式传输的热量通常比具有同等温差的常规对流系统中作为显热传输的热量大几个数量级。因此,热管的第二个特点是,以相对较小的轻质结构传输相对较大的热量。热管的性能通常用等效热导率表示,热管的较大有效热导率可以通过以下示例进行说明:使用水作为工作液体并在150 ℃的温度下运行的管状热管的热导率是相同尺寸铜棒的几百倍。

使用锂作为工作液体且温度为1 500 ℃的热管的轴向热通量为10~20 kW/cm²,通过适当选择工作液体和容器材料,可以制造温度范围为-269~2 300 ℃的热管。

热管的四种传热极限可以简要说明如下:

(1)声速极限——蒸汽从蒸发段流向冷凝段的速率;

(2)夹带极限——流动方向相反的工作液体和蒸汽之间的摩擦;

(3)毛细极限——工作液体通过吸液芯从冷凝段流向蒸发段的速率;

(4)沸腾极限——工作液体被加热蒸发到冷凝段的速率。

3.7.2 热管直径

不同材料的圆形管道很容易制造,并且从应力的角度来看,圆管是最有利的热管结构。对于给定的应用需求,必须分析管道直径的大小,以保证蒸汽速度不会太大。因为在高马赫数下,蒸汽的流动可压缩性会造成较大的轴向温度梯度,需要控制蒸汽速度。为此,可以考虑在进行热管设计时,控制蒸汽流动通道中的最大马赫数不超过0.2。将该值作为设计的首要考虑因素,可以认为蒸汽是不可压缩的,这是热管工作条件下以及可用的计算机代码中常用的理论方法。此时,轴向温度梯度也可以忽略不计。

对于在这种约束条件下工作的热管,其传热模式要求以及最大轴向热通量 Q_{max} 是已知的,并且利用式(2.62)可以确定,蒸汽马赫数 M 等于0.2时所需的蒸汽芯直径 d_v,得到如下关系式:

$$d_v = \frac{20Q_{max}}{\pi \rho_v \lambda \sqrt{\gamma_v R_v T_v}}$$ (3.7)

式中　d_v——蒸汽芯直径；

　　　Q_{max}——最大轴向热通量；

　　　ρ_v——蒸汽密度；

　　　λ——汽化潜热；

　　　γ_v——蒸汽的绝热指数；

　　　R_v——蒸汽的气体常数；

　　　T_v——蒸汽温度。

3.7.3　热管容器设计

美国机械工程师学会(AMSE)非燃烧压力容器标准[4]规定,在任何温度下的最大许用应力应为该温度下材料极限强度 f_{tu} 的 1/4。附录 B 中提供了包括极限拉伸强度在内的几种金属特性。

根据 Chi[3] 的研究,对于壁厚小于直径 10% 的圆管,最大应力可以通过以下简单公式近似得出：

$$f_{max} = \frac{Pd_o}{2t}$$ (3.8)

式中　f_{max}——管壁的最大环向应力；

　　　P——管壁内外的压差；

　　　d_o——管外径；

　　　t——管壁厚度。

厚壁圆筒在承受内压作用下的最大环向应力由下式表示：

$$f_{max} = \frac{P(d_o^2 + d_i^2)}{d_o^2 - d_i^2}$$ (3.9)

式中　f_{max}——管壁的最大环向应力；

　　　P——管壁内外的压差；

　　　d_o——管外径；

　　　d_i——管内径。

热管容器的端部可以用半球形、圆锥形或平面端盖封闭。厚壁半球形端盖中的最大应力可表示为

$$f_{max} = \frac{P(d_o^3 + d_i^3)}{d_o^3 - d_i^3}$$ (3.10)

如果半球形端盖的壁厚小于其直径的 10%,则式(3.10)可以近似表示为

$$f_{max} = \frac{Pd_o}{4t}$$ (3.11)

平面圆形端盖中的最大应力可通过以下公式计算:

$$f_{max} = \frac{P d_o^2}{8 t^2}$$ (3.12)

式中 f_{max}——最大应力;

   P——端盖内外的压差;

   d_o——端盖直径;

   t——端盖厚度。

在设计计算中,管道的内部压力等于管道工作液体在其工作温度下的饱和蒸汽压或最大循环压力(以较大者为准)。压差等于蒸汽压减去环境压力。由于蒸汽压通常比环境压力大得多,因此蒸汽压近似等于压差。图 3.12 给出了几种流体的蒸汽压与温度的关系。最大许用应力等于极限拉伸应力(UTS)的 1/4。

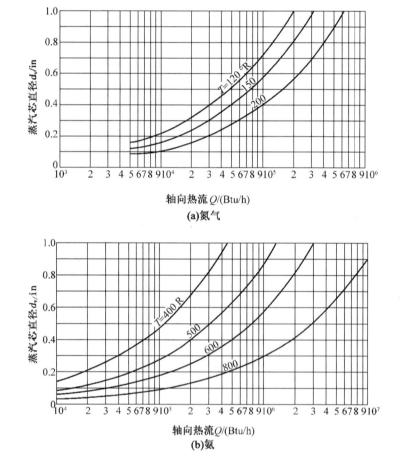

图 3.12 蒸汽马赫数为 0.2 时,蒸汽芯直径与传热速率的关系[3](1 in=0.025 4 m,1 Btu/h=0.292 9 W, 1 °R=0.555 6 K)。

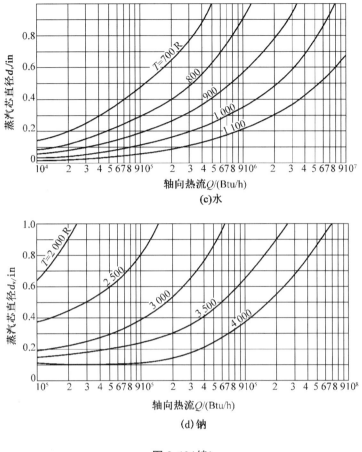

图 3.12(续)

　　附录 B 提供了适用于不同材料的极限拉伸压力(UTS)。热管外径等于蒸汽芯直径加上允许的吸液芯和壁厚,有了热管外径的相关参数,就可以使用式(3.8)~式(3.12)来计算管道容器和两个端盖的壁厚。

　　图 3.13 给出了几组设计曲线,当已知热管工作压力和材料的极限拉伸应力时,可以利用这些曲线快速确定所需的管道尺寸。图 3.14 给出了类似的设计曲线,用于分析平面端盖的厚度。图 3.15 给出了端盖厚度和直径的比值与最大蒸汽压的关系。此外,表 3.4 给出了外径为 1/4~1 in 的商用管子的尺寸数据。

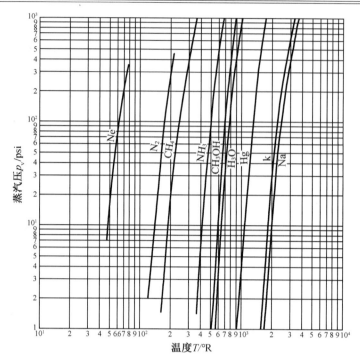

图 3.13 几种热管工作液体的蒸汽压与温度的关系[3]（1 psi＝6. 895×10³ N/m²,1 °R＝0. 555 6 K）

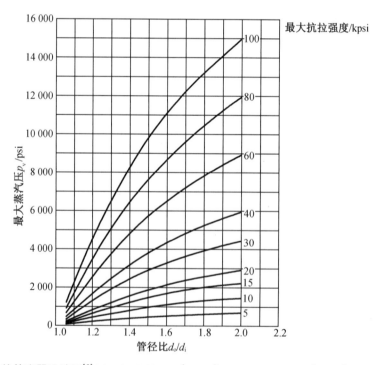

图 3.14 热管容器设计图[3]（1 psi＝6. 895×10³ N/m²,1 kpsi＝6. 895×10⁶ N/m²）

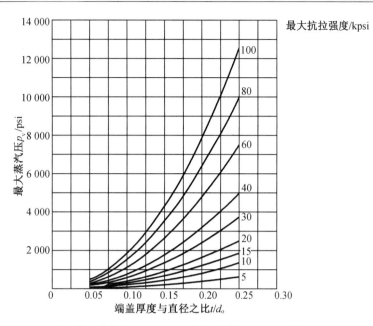

图 3.15 端盖厚度和直径的比值(t/d_o)与最大蒸汽压(p_v)的关系

表 3.4 商用样品管的数据（1 in = 0.0245 m）[2]

管道外径/in	外径/内径	伯明翰线规	厚度/in	内径/in
$\dfrac{1}{4}$	1.289	22	0.028	0.194
	1.214	24	0.022	0.206
	1.168	26	0.018	0.214
$\dfrac{3}{8}$	1.354	18	0.049	0.277
	1.233	20	0.035	0.305
	1.176	22	0.028	0.319
	1.133	24	0.022	0.331
$\dfrac{1}{2}$	1.351	16	0.065	0.370
	1.244	18	0.049	0.402
	1.163	20	0.035	0.430
	1.126	22	0.028	0.444
$\dfrac{5}{8}$	1.536	12	0.109	0.407
	1.362	14	0.083	0.459
	1.263	16	0.065	0.495
	1.186	18	0.049	0.527
	1.126	20	0.035	0.555

表 3.4(续)

管道外径/in	外径/内径	伯明翰线规	厚度/in	内径/in
	1.556	10	0.134	0.482
	1.410	12	0.109	0.532
$\dfrac{3}{4}$	1.284	14	0.083	0.584
	1.210	16	0.065	0.620
	1.150	18	0.049	0.652
	1.103	20	0.035	0.680
	1.441	10	0.134	0.607
	1.332	12	0.109	0.657
$\dfrac{7}{8}$	1.234	14	0.083	0.709
	1.174	16	0.065	0.745
	1.126	18	0.049	0.777
	1.087	20	0.035	0.805
	1.493	8	0.165	0.670
	1.366	10	0.134	0.732
	1.279	12	0.109	0.782
1	1.199	14	0.083	0.834
	1.149	16	0.065	0.870
	1.109	18	0.049	0.902
	1.075	20	0.035	0.930

3.7.4　热管材料选择

热管材料选择的重要考虑因素是吸液芯和容器与工作液体的相容性,因为工作液体的化学反应或分解,以及容器、吸液芯的腐蚀和侵蚀会造成热管性能持续下降。工作液体的化学反应或分解还可能产生不凝性气体。具体的例子是在水-铝热管中水解产生氢气。在常规热管中,所有的不凝性气体都被吹扫到冷凝段末端,导致冷凝段的一部分失效[3]。

容器、吸液芯的腐蚀和侵蚀可能导致流体润湿角和吸液芯的渗透性或毛细孔尺寸发生变化。最终,由腐蚀和侵蚀产生的固体颗粒被流动的液体输送到蒸发段并沉积在该区域。表 3.5 是流体-金属组合的相容性匹配表,可用于选择吸液芯和容器材料。

除了材料的相容性以外,其他因素(如质量、温度特性和制造成本)也很重要。

图 3.16 给出了几种材料的密度除以极限拉伸应力所得的值随温度的变化关系。要实现最小的质量,应选择 $\dfrac{\rho}{f_u}$ 值最小的材料,其中 ρ 是材料密度,f_u 是极限拉伸应力。

容器壁的温度降与容器壁厚成正比,与材料的热导率成反比。

因此,要实现较小的温度降,所选材料的导热系数与极限拉伸强度(kf_u)的乘积必须较大。图 3.17 给出了几种材料的 kf_u 值。

表 3.5 流体–金属组合的相容性

流体	固体					
	铝	铜	铁	镍	304 不锈钢(SS[a] 304)	钛
氮	相容	相容	相容	相容	相容	
甲烷	相容	相容			相容	
氨	相容		相容	相容	相容	
甲醇	不相容	相容	相容	相容	相容	
水	不相容	相容		相容	相容[①]	相容
(熔融)钾				相容		不相容
(熔融)钠				相容	相容	不相容

注:①可能会产生氢气。

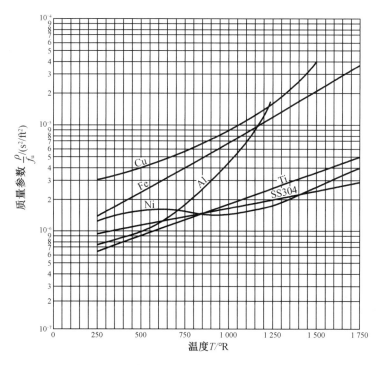

图 3.16 几种热管材料的质量参数 $\dfrac{\rho}{f_u}$ 与温度的关系[2]（$1\ \mathrm{s^2/ft^2}=10.76\ \mathrm{s^2/m^2}$；$1\ \mathrm{°R}=0.555\ 6\ \mathrm{K}$）

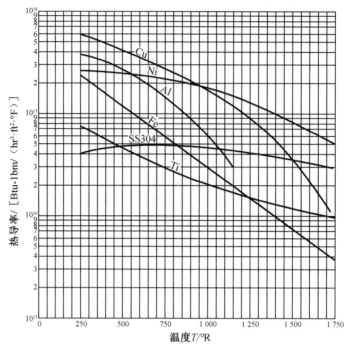

图 3.17　几种热管材料的材料热导率与温度的关系[2]（1 Btu·lbm/（h³·ft²·°F）= 1.986×10⁻⁷ W·kg/（s²·m²·K；1 °R=0.555 6 K）

3.8　夹带和沸腾极限

Chi[3]推导得出的关系式,用轴向热流密度来表示夹带极限,可表示如下:

$$\frac{Q_{e_{max}}}{A_v} = \lambda \sqrt{\frac{\rho \rho_v}{2r_{h,s}}} \qquad (3.13)$$

式中　$Q_{e_{max}}$——夹带极限;

　　　λ——汽化潜热;

　　　ρ_v——蒸汽密度;

　　　$r_{h,s}$——吸液芯表面空隙的水力半径。

对于任何一种缠绕丝网吸液芯,$r_{h,s}$的值均等于金属丝网直径的一半。由 Chi[3]在图 3.18(a)~3.18(d)中给出了热流密度形式的夹带极限值,与式(3.13)的计算值一致。使用该图可以轻松读取$\frac{Q_{e_{max}}}{A_v}$的值用以进行热管设计。这个值应该大于热管运行时的 Q/A_v 的实际值。

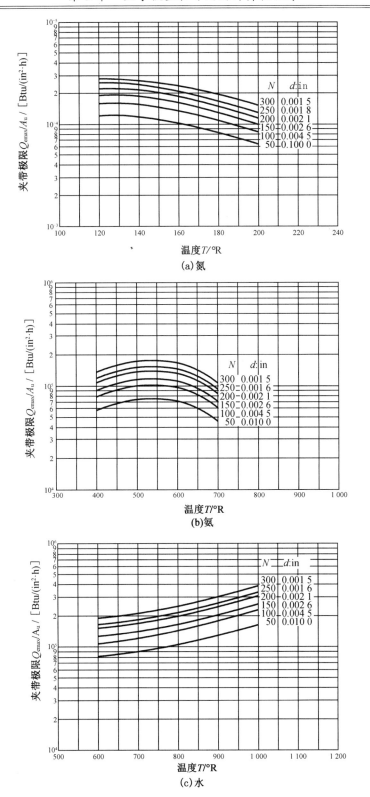

(a)氮

(b)氨

(c)水

图 3.18　带吸液芯热管的轴向热流密度夹带极限[1]（ 1 Btu/（in² · h）= 454 W/m²,1°R = 0. 555 6 K,1 in = 0. 025 4 m）。

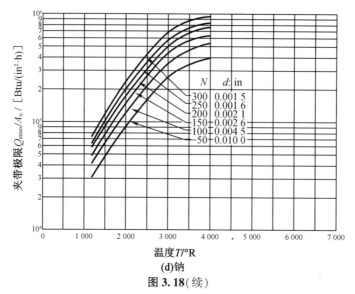

图 3.18(续)

沸腾极限及其理论已在第 2 章的 2.8 节中讨论,并且已经推导出式(2.94),另一种形式的方程如下所示:

$$\frac{Q_{\mathrm{B,Max}}}{L_{\mathrm{e}}} = \frac{2\pi k_{\mathrm{e}} T_{\mathrm{v}}}{\lambda \rho_{\mathrm{v}} \ln\left(\dfrac{r_{\mathrm{i}}}{r_{\mathrm{v}}}\right)}\left(\frac{2\sigma}{r_{\mathrm{n}}} - p_{\mathrm{c}}\right) \tag{3.14}$$

式中 $\dfrac{Q_{\mathrm{B,Max}}}{L_{\mathrm{e}}}$ ——蒸发段每单位长度的沸腾传热极限;

L_{e} ——液体饱和吸液芯的有效导热系数;

T_{v} ——蒸汽温度;

λ ——汽化潜热;

ρ_{v} ——蒸汽密度;

σ ——表面张力系数;

p_{c} ——毛细压力;

r_{i} ——管道容器的内半径;

r_{v} ——管道的气汽芯半径;

r_{n} ——泡核沸腾的临界半径。

对于缠绕丝网吸液芯结构,可通过式(3.15)计算 k_{e} 值,即

$$k_{\mathrm{e}} = \frac{k_1\left[(k_1+k_{\mathrm{w}})-(1-\varepsilon)(k_1-k_{\mathrm{w}})\right]}{(k_1+k_{\mathrm{w}})-(1-\varepsilon)(k_1-k_{\mathrm{w}})} \tag{3.15}$$

式中 k_{e} ——有效导热系数;

k_{w} ——吸液芯材料的导热系数;

k_1 ——液体的导热系数;

ε ——孔隙率,$\varepsilon = 1 - 1.05\pi Nd/4$;

N ——丝网布号;

d——丝网直径。

参照第 2 章的 2.8 节,对于常规热管,r_n 的保守值为 10^{-5} in。

一般而言,如果 $2\dfrac{\sigma}{r_n}$ 的值比 P_c 大得多,则式(3.14)可以近似表示为[2]:

$$\frac{Q_{B,max}}{L_e} = \frac{4\pi k_e T_v \sigma}{\lambda \rho_v r_n \ln \dfrac{r_i}{r_v}} \quad\quad (3.16)$$

图 3.18[3]给出了由式(3.16)右侧以管道流体、丝网网格、直径比 $\left(\dfrac{d_i}{d_v}\right)$ 和工作温度为参数的计算值。根据 Chi[3],这些值是在丝网直径等于线间距的 2/3 的情况下计算得出的,对于一般设计的吸液芯丝网来说,这是一个非常保守的值。通常对于保守的设计近似值,$Q_{B,max}/L_e$ 值应大于热管运行时的 Q/L_e 的实际值。

3.9　常见的热管吸液芯结构

商用热管中使用了四种常见的吸液芯结构:凹槽、金属丝网、金属粉末和纤维/弹簧。每种吸液芯结构都有其优点和缺点,不存在完美的吸液芯。有关这四种商用吸液芯实际测试性能的简要概述,参见图 3.19。每种吸液芯结构都有其自身的毛细极限。凹槽式热管在这四种吸液芯结构中的毛细极限最低,且在冷凝段位于蒸发段上方的重力辅助条件下效果最好。

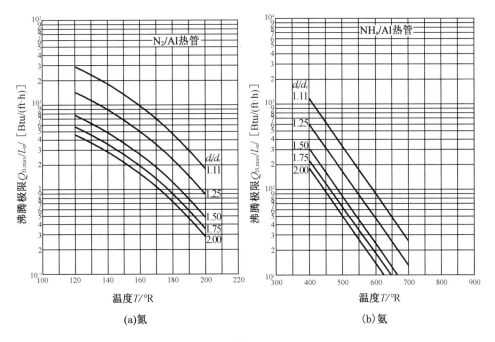

图 3.19　蒸发段每单位长度的沸腾传热极限[3]**(1 Btu/(ft · h) = 0. 961 W/m,1 °R = 0. 555 6 K)**

149

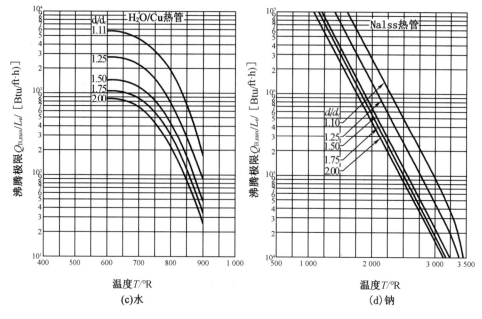

图 3.19（续）

3.9.1 吸液芯设计

对于在正常和稳态模式下工作的缠绕丝网吸液芯热管设计，可以利用图 3.20 ~ 图 3.23，使用以下经验方法快速确定吸液芯尺寸：

（1）根据内管直径 d_i、总长度 L_t 和倾斜角 ψ，使用以下公式计算重力压头，其中 ρ_1 是液体密度，g 是重力，$\rho_1 g$ 的值由图 3.19 读出。

$$P_g = \rho_1 g (d_i \cos \psi + L_t \sin \psi) \qquad (3.17)$$

（2）考虑到 P_c 不应小于上面步骤（1）中计算的 P_g 值的两倍，可使用图 3.18（a）~（d）选择吸液芯所需的网格数。

（3）假定 t_w 是管道所需的吸液芯厚度，且蒸汽芯直径 d_v 等于（$d_v - 2t_w$）。此时，由式（2.44）和式（2.59），从图 3.20 和图 3.21（a）~（c）中分别读出液体和蒸汽的摩擦系数 F_1 和 F_v。

（4）使用以上假定的吸液芯厚度，由式（2.81）定义的管道传热极限可以按以下公式计算：

$$(QL)_{\text{Capillary}_{\text{Max}}} = \frac{P_c - P_g}{F_1 + F_v} \qquad (3.18)$$

（5）检查由式（3.17）计算得出的 $(QL)_{\text{Capillary}_{\text{Max}}}$ 是否具有大于所考虑问题的所需 QL 值。如果是，则假定的吸液芯厚度是令人满意的。如果不是，就需要使用更大的吸液芯厚度，并重复步骤（3）~（5），直到得出一个令人满意的吸液芯厚度为止。

由此可见，借助设计图可以迅速完成上述设计过程。这些程序是专门针对在稳定模式下运行的传统热管设计的，图 3.21 所示的 P_c、$\rho_1 g$、F_1 和 F_v 的值也可用于其他模式下的热管。

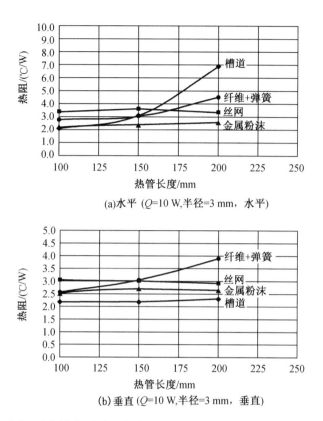

(a)水平 ($Q=10$ W,半径=3 mm,水平)

(b)垂直 ($Q=10$ W,半径=3 mm,垂直)

图 3.20　水平和垂直(重力辅助)方向上具有不同吸液芯结构的热管的实际测试结果(Enertron Corporation)

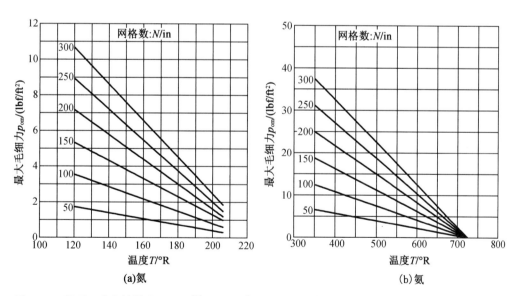

(a)氮

(b)氨

图 3.21　丝网吸液芯的最大毛细力[3](1 lbf/ft² = 47.88 N/m² ,1 °R = 0.5556 K,1 in⁻¹ = 39.37 m⁻¹)

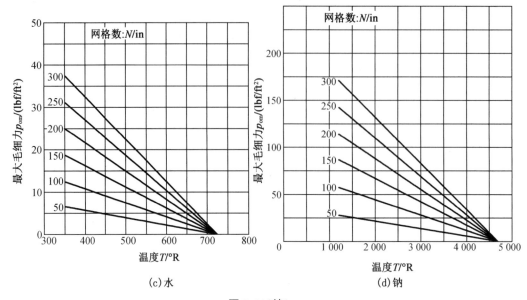

(c)水   (d)钠

图 3.21(续)

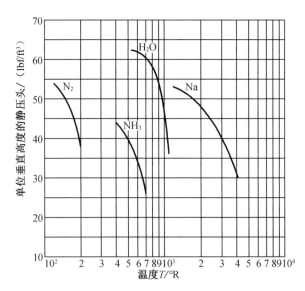

图 3.22 在标准重力场中每单位垂直高度的静压头与温度的关系[3]

(1 lbf/ft³ = 1. 57. 1 N/m³ , 1 °R = 0. 555 6 K)

请注意,对这些参数的初步考虑是基于本节中缠绕丝网组成的金属丝布元件的吸液芯设计的(图 3.24)。首先从实用的角度考虑对热管应用很重要的金属丝布的主要性能,通常用于热管吸液芯的金属丝布都有方形网孔,网孔尺寸通常用网孔数来表示,网孔数定义为在垂直于金属丝的方向上测量的每线性英寸的网孔数。尽管编织金属丝布可以使用不同尺寸的金属丝,但是在许多情况下,金属丝尺寸近似等于金属丝间距。如前所述,吸液芯结构的近似特征表明,吸液芯结构中的液体流动阻力与网格尺寸的平方成反比,而毛细泵送压力与网格尺寸成反比。实际操作上网格数为 50~300 的金属丝布是最常用的吸液芯。实践经验表明,为使热管在重力场中成功运行,最大毛细力必须至少约为液体静压头的两倍。

图 3.21 包含了通过式(2.7)计算的最大毛细力的数据,以及表 2.1 中显示的金属丝网的数据。图 3.22 为标准重力场 32.2 ft/s²(9.81 m/s²)下,各种液体每单位垂直高度的静压头数据。如表 2.1 所示,对于平行丝网吸液芯,缠绕式吸液芯的有效毛细半径 r_c 等于线间距的一半。但是,由于丝线的错开以及相邻缠绕层之间的干扰,到目前为止,尚无法通过理论方法确定缠绕式吸液芯的有效半径,通过对单层丝网进行测试得出的实验数据[1]似乎表明 r_c 等于线径 d 和间距 w 之和的一半,而不是仅等于间距的一半。对于多层丝网,目前还没有通用数据。此外,吸液芯的有效半径似乎可以通过以下公式以非常保守的方法来计算:

$$r_c = \frac{d+w}{2} = \frac{1}{2N} \tag{3.19}$$

式中,N 是网格数,定义为每单位长度的丝网数[2]。

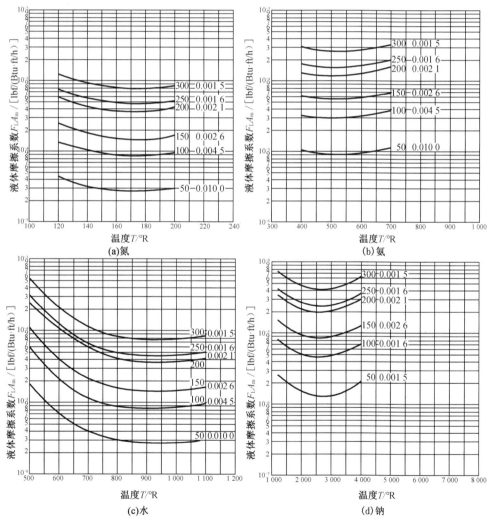

图 3.23　缠绕式吸液芯中液体流动的液体摩擦系数与温度的关系[3] [1 lbf /(Btu · ft/h) = 49.82 N/(W · m),1 °R = 0.555 6 K,1 in = 0.025 4 m]

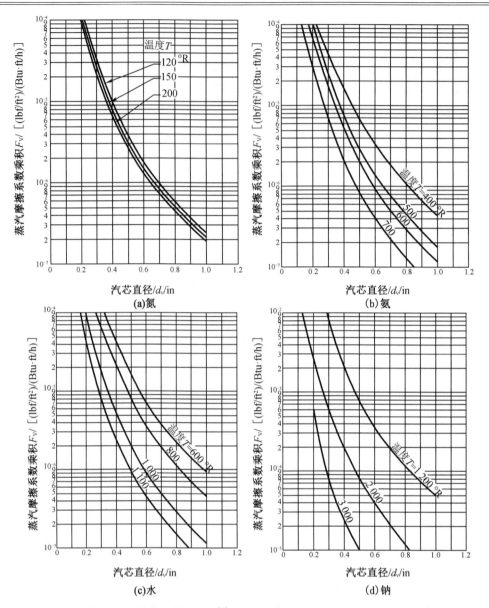

图 3.24　圆管中蒸汽流动的蒸汽摩擦系数[3] [1(lbf/ft²)/(Btu · ft/h) = 536.3(N/m²)/(W · m),
1 in=0.025 4 m,1 °R=0.555 6 K]

3.10　稳态和瞬态机制

根据热力学定义,稳态是一个不改变系统状态而改变环境的过程。在稳态条件下,系统的输入和输出保持平衡,因此系统的属性不会改变,但是环境确会由于这一过程而发生变化。在现有的稳态或平衡条件下,系统在虚位移中基本保持不变,是一种比动态平衡更为普遍的情况。如果一个系统处于稳态,那么现在观察到的系统行为将持续到未来。在随机系统中,各种不同状态被重复的概率将保持不变。

处于稳态的系统具有许多随时间不变的特性。这意味着对于系统的任何属性 p,它对时间的偏导数都为 0:

$$\frac{\partial p}{\partial t} = 0 \qquad (3.20)$$

在许多系统中,只有在系统完成启动或启动后经过一定时间后才能达到稳态。通常将这种初始情况标识为瞬态、启动或预热阶段。

然而,瞬态是一个随时间变化的过程。换句话说,瞬态意味着随着时间的变化,存在的一种短暂的状态。具有短暂特性的事物被称为瞬态,或通常简单称为一个瞬态或瞬变状态。

总结:

(1)稳态。可以将许多工程系统理想化为处于稳态,这意味着所有属性都不会随时间变化。

(2)瞬态。许多工程系统都会经历一段状态随时间变化的短暂运行时期,这种运行称为瞬态。瞬态主要是在启动和关闭阶段观察到的现象。

3.11 热管的稳态和瞬态分析

热管的运行状态可以是稳态,也可以是瞬态。在稳态模式下,从热管冷凝段(散热器)排出热量与向蒸发段(热源)添加热量的速率相等,且热管温度保持恒定。

在瞬态模式下,热管蒸发段吸收的热量与冷凝段排出的热量之间存在不平衡,热管温度随时间变化。这种模式总是在热管从环境温度(凝结状态)启动时发生。

如果热量输入的速度小于热管的吸热速度,则启动过程是缓慢且渐进的。在这种情况下不会发生过热或启动困难。另外,如果热量的输入速度显著大于热管的吸热速度,则热管内的启动可能会非常迅速。如果环境温度低于热管工作液体的凝固点,则会引起热管内部潜在的启动问题。在这种情况下,直到蒸发段的温度明显升高到该凝固点以上,热管才开始工作,导致热管内部的蒸汽压极低。

当热管达到其运行状态时,如果热管冷凝段与散热器之间存在良好的热耦合,则在热管启动时,其热传递能力可能不足以防止冷凝段液体冻结。很快就会出现蒸发段吸液芯蒸干、过热以及热管损坏的情况[5]。当只有一部分冷凝段长度处于热耦合中用于排放输入的热负荷时,即使冷凝段液体没有发生冻结,热管也可能无法完全运转。

热管不一定会过热,但是在整个启动过程中以及进入稳态运行阶段前可能都会处于较高的非等温状态。在这种情况下,建议对热管的启动特性进行瞬态分析。瞬态分析的目的有三个方面:

(1)确定热管壁是否过热或存在较大的热应力;

(2)确定是否超过热管的运行极限;

(3)确定是否由于热管冷凝段和散热器之间的热耦合过大而导致启动困难。

通过计算关键热管位置温度的时间相关性、实际传热速率以及将过热蒸汽从冷凝段中分离的连续热前沿的位置，可以完成上述三个方面的分析。然后，通过将温度和热传输速率以及温度和传热极限进行比较，并观察连续热前沿是否到达冷凝段的后部，来确定热管设计在启动过程中的稳定性。

应该考虑到稳态设计是瞬态分析的起点。稳态设计可以基于稳态工作条件(如果存在)下的热负荷，或基于瞬态过程中的最大期望热负荷。如果最大热负荷出现在整个热管都正常工作之后，则基于最大热负荷的瞬时热管温度可能与稳态温度没有明显差异。如果峰值热负荷发生在整个热管开始工作之前，则基于稳态条件下的最大热负荷预测的热管温度可能会被大大高估。

一般来说，热管的启动过程非常复杂，涉及二维和三维空间中的温度变化，以及随着时间的推移在自由分子和连续流动蒸汽中的传热，热管蒸汽向真空膨胀并伴随冷凝，饱和蒸汽中的非平衡膨胀效应，固液以及液汽相的变化。Colwell 等人分析了解决此问题的一种方法。

最好使用初始饱和的工作液体来完成启动。如果无法做到这一点，在设计低温或液态金属热管时，吸液芯的设计应能在启动期间提供良好的输运性能。当需要使用可变热导热管时，其瞬态特性在很大程度上取决于所采用的可变低温热管的类型以及工作液体的选择。

Faghri 给出了关于热输入或温度突然变化的瞬态响应数学模型。他介绍了这样的情况：在热管达到完全稳态后，特别是在可变热管的情况下，通常需要确定热管蒸发段一侧的给定热量增加时达到另一稳态所需的时间。他给出了三个独立的分析模型，分别求解柱坐标下瞬态连续(介质)模型的一维和二维热方程的解，归纳如下：

(1)瞬态集总模型；

(2)一维瞬态连续(介质)模型；

(3)二维瞬态连续(介质)模型。

尽管一维和二维数值模型通常更为全面和准确，但需要大量的时间和精力进行计算机编程，而集总分析模型为热管设计人员提供了一种快捷方便的方法。

3.11.1　瞬态集总模型

由 Faghri 和 Harley 提出的瞬态集总热管模型确定平均温度随时间的变化，他们从一般集总电容分析中推导得出一个公式，该方法是在控制体上应用能量平衡(如图 3.25 所示)，从冷凝段表面辐射和对流传热以及向蒸发段输入热量的情况下得出的能量方程如下所示：

$$Q_e - (q_{\text{convective}} + q_{\text{radiative}}) S_c = C_t \frac{\mathrm{d}T}{\mathrm{d}t} \tag{3.21}$$

式中　Q_e——热输入；

　　　$q_{\text{convective}}$——对流输出的热通量；

$q_{radiative}$——辐射热通量；

S_c——冷凝段周围的表面积；

C_t——系统的总热容量；

T——热管平均温度；

t——时间。

系统的总热容量定义如下：

$$C_t = \rho V_t c_p \tag{3.22}$$

式中　ρ——密度；

V_t——总体积；

c_p——系统的比热容。

在热管应用中，总热容量定义为热管中固体和液体成分的热容量之和，液体饱和吸液芯的热容量既考虑了吸液芯内的液体也考虑了吸液芯结构本身，用式(3.23)表示如下：

$$(\rho c_p)_{effective} = \varphi(\rho c_p)_\ell + (1-\varphi)(\rho c_p)_s \tag{3.23}$$

其中，φ 是吸液芯的孔隙率。有关此方法的更多详细信息，读者可阅读 Faghri 的著作[6]。

在图 3.25 中，$T_{\infty,c}$ 是冷凝段周围的环境温度，$T_{\infty,e}$ 是热管蒸发段周围的环境温度，而 h_c 是冷凝段外部的对流换热系数，h_e 是蒸发段外部的对流换热系数。

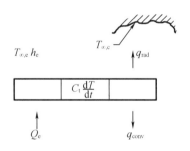

图 3.25　常规集总分析的控制体

3.11.2　一维瞬态连续介质模型

从数学分析的角度来看，任何一维建模都比二维建模容易。因此，相对于更复杂的二维模型而言，一维热管建模相对容易。尽管一维或二维模型比集总分析方法涉及的参数更多(更复杂)，但可以更好地理解热管的轴向温度随时间的变化。瞬态蒸汽流的一维模拟是由 Jang[7] 等人最先完成的，与二维蒸汽流模型相比，一维模型减少了计算机所需的 CPU 时间，但模型中包含了吸液芯和热管壁对热管瞬态运行特性的影响。Faghri[6] 利用控制体的质量和动量守恒原理建立出可忽略体积力的蒸汽流动守恒方程，并在基本的蒸汽控制体上应用质量守恒定律推导出以下方程：

$$\frac{\partial \rho}{\partial t} A_v \Delta z + \frac{\partial}{\partial z}(\rho \overline{w}) \Delta z A_v - \rho_\delta v_\delta \, \mathrm{d}S = 0 \tag{3.24}$$

式中 $\overline{w}$——平均轴向蒸汽速度;

A_v——$A_v = \pi R_v^2$;

dS——$dS = 2\pi R_v \Delta z$。

使用以上定义并除以 $A_v \Delta z$,质量守恒方程如下:

$$\frac{\partial \rho}{\partial t} + \frac{\partial}{\partial z}(\rho \overline{w}) = \frac{2\rho_\delta v_\delta}{R_v} \tag{3.25}$$

Faghri[6] 的分析还表明,将动量守恒定律应用于相同的控制体,可得出如下方程:

$$\frac{\partial \rho}{\partial t}(\rho \overline{w}) A_v \Delta z + \frac{\partial}{\partial z}(\rho \overline{w}^2) A_v \Delta z = \frac{\partial \sigma_z}{\partial z} - \tau_w dS \tag{3.26}$$

其中,法向应力函数

$$\sigma_z = -p + \frac{4}{3}\mu \frac{\partial \overline{w}}{\partial z} \tag{3.27}$$

利用以上定义的法向应力函数 A_v、dS 和摩擦系数,并除以 $A_v \Delta z$,可以得出轴向动量守恒方程:

$$\frac{\partial \rho}{\partial t}(\rho \overline{w}) A_v \Delta z + \frac{\partial}{\partial z}(\rho \overline{w}^2) A_v \Delta z = -\frac{\partial}{\partial z}\left(p + \frac{4}{3}\mu \frac{\partial \overline{w}}{\partial z}\right) - \frac{f\rho \overline{w}^2}{R_v} \tag{3.28}$$

摩擦系数 f 是蒸汽流轴向雷诺数的函数。由于蒸汽流在蒸发段中保持层流状态,因此可以使用常规的管道流量关系式计算:

$$f = \frac{16}{Re}, Re < 2\,000 \tag{3.29}$$

如果轴向雷诺数大于 2 000,则冷凝段处的流动可能是湍流流动。这种情况下的摩擦系数可以由以下公式得出:

$$f = \frac{0.079}{Re_{0.25}} \quad , \quad Re \geqslant 2\,000 \tag{3.30}$$

在考虑可压缩状态时,可以使用如下的理想气体定律:

$$p = \rho R_g T \tag{3.31}$$

假设径向温度均匀并且切向和法向应力(黏滞剪切力和静压力)的能量传递可忽略,可以推导出蒸汽空间的能量守恒方程[6]:

$$\frac{\partial T}{\partial t} = -\frac{\partial}{\partial z}(T\overline{w}) + \alpha \frac{\partial^2 T}{\partial z^2} + \frac{2T_\delta v_\delta}{R_v} \tag{3.32}$$

如果假设温度在径向上是均匀的,则 $T_\delta = T = T_v$。因此,能量守恒方程式如下:

$$\frac{\partial T_v}{\partial t} + \overline{w} \frac{\partial T_v}{\partial z} = \alpha \frac{\partial^2 T_v}{\partial z^2} + \frac{2T_v v_\delta}{R_v} \tag{3.33}$$

在蒸发段中,$v_\delta < 0$ 意味着热量被添加到蒸汽中;反之,在冷凝段中,$v_\delta > 0$ 表示热量被移除。

由于吸热/放热速率是根据液-汽界面处的能量平衡确定的,因此正是这种界面速度项将壁面吸液芯区域和蒸汽空间区域的能量方程的解耦合起来。

液-汽界面处的边界条件更为复杂,因为它耦合了吸液芯和蒸汽的流动。吸热或放热的速度 $\rho_\delta v_\delta$ 可以从界面处的能量平衡得出:

$$v_\delta \rho_\delta = \frac{k_{\text{eff}}}{h f_{\text{g}}} \frac{\partial T_\ell}{\partial r} \begin{cases} >0\,(\text{blowing}) \\ <0\,(\text{suction}) \end{cases} \tag{3.34}$$

有关这些分析的更多详细信息,读者可参阅 Faghri 的著作[6]。

3.11.3　二维瞬态连续介质模型

热管的任何运行过程(例如启动、关闭)和运行瞬态(例如脉冲热输入)都是非常重要的,需要对热管进行瞬态分析开展详细研究。在瞬态运行的某些时刻,热管具有一维模型无法解释的二维特性。此外,二维模型和分析不需要任何经验关系式来确定摩擦特性,结果比一维模型更精确。二维模型还可以用来模拟某些重要现象,例如输入热流量不均匀或存在多个热源、散热器的情况[6]。Faghri[6]给出了包括数学模型在内的众多分析细节,读者可以参考其著作。

3.11.4　稳态方程的解

数学物理中的许多问题都涉及偏微分方程(PDEs)的求解,并可应用于各种物理问题,包括稳态和瞬态下的传热过程。一般而言,扩散方程或热流方程可表示为

$$\nabla^2 u = \frac{1}{\alpha^2} \frac{\partial u}{\partial t} \tag{3.35}$$

这里的 u 可以是无热源区域内温度随时间 t 变化的非稳态温度,也可以是扩散基底的浓度。α^2 是一个常数,在简单的固体热传导问题中称为扩散系数。在无热源区域内温度不随时间变化的简单稳态形式下,式(3.35)简化为拉普拉斯方程形式:

$$\nabla^2 T(x,y,z,t) = 0 \tag{3.36}$$

函数 u 可以代表拉普拉斯方程中列出的相同物理量,但是在包含热源或流体源的不同情况下,具体的物理量可能有所不同。在这种情况下,当流动稳定时,拉普拉斯方程采用一种新的形式,称为泊松方程:

$$\nabla^2 T(x,y,z,t) = f(x,y,z) \tag{3.37}$$

一般来说,如果在固体中有热量产生,那么在点 $P(x,\ y,\ z)$,以单位体积单位时间的速率 $A(x,y,z,t)$ 提供热量,则必须添加一个热源项,并给出以下方程:

$$\nabla^2 T(x,y,z,t) - \frac{1}{\alpha^2} \frac{\partial T(x,y,z,t)}{\partial t} = -\frac{A(x,y,z,t)}{K} \tag{3.38}$$

式中,K 是常数,在稳定流动的情况下 $\dfrac{\partial T(x,y,z,t)}{\partial t} = 0$,然后式(3.38)简化为式(3.37)。

在热传导理论中,有两个关于热流的假设,其一是沿温度降低的方向流动,其二是热流经过一个表面积的时间速率与垂直于该表面积方向的温度梯度分量成正比。如果温度

$T(x, y, z, t)$与时间不相关,则点(x, y, z, t)的热流由式(3.38)的向量形式给出。更多的细节读者可以参考 Carslaw 和 Jaeger[16]的著作,其中求解了各种情况和不同坐标系(如笛卡儿坐标系、柱坐标系和球坐标系)。

工程物理中的许多问题都涉及调和函数,它是解析函数的实部或虚部。标准应用是二维稳态温度、静电场、流体流动和复杂势函数。用保角映射和积分表示的方法可以构造具有规定边界值的调和函数。值得注意的方法包括泊松积分公式、Joukowski 变换和 Schwarz-Christoffel 变换。现代计算机软件能够实现这些复杂的分析方法。

在大多数涉及调和函数的应用中,必须找到一个沿着一定轮廓具有规定值的调和函数。

调和函数

任何具有连续二阶偏导数的实函数$T(x, y)$,满足拉普拉斯方程

$$\nabla^2 T(x,y) = 0 \tag{1}$$

称为调和函数。调和函数在物理学和工程学中称为势函数。势函数可应用于众多领域,例如,在电磁学中把三分量向量场的研究简化为一分量标量函数。标量调和函数称为标量势,向量调和函数称为向量势。

为了在平面上找到一类这样的函数,在极坐标下写出拉普拉斯方程:

$$T_{rr} + \frac{1}{r}T_r + \frac{1}{r^2}T_{\theta\theta} = 0 \tag{2}$$

只考虑径向解

$$T_{rr} + \frac{1}{r}T_r = 0 \tag{3}$$

这是可积的正交,所以定义$V = \dfrac{\mathrm{d}T}{\mathrm{d}r}$,然后可得

$$\frac{\mathrm{d}V}{\mathrm{d}r} + \frac{1}{r}V = 0 \tag{4}$$

$$\frac{\mathrm{d}V}{\mathrm{d}r} = -\frac{\mathrm{d}r}{r} \tag{5}$$

将式(5)对r积分,有:

$$\ln\left(\frac{V}{A}\right) = -\ln r \tag{6}$$

$$\frac{V}{A} = \frac{1}{r} \tag{7}$$

$$V = \frac{\mathrm{d}T}{\mathrm{d}r} = \frac{A}{r} \tag{8}$$

$$\mathrm{d}T = A\frac{\mathrm{d}r}{r} \tag{9}$$

所以解得

$$u = A\ln r \tag{10}$$

忽略影响微小的加性和乘性常数,一般的纯径向解如下:

$$T = \ln\left[(x-a)^2 + (y-b)^2\right]^{1/2} = \frac{1}{2}\left[(x-a)^2 + (y-b)^2\right]^{1/2} \tag{11}$$

其他解可以通过微分得到,如下所示:

$$T = \frac{x-a}{(x-a)^2 + (y-b)^2} \tag{12}$$

$$Q = \frac{y-b}{(x-a)^2 + (y-b)^2} \tag{13}$$

$$T = e^x \sin y \tag{14}$$

$$Q = e^x \cos y \tag{15}$$

$$y = \arctan\left(\frac{y-b}{x-a}\right) \tag{16}$$

包含方位依赖的调和函数包括

$$T = r^n \cos(n\theta) \tag{17}$$

$$Q = r^n \sin(n\theta) \tag{18}$$

泊松核

$$T(r, R, \theta, \varphi) = \frac{R^2 - r^2}{R - 2rR\cos(\theta - \varphi) + r^2} \tag{19}$$

是另一个谐波函数。

例 3.1 找出在垂直带 $a < Re(z) < b$ 中调和的函数 $T(x,y)$,并取边界值

$$T(a, y) = T_1, \quad \forall y$$
$$T(b, y) = T_2, \quad \forall y$$

函数分别沿垂直线 $x = a$ 和 $x = b$,如图 3.26。

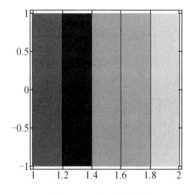

解 显然,我们应该寻求一个沿 $x = x_0$ 的垂直线取常数的解,并且 $T(x,y)$ 是 x 的函数,即,

$$T(x, y) = P(x), \quad a \leq x \leq b, \quad \forall y$$

拉普拉斯方程,$T_{xx}(x,y) + T_{yy}(x,y) = 0$,且 $P''(x) = 0$,即 $P(x) = mx + c$,其中 m 和 c 是常数。可通过边界条件 $T(a, y) = P(a) = T_1$ 和 $T(b, y) = P(b) = T_2$ 解得

$$T(x, y) = T_1 + \frac{T_2 - T_1}{b - a}(x - a)$$

图 3.26 初步应用

等位曲线 $T(x,y) = $ 常数是垂直线,如图 3.27 所示。

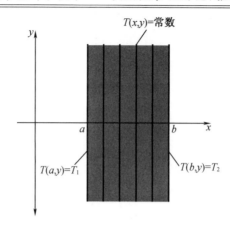

图 3.27 简谐方程曲线 $T(x,y)=T_1+\dfrac{T_2-T_1}{b-a}(x-a)$

例 3.2 假设两个平行平面垂直于 z 平面并通过水平线 $y=a$ 和 $y=b$，并且两个平面的温度分别在 $T(x,a)=T_1$ 和 $T(x,b)=T_2$ 值保持恒定。则 $T(x,y)$ 由图 3.28 给出：

$$T(x,y)=T_1+\frac{T_2-T_1}{b-a}(x-a)$$

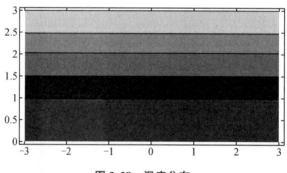

图 3.28 温度分布

解 二维解是在复平面内的水平状区域 $a<\mathrm{Im}(z)<b$ 中的点处构造的。一个合理的假设是平面上所有通过直线 $y=y_0$ 点的温度是常数。

因此，$T(x,y)=t(y)$，其中 $t(y)$ 仅是 y 的函数。拉普拉斯方程表明 $t''(y)=0$，一个类似于例 3.1 的参数将表明解 $T(x,y)$ 具有前面方程式中给出的形式。

等温线 $T(x,y)=\alpha$ 很容易看作是水平线。共轭调和函数为

$$S(x,y)=\frac{T_1-T_2}{b-a}x$$

热流线 $S(x,y)=\beta$ 是水平线之间的垂直段。如果 $T_1>T$，那么热量沿这些部分从平面 $y=a$ 流过，如图 3.29 所示。

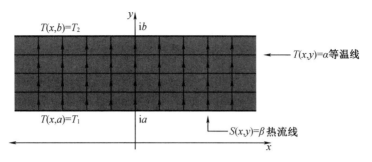

图 3.29　$T_1 > T$ 时平行板之间的温度分布

3.11.5　瞬态方程的解

热管是一种在源和汇之间传输热量的高效装置。自从热管的概念首次被引入以来,大多数理论研究都关注热管的某些部分,如蒸发段、冷凝段、毛细芯结构和蒸汽流动区域。而整个热管的整体性能,包括沿热管壁面和毛细芯结构的热行为、蒸汽流动动力学以及蒸发段和冷凝段表面的各种边界条件,受到的关注较少。然而,人们对热管在低温和正常运行条件下的稳态特性了解较为深入并将热管成功应用于各个领域,但对瞬态情况的研究很少。Chang 和 Colwell[17-19] 对低温和高蒸汽密度工作液体热管的瞬态行为进行了实验和数值研究。

在某些应用中,如用于再入飞行器和高超声速飞行器的前缘以及核反应堆,热管被认为是一种降低峰值温度和减轻热梯度的良好手段。在这些应用中,由于传热速率可能很大,而且工作温度的范围从环境温度扩大到高温,因此可以将在室温下处于固态的液态金属用作工作液体。在这些条件下,毛细芯结构中的工作液体可能处于固体或液体状态,或者固体、液体同时存在。蒸汽流可以是自由分子流、连续流、阻塞流或这些流动形式的某种组合。关于这个问题尚未有完整的研究报道。Colwell[20] 研究了一种基于金属工作液体的整个热管从凝固状态启动时的性能分析方法。为了实现这一目标,他开发了一个数学模型,并测试了数值求解技术来预测沿热管的瞬态温度分布和最佳传热速率。

除了在第 2 章中讨论的热管传热极限外,当使用液态金属作为工作液体时,由于工作液体可能为固态,且蒸汽密度极低,可能会导致启动困难。由于热管的工作液体初始为固态,且热管吸液芯结构处于饱和状态,因此可以将瞬态导热方程应用于热管壳和热管吸液芯结构[20]。热管外表面可考虑使用变热流密度和辐射边界条件。由于蒸汽空间处于真空状态,也可以在汽-液界面使用绝热边界条件。

Colwell[20] 的分析表明,当不断地向蒸发段中添加热量时,蒸发段中凝固的工作液体熔化,在液-汽界面处蒸发,蒸汽在较大的压力梯度下流入冷凝段。因此,蒸汽在冷凝段凝固的工作液体的内表面凝结,汽-固界面温度逐渐升高,直到达到熔化温度。在这一阶段,能量主要以潜热的形式传递,在蒸发段蒸发,在冷凝段凝结和凝固。由于冷凝段的压力极低,蒸汽流可能在蒸发段出口阻塞。

这一过程持续进行,直到凝固的工作液体完全熔化,连续流动状态到达热管的末端,此时返回蒸发段的液体足够维持正常瞬态运行。最终,热管达到稳定运行状态。因此,在热管从凝固状态启动时,为了便于分析,可以将热管内的蒸汽流动行为分为三个不同的阶段:

第一阶段:热管中的蒸汽流处于通过蒸汽空间的自由分子状态。

第二阶段:在加热区中建立一个连续流动蒸汽空间区域,并且流动前沿向热管冷却端移动。蒸发段末端可能会堵塞蒸汽流。

第三阶段:在整个热管长度上存在连续流动的蒸汽区,并且没有遇到声速极限。

Cotter[21]描述了热管启动的三种基本瞬态模式。当蒸汽密度很低,以至于分子平均自由程超过蒸汽通道直径时,观察到一种前端启动模式。在这种启动模式下,热区中的蒸汽呈连续流,而冷区中的蒸汽呈自由分子流。温度梯度较大,并且随着时间的推移逐渐减小,最终达到等温稳定状态。

为了验证瞬态传导和相变的有效性,可以借助有限元公式和算法来计算数值解,并将其与可用解(如解析解和其他近似解)进行比较。涉及纯热传导且没有任何相变的半无限体的温度问题是一个很好的例子。将此问题作为二维问题求解,如图 3.30 所示。

Luikov[22]通过如下方程给出该问题的精确解:

$$T(x,t) = \frac{2\ddot{Q}}{K}\sqrt{\alpha t}\left[\frac{1}{\sqrt{\pi}}\exp\left(\frac{-x^2}{4\alpha t}\right) - \frac{x}{2\sqrt{\alpha t}}\text{erfc}\left(\frac{x}{2\sqrt{\alpha t}}\right)\right] + T_0$$

(3.39)

式中,$\alpha = \frac{k}{\rho c_p}$。

关于这个分析的更多细节,读者可以参考 Colwell 的论文[20]。Colwell 等人为此目的开发的[11]计算机程序是开放领域中唯一可用的,程序列表在其论文[20]中提供。

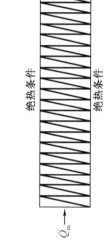

图 3.30　瞬态热传导问题的有限元网格[20]

3.12　设计准则和约束条件

为了使热管能够在其要求条件和范围内正常运行,热管的设计需要规定一个必须满足的设计标准。在热管设计中应考虑围绕设计标准的定性限制,以最大限度地提高其实用性,如冷却高温部件并将热量通过热管排出或将热管冷却系统的质量保持在其能够承受的最小值。热管设计需要遵循的约束和注意事项如下:

(1)热源的特性;

(2)散热器特性;

(3)热管的运行环境;

(4)尺寸和质量约束;

（5）温度限制；

（6）制造约束；

（7）成本约束。

3.12.1　热源的特性

热源设计标准的处理方式是，热源与热管在需要增加热量的表面区域或蒸发段上通过热流、传热速率或热源温度耦合。热源可以是固体也可以是液体。热耦合可以是直接的固体−固体接触（导热）、流体−固体接触（对流）、辐射或电磁感应加热[23]。作为设计要求的一部分，热源可以给定传热速率或热源温度，或者将相关信息作为热管运行条件的一部分给出。传热速率或热源温度必须在设计过程中进行计算。依据上述分析开发的计算机程序见 3.16 节。

3.12.2　散热器特性

散热器有良好的热量传输能力，但也是有限制的。如果温度太高，散热器将无法及时散热，从而使其自身成为热源。并且大多数散热器都很脆弱，如果散热器上的一些散热片损坏，散热器的功能将受到影响。只有与热源有最佳接触时散热器才能正常工作，否则散热器将无法吸收足够的热量。

散热器也可以通过导热、对流、辐射或这些方式的某种组合耦合到热管（冷凝部分），这与热源特性非常相似。散热器温度将与计算热管和散热器之间传热速率所需的信息一起指定为设计标准的一部分。对于对流散热器，其传热系数可能是已知的，或者必须根据流体的热物理和流动特性来计算。对于辐射散热器，需建立热管和散热器的发射率以及散热器与热阱之间辐射传热的视角因子[23]。依据上述分析开发的计算机程序见 3.17 节。

1. 翅片散热器

近年来，由于电子设备的运行速度快速提高和电子元件尺寸的日益增大，电子设备工作时产生的热流密度急剧增加，使得寻找有效的散热手段成为电子设备实际应用中的重要问题。尽管这个问题通常可以通过使用带有大型风扇的大型散热器来解决，但如果要求设备紧凑和轻便，则必须寻求更好的解决方法。因此，尝试性地将各式各样的散热器应用到电子设备中，如将微型热管与散热板和散热片结合在一起的散热器，以及将压铸散热器与微型热管和专用风扇结合在一起的扁平高性能散热器。然而，即使使用这些装置，也很难应对热流密度的急剧增加，因此迫切需要开发具有较低热阻的新型散热器。

经过 Furukawa 电气等公司的广泛调研，研制出了一种使用微型热管的散热器并推向市场。这种新装置可用于处理高热损耗电子设备，而且价格低廉。他们开发了一种超高性能的设备，在同等性能下，质量和体积相比传统产品都减少了 30% 以上（图 3.31）。该散热器的标准形式包括热接收块、微型热管、多个厚度为 0.3 mm 的翅片（用作气流通道）和一个风扇。传统意义上，由于热管被软退火以便于进行热布线，因此很难在很小的热阻下将多个极薄的散热片附着在热管上。所以开发了一种新的技术来实现这种低成本的翅片固定。由于翅片被布置成气流通道，散热器有效地利用了来自风扇的气流，从而大大降低了热阻。虽然标准热接收块使用普通压铸材料，但也可以使用导热系数为其两倍大的特殊材料来进一步降低热阻。这种特殊的压铸材料可以用价格低廉的标准风扇取代专用风扇，从而降低散热总成本[6]。

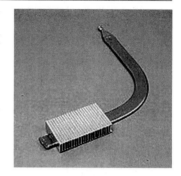

图 3.31　微型热管散热器的标准形式

使用这种新型散热器可以实现 2 ℃/W 或更低的热阻，这在传统方式上是不可能实现的。这种新型散热片具有体积和质量小及价格和热阻低等优点，已应用到实际生产中。与此同时，已经提出了若干有关的专利申请。

当热管设计有尺寸、质量、热源和散热器温度约束的变化时，在固定和可变热导热管的情况下，翅片作为扩展表面，对热管冷凝段热传导和热对流起重要作用。在本节中，读者将简单地了解热管设计的基本方法，因为冷凝段的实际面积、温度变化以及尺寸设计是一个较为复杂的问题。这种方法利用非能动对流和强迫对流以及导热来实现热管设计中的热传递。有关更多信息，读者应参考有关翅片设计分析的各种文献和教科书。

对于给定的对数平均温差(也称为 LMTD)，增加换热器传热速率的唯一方法是增加表面积。实现此目的的一种方法是使用扩展的或带翅片的表面。对于诸如热管的液体/气体换热器，通常情况下，液体侧的传热系数远大于气体侧的传热系数，因此，在气体侧使用散热翅片，这样两侧的传热阻力基本相同。翅片有多种形状和尺寸，大致可分为以下两类：

(1)等截面翅片，即矩形或针形翅片；

(2)不等截面翅片，即锥形螺纹。

翅片在工程中广泛应用于强化对流换热。采用有限元数值方法研究了在流动方向上具有可变传热系数(h)的矩形管中的二维热传导，假设强迫对流对应的局部 Nusselt 数为幂函数变化。结果表明，由于热向前沿的横向流动所带来的扩散阻力，变传热系数时的翅片效率比假设均匀 h 值时的翅片效率要低得多。研究发现，随着长宽比(L/W)的减小，变量 h 对翅片效率的影响逐渐增大。对于 $L/W=0.1$ 的层流边界层流动，变传热系数 h 的翅片效率比均匀传热系数低 8.7%。对于紊流条件，变传热系数 h 的影响要小得多。该研究结果(结合传统的一维翅片分析)可用于校正可变局部传热系数的影响(图 3.32)。

文献中广泛研究了通过扩展表面的传热。在确定沿扩展表面的温度分布时，通常假设热物理性质恒定且传热系数均匀。该假设降低了能量守恒方程的数学复杂性，因此可以在许多情况下获得公认的封闭形式解析解。然而，这种假设将导致对扩展表面的热性能预测不佳，特别是对于某些几何形状的翅片[24]。

从表面对流换热的牛顿冷却定律开始，分析翅片的函数：

$$q_s = hA(T_s - T_\infty) \tag{3.40a}$$

方程(3.40a)提供了三种增加表面传热率 q_s 的可选方案。一种选择是通过改变流体或操纵其运动来提高传热系数。第二种选择是降低环境温度 T_∞。第三种选择是增加表面积

A_c。这些选择在许多工程应用中都可以使用,并且在热管小型化设计基础结构中也将非常有用,特别是当设计师处理管道冷凝段的小型空间,并且需要改变热源侧(蒸发段部分)的温度时。在这种情况下,如果仔细分析了其他设计限制,并在特定热管的设计要求和应用范围内,通过在冷凝段添加散热翅片可以"扩展"传热表面。

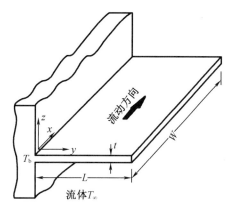

图 3.32　几何形状和横向传导对具有可变传热系数的矩形散热片效率的影响

翅片有不同的类型和不同的几何形状,且结构是翅片配置的基础。图 3.33 给出了不同翅片的示意图,所示的每个翅片都附着在壁面或表面上。翅片与壁面接触的一端称为基部,而自由端称为尖端。术语"直"表示基部沿壁面以直线方式延伸,如图 3.33(a)和图 3.33(b)所示。

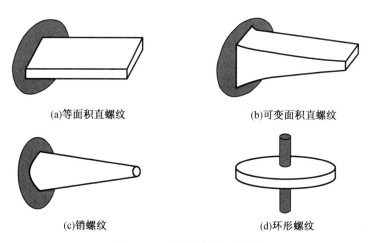

(a)等面积直螺纹　　　　　　　　(b)可变面积直螺纹

(c)销螺纹　　　　　　　　(d)环形螺纹

图 3.33　不同翅片的图解[25]

如果翅片的横截面积从基部向尖端变化,则该翅片的特征是具有可变的横截面积,如图 3.33(b)和图 3.33(c)所示。如图 3.33(d)所示,柱状或针状翅片通过圆形横截面进行区分。针状翅片的变化形状是具有方形或其他横截面几何形状的杆。如图 3.33(d)所示,环形或圆柱形翅片是安装在管上的圆盘。这种圆盘可以是均匀厚度的,也可以是可变厚度的。Jiji[25]对翅片进行了大量的研究分析。

在不同的文献和传热教科书中,可以找到关于基于变传热系数[26]计算扩展表面热损失的广义解析解的一维和二维分析。当传热系数是翅片半径[27]的函数时,读者也可以找到应用拉普拉斯变换和有限差分混合数值方法求解环形翅片的瞬态热弹性问题的参考资料。

板翅式换热器被广泛应用于冷凝段中。它们通常用于气体分离过程,因为它们可以提供较高的传热性能以获得较低的平均温差,这对于气体分离过程至关重要。对于使用非共沸混合制冷剂的热泵系统,也考虑采用板翅式换热器。钎焊板翅式冷凝段被认为是海洋热能转换(OTEC)系统的主要候选设备,在该系统中,高性能的换热器对于保持较低的平均温差至关重要。由于界面温度的空间变化,不凝性气体存在时翅片效率的计算比较困难。本文提出了一种计算不凝性气体中蒸汽冷凝翅片效率的简化方法。分析包括沿翅片表面的界面温度变化。通过适当的假设,简化了翅片内的耦合热传导方程和界面处的热/质量通量。得到的翅片效率表达式包含了质量流量参数,与常用的单相流效率表达式相似。

为了模拟翅片的行为,对流冷却规律由如下方式给出

$$q''=h(T-T_\infty) \tag{3.40b}$$

式中　　q''——热流密度,W/m^2;

h——对流换热系数;

T——局部翅片温度;

T_∞——周围空气的温度。

数学上预测 h 是非常复杂的,所以关于 h 值的大部分信息来自于实验。对于翅片结构中的空气自然对流,$h \approx 10\ W/(m^2 \cdot K)$。这个估计值只是一个数量级近似值,但足以支撑当前的分析。

为了简化分析,我们假设翅片的温度只是 x 的函数,翅片处于稳定状态。此外,假设与长度相比,翅片很薄,因此将热传导视为一维问题。考虑长度为 Δx 的微元体。在稳定状态下,能量通过传导(轴向)流入和流出元件的侧面,并通过对流从表面离开。我们可以很容易地证明这一点

$$kA\frac{dT}{dx}\Big|_{X=x+\Delta x}-kA\frac{dT}{dx}\Big|_{X=x}=hP\Delta x\big[T(x+\Delta x/2)-T_\infty\big] \tag{3.41}$$

式中　　A——翅片的横截面积;

k——翅片材料的导热系数;

P——翅片横截面积的周长。

重新整理后

$$\frac{kA\frac{dT}{dx}\Big|_{X=x+\Delta x}-kA\frac{dT}{dx}\Big|_{X=x}}{\Delta x}=\frac{hP}{kA}\big[T(x+\Delta x/2)-T_\infty\big] \tag{3.42}$$

当 Δx 为零时,取极限,得到如下表达式:

$$\frac{d^2T}{dx^2}=\frac{hP}{kA}\big[T(x)-T_\infty\big] \tag{3.43}$$

将温差定义为 $\Theta=\big[T(x)-T_\infty\big]$

$$\frac{\mathrm{d}^2\Theta}{\mathrm{d}x^2} = \frac{hP}{kA}\Theta \tag{3.44}$$

上述方程将用于描述稳定状态下翅片的温度分布。为了求解这个方程,在翅片的两端各需要一个边界条件。

(1) 翅片分析建模

为了对翅片进行建模和设计,我们应该将实验得到的温度数据与模型的解进行比较。为了求解这个模型,需要两个边界条件。可以将 $x = 0$ 处的边界条件作为固定温度;在这种情况下,可以通过安装在加热器附近的传感器来测量温度。另一端的边界条件 $x = L$ 应为 $-k\dfrac{\mathrm{d}T}{\mathrm{d}x} = h\left[T(x) - T_\infty\right]$,这种情况表明,通过热传导传递到翅片末端的能量必须通过对流换热导出。

(2) 翅片实验与数据采集

为了与式(3.44)的数值解进行比较,可采用下述方法收集实验数据,取一个约 1 英尺长且具有不同厚度、宽度和材料的翅片,一端用功率热阻器加热,另一端自由悬挂在空中。翅片将处于稳定状态。利用温度传感器测量不同位置处温度的变化。为了与式(3.44)的数值解进行比较,需要记录所有的数值数据。

(3) 数值模型

要进行数值模拟,应先求解一个简单的一维瞬态扩散方程,然后考虑稳态行为,并计算沿翅片长度的热损失。并依照时间积分,直到模拟达到稳定状态。将稳态解与几个数值进行比较。如果调整对流系数 h 能解释计算过程中存在的差异,并得到更好的数值解,则应将其作为必要步骤之一。实验中所有的翅片的 h 值都应该相同。

(4) 分析模型

我们可以看到,式(3.44)是一个常微分方程,如果需要用数值方法来求解这个方程,可能需要某种初始条件(时间相关条件),而不是边界条件(空间条件)。但是可以用 Simulink 模型(两个带反馈的积分器)求解这个方程,只需预设并迭代 x_0 处的初始条件,就可以得到 $x = L$ 处所需的答案。

用解析方法很容易求解这个方程,读者可以完成此解决方案,并将其与所有实验数据进行比较。式(3.44)的通解为 $\Theta = Ae^{ms} + Be^{-mx}$,其中 A 和 B 是由边界条件和 $m^2 = \dfrac{hP}{KA}$ 确定的常数。将上述表达式代入式(3.44),表明方程满足 A 或 B 的任何值。通过假设上述形式的解,可以将假设形式放入控制方程,并使用边界条件求解常数 A 和 B:

(1) 绘制翅片方程的解,并将这些封闭形式的解与实验数据进行比较。

(2) 找到一个合理的拟合效果的 h 值,约为 10 W/m^2·K。注意,这是一个数量级的估计,该值可能会略高或略低。所有 h 在数据集中应该是相同的。

(3) 计算每个翅片散热量。解释为什么不同的金属会产生不同的结果。

(4) 使用数学模型来检查,并对一些变量依据工程实践经验进行评判,是厚还是薄,宽还是窄,比较不同材料的性能。

（5）看看是否可以开发一个简单的图表或方程式，让设计师很容易地在给定材料中权衡成本与"大小"。注意：这里没有"标准"的答案。可能需要尝试一些不同的想法，看看它们是如何工作的。应当假设成本与总质量成正比，这样必定存在一个"最优"，尽管这个最优取决于设计者和应用程序。显然，尺寸为 0 的翅片成本为 0。但是，在某些应用中，没有翅片会导致系统达到不可接受的温度。一个无限长和无限宽的翅片能散发最多的热量，然而，在某种程度上随着翅片的增大收益会逐渐减小。

对于扩展表面传热问题，特别是具有可变热特性的表面传热问题的相似解，所做的工作非常有限。Campo 和 Salazar[28]研究了平板短时间非稳态传导与等截面直翅片稳态传导的类比，给出了均匀初始温度和均匀表面温度作用下的平面内短时间瞬态热传导方程的近似解析解。Kuehn 等[29]研究了垂直长板翅的相似解或共轭自然对流换热，给出了均匀导电性板翅随流体普朗特数变化的完整结果。

在 Pakdemirli 和 Sahin[24]的报告中，对导热系数为温度的任意函数和传热系数为空间变量的任意函数的非线性翅片方程尝试了类似的解决方法，研究了导热系数和传热系数的函数类型，并给出了相似解。

以工程上的应用为目的，Rozza 和 Patera[30]提出了一种简单的有限差分方法来解决翅片传热问题。他们把这个问题作为对高密度电子元件的热管理而设计的散热翅片的性能考虑。如图 3.34 所示的散热器由一个底座/扩展器组成，该底座反过来支撑若干暴露在流动空气中的平板翅片。我们通过一个简单的对流换热系数来模拟流动的空气，并主要关注翅片底部的导热温度分布。从工程学的角度来看，这个问题说明了热传导分析在电子元件和系统这一类重要的冷却问题上的应用。

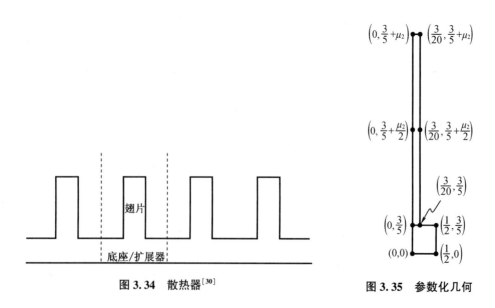

图 3.34　散热器[30]　　　　　图 3.35　参数化几何

1. 物理原理

从物理的观点来看，这个问题说明了稳态导热的许多方面：热阻的基本要素，收缩阻力的概念，最重要的是"翅片传热"概念的实用性和经典理想化"一维翅片传热"的相关性。

2.问题描述

考虑图 3.36 中所示的物理域 $\Omega(\mu)$。图 3.52 和 3.53 仅表示散热器一个散热片的半个单元,散热器位于其底部。请记住,此物理域是重复几何配置的一部分。这里 $x=(x_1,x_2)$ 表示以 $\Omega(\mu)$ 为单位的点,相对于单位无量纲化长度表示每英寸之间的距离,$\overline{d}_{\text{per}}$。需要注意的是,用符号 ~ 表示有量纲的量,没有该符号表示无量纲的量。我们在图 3.51 中确定了区域 $R_1 \leqslant l \leqslant 2$,其将用于确定几何结构或引入不均匀的物理性质。

假设散热器具有热导率 $\widetilde{d}_{\text{sp}}$,翅片板具有热导率 $\widetilde{d}_{\text{fin}}$;把这些热导率的比值表示为 $\kappa \equiv \widetilde{d}_{\text{sp}}/\widetilde{d}_{\text{fin}}$。用传热系数 $\widetilde{h}_{\text{c}}$ 和相应的无量纲 Biot(Bi)数 $30\text{Bi} \equiv \widetilde{h}_{\text{c}}\widetilde{d}_{\text{sp}}/\widetilde{d}_{\text{fin}}$ 来表征从空气到空气的传热。

稳态(无量纲)温度分布 $u(\mu)$ 由热传导方程控制。在这个区域中,温度满足拉普拉斯方程。

我们在散热器底部施加均匀的热流(作为电子元件加热的模型);散热器接口处温度和热流连续;散热器和散热器水平暴露表面上的无热流(保守);传热系数/对流(Robin)边界在翅片垂直面上,即暴露于流动空气的表面;在其他垂直切面上施加对称条件。需要注意的是,温度是相对于"无限远"空气温度和无量纲的 $\widetilde{q}\widetilde{d}_{\text{sp}}/\widetilde{d}_{\text{fin}}$ 测量的,其中 $\widetilde{q}$ 是进入散热器底座的量纲热流。

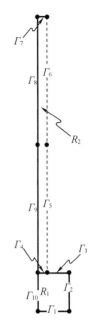

图 3.36 域边界

假定参数 $P=3$。这里,μ_2 是图 3.35 中定义的几何参数,即散热片的长度(按 $\widetilde{d}_{\text{per}}$ 缩放)L。剩余的无量纲参数,μ_1 表示 Biot(Bi)数,μ_3 表示散热器与翅片间的热导率 κ。参数域由 $D=[0.01,0.5]\times[2,8]\times[1,10]$ 给出。

$u(\mu)$ 的控制方程是每个区域的广义拉普拉斯方程,该方程由式(3.45)给出,并施加边界条件。在所有内部界面(区域的内部边界)上,我们施加温度 $u(\mu)$ 和连续热流 $n_i k_{ij} \dfrac{\partial}{\partial x_j u} u(\mu)$,其中 n_i 和 e_i 表示法向和切向单位向量。图 3.36 给出了域的边界。

$$-\frac{\partial}{\partial x_i}\left(n_i \underbrace{\begin{bmatrix} \mu_3 & 0 \\ 0 & \mu_3 \end{bmatrix}}_{k_{ij}^1} \frac{\partial}{\partial x_i} u(\mu)\right)=0$$

$$-\frac{\partial}{\partial x_i}\left(e_i \underbrace{\begin{bmatrix} \mu_3 & 0 \\ 0 & \mu_3 \end{bmatrix}}_{k_{ij}^1} \frac{\partial}{\partial x_i} u(\mu)\right)=0 \qquad (3.45)$$

在重复指数上求和($i,j=1,2$)

在边界 $\varGamma_2$、$\varGamma_3$、$\varGamma_7$、$\varGamma_8$、$\varGamma_9$ 和 $\varGamma_{10}$ 上施加齐次 Neumann 条件 $n_i \kappa_{ij} \dfrac{\partial}{\partial x_j} u(\mu)=0$,其他部分施加非齐次 Neumann 条件:

$$n_i \kappa_{ij}^1 \frac{\partial u}{\partial x_j}(\mu) = 1 \tag{3.46}$$

对应于单位流量和 Robin 条件,

$$n_i \kappa_{ij}^2 \frac{\partial u}{\partial x_j}(\mu) + (\mu_1)\mu = 0 \tag{3.47}$$

$$n_i \kappa_{ij}^2 \frac{\partial u}{\partial x_j}(\mu) + (\mu_1)\mu = 0 \tag{3.48}$$

对应于散热片垂直面上的传热系数或对流。

该问题的输出是散热器底部的平均温度,它不仅对应于关注点(待冷却的电子元件),还对应于系统中最热的位置,如下所示:

$$T_{av}(\mu) = \int_{\Gamma_1} 2u(\mu) \tag{3.49}$$

注意,输出将取决于三个参数,$\mu \equiv (Bi, L, \kappa)$(这个输出是无量纲化的:要将 $T_{av}(\mu)$ 转换成实际的量纲温度,我们必须乘以 $\widetilde{q} \widetilde{d}_{sp}/\widetilde{d}_{fin}$,然后再加上环境温度水平)。其他关注的输出可能包括翅片底部的平均温度(即散热器–翅片界面处)和翅片尖端的平均温度。

然后,通过图 3.37 所示三角剖分上的 P_1 有限元(FE)离散化对该问题进行建模;有限元空间包含 1116 个网格。这种有限元近似计算在许多应用中通常太慢,因此我们采用缩减基(RB)方法对输出和场变量的有限元预测进行逼近。

用户可以通过 Web 服务器 http://augustine. mit. edu/index. htm 获得输出和现场变量的 RB 预测(可视化),以及 RB 和 FE 预测之间差异的严格误差范围。(希望在自己的计算机上运行并且已经下载了我们的 rbMIT 软件包的用户也可以从 rbU 文件在自己的计算机上创建 RB 近似值。)

图 3.37 有限元网格

2. 翅片分析

通常教科书中对翅片传热的处理涉及用解析方法求解描述沿翅片导热和翅片表面对流的常微分方程。即使是一个矩形直翅片,也存在一个问题,即什么边界条件适用于尖端(通常是用一个扩展长度来解决),解用双曲函数表示。对于三角形截面的直翅片和等厚的环形翅片,解用贝塞尔函数表示,学生对该内容的掌握程度存在差异。若学生未学习过该知识,则不会注意到沿翅片的温度分布;通常只画出一个整体参数图像,即翅片效率。

图 3.38 显示了长宽比 $L/W = 0.25$ 的温度场,对于不同传热系数(层流边界层流量)的 mL 值,可以看出,当 $mL = 0.5, 1.0$ 和 1.5 时,翅片前缘附近的温度场具有明显的二维分布特征,尤其是在翅片尖端附近。然而,当 $mL = 3.0$ 时,温度场似乎比其他情况更趋近于一维分布。更多一维行为的原因是其效率低。随着效率的下降,远离底部的区域在总传热过程中所起的作用较小,而最靠近底部的区域占主导地位。靠近底部的热流在 y 方向上几乎是一维的。因此,对于低纵横比,当效率降低到 60% 以下时,变量 h 的影响变小。

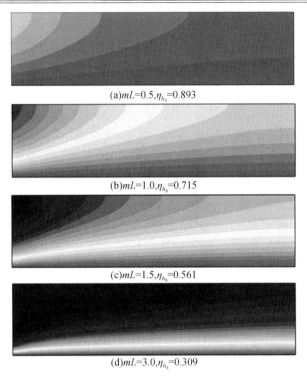

(a)mL=0.5,η_{h_s}=0.893

(b)mL=1.0,η_{h_s}=0.715

(c)mL=1.5,η_{h_s}=0.561

(d)mL=3.0,η_{h_s}=0.309

图 3.38　样本结果

3. 辐射视角因子

从一个表面到另一个表面的视角因子(也称为形状因子和配置因子)是指离开第一个表面的辐射被第二个表面截获的部分。对于一些非常简单的几何体,这个量可以由几何参数决定。而对于其他排列,可用互易定理和形状因子代数方程确定。对于极少数几何形状,例如,具有公共边缘的垂直矩形、同轴平行圆盘、同轴圆柱体和对齐的平行矩形,可以解析积分定义两个表面之间的视角因子的非常复杂的四重积分。在几乎每本传热书中,结果都以图表的形式给出。点击上面的任何链接,都可以下载一个 Excel 电子表格,用于评估以上四种几何形状中的任何一种的分析解决方案。其他几何图形的视角因子在许多来源中列出。辐射换热的一些现代应用,包括大型空间结构的热分析和使用光能传递方法在计算机上绘制复杂的三维场景,需要计算数千对表面之间的视角因子。弗吉尼亚州夏洛茨维尔市弗吉尼亚大学的 Robert J. Ribando 教授在模块中使用的数值格式是为此类应用开发的现代方法的典型代表。模块使用 Nusselt 单位球方法实现三维空间中任意位置的两个平行四边形之间的视角因子的数值计算,该方法基于 NASA TRASYS 程序(见第 3.16.10 节)。有关分析和计算视角因子以及可能免费下载本模块的更多信息,读者可参考以下网站:http://faculty. virginia. edu/ribando(图 3.39~图 3.42)。

上面关于黑体和灰体的方程假设小的物体只能观测到大的包围体,而观测不到其他物体。因此,所有离开小物体的辐射都会到达大物体。对于两个物体可以观测到的不仅仅是彼此的情况,那么必须引入视角因子 F,并且传热计算变得更加复杂。

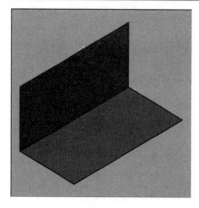

图 3.39　具有公共边的垂直矩形的视角因子

图 3.40　同轴平行圆盘的视角因子

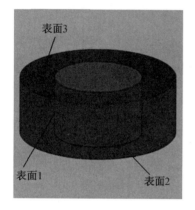

图 3.41　同轴有限圆柱体的视角因子

图 3.42　对齐平行矩形的视角因子

视角因子 F_{12} 用于参数化离开物体 1 到达物体 2 的热功率分数。具体来说,这个数量等于

$$\dot{Q} = A_1 F_{12} \varepsilon_1 \sigma T_1^4 \qquad (3.50)$$

同样地,离开物体 2 到达物体 1 的热功率分数由下式给出:

$$\dot{Q} = A_2 F_{21} \varepsilon_2 \sigma T_2^4 \qquad (3.51)$$

在两个黑体热平衡的情况下,可用于导出视角因子的下列互易关系:

$$A_1 F_{12} = A_2 F_{21} \qquad (3.52)$$

因此,一旦知道 F_{12} 和 F_{21} 之一就可以计算另一个。

对于简单的几何图形,辐射视角因子可以通过分析得出,并在有关热传递的多个参考文献中列出(例如,Holman[31])。它们的范围从零(例如,两个相距很远的小物体)到一(例如一个物体被另一个物体包围)。

FACET 计算程序及其前后处理器的程序,即 MAZE 和 TAURUS 是公开可用最好的程序,3.16.4 节提供了更多有关这些程序的信息。科罗拉多州立大学(CSU)机械工程系还开发了其他程序,如 MONTE2D 和 MONTE3D。这两个程序用于计算非参与介质外壳的辐射交换因子。有关这两个程序的详细信息,请参阅第 3.16.5 节或 CSU 提供的程序介绍,网址如下：http://www.colostate.edu/~pburns/monte/code.html.

4. 有限长物体间的传热

当热流从物体 1 传递到物体 2 时，这两个物体只能观测到对方的一部分，而其他部分不可互视，该热流可由下式给出：

$$\dot{Q} = \left[\frac{1-\varepsilon_1}{\varepsilon_1} + \frac{1}{F_{12}} + \left(\frac{1-\varepsilon_2}{\varepsilon_2} \right) \frac{A_1}{A_2} \right]^{-1} A_1 \sigma (T_1^4 - T_2^2) \tag{3.53}$$

这个公式演示了 F_{12} 的用法，但它仅代表了一个理想的情况，因为不可能定位两个有限的物体，使它们只能看到彼此的一部分，而观测不到其他物体。相反互补的视角因子 $(1-F_{12})$ 不能被忽略，因为这些方向的辐射能量也必须计入热底线。

一个更现实的问题是，同样的两个物体被第三个表面所包围，第三个表面可以反复吸收热辐射，但不导热。这样，所有被第三个表面吸收的热能都将被重新吸收，没有能量能通过这个表面从系统中移走。在这种情况下，描述从物体 1 到物体 2 的热流的方程是

$$\dot{Q} = \left[\frac{1-\varepsilon_1}{\varepsilon_1} + \frac{A_1+A_2-2AF}{A_2-A_1F_{12}^2} + \left(\frac{1-\varepsilon_2}{\varepsilon_2} \right) \frac{A_1}{A_2} \right]^{-1} A_1 \sigma (T_1^4 - T_2^2) \tag{3.54}$$

该方程服从三体问题的互易条件。

注：辐射视角因子 F_{12}　热能的一部分离开物体 1 的表面，到达物体 2 的表面，这完全是由几何因素决定的。换句话说，F_{12} 是物体 1 表面可见的物体 2 的分数，范围从 0 到 1。这个量也被称为辐射形状因子。它的单位是无量纲的。

不同热参数定义如表 3.6 所示。

表 3.6　不同热参数的定义

黑体	表面发射率为 1 的物体。这样一个物体将发射它所能发射的所有热辐射（如理论所描述的），并将 100% 吸收热辐射。大多数物理物体的表面发射率小于 1，因此不具有黑体表面特性
密度 ρ	单位体积的质量。在热传递问题中，密度与特定的热量一起决定一个物体在每单位温度上升时能储存多少能量。单位为 kg/m^3
发射功率	物体每单位时间（和每单位面积）发出的热量。对于黑体，由 Stefan-Boltzmann 关系式 σT^4 给出
灰体	一种仅发射相当于一个黑体所发射热能的一小部分的物体。根据定义，灰体的表面发射率小于 1，表面反射率大于零
热流 q	流过参考基准面的热流量。单位为 W/m^2
内能 e	单位体积内物质内部能量的度量单位。对于大多数传热问题，这种能量只是由热能组成的。一个物体所储存的热能的量是由它的温度来表示的

表 3.6(续)

辐射视角因子 F_{12}	从物体 1 表面到物体 2 表面的部分热能,完全由几何因素决定。换句话说,F_{12} 是物体 2 从物体 1 表面可见的部分,范围从 0 到 1。这个量也被称为辐射形状因子。单位是无量纲的
产热率 q_{gen}	一种位置函数,用来描述物体内产生热量的速率。通常,这种新的热量必须传导到物体的边界,并通过对流和/或辐射传递出去。单位为 W/m^3
热容 c	一种物质性质,以单位质量为基础,表示物体在温度每升高一摄氏度时所储存的能量。单位为 $J/(kg \cdot K)$
Stefan-Boltzmann 常数 σ	用于辐射传热的比例常数,其值为 5.669×10^{-8} $W/(m^2 \cdot K^4)$。对于黑体,所散发的热量是由 σ 和绝对温度的四次方乘积给出的
表面发射率 ε	与理想黑体相比,物体的相对发射能力。换句话说,就是与黑体相比所发射的热辐射的比例。根据定义,黑体的表面发射率为 1。发射率也等于吸收系数或入射到被吸收物体上的任何热能的比例
热导率 k	描述给定温差下物体内热量流动速率的一种材料特性。单位为 $W/(m \cdot K)$
热扩散率 α	描述热在物体中扩散速度的一种材料特性。它是物体热导率和特定热量的函数。高导热性将增加物体的热扩散,因为热量将能够通过物体迅速传导。相反,高比热容会降低物体的热扩散率,因为热量优先作为能量储存,而不是通过物体传导。单位为 m^2/s

5. 翅片优化分析

为了使翅片材料的单位每体积传热率达到最高,有必要对翅片进行优化;优化结果可提供与设计良好的散热翅片的无量纲特性相关的一般准则[32]。G. Nellis[33] 给出了具有绝热尖端的恒定横截面的传热速率,如表 3.7 所示。

表 3.7 具有不同端部条件的等面积扩展表面的解决方案[33]

端部条件	温度分布
绝热尖端 	$\dfrac{T-T_\infty}{T_b-T_\infty} = \dfrac{\cosh[m(L-x)]}{\cosh(mL)}$
	$\dot{q}_{fin} = (T_b-T_f)\sqrt{\bar{h}PkA_c}\tanh(mL)$
	$\eta_{fin} = \dfrac{\tanh(mL)}{mL}$

表 3.7(续)

端部条件	温度分布
尖端对流 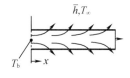	$$\frac{T-T_\infty}{T_b-T_\infty}=\frac{\cosh[m(L-x)]+\dfrac{\overline{h}}{mk}\sinh[m(L-x)]}{\cosh(mL)+\dfrac{\overline{h}}{mk}\sinh(mL)}$$
	$$\dot{q}_{fin}=(T_b-T_\infty)\sqrt{\overline{h}PkA_c}\,\frac{\sinh(mL)+\dfrac{\overline{h}}{mk}\cosh(mL)}{\cosh(mL)+\dfrac{\overline{h}}{mk}\sinh(mL)}$$
	$$\eta_{fin}=\frac{[\tanh(mL)+mLA_{R_{tip}}]}{mL[1+mLA_{R_{tip}}\tanh(mL)](1+A_{R_{tip}})}$$
指定尖端温度 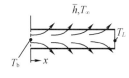	$$\frac{T-T_\infty}{T_b-T_\infty}=\frac{\dfrac{T_1-T_\infty}{T_b-T_\infty}\sinh(mx)+\sinh[m(L-x)]}{\sinh(mL)}$$
	$$\dot{q}_{fin}=(T_b-T_\infty)\sqrt{\overline{h}PkA_c}\,\frac{\left[\cosh(mL)-\dfrac{T_1-T_\infty}{T_b-T_\infty}\right]}{\sinh(mL)}$$
无限长 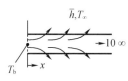	$$\frac{T-T_\infty}{T_b-T_\infty}=\exp(-mx)$$
	$$\dot{q}_{fin}=(T_b-T_\infty)\sqrt{\overline{h}PkA_c}$$

注:T_b 表示基底温度;$\overline{h}$ 表示热传递系数;T_∞ 表示流体温度;A_c 表示横截面积;P 表示周长参数;k 表示热导率;L 表示长度;$\dot{q}_{fin}$ 表示翅片热导率;T 表示温度;x 表示距离(相对于翅片底部);mL 表示翅片常数,$mL=\sqrt{\dfrac{P\overline{h}}{kA_c}}$;$A_{R_{tip}}$ 表示尖端面积比,$A_{R_{tip}}=\dfrac{A_c}{PL}$。

$$\dot{q}_{fin}=\sqrt{kA_c\overline{h}P}(T_b-T_\infty)\tanh(mL) \tag{3.55}$$

式中,mL 由下式给出:

$$mL=\sqrt{\frac{P\overline{h}}{kA_c}} \tag{3.56}$$

对于图 3.43 所示的宽度为 W、厚度为 t_h 的给定矩形,横截面积由 t_hW 确定,周长由 $2W$ 计算,考虑到厚度比宽度($t_h\ll W$)小,因此,式(3.55)可表示如下:

$$\dot{q}_{fin}=\sqrt{kt_hW\overline{h}(2W)}(T_b-T_\infty)\tanh\left[\sqrt{\frac{(2W)\overline{h}}{kWt_h}}L\right]$$

$$= W\sqrt{2kt_h\overline{h}}\,(\,T_b - T_\infty\,)\tanh(\,mL\,) \qquad (3.57)$$

其中

$$mL = \sqrt{\frac{2\overline{h}}{kt_h}}\,L \qquad (3.58)$$

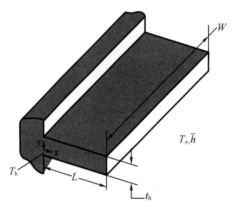

图 3.43　横截面垂直矩形剖面图[33]

单位表面宽度的传热率由下式给出:

$$\frac{\dot{q}_{fin}}{W} = \sqrt{2kt_h\overline{h}}\,(\,T_b - T_\infty\,)\tanh(\,mL\,) \qquad (3.59)$$

翅片的体积为

$$V = Wt_hL \qquad (3.60)$$

对于这种优化,每个表面宽度(V/W)的翅片材料的体积将保持不变:

$$\frac{V}{W} = t_hL \qquad (3.61)$$

因此,翅片参数 mL 可以表示为

$$mL = \sqrt{\frac{2W\overline{h}}{kV}}\,L^{3/2} \qquad (3.62)$$

单位宽度的传热可以写成如下形式:

$$\frac{\dot{q}_{fin}}{W} = \sqrt{\frac{2kV\overline{h}}{WL}}\,(\,T_b - T_\infty\,)\tanh(\,mL\,) \qquad (3.63)$$

通过求解式(3.62)计算长度 L,并允许长度以翅片参数(mL)表示:

$$L = \frac{(\,mL\,)^{2/3}}{\left(\dfrac{2W\overline{h}}{kV}\right)^{1/3}} \qquad (3.64)$$

将式(3.64)代入式(3.63)并加以整理,则单位宽度的换热可以由单位宽度的体积和翅片常数表示:

$$\frac{\dot{q}_{\text{fin}}}{W} = \sqrt{\frac{2kV\bar{h}}{W}} \frac{\left(\frac{2W\bar{h}}{kV}\right)^{1/6}}{(mL)^{1/3}} (T_{\text{b}} - T_\infty) \tanh(mL) \qquad (3.65)$$

可以简化为以下方程：

$$\frac{\dot{q}_{\text{fin}}}{W} = \left(\frac{V}{W}\right)^{1/3} k^{1/3} \bar{h}^{2/3} (T_{\text{b}} - T_\infty) 2^{2/3} \frac{\tanh(mL)}{(mL)^{1/3}} \qquad (3.66)$$

式(3.66)[33]提供了一个有用的结果；在一个典型的设计中，目标将是最大限度地提高单位宽度 $\dot{q}_{\text{fin}}/W$ 的传热速率，其与给定的体积单位宽度(V/W)、热导率、传热系数和驱动温差有关。

式(3.66)表明，随着参数($k,\bar{h}$)或($T_{\text{b}} - T_\infty$)的增加，翅片的性能会变大；然而，方程右边唯一的自由参数是翅片参数 mL。无量纲翅片性能($\tilde{q}_{\text{fin}}$)可以定义为

$$\tilde{q}_{\text{fin}} = \frac{\left(\dfrac{\dot{q}_{\text{fin}}}{W}\right)}{\left(\dfrac{V}{W}\right)^{1/3} k^{1/3} \bar{h}^{2/3} (T_{\text{b}} - T_\infty) 2^{2/3}} = 2^{2/3} \frac{\tanh(mL)}{(mL)^{1/3}} \qquad (3.67)$$

Nellis[33]进一步指出，无量纲性能定义的分母具有单位宽度的传热率，并代表了设计良好的翅片可能达到的最佳性能。无量纲性翅片能仅是翅片参数的函数，如图3.44所示。由该图可知，mL 的最佳值约为1.4。

有关这些分析的更多细节，请参阅 G. Nellis[33]的传热手册。

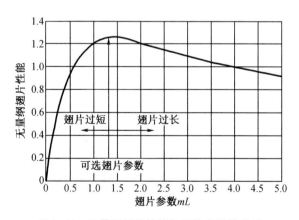

图 3.44　无量纲翅片性能与翅片参数的关系

3.12.3　热管热阻

散热器和热源之间的总温差是使用热管散热的热控制系统的一个重要特性。由于热管通常称为具有非常高的有效导热率的整体结构，因此使用类似于热传导分析中使用的热阻进行类比。当热量从热源传递到散热器时，热管的每个部分都可以被分离成一个单独的

热阻。

组合热阻提供了一种机制来模拟给定热量输入下的总热阻和从散热器到热源的温降。此外,热阻模型提供了一种方法来估算平均工作温度(绝热蒸汽温度),通常是确定给定工作条件下的传热极限所需的参数。利用热阻网络可以观察到温度梯度,图 3.45 给出了简单圆柱形热管的模型,热管的总热阻通常由 9 个串联-并联组合的热阻组成。

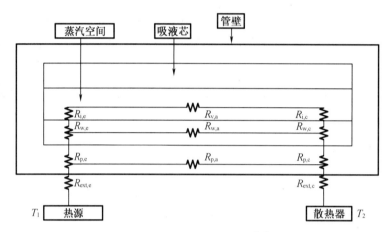

图 3.45　热管的等效热阻[34]

热阻与典型能级的估计值可总结如下:

(1) $R_{p,e}$,管壁径向热阻,蒸发段($\sim 10^{-1}$℃/W);

(2) $R_{w,e}$,饱和液体-吸液芯径向热阻,蒸发段($\sim 10^{1}$℃/W);

(3) $R_{i,e}$,液-汽界面热阻,蒸发段($\sim 10^{-1}$℃/W);

(4) $R_{v,a}$,绝热蒸汽截面热阻($\sim 10^{-5}$℃/W);

(5) $R_{p,a}$,管壁轴向热阻($\sim 10^{-8}$℃/W);

(6) $R_{w,a}$,饱和液体-吸液芯轴向热阻($\sim 10^{4}$℃/W);

(7) $R_{i,c}$,液-汽界面热阻,冷凝段($\sim 10^{-5}$℃/W);

(8) $R_{w,c}$,饱和液体-吸液芯径向热阻,冷凝段($\sim 10^{1}$℃/W);

(9) $R_{p,c}$,管壁径向热阻,冷凝段($\sim 10^{-1}$℃/W)。

通过检查热阻的典型取值范围,可以进行几种简化。首先,由于蒸汽空间的热阻以及管壁和液芯组合的轴向热阻的相对大小,管壁的轴向热阻 $R_{p,a}$ 和液芯组合的轴向热阻 $R_{w,a}$ 可被忽略。其次,液-汽界面热阻和轴向蒸汽阻力(在大多数情况下)可以忽略不计。因此,热管的主要阻力是管壁径向热阻和蒸发段与冷凝段中的吸液芯热阻。

Asselman 和 Green[35] 给出了典型应用中每个热阻的数量级估算值(表 3.8)。更多细节,读者可以参考 Peterson 的著作[12]。

表 3.8 典型应用中热阻的数量级估算值[35]　　　　　　　　单位:℃/W

热阻	数量级
$R_{p,e}, R_{p,c}$	10^{-1}
$R_{w,e}, R_{w,c}$	10^{+1}
$R_{i,e}, R_{i,c}$	10^{-5}
$R_{v,a}$	10^{-8}
$R_{p,a}$	10^{+2}
$R_{w,a}$	10^{+4}

用傅里叶定律计算平板的热管径向热阻

$$R_{p,e} = \frac{\delta}{k_p A_e} \tag{3.68}$$

式中　δ——板厚;

　　　A_e——蒸发段表面积。

对于圆柱形管道

$$R_{p,e} = \frac{\ln(d_0/d_i)}{2\pi L_e k_p} \tag{3.69a}$$

式中,L_e 是蒸发段长度(或在计算 $R_{p,c}$ 时用冷凝段长度代替)。液芯组合的热阻也可从式中找到。(3.69a)和(3.69b),其中使用有效热导率 k_{eff} 代替管壁热导率值 k_p。当涉及液芯组合的热阻时,圆管蒸发段的等效热阻式(3.69b)用式(3.69a)表示:

$$R_{w,e} = \frac{\ln(d_0/d_i)}{2\pi L_e k_{eff}} \tag{3.69b}$$

其中,有效热导率 k_{eff} 的值可通过查表 2.6 获得。在上面的公式中,d_o 和 d_i 分别是热管的外径和内径,单位为米,L_e 是夹带长度。

渗透率 K 的计算表达式如表 3.9 所示。

表 3.9 几种吸液芯结构对应的渗透率表达式

吸液芯结构	K 表达式	式中变量说明
环形干道吸液芯	$K = \dfrac{r^2}{8}$	
开式矩形槽吸液芯	$K = \dfrac{2\varepsilon r_{h,l}^2}{f_l \cdot Re_l}$	$\varepsilon = \dfrac{w}{s}$,表示孔隙度
		s 表示凹槽槽距
		$r_{h,l} = \dfrac{2w\delta}{w+2\delta}$
		w 表示凹槽宽度
		δ 表示凹槽深度
		$(f_l \cdot Re_l)$ 来自表中(a)图

表 3.9（续）

吸液芯结构	K 表达式	式中变量说明
环形吸液芯	$K=\dfrac{2r_{h,1}^2}{f_1 \cdot Re_1}$	$r_{h,1}=r_1-r_2$ $(f_1 \cdot Re_1)$ 来自表中 (b) 图
绕制丝网管吸液芯	$K=\dfrac{d^2\varepsilon^3}{122(1-\varepsilon)^2}$	d 表示吸液芯直径 $\varepsilon=1-\dfrac{1.05\pi Nd}{4}$ N 表示丝网目数
填充球	$K=\dfrac{r_s^2\varepsilon^3}{37.5(1-\varepsilon)^2}$	r_s 表示球体半径 ε 表示孔隙度 （数目取决于装填方式）

（a）

（b）

图 3.45 所示的另外两个热阻在热管热控制系统的设计中具有重要作用。这些是热源和热管蒸发段与热管散热器和热管冷凝段之间的外部热阻，分别为 $R_{ext,e}$ 和 $R_{ext,c}$。外部热阻是利用接触阻力和对流阻力的相关信息来确定的，在大多数传热教科书中都可以找到这些信息。在许多应用中，这两个热阻的总和大于热管的总热阻；因此，它们通常是应用中的控制热阻。

从热阻类比中可以得出另一个重要的结果。这种情况下，热管达到干涸状态，例如超过毛细极限，从蒸发段到冷凝段的蒸汽流将停止，热阻 $R_{v,a}$ 将显著增加，该部分热阻可能被视为无限大。因此，任何热量输入系统必须沿热管壁 $R_{p,a}$ 和液芯结构组合 $R_{w,a}$ 传输。由于轴向热阻之间有几个数量级的差距，沿热管的温降将相应地增加几个数量级。这是意料之中的，因为现在必须通过导热来传递热量，而不是利用工作液体的汽化潜热。

3.12.4 有效导热系数和热管温差

热管特性的一个重要方面是它可以在保持接近等温的条件下传递大量的热量。蒸发段和冷凝段的外表面之间的温度差可以由下列表达式来确定：

$$\Delta T = R_t Q \tag{3.70}$$

式中　R_t——总热阻，℃/W；

　　　Q——传热速率，W。

图 3.46 显示了典型热管的热阻网络和相关的热阻。在大多数情况下，总热阻可以近似为

$$R_t = R_1 + R_2 + R_3 + R_4 + R_5 + R_6 + R_7 + R_8 + R_9 \tag{3.71}$$

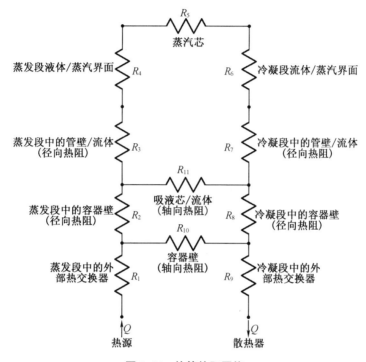

图 3.46　热管热阻网络

读者可以参考 Peterson[12] 的具体数学关系式来计算每个热阻。热管的有效导热系数定义为传热速率除以热源和散热器之间的温差：

$$k_{eff} = \frac{L_t}{R_t A_t} \tag{3.72}$$

式中　k_{eff}——热管的有效导热系数，W·m/℃；

　　　L_t——热管总长度，m；

　　　A_t——热管总截面积，m²；

　　　R_t——总热阻，℃/W。

吸液芯内饱和液体的有效导热系数 k_{eff} 值见表 2.6。在正常运行条件下，总热阻相对较小，使蒸发段的外表面温度与冷凝段的外表面温度大致相等。因此，热管中的有效导热系数可以非常大（至少比铝大一个数量级）。

例 3.3[12]　假设一个总长度为 25.4 mm 的圆形铜/水热管；冷凝段长 9.39 mm；蒸发段长 11.81 mm，由直径为 3.2 mm 的铜管制成，壁厚为 0.9 mm；吸液芯结构由磷青铜丝网（325 目）制成，丝网直径为 0.035 5 mm；冷凝段部分由 10 个尺寸约为 6 mm×6 mm，厚度为

2 mm,间距为 1 mm 的翅片组成。求热管的总热阻,忽略冷凝段末端的对流传热和蒸发段外壳外部的接触热阻。

解 整体传热系数由蒸发段管壁的热阻,蒸发段中液体和吸液芯的热阻,蒸汽在绝热段部分的热阻,冷凝段中的液芯组合和冷凝段管壁的热阻。热阻的组合可以表示为

$$U_p = \frac{1}{R_{p,e} + R_{w,e} + R_v + R_{w,c} + R_{p,c}}$$

假设温度为 373 K,则可以发现单个热阻如下:

蒸发段管壁的热阻为

$$R_{p,e} = \frac{r_o \delta_p}{2 L_e k_p} = \frac{(1.6 \times 10^{-3} \text{ m})(7.10 \times 10^{-5})}{2(0.011\ 81)(379)} = 1.59 \times 10^{-7} \text{ m}^2 \cdot \text{K/W}$$

蒸发段液芯组合热阻为

$$R_{w,e} = r_o^2 \frac{\delta_w}{2} L_e r_i k_{eff} = \frac{(1.6 \times 10^{-3} \text{ m})(7.10 \times 10^{-5})}{2(0.011\ 81)(0.000\ 695)(1.491)} = 7.43 \times 10^{-6} \text{ m}^2 \cdot \text{K/W}$$

蒸汽流动热阻为

$$R_V = \frac{\pi r_o^2 T_v F_v \left(\frac{1}{6} L_e + L_a + \frac{1}{6} L_c \right)}{p_v \lambda}$$

$$= \frac{(3.14)(1.6 \times 10^{-3} \text{ m})^2 (373.15)(168.66)(0.007\ 7)}{(0.580)(2.184 \times 10^6)(1)}$$

$$= 3.08 \times 10^{-9} \text{ m}^2 \cdot \text{K/W}$$

冷凝段液芯组合热阻为

$$R_{w,c} = \frac{r_o \varepsilon_p}{2 L_c r_i k_{eff}} = \frac{(1.6 \times 10^{-3} \text{ m})^2 (7.10 \times 10^{-5} \text{ m})}{2(0.009\ 39)(0.000\ 695)(1.491)} = 9.34 \times 10^{-6} \text{ m}^2 \cdot \text{K/W}$$

冷凝段管壁的热阻为

$$R_{p,c} = \frac{r_o \varepsilon_p}{2 L_c k_p} = \frac{(1.6 \times 10^{-3} \text{ m})^2 (8.89 \times 10^{-4} \text{ m})}{2(0.009\ 39)(379)} = 1.99 \times 10^{-7} \text{ m}^2 \cdot \text{K/W}$$

这些数值可归纳如下:

$$R_{p,e} = 1.59 \times 10^{-7} \text{ m}^2 \cdot \text{K/W}$$

$$R_{w,e} = 7.43 \times 10^{-6} \text{ m}^2 \cdot \text{K/W}$$

$$R_v = 3.08 \times 10^{-9} \text{ m}^2 \cdot \text{K/W}$$

$$R_{w,c} = 9.34 \times 10^{-6} \text{ m}^2 \cdot \text{K/W}$$

$$R_{p,c} = 1.99 \times 10^{-7} \text{ m}^2 \cdot \text{K/W}$$

在 U_p 方程中代入这些值可导出整体传热系数:

$$U_p = 5.84 \times 10^{+5} \text{ W/m}^2 \text{K}$$

3.12.5 热管工作环境

在任何热管应用中,热源和散热器的条件通常是指定的。这将决定热管运行条件以及

给定热管在特定应用中的适用性和有效性。计算方法本质上是一个循序渐进的迭代过程，最好借助一个好的计算机程序和数值实例来确定。热管的运行和非运行热环境要求代表了选择特定热管工作液体的主要限制条件，自然凝固点和临界温度也将决定流体的工作极限。然而，要在热管传热极限(即黏性、声速、夹带、毛细、芯吸和沸腾)的高安全性和最佳模式下进行设计，有效温度范围必须在这些极限的范围内。因此，正确选择工作液体需要明确的工作温度上下限。同理，通常有必要确定最大和最小非运行温度。温度上限会影响压力容器的设计，并可能影响工作液体的降解和材料的兼容性。另一方面，最低非运行温度可能会影响热管的启动行为，特别是当从凝固或低蒸汽温度状态开始运行时，热管的热传输能力可以忽略不计[36]。

散热器温度变化和温度控制要求是热控制热管设计中最重要的限制因素，会对变导热管设计工作液体和储层尺寸的选择产生较大影响。对于二极管设计，散热器温度的变化决定了所需的停滞程度和最大允许反向导热。此外，冷凝段周围任何额外的导热表面(如增加翅片)对固定热管而不是可变热管的分析和设计具有重要的指导意义。正如我们前面所讨论的，吸液芯内充满饱和液体，且热管管内的剩余体积为气相。通过外部热源加热蒸发段使该部分的工作液体汽化。吸液芯内的毛细压差驱动蒸汽从蒸发段流动到热管的冷凝段，冷凝并释放蒸汽的潜热到热管的散热器中。蒸发造成的液体损耗导致蒸发段中的液体-蒸汽界面进入吸液芯表面(图3.47和图3.48)，并形成毛细力。可以作为汽化潜热传递的热量通常比蒸发潜热大几个数量级，在传统的对流系统中可以作为显热输送。因此，热管可以以较小的单位尺寸输送大量的热量。

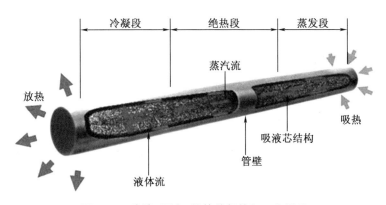

图 3.47 传统(固定)热管的部件和工作原理

由于吸液芯结构薄，蒸汽流动温降小，热管比目前已知的任何传热材料热性能都好一个数量级。与固体导体不同，热管的特性不仅取决于尺寸、形状和材料，而且还取决于结构、工作液体和传热速率。在相当大的程度上，热管内的传热具有局限性，某些情况下启动过程也会受到限制。前述已经讨论过一些方法来控制和修改这种特性，特别是在图3.49所示的常规热管中。

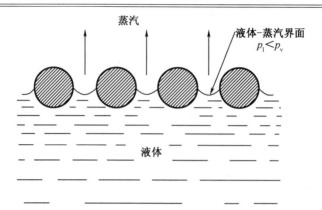

图 3.48　液-汽界面毛细力的发展[5]

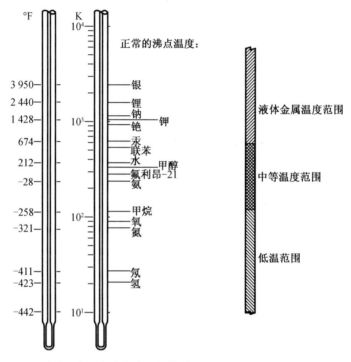

图 3.49　用于低温、中温和液态金属热管的样品工作液体的对数温度计示意图[5]

3.12.6　吸液芯结构

吸液芯是热管最重要的组成部分之一,而且是热管的基础结构,其主要作用如下[5]:

(1)冷凝液回流所需的流道;

(2)液体-蒸汽界面上的表面孔隙,用于产生所需的毛细泵送压力;

(3)容器内壁和液体-蒸汽界面之间的热流道。

一般来说,有效的吸液芯结构需要较小的表面孔隙以获得较大的毛细力,较大的内部孔隙(在垂直于液体流动的方向上)以获得更小的液体流动阻力,以及穿过吸液芯厚度的不间断高传导性热流路径以获得较小的温降。基于上述理论和要求,已经开发出多种类型的吸液芯结构,并在第 2.7.4 节中进行了描述。丝网、玻璃翅片、烧结多孔金属和在容器壁内表面切割的窄槽用作吸液芯材料。

围绕吸液芯结构分析开发了计算机程序,在第 3.15 节中介绍了梯度孔隙度热管吸液芯设计与分析计算机程序 GRADE(TRW Systems Group)[36] 和热管吸液芯设计分析计算机程序 GRADE Ⅱ[37]。这些计算机程序用于数值求解含梯度多孔纤维芯热管的微分方程。这种吸液芯的孔隙率轴向变化,因此在最大传热速率下,孔隙率刚好低到足以支撑当地的液体流动压降和任何静压头。

在 GRADE 程序中,沿吸液芯方向计算可能的最高渗透率。为了比较梯度和均匀多孔吸液芯,该程序还可以计算后者的性能。事实上,用户可以计算给定丝网直径的孔隙率,或同时计算孔隙率和丝网直径,从而为均匀孔隙率吸液芯提供最高的传热能力。

修订版本 GRADE Ⅱ 程序更完整地结合了数学模型,描述了实际的分级孔隙度吸液芯热管。特别是具有以下功能:

(1)自动计算最小冷凝段端部应力,该应力不会在蒸汽空间中产生过多的液滴或液塞;

(2)数值求解描述周向槽内流动的方程,以评估蒸干准则;

(3)液池和水坑中多余液体对热传输贡献的计算;

(4)部分饱和对吸液芯性能影响的计算;

(5)计算蒸汽流的影响,包括黏性-惯性相互作用。

吸液芯一般分为两大类:

(1)均质吸液芯;

(2)复合吸液芯。

均质吸液芯由单一材料制成,而复合吸液芯由两种或多种材料组成。第 2 章在不同类型的吸液芯中展示了均质吸液芯和复合吸液芯的几个例子。吸液芯的选择在第 3.2.2 节中有详细的描述。

3.12.7 多组分流体

为了使热管工作,其吸液芯结构中的工作液体应保持饱和液相状态。热管的工作液体范围从低温液体到液态金属。因此,热管可分为低温、中温和液态金属类型。低温与中温温度的分界线设定为 240 ℉(122 K),中温与液态金属温度的分界线设定为 670 ℉(628 K)。分类依据如下[5]:

(1)所谓的永久性气体,如氢、氖、氮、氧和甲烷的正常沸点低于 240 ℉(122 K)。

(2)汞、铯、钾、锂和银等金属的温度都在 670 ℉(628 K)以上。

(3)常见的制冷剂和液体,如氟利昂、甲醇、氨和水,在一个标准大气压下,在 -24 ℉(122 K)和 670 ℉(628 K)之间沸腾。

此外,据观察,对于大多数流体,在流体的正常沸点附近与热管性能相关的特性将达到最大值。图 3.66[5] 中显示了几种液体的正常沸点和各种热管的有效温度范围。

这三类热管除了各自有效的温度范围外,最重要的区别在于它们的最大传热能力和在相同传热速率下的温降。表3.10[5]比较了低温、中温和液态金属热管样品液体在正常沸点温度下的性质。这些变化主要是由于,与中温和低温液体[5]相比,液态金属的表面张力系数、汽化潜热和热导率通常较大。为了选择工作液体,必须评估特定工作液体的各种物理、化学和热力学特性,以确定该流体是否适合应用于特定的热管。适用的候选流体一般考虑如下因素:

(1)工作温度范围;

(2)液体传输因子;

(3)气相性质;

(4)重力场中的芯吸能力;

(5)导热系数;

(6)流体工作压力;

(7)流体相容性和稳定性。

表 3.10　与中温和低温液体性质比较[5]

性质	单位	液体		
		氮	氨	钠
标准沸点温度	℉(K)	−321(77)	−28(240)	1 621(1 156)
液体密度	lbm/ft³(kg/m³)	50.6(811)	42.5(681)	46.1(739)
液体表面张力	lbf/ft(N/m)	$6.1×10^{-4}$ $(8.9×10^{-3})$	$2.3×10^{-3}$ $(3.36×10^{-2})$	$7.9×10^{-3}$ $(1.15×10^{-1})$
液体黏度	lbm/(ft·h)(kg/ms)	0.38 $(1.57×10^{-4})$	0.65 $(2.69×10^{-4})$	0.42 $(1.74×10^{-4})$
液体导热系数	Btu/(ft·h)℉[W/(m·K)]	0.080(0.138)	0.32(0.554)	31.8(55)
汽化潜热	Btu/lbm(J/kg)	85.3 $(1.98×10^{5})$	601 $(1.40×10^{6})$	1 700 $(3.95×10^{6})$
蒸汽黏度	lbm/(ft·h)[kg/(m·s)]	0.013 $(5.39×10^{-6})$	0.020 $(8.27×10^{-6})$	0.056 $(2.32×10^{-5})$
蒸汽密度	lbm/ft³(kg/m³)	0.288(4.61)	0.056(0.90)	0.017(0.27)

表3.11[38]总结了多种热管流体及其工作温度范围。分为三个工作温度范围:低温(第1组)、中温(第2组)和高温(第3组)。直接影响热管设计和性能的特性,如 Brennan 和 Kroliczek[38]第一卷中的图4.2~4.13所示。本书第3.15.6节中提供了流体特性的详细列表以及用于编制流体特性表(热管流体,HPF)的计算机程序。

不同参数对工作液体选择的影响如下(表3.11)。

表 3.11　热管工作液的选择特性

流体	化学式	分组	相对分子质量	熔点 K	熔点 °F	标准沸点 °F	标准沸点 K	临界速度 °F	临界速度 K	临界压力 10³ N/m²	临界压力 Psi	温度范围/K	参考文献
1. 氦	He	1	4.0	1.3	-457.3	-452.1	4.2	-450.3	5.2	2.3	33.4	2.4~4.0	[6]
2. 氢	H₂	1	2.0	14.0	-434.4	-423.0	20.4	-400.3	33.0	12.9	187.2	14~33	[5,6,39]
3. 氖	Ne	1	20.2	24.5	-415.6	-410.9	27.1	-379.8	44.4	26.5	384.5	27~44	[4,6,39]
4. 氧	O₂	1	32.0	54.3	-361.8	-297.3	90.2	-181.1	154.8	50.9	738.6	55~154	[4~6,39]
5. 氮	N₂	1	28.0	63.1	-346.0	-320.4	77.3	-232.4	126.2	34.0	493.3	65~125	[4~6,40]
6. 氩	A	1	39.9	83.8	-308.8	-302.5	87.3	-188.1	150.9	50.0	725.5	85~150	[4,6,7]
7. 丙烷	C₃H₈	1	44.1	85.5	-305.8	43.7	231.1	206.3	370.0	42.6	618.1	190~367	[1,6,41]
8. 氟利昂-14	CF₄	1	88.0	89.4	-298.7	-197.8	145.5	-49.8	227.7	37.4	542.7	130~222	[10]
9. 乙烷	C₂H₆	1	30.1	89.9	-297.8	-127.6	184.5	90.2	305.5	49.1	712.4	100~305	[1,4,6,41]
10. 甲烷	CH₄	1	16.0	90.7	-296.4	-259.2	111.4	-116.8	190.5	46.4	673.3	91~190	[4,6,40,41]
11. 氟利昂-13	CClF₃	1	104.5	93.2	-291.9	-114.6	191.7	84.5	302.3	39.0	565.9	163~293	[4,6]
12. 丁烷	C₄H₁₀	1	58.1	134.8	-217.0	31.2	272.7	305.3	425.0	38.0	550.7	260~350	[1,4,6,40,41]
13. 氟利昂-21	CHCl₂F	1	102.9	138.2	-210.9	48.1	282.1	352.8	451.4	51.8	751.8	213~450	[4,6,40]
14. 氟利昂-11	CCl₃F	1,2	137.4	162.2	-167.8	74.7	296.9	388.5	471.2	44.1	639.9	293~413	[4,6,40]
15. 甲醇	CH₃OH	2	32.0	175.2	-144.3	148.5	337.9	464.1	513.2	79.5	1 153.0	273~503	[6]
16. 甲苯	C₇H₈	2	92.1	178.1	-139.1	231.0	383.7	609.3	593.9	41.6	603.6	275~473	[6,40,41]
17. 丙酮	(CH₃)₂CO	2	59.1	180.0	-135.7	133.2	329.4	455.1	508.2	47.6	690.0	250~475	[40,41]
18. 正庚烷	C₇H₁₆	2	100.2	182.6	-131.0	209.2	371.6	512.7	540.2	27.4	397.6	273~473	[6,40,41]
19. 氨	NH₃	1,2	17.0	195.5	-107.8	-28.0	239.8	270.4	405.6	112.9	1 638.0	200~405	[4~6,40]
20. 间二甲苯	C₈H₁₀	2	106.2	225.3	-54.1	282.5	412.3	654.9	619.2	36.5	529.6	275~473	[6,41]
21. 汞	Hg	2,3	200.6	234.3	-37.9	674.5	630.1	2 714	1 763	1 510	21 910	280~1 070	[6,39,42]

表 3.11（续）

流体	化学式	分组	相对分子质量	熔点 K	熔点 °F	标准沸点 K	标准沸点 °F	临界速度 K	临界速度 °F	临界压力 10^3 N/m²	临界压力 Psi	温度范围/K	参考文献
22. Dowtherm E		2	147.0			453.4	356.4	690.2	785.0	40.3	584.7	283~610	[43]
23. 水	H_2O	2	18.0	273.2	32.0	373.2	212.0	647.3	705.4	221.2	3 210	273~643	[6]
24. 苯	C_6H_6	2	78.1	278.7	42.0	353.3	176.2	562.6	553.0	49.2	713.9	280~560	[6,40]
25. Dowtherm A		2	166.0	285.2	53.6	531.1	496.4	801.2	982.4	40.2	583.3	373~670	[6]
26. 铯	Cs	3	132.9	301.6	83.2	943.0	1 237.8	2 050	3 230	117.0	1 698.9	400~1 500	[6,39]
27. 钾	K	3	39.1	336.4	145.8	1 032.2	1 398.3	2 250	3 590	160.0	2 322	400~1 800	[6,39]
28. 钠	Na	3	23.0	371.0	208.1	1 152.2	1 614.3	2 500	4 040	370.0	5 369	400~1 500	[6,39]
29. 锂	Li	3	6.9	453.7	357.0	1 615.0	2 447.0	3 800	6 380	970.0	14 074	500~2 100	[6,39]
30. 银	Ag	3	107.9	1 234	1 761	2 450.0	3 950.3	7 500	13 040	336.0	4 875	1 600~2 400	[9,39,42]

3.12.8　最大热通量

热通量,有时也称为热流密度或热流强度,是单位时间内通过单位面积的能量流。采用国际单位制,单位为 W/m^2。它既有方向又有大小,所以是矢量。为了确定空间中某一点的热通量,通常需要考虑表面尺寸变得非常小的极限情况。

热通量通常用 ϕ_q 表示,下标 q 指定热量,而不是质量或动量通量。物理学中最重要的热流现象是描述热传导的傅里叶定律(图 3.50)。

一般来说,传热速率用符号 Q 表示。常用的传热速率单位是英制的 Btu/h 或国际单位制的 W/h。有时,确定单位面积的传热速率或热通量很重要,其符号为 Q''。热量单位为英制 $Btu/(h \cdot ft^2)$ 或 $W/(h \cdot m^2)$。热通量可由传热速率除以传热面积来确定:

$$Q'' = \frac{Q}{A} \tag{3.73}$$

式中　Q''——热通量$[Btu/(h \cdot ft^2)]$ 或 $[W/(h \cdot m^2)]$

　　　　Q——传热速率(Btu/h) 或 (W/h);

　　　　A——面积(ft^2) 或 (m^2)。

我们还应该了解,热传导效率这一固体材料的热特性,其通过热导率(k)来衡量,单位为 $Btu/(h \cdot ft \cdot °F)$ 或 $W/(h \cdot m \cdot °C)$。它是对固体中传递热量能力的一种度量。大多数液体和固体的热导率随温度而变化。蒸汽的热导率则取决于压力。

除了毛细、声速和夹带极限外,热管性能还受到蒸发段热通量的限制。热通过管壁和自少部分吸液芯传入和传出热管。如果轴向热通量过大,工作液体的循环会受到严重影响,热传输能力可能由轴向热通量控制,而不是由轴向热通量控制。

轴向热通量的限制不像冷凝段、水动力形态那样好理解。冷凝段的热通量似乎没有限制。高的冷凝段热通量当然会直接影响到热管的导热性,但不会影响工作液体的循环,而蒸发段的热通量则有一定的上限限制轴向传热。

与前面描述的限制不同,该限制规定了最大轴向热传输 Q''_t,热通量限制规定了最大径向蒸发段热流密度 Q''_e。这两个量通过蒸发段区域 A_e 关联如下:

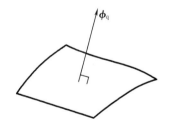

图 3.50　热通量 ϕ_q 穿过表面

$$Q''_t = q''_e A_e \tag{3.74}$$

因此,对于给定几何形状的蒸发段,热通量限值也规定了最大轴向传输热量。热通量极限通常被认为与吸液芯中的泡核沸腾开始时间一致。热量从热管壁通过吸液芯传导,并假设蒸发发生在液-汽相界面。这个模型已经被大量的实验所证实[44-46]。当吸液芯内发生沸腾时,产生的蒸汽泡会减少液体流动面积,从而降低输送能力[3]。

随着泡核沸腾的开始,以前建立的流体动力学方程不再适用,因为它们是基于完全饱和吸液芯中的一维层流液体流动给出的,数学模型的分解不一定表示传热极限。由于流体力学理论不考虑吸液芯中的沸腾,因此确定泡核沸腾开始时的热通量极限是一种很好的设计实践[3]。沸腾热通量极限对应于液体中产生"临界"过热 $\Delta T_{critical}$ 的导热热通量。因此，沸腾热通量极限为

$$q_{max} = \frac{K_{eff}}{t_w}\Delta T_{critical} \tag{3.75}$$

其中 K_{eff} 是吸液芯-液体基质的有效导热系数。第 2.7.7 节讨论了有效热导率的模型。Marcus[33] 推导了临界过热度的表达式，该表达式基于类似于适用于平面泡核沸腾的标准：

$$\Delta T_{critical} = \frac{T_{sat}}{\lambda\rho_v}\left[\frac{2\sigma}{r_n} - (\Delta P_i)_{max}\right] \tag{3.76}$$

式中　T_{sat}——流体的饱和温度；

　　　r_n——临界形核腔的有效半径。

这个方程基于这样一个假设：如果与局部过热有关的内部蒸汽压超过饱和毛细力的限制力，则汽泡尺寸将会有一定程序的增长。形核腔半径 r_n 是沸腾表面的函数。光滑表面的典型值介于 10^{-4} 和 10^{-3} cm 之间。对于粗糙的表面，关于成核腔的临界半径知之甚少，但上限肯定是吸液芯的孔径。

该模型预测的过热容限非常保守。即使用临界半径的下限，计算的临界过热度有时也比实际测量值低一个数量级。Marcus[44] 将此归因于成核位置不存在气相，因为热管中含有高度脱气的工作液体。然而，仅通过温度测量很难检测到初始沸腾，并且许多提供内部产生的蒸汽的充分排放的吸液芯可以在不影响流体力学极限的情况下容忍一些泡核沸腾。

每个吸液芯都有一个明确的热通量上限，当吸液芯内产生的蒸汽速率非常高以至于无法从加热表面快速逃逸时，就会达到这个上限。这相当于毛细力无法以足够的速率补充液体。吸液芯中的沸腾和相关的热通量一直是许多研究的主题[3]。

3.12.9　尺寸和质量限制

施加的重力或外部加速度可能会在热管内产生某种静压降，从而限制特定应用场合下热管的长度。此外，对于热管尺寸和质量的限制可能是由应用场景的体积限制和最小系统质量的要求造成的。任何用于热管设计的应用程序也将定义热源所覆盖的区域，从而确定热管蒸发段的表面积。根据热管的应用以及设计师为冷却加热部件而制定的应用目标，热管冷却系统的尺寸和质量将通过将加热部件的温度保持在尽可能接近热源温度的方式达到最小化。

当散热器和热源温度计算使用稳态或瞬态程序时，热管设计师应着重关注尺寸和质量，以使传递到热管冷却系统的热负荷最小化。但是，用于给定应用的材料类型、强度、运行环境及其兼容性考虑因素可能会将被冷却部件的温度限制在远低于热源温度的水平[23]，有一些计算机程序可以提供与热管设计非常相似的材料强度分析，并实现第 3.17.1. 节中提到的操作要求。

另一方面，如果传热的目标是以特定的速率将热量从较热的热源传到较冷的散热器，特别是在涉及热交换器的情况下，那么尺寸优化就变得更加复杂。热交换器将由数量相对

较多的单独热管组成。热管的总累积面积将由热交换器热侧和冷侧的流体性质和流速以及流道和热管尺寸决定[23]。最小化系统尺寸的一个最重要的考虑因素或约束条件是通过调整系统变量使得冷侧和热侧的热传输系数达到最大值。然而,总体系统尺寸的减小通常与热交换器流体压降的增加相一致,只要系统尺寸可以减小,就可以允许给定所需的适当压力。

3.12.10 温度限制

如果热管的设计不是由热源或其他温度变化或限制所决定,则热管温度上限可能会受到热管材料强度的限制,该强度通常随着温度的升高而降低。氧化或耐腐蚀涂层的有效性降低可能会对温度上限造成影响,这是一个值得关注的问题。热管运行的另一个上限温度约束来自设计的沸腾极限。如果出现这种情况,应考虑更换另一种工作液体,且本章提供了许多不同的计算机程序来克服这个问题(稳态和瞬态条件)。对于钠热管(即高温环境,如核反应堆芯冷却系统),如果遇到沸腾极限,强烈建议用另一种流体(如锂)替换该热管的工作液体。然而,可能有必要在更高的温度下运行锂热管,以确保蒸汽压足够高,以避免出现毛细、声速或夹带极限。

3.12.11 制造和成本限制

热管越难制造,成本就越高。制造的某些方面由设计师控制,而其他方面则可能与应用本身有关。一个典型的例子是热管冷却反应堆系统,高温热管将核反应堆产生的热量输送到相关的能量转换系统。为了避免直接的核辐射泄漏,可能要求热管元件沿着一条弯曲的管路通过辐射屏蔽层。类似地,高速飞机停滞区的极高入射热流可能要求热管冷却系统的蒸发段区域有一个非常薄的吸液芯,以避免沸腾极限[23]。

相对较厚且具有相对较粗的孔结构的单层芯材,可以比设计较复杂且具有较细孔结构的薄双层芯材更容易制造,成本也更低。

因此,如果钠热管的工作温度可以保持在 1 700 ℉(927 ℃)或更低,则由合金(如Hastelloy X 或 Haynes 188)制成的超级合金结构是可行的。更难加工的难熔合金(如 TZM钼)可能需要在更高的温度下进行,另外还需要一层抗氧化涂层[23]。

在热管应用的限制范围内,可能存在相当大的设计权衡空间,因此,对最小尺寸和质量的热管系统的需求将与材料强度和腐蚀特性、可制造性和成本等因素相平衡。最终的设计决策可能取决于设计师的经验和判断[23]。

3.12.12 热管面积–温度关系

确定热管尺寸和工作温度的程序和设计步骤将取决于热管与热源和散热器的热耦合方式。这些因素由 Silverstein[23]利用图 3.51 示意性的表示。图 3.51(a)~(c)中的经验法则和它们的共同点是,将热源和热管之间的热传递速率等同于热管和散热器之间的热传递速率,可以建立图 3.51 中所有情况下需要考虑的面积-温度关系。

如图 3.51(a)所示,热管用于将温度为 T_h 的热气体中的热量传递到温度为 T_c 的较冷气体中。这种情况代表了热管换热器的单级传热。热侧(蒸发段)的传热系数为 h_h,冷侧(冷凝段)的传热系数为 h_c[23]。热管的表面积热侧为 A_e,冷侧为 A_c。假设气体和热管之间的传热速率与其热含量相比较小,T_h 和 T_c 保持近似恒定。

假设热管温度 T_p 为常数(壁温和芯温 ΔT_s 和沿热管长度的 ΔT 可忽略不计)[23]。

由两种气体之间的热平衡得出如下方程:

$$h_h A_e (T_h - T_p) = h_c A_c (T_p - T_c) \tag{3.77}$$

$$\frac{A_c}{A_e} = \frac{h_h}{h_c} \left[\frac{(T_h/T_c) - (T_p/T_c)}{(T_p/T_c) - 1} \right] \tag{3.78}$$

对于图 3.51(a),A_c/A_e 作为 T_p/T_c 的函数,$T_h/T_c = 2$,$h_h/h_c = 1$。

注意:所需的冷侧面积与热管温度成反比,从 $T_p = T_h$ 时的零到 $T_p = T_c$ 时的无穷大不等。

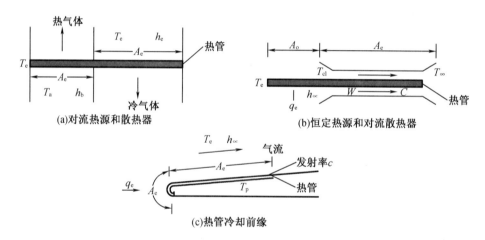

图 3.51 热源、散热器配置的热管[23]

3.12.13　热管制造

无论是固定热导热管(FCHP)还是可变热导热管(VCHP)的结构都是非常重要的,因此需要仔细检查,以获得收益为目标,最终生产出更便宜、更可靠的热管。需要考虑所有热管制造商常用的方法,包括外壳和吸液芯清洗、封端和焊接、机械验证、抽气和充注、工作液体纯度和充注管截断。本节中展示了由 Edelstein 和 Haslett[48]完成的研究,作为 Grumman 航空航天公司为 NASA 准备的最终报告的一部分,该研究的热管仅限于中温铝和不锈钢热管与氨、氟利昂-21 和甲醇工作液体。对现有制造商的技术和程序进行审查和评估,并结合特定的面向制造的测试结果,得出了一套推荐的具有成本效益的热管制造规范,可供所有制造商使用。

热管主要由五个部件组成,如图 3.52 所示,即外壳(或容器)、吸液芯、端盖、注入管和工作液体。

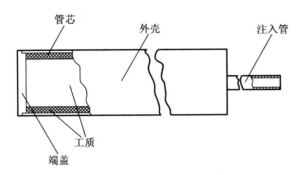

图 3.52　热管的典型结构

　　上述章节中详细讨论了热管工作液体和材料的选择以及管道部件的尺寸。本节将介绍热管的制造技术。图 3.53 说明了由 Edelstein 和 Haslett[48] 提出的资材料改写而成的热管制造过程中涉及的基本操作流程。从图中可以看出,制造的基本要素是零件制造、清洁,组装和焊接、排气和充注、充注管闭合和验收试验。它们构成了本节的主要内容。

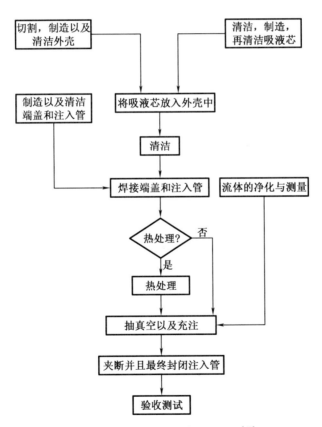

图 3.53　热管制造的典型流程图[48]

　　正如本节标题所示,这项工作涉及降低生产热管的成本,以与现有的热控制设备(如加热器、涂层、百叶窗等)竞优。本节的一个关键目标是制定标准化的制造程序,以确保最终产品的可靠性。例如,通过评估和确定可接受的清洁程序,可提高制造出的热管的可靠性。此外,由于每个制造商目前使用的都是独特的工艺,因此提供给用户的热管的规格和质量各不相同。该领域存在大量重复工作,许多公司的程序都是迭代建立的,这是一种成本高昂且耗时的技术开发方法。

因此,本书阐述的方法只起到抛砖引玉的作用,最终将为所有制造商开发基本的热管制造规范和细则。考虑到热管种类繁多,在不同领域以及不同的温度范围内均有应用,因此决定将该项研究限定在那些目前常用的领域。选择在中等或室温范围内工作的单流体装置(Edelstein 和 Haslett[48]),材料是铝和不锈钢外壳及吸液芯,工作液体为氨、氟利昂-21和甲醇,有关这项研究的详情,请参阅他们的报告。

制造热管所涉及的基本操作流程图如图3.73所示。制造周期的主要要素概述如下:

1. 密封和吸液芯清洁

目前存在的最重要的制造问题是缺乏一个简单可靠、有效的热管外壳和吸液芯清洁程序。例如,铝热管的不完全脱水已被证明是许多热管制造程序主要的缺点。制造商目前正在使用各种技术,取得了不同程度的进展。在 Edelstein 和 Haslett[48] 报告的第三部分中,介绍了这些技术的经验,以及推荐铝和不锈钢的详细清洁程序,包括铝的溶剂、酸和碱清洗,以及不锈钢的钝化。

2. 端盖和焊接

设计不当的端盖或不良的焊接技术可能导致可修复接头无法通过 X 射线检查,甚至无法使用。同时可能存在 X 射线无法检测到的焊接缺陷,这些微小的缺陷可能在使用过程中出现问题,导致泄漏、裂纹,甚至灾难性的机械故障,各种力(如疲劳循环、内部焊接应力释放或应力集中)触发作用。本节对过去使用的一些接头设计进行了评估。Edelstein 和 Haslett 的报告[48]的第四部分,对于铝和不锈钢,建议分别采用方形对接接头和唇形对接接头端盖设计。此外,氩弧焊被推荐为最具成本效益的焊接技术。

3. 机械验证

经过无损检测验证的良好结构设计对热管长期、可靠运行至关重要。在规定许用设计应力、耐压和爆破压力时,建议采用 ASME 压力容器规范。Edelstein 和 Haslett[48] 的报告第5节也提出了一些简化的方法,包括由于内压、端盖、热膨胀、鞍形附件、弯管和动态加载而产生的应力效应。在预充液和后充液过程中,对氨、氟利昂-21 和甲醇的泄漏检测具有成本效益的方法包括 X 光检查、水下加压、氦气检测和硫酸铜/乙二醇(用于氨)。

4. 抽气和充注

装料前从热管中排出异物可有效防止随后出现不凝性气体。排空过程中移除的材料量是许多变量的函数:装料管几何结构、排空过程中的管道温度、排空时间、之前清洁操作的杂质等。在 Edelstein 和 Haslett[48] 的报告中,试图通过实验关联其中一些变量。这种相关性构成了推荐有效抽气参数的基础。介绍了不同制造商使用的高压和低压液体的充注技术以及充注瓶的制备方法。根据试验数据和制造商的经验,概述了尽量减少有害杂质引入的技术。

5.流体奇偶校验

制造商提供的工作液体有不同的等级,不同的纯度级别。通过经过认证的分析,了解哪些杂质存在,以及在何种程度上决定是否需要额外的净化是很重要的,不能仅考虑充注前管道中的杂质。Edelstein 和 Haslett[48]的报告第 7 节指出,与抽气后残留的气体相比,在管壁上吸收的杂质可能更多。本文介绍了一些技术,使设计者能够根据杂质水平、管道设计和操作条件快速估计冷凝段堵塞情况,从而使设计者能够估算出其特定应用中杂质的最大数量。

6.充注管封口

对热管进行的最后一个机械操作是永久密封工作液体。如果处理不当,在处理过程中会发生不凝性气体的泄漏,这可能导致管道报废或将其置于昂贵的翻新循环中。除了技术上的不同,大多数制造商采用相同的程序,依次进行以下步骤:将充注管压扁以形成临时的封闭,将充注管从充注阀切断,最后焊接切断的端口(参见 Edelstein 和 Haslett[48]报告的第 8 节)。报告中对于一些可以使封口操作不那么依赖于操作者的技术,也进行了介绍。

在本报告中,详细讨论了上述的各项内容。最后,基于这些评估,Edelstein 和 Haslett[48]的报告第 9 节提出了一个初步的基本制造规范,代表了建立标准化制造程序的初步尝试。

要了解更多细节,强烈推荐阅读 Edelstein 和 Haslett[48]的研究报告。

3.13　最佳热管

最佳热管是遵循最佳设计和制造准则的热管。一般来说,选择热管元件的标准,如流体、吸液芯和容器,可做讨论的内容不多。本节简要介绍了热管定量设计的具体步骤,以供本书读者全面回顾。

选择最合适的工作液体是一个重要的步骤,所选择的工作液体应能够在热管所需的工作温度范围内工作且不凝固。表 3.12 简述了几种热管流体的有效工作温度范围以及熔化和沸腾温度。

对于给定的设计问题,通常规定热管的热源和散热器条件,热管的工作温度通常可以用冷凝段和蒸发段管壁温度的平均值来计算。在近似的温度范围内,可能存在多种符合条件的流体,必须检查流体的各种特性,以确定在给定的应用中接受程度最高的工作液体,基本要求如下:

(1)较高的汽化潜热,使大量的热量以较低的液体质量流量轴向传递,从而保持热管内的低压降。

(2)较高的液体和蒸汽密度,以适用给定质量流量和雷诺数下小横截面吸液芯和蒸汽通道面积。

(3)较高的液体表面张力,使热管运行时能够通过产生较高的毛细驱动力来对抗重力。

(4)低液体和蒸汽黏度,以尽量减少对流体流动的阻力。

(5)高导热系数,以减小径向的温度梯度,减少吸液芯壁面处发生成核沸腾的可能性。

（6）工作液体、容器和吸液芯材料之间必须能够相容。

（7）在工作温度范围内具有良好的热稳定性，避免因温度波动而产生化学分解。

（8）可接受的凝固点，以确保低黏度，特别是在启动时，这种要求更显著。

（9）吸液芯材料和管壁材料的良好润湿性。

（10）蒸汽压在工作温度范围内不能过高或过低。流体的蒸汽压不应过大，即使管壁很厚，也能够确保不出现压力过低导致低蒸汽密度或高压下蒸汽流动下降。

（11）在某些应用中可能需要考虑流体的毒性和易燃性。

表 3.12　不同工作液体的热管工作温度

介质	熔点/℃	在大气压下的沸点/℃	有效范围/℃
氦	−271	−261	−271～−269
氮	−210	−196	−203～−160
氨	−78	−33	−60～100
戊烷	−130	28	−20～120
丙酮	−95	57	0～120
甲醇	−98	64	10～130
全氟甲基环己烷①	−50	76	10～160
乙醇	−112	78	0～130
庚烷	−90	98	0～150
水	0	100	30～200
甲苯	−95	110	50～200
十七氟十氢萘②	−70	160	0～225
Thermex③	12	257	150～350
汞	−39	361	250～650
铯	29	670	450～900
钾	62	774	500～1 000
钠	98	892	600～1 200
锂	179	1 340	1 000～1 800
银	960	2 212	1 800～2 300

注:（有效工作温度范围仅做参考）上述大多数介质的全部性能在附录 A 中给出。

①②对于电气绝缘有要求。

③又称为 Dowtherm A，一种由二苯醚和二苯基组成的共晶混合物。

热管主要涉及以下 5 个方面的应用:分离热源和散热器、温度展平、热流转换、温度控制和作为热二极管或开关。其中两个主要的应用为冷却电子元件和换热，涉及以上所有内容，且所有的功能都是极为重要的。在采用热管的热交换器中，其关键作用为热源和散热器的分离以及作为热二极管或开关。

最佳热管是根据以下准则简要设计的：

热管装配设计指南

关于重力的方向

为了获得最佳性能,应在热管系统中发挥重力的作用,也就是说,以重力方向为参照,蒸发段(加热)的高度应低于冷凝段(冷却)的高度。在重力不能协助冷凝液回流的其他方向上,整体传热性能会下降。性能下降的程度取决于许多因素,包括吸液芯结构、长度、热管的工作液体以及热通量。可以通过精细设计最大限度地降低性能损失,并可以准确预测热管性能。

温度限制

大多数管道使用水和甲醇/酒精作为工作液体。根据吸液芯结构的不同,热管可以在最低 40 ℃ 的环境中运行。温度上限取决于工作液体类型,平均上限温度为 60~80 ℃。

散热

可以使用空气冷却结合传统的挤压、粘合翅片式散热器或扁平翅片从冷凝段中散热。将冷凝段封闭在冷却套管中,使用液体进行冷却。

可靠性

热管没有活动部件,使用历史已超过 20 年。决定热管可靠性的最重要的因素是制造过程。管道的密封性、吸液芯结构中使用的材料的纯度以及内部腔室的清洁度对热管的长期性能具有显著的影响。任何程度的泄漏都将使热管无法使用,内部腔室和吸液芯结构的污染将会促进不凝气体(NCG)生成,随着时间的推移会降低热管的传热性能。需要完善的工艺流程和严格的测试以确保热管的可靠性。

塑形

热管易于弯曲或固定,能够很好地适应散热器设计的需要。热管的形变可能会影响功率处理能力,因为弯曲和变形会导致热管内部流体运动发生变化。因此,考虑热管配置和对热性能影响的设计规则可确保获得理想的传热性能。

长度和管径的影响

冷凝段和蒸发段之间的蒸汽压差决定蒸汽从一端到另一端的速度。热管的直径和长度也影响蒸汽移动的速度,在设计热管时必须加以考虑。直径越大,可用于允许蒸汽从蒸发段移动到冷凝段的横截面积越大,从而使得热负荷增大。反之,与重力方向相反的热管长度不利于传热,因为工作液体从冷凝段返回蒸发段的速率受吸液芯的毛细极限控制,而吸液芯的毛细极限是长度的反函数。因此,在没有重力辅助的热管应用中,较短的热管比较长的热管可以承载更多的热量。

吸液芯结构

热管内壁可内衬多种吸液芯结构,最常见的 4 种是：
(1)凹槽;

（2）丝网；

（3）烧结金属粉末；

（4）翅片/弹簧。

吸液芯结构为液体提供了一条通过毛细作用从冷凝段流向蒸发段的通路。吸液芯结构的性能优劣取决于散热器设计的期望特性。一些结构的毛细极限较低，使其不适用于在没有重力辅助的情况下工作。

3.14 设计实例

该实例直接选自 Chi 书[5]中的示例。本书作者在获得许可的情况下复述该部分内容，以论证上述各节的应用。本节中介绍的一些计算机程序是基于 Chi[5] 提出的理论开展的。现给出一个数值例子。

问题和例子

设计一个外径为 3/4 in（0.019 1 m）的热管，带有缠绕式丝网吸液芯，用于在 400 ℉（478 K）温度下传输 100 Btu/h（29.3 W）的热量。受空间所限，热管长度为 4 ft（1.22 m）；其中一半是蒸发段，另一半是冷凝段。需要注意的是，热管此时不需要绝热段。此外，蒸发段必须高出冷凝段 3 in（0.076 2 m）。

解 我们从选择流体和材料开始设计。对于工作温度为 400 ℉（478 K）的管道，即 860 R，水或甲醇是合适的工作液体（图 3.5）。然而，图 3.6 和 3.7 表明，水比甲醇具有更好的液体传输和导热特性。因此，选择水作为工作液体。表 3.5 表明，铜、镍和钛是水热管的相容材料，但图 3.19 显示，铜在 860 °R（478 K）时具有优异的导热特性。此外，使用铜的成本更低。因此，选择铜作为热管容器和吸液芯的材料。

从上述初步考虑，我们确定了使用 H_2O/Cu 热管。图 3.14 表明了在马赫数等于 0.2 时，一个外径为 3/4 in（0.019 1 m）水热管的轴向热流为 106 Btu/h（29.3 W），即在 100 Btu/h（29.3 W）下，可以保证本设计方案的可压缩性。容器尺寸现在可以用以下方式确定。在 860 °R（478 K）时，水汽压为 250 psi（$1.72×10^6$ N/m^2）（见图 3.12～图 3.15）和共同的极限拉应力（UTS）为 18 kpsi（$1/24×10^8$ N/m^2，见附录 B）。图 3.16 表明，所需的管径比 d_o/d_i 保守的选取为 1.15。表 3.4 表示外径为 3/4 in（0.019 1 m）、壁厚为 0.049 in（$1.2×10^{-3}$）（即 18 Bwg）的管子。其 $d_o/d_i=1.15$，d_i 为 0.652 in（0.016 6 m）。然后选择该管作为热管容器，当 $p_v=250$ psi（$1.72×10^6$ N/m^2）和 UTS 等于 18 kpsi（$1.24×10^6$ N/m^2）时，从图 3.17 得知端盖厚度与直径比为 t/d_o 等于 0.08。因此，所需的端盖厚度为 0.06 in（$1.52×10^{-3}$ m）。确定好热管的尺寸后，即可以进行吸液芯的设计。管子有 1 in 的高度差（$7.62×10^{-2}$ m）（蒸发段在上），总长度为 4 ft（1.22 m），d_i 为 0.652 in（$1.66×10^{-2}$ m）。因此，需要克服的静水压高度 h_s 为 0.304 ft（$9.3×10^{-2}$ m），计算方法如下：

$$h_s=3+0.652\left[\frac{48^2-3^2}{48^2}\right]^{1/2}=3.647 \text{ in}=0.304 \text{ ft}（=9.3×10^{-2} \text{ m}）$$

由于 860 R(478 K)时每英尺水的静水压力为 56 lbf/ft²(2.68×10³ N/m²)(图 3.22),该管需要克服 17 lbf/ft²(8.14×10² N/m²)的静水压。现在可以借助图 3.23(c)选择金属丝网,使最大毛细压力约为 17 lbf/ft²(8.14×10² N/m²)的 2 倍。即选择 250 目(9.84×10³ m⁻¹),p_{cm} = 32 lbf/ft²(1.53×10³ N/m²)的金属丝网。所需的吸液芯厚度现在可以依据式(2.7c)和(2.76)定义如下:

$$(QL)_{capillary_{max}} = \frac{p_{cm} - \Delta p_\perp - \rho_1 g L_t \sin\psi}{F_1 + F_v}$$

本实例中$(p_{cm} - \Delta p_\perp - \rho_1 g L_t \sin\psi)$的值为 15 lbf/ft²(7.18×10²N/m²),即 32 lbf/ft²(1.53×10²N/m²)减去 17 lbf/ft²(8.14×10² N/m²)。由图 3.24(c)可知,d_v = 0.5 in(1.27×10⁻² m)的水在 T_v = 860 °R(478 K)下的 F_v 值为4×10⁻⁶(lbf/ft²)/(Btu/h)[2.2×10⁻³(N/m²)]/(W·m)。假设 d_v = 0.5 in(1.27×10⁻² m),我们得到 A_w = 9.55×10⁻⁴ ft(8.87×10⁻⁵ m²)。然后 F_1 = $F_1 A_w/A_w$ = 0.048 2(lbf/ft²)/[(Btu·ft)/h][25.9(N/m²)]/(W·m)]。替代$(p_{cm} - \Delta p_\perp - \rho_1 g L_t \sin\psi)$,$F_v$ 和 F_1 在上述公式中$(QL)_{capillary_{max}}$ = 411 Btu ft/h(27.8 W·m)。所考虑的设计所需的(QL)等于 200 Btu·ft/h(17.9 W·m)。

$$(QL) = 0.5(L_e + L_c) Q = 200 \text{ Btu·ft/h} (= 17.9 \text{ W·m})$$

因此,假定 d_v 为 0.5 in(1.72×10⁻² m)为适合考虑的设计。综上我们设计了一种热管的规格如表 3.13。

表 3.13　设计的热管规格

工作液体	H_2O
容器材料	铜
吸液芯材料	铜
容器外径	0.75 in(1.91×10⁻² m)
容器内径	0.652 in(1.66×10⁻² m)
汽芯直径	0.5 in(1.27×10⁻² m)
端盖厚度	0.060 in(1.52×10⁻³ m)
丝网目数	250 in⁻¹(9.84×10³ m)
丝网钢丝直径	0.001 6 in(4.06×10⁻⁵ m)
吸液芯厚度	0.076 in(1.93×10⁻³ m)(24 层)

为了检查管道的夹带和沸腾极限,我们从图 3.19(c)和图 3.23(c)得知,每 in²(m²)蒸汽芯横截面积的夹带极限为 2.5×10⁵ Btu/h(1.13×10⁸ W),每 ft(m)蒸发段长度的沸腾极限为 210 Btu/h(202 W)。即指定管道的 Q_{eMax} 和 Q_{bMax} 分别为 491×10⁴ Btu/h(1.44×10⁴ W)和 240 Btu/h(123 W)。这两个限制都超过了 100 Btu/h(29.3 W)的热传输要求。因此,上述设计的管道将在 400 °F(478 K)和 100 Btu/h(29.3 W)条件下运行。

3.15 用于热管设计的计算机程序

在过去的 20 年里,相关研究人员编写了很多热管计算机程序。下述内容列出了这些程序并给出了相关研究人员和其他相关信息以及市场上每种程序的可用性。此外,每个程序都在本章的不同部分中以自己的名称定义,以描述其功能。这些程序大多数是用于作为指定的吸液芯和流体性质的函数,预测水动力行为或最大输热能力。在大多数情况下,程序仅限于特定的吸液芯类型,如 GAP(槽分析程序)[49-50]计算机程序,该程序是为轴向槽道吸液芯热管而开发的。

HPAD[51] 和 MULTI WICK[52] 的用途相对广泛,因为考虑了许多不同的吸液芯设计。目前开发的这些程序都无法预测重力辅助下热管的性能,在许多商业应用中也是如此。

GASPIPE2[53] 和 VCHPA 都适用于气控变导热管的设计和分析。GASPIPE2 用途更广泛,包含轴向热传导和质量扩散。热储或冷储的主动或被动控制都可以用 GASPIPE2 处理。除了这些程序外,还开发了一些子程序,以便结合使用现有的程序来定义稳态和在某些情况下瞬态热管行为。

ANLHTP[43] 是由阿贡国家实验室开发的一种用于模拟热管运行的计算机程序。该程序可预测热管稳态运行时的性能和温度分布,但不能进行瞬态计算。

美国宇航局 Lewis 稳态热管程序[39] 是由 Lewis 研究中心开发的,可以预测热管在稳态下的性能、吸液芯结构的性能,且该程序允许用户自定义相关内容。

Chi[2] 也开发了一些低温和高温热管程序。NASA 开发的第一个低温热管数学模型[2],能够研究使用不同工作液体的热管性能,以及工作液体性质变化对低温热管性能的影响。

在 Chi 开发的高、低温热管[1]数学模型中,首先分析了一种与热管性能相关的传热传质理论,然后编写了计算高温热管传热极限和低温热管传热极限与温度梯度的两个数学模型。

HTPIPE 是一个在 CRAY 计算机上运行的稳态热管分析程序[54],最初由 Keith A. Woloshun、Michael A. Merrigan 和 Elaine D. Besty 研发,后续银河高级工程公司对其进行了修改,增加了 UGL 图形能力,以描绘分析结果。HTPIPE 有两个输入/输出(I/O)选项:(1)沿热管的压力和温度分布;(2)计算传热极限。压力和温度曲线是根据用户指定的边界条件计算的,可以是以下任意四个条件之二:①输热量;②蒸发段出口温度;③热源温度和④冷源温度。传热极限表示在指定的蒸发段出口温度下的最大热传输极限。可计算的传热极限包括毛细极限、黏性极限、声速极限、夹带极限和沸腾极限。

用户输入是交互式的,在单个程序执行过程中具有可修改参数,以方便热管设计优化。用户使用手册中包括程序列表和流程图,还描述了水动力模型,详细的程序输入和输出,并给出了参考示例。HTPIPE 采用的热管设计理论及公式与洛斯阿拉莫斯国家实验室所用是一致的。

最近,Kamotani[55] 完成了轴向凹槽热管(HT GAP)的热分析程序设计。该程序可用于预测蒸发段和冷凝段薄膜系数的具体情况、凹槽几何形状和热管运行状况。

这是第一个详细考虑给定热管吸液芯几何形状的两相传热系数的程序。此外,该程序还预测了轴向凹槽热管的各种传热特性。

3.15.1　回路热管分析的 SINDA/FLUINT 计算机程序

根据美国航空航天局的合同,马丁·马里埃塔公司于 1983 年开发了先进的 SINDA 热分析计算机程序。程序的最终版本是 SINDA 85,该版本通过一系列的改进,功能性明显增强,其中包括称为流体积分器(FLUINT)的流体网络功能。合并后的新程序 SINDA/FLUINT 具有热网络和流体网络计算功能。它可以对包含任意管网的系统进行压力/流量分析,同时对冷却的整个系统尺寸进行热分析,并允许在分析中考虑热问题和流体问题的相互影响。配套程序 Thermal Desktop 和 FloCAD 提供了图形用户界面,用于在三维热模型中建立一维流动模型。

FLUINT 旨在为内部一维流体系统提供通用分析框架。该程序可以应用于任何流体系统;它不局限于特定的几何形状或配置。用户可以从 20 种冷却剂中选择可立即用作工作液体的冷却剂,也可以为任何特定应用指定需要的流体特性。该程序可以处理单相和两相流以及这些状态之间的转换。FLUINT 还包括一些常见的流体系统组件(泵、阀和管道)。类似于电子表格的参数化度量输入,使得可以快速操作复杂模型,并提供了用于自动化模型相关性测试的例程。

系统改进的数值微分分析仪/流体积分器,原名 SINDA 85,(SINDA/FLUINT)是一种可以用有限差分或集中参数形式表示的分析热/流体系统的计算机程序。除了热传导和辐射传热外,该程序还能够模拟稳定或不稳定的单相和两相流网络、其相关硬件及其传热过程。由于 SINDA/FLUINT 具有通用性和用户可扩展性,因此是航空航天工业热控制系统建模的标准,也用于汽车、商用飞机、电子包装、石油化工和加工工业。

SINDA 应用程序编程系统(SINDA Application Programming System)是 SINDA/FLUINT 的一个完整的图形用户界面。SINAPS 是一个面向原理图的前置和后置处理器,它将现代可视化方法引入缺乏几何约束的模拟程序中。总之,这些独特的工具能够适应高阶(可能是车辆级)建模、不确定或参数化几何以及其他不适用于基于几何的 CAD(计算机辅助设计)、FEM(有限元法)和 CFD(计算流体动力学)程序的问题。

使用 SINDA/FLUINT 解决问题

美国航空航天局对该软件的认可为科罗拉多州利特莱顿的 Cullimore&Ring 科技公司创造了大量的商业化和扩展机会。SINDA/FLUINT 是美国航空航天局热工水力分析的标准软件系统,它提供了热传导和流体流动网络设计中相互作用的热效应和流体效应的计算模拟。它主要用于设计和分析航空航天系统,如热控制和推进。

SINDA/FLUINT 是两个子程序的整体组合。系统改进的数值差分分析仪(SINDA)程序是一个软件系统,用于解决由扩散型方程控制的物理问题的集总参数、有限差分和有限元表示。FLUINT 程序是一种先进的一维流体分析程序,用于求解任意流体网络的方程。可在 SINDA/FLUINT 中建模的工作液体包括单相气体和液体、两相流体和物质混合物。

该系统的程序是由 C&R 公司的创始人在 Martin Marietta(现为洛克希德马丁公司)工作时为美国航空航天局的 Johnson 航天中心编写的。这项技术在 1991 年获得了美国宇航局太空法奖。由于 Johnson 无法通过进行必要的升级和软件扩展来独立支持程序,因此成立了 C&R 来接管 SINDA/FLUINT,支持美国航空航天局使用软件。在获得美国航空航天局的许可证并获得 Martin Marietta 的同意后,C&R 开始将 SINDA/FLUINT 作为一种适用于不同行业的商业产品进行销售(图 3.54)。

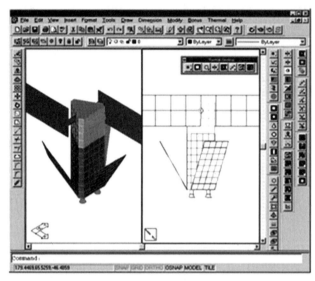

图 3.54 Thermal Desktop®示例屏幕显示了两个独立视口中的卫星模型。图片右侧包含常用的命令图标

该程序通过使得用户的设计过程便捷,并允许用户更好地了解复杂系统,从而节省了时间成本和开销。程序是完全可扩展的,允许用户选择特性、计算精度和近似级别以及输出。用户还可以根据需要添加自定义项,以处理独特的设计任务或自动执行重复任务。C&R 获得了约翰逊颁发的多个小型企业创新研究(SBIR)奖项,以扩展该系统,使其成为目前可用的最灵活、功能最强大的热工水力分析工具。为了进一步增强 SINDA/FLUINT,C&R 完成了 SinapsPlus 的开发,这也源于 C&R 在 Martin Marietta 任职期间的创始人。SinapsPlus 是一个 sketchpad 图形用户界面,它提供了一种访问 SINDA/FLUINT 解决方案功能的可视化方法,使系统更易于操作。

C&R 还创建了一个几何图形用户界面,与 SINDA/FLUINT 一起使用,称为 Thermal Desktop®(图 3.55)。其可选计算机辅助设计(CAD)模块 RadCAD®计算辐射交换因子,以输入 SINDA/FLUINT。这两个程序从美国航空航天局马歇尔航天飞行中心的 SBIR 项目开始,共同解决了长期存在的并行工程问题。Thermal Desktop 是热分析人员的第一个并行工程工具,在不影响传统的热力学建模实践的基础上,它提供了对基于 CAD 的几何图形,以及与结构程序之间的数据交换。这两种产品消除了生产阻碍,使航空航天和电子包装行业受益匪浅。

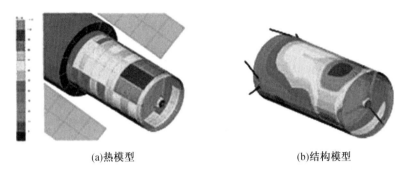

(a)热模型   (b)结构模型

图 3.55 通过在 **C&R** 的 **Thermal Desktop®** 中集成 SINDA/FLUINT,解决了一个长期存在的并行工程
问题。热分析工程师可以第一次与结构工程师和 **CAD** 设计师并肩工作,极大地提高了生产
率和分析精度

根据 C&R 公司的说法,美国航空航天局开发的产品的成功所产生的利润支持了该公司
FloCAD®产品的开发,该产品是一种用于流体网络建模的地理测量图形用户界面(SINDA/
FLUINT 的 FLUINT 端)。该图形用户界面为气、液或两相冷却电子设备提供了快速、廉价的
参数化建模功能,它也有助于热管的分析计算。SINDA/FLUINT 在 30 个国家拥有 4 000 多
个用户,应用领域包括制药、石化、生物医学、电子和能源行业。该系统可以模拟核反应堆、
挡风玻璃雨刷和人体气管等。SINDA/FLUINT 模拟了空调系统中的瞬态液体–蒸汽流动,帮
助汽车行业达到节能、低排放汽车的标准。该系统是通用汽车正在部署的 E-Thermal 车辆
级热管理软件的基础。

基于 SINDA/FLUINT 的热管模型及两相循环

C&R 公司提供了使用 SINDA/FLUINT 程序设计回路热管(LHP)、毛细泵回路(CPL)和
回路热虹吸管(LTS)的一些流程。C&R 工具通常用于模拟复杂的两相传输装置,如回路热
管(LHP)、毛细管泵回路(CPL)、热管、蒸汽室、热虹吸管和回路热虹吸管(LTS)。SINDA/
FLUINT 在过去 15 年中功能逐渐完善,专门用于处理这些复杂设备的建模。该程序已用于
各种建模任务,从捕捉两相设备的稳态系统级影响到模拟部件设计和尺寸确定的详细启动
瞬态特性,都有较好的适用性。SINDA/FLUINT 的独特之处在于,它能够同时解决集成的热
和流体系统,同时提供准确模拟这些设备所需的两相流的完整热力学模型。

早期版本的程序是由美国航空航天局约翰逊航天中心开发的,2.6 版本可以在 Galaxy
Advanced 公司的 Windows/PC 机器上运行(图 3.56)。

两相计算能力

作为 SINDA/FLUINT 中的流量分析模型,FLUINT 程序中内置的两相流功能从一开始
就被设计用来处理两相流的特性。事实上,它的开发是为了避免单相分析模型的缺点而开
展的,而单相分析模型是为了适应两相问题而重新安装的。

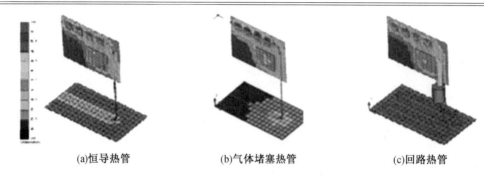

(a)恒导热管 (b)气体堵塞热管 (c)回路热管

图 3.56 SINDA/FLUINT 计算机运行结果(由 C&R 公司提供)

结合 SINDA 的传热能力、Sinaps® 的草图板界面、FloCAD® 的基于 CAD 的界面(Thermal Desktop® 的模块),以及参数分析、优化、校准和统计设计等独特功能,SINDA/FLUINT 能够真正做到在行业内独树一帜。

C&R 公司提供的最全面的两相热工水力分析工具,基于其版本的 SINDA/FLUINT 计算机程序,具有以下两相混合计算能力:

(1)完整的热力学过程:相随条件的变化而出现和消失;

(2)内置或用户定义的两相传热关系式;

(3)内置或用户定义的两相压降关系式(图 3.57);

(4)从准稳态均匀平衡到全瞬态两流体模型;

(5)可选的滑移流模型(单独的相动量方程)(图 3.58);

(6)可选的非平衡瞬态模型(单独的相能量和质量方程);

(7)静态或汽化芯的毛细管建模工具;

(8)液-汽相界面的可选跟踪;

(9)最多 26 种液体和/或气体的混合物;

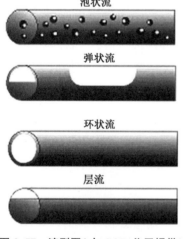

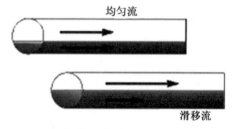

图 3.57 流型图(由 C&R 公司提供)　　**图 3.58 滑移流、非平衡流、混合物、溶解(由 C&R 公司提供)**

（10）混合物中可选的可冷凝/挥发性成分,包括扩散受限冷凝效应;

（11）任意数量的气态溶质选择性溶解到任意数量的液体溶剂中,包括均相成核模型（图 3.59）。

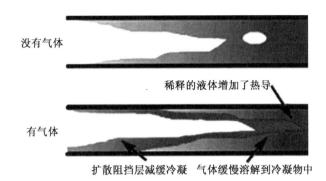

图 3.59　复杂现象示例:存在不凝性气体时的冷凝(由 C&R 公司提供)

不模拟热管两相过程的建模方法

当不需要完整的两相解决方案时,SINDA/FLUINT 内置的热管实例为热管建模提供了快速的系统级解决方案。无论是恒热导(CCHP,也称为 FCHP),有或没有不凝性气体(NCG)还是可变热导热管都可以很容易地模拟。与其他非 C&R 热管程序不同,该程序专门用于共同求解壁温和气体前沿位置,从而具有更完备的功能。

热管模型建立

一个常见的"窍门"是将热管模拟为一根高导热材料棒。然而,该方法不能模拟热管的长度无关热阻,不能解释蒸发段和冷凝段之间薄膜系数的差异,也不能扩展到包括 NCG 效应。另一个缺点是热管是两相毛细管装置,需要详细的两相热工水力解决方案。尽管存在能够提供此类细节的程序,如 C&R 的 SINDA/FLUINT,但这种方法几乎在所有情况下都导致计算过度复杂,热管供应商在设计热管时也希望使用更简单的计算方法。

FloCAD® 是 Thermal Desktop® 的模块,为建模提供了独特的工具,在基于 CAD 的环境中加热管道。对复杂的几何形状,如蛇形冷凝段或大型热管网络,也很容易建模(图 3.60)。

SINDA/FLUINT 程序可用性

SINDA/FLUINT 是一个有限差分热和流体网络分析程序。它起源于 20 世纪 60 年代的 CINDA(克莱斯勒改进的数值差分分析方法),后来在 70 年代改进并发布为 SINDA/SINFLO,然后在 80 年代中期转变为 SINDA/FLUINT,主力程序已经发展了 30 多年。当前版本包括一个完整的流体流动程序库。它被 GSFC 用于模拟复杂的航天器热控制系统,包括那些包含单相和两相流体回路及毛细管装置的系统。约翰逊航天中心资助了信达/弗林特的开发,并通过国家技术转让中心将其提供给私营企业。此程序已移植到热工部门的计算机平台(HP-UX 和 MS Windows 95/98/NT)。SINDA/FLUINT 的增强版也可以作为 C&R 科技的商业产品使用。

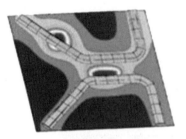

(a)电子冷却用扁平热管　　　　　　　　　(b)两相冷凝段

图 3.60　SINDA/FLUINT 的计算机运行结果(由 C&R 公司提供)

SINDA/FLUINT 85 源程序和该程序的可执行版本可从得克萨斯州休斯敦的美国航空航天局约翰逊航天中心获得,版本 4.1 要求用户获得美国航空航天局合同。该程序的 85 版本也可以从银河高级工程公司的网站上获得。

3.15.2　LERCHP 美国航空航天局 Glenn 稳态热管程序

美国航空航天局 Lewis 研究中心热管(LERCHP)[41]程序由 Tower 等人[39]开发,用于预测热管在稳态下的性能。第 1 版于 1992 年发布,2000 年修订为第 2 版。下面将具体讨论第 2 版的相关内容,该版本并未正式发布,但其程序是可用的。LERCHP 可以用作个人计算机上的设计工具,或者通过适当的调用程序,用作大型机程序的子程序。各版本都具有以下特性。

所有版本程序共有的特性

有大量的工作液可供选择,温度范围从最低的氨到碱金属(包括钾、钠和锂),其中考虑了单体二聚体平衡。包含丰富的结构材料,其中一些是商业上可用的管道。热管可以在重力场中,相对于给定的场倾斜,但不能考虑回流管(热虹吸管)情况。

采用了考虑可压缩性和轴向变化热输入的汽流算法。这是由 Tower 和 Hailey[41]根据 Busse[40]提出的不可压缩流表达式得出的。考虑了膨胀汽芯相对于蒸发段液-汽相界面处蒸汽饱和状态可能产生过冷状态。假设蒸发段和绝热段存在层流蒸汽流动,冷凝段中向湍流过渡是首选方案。

具有多个蒸发段、冷凝段和绝热段串联的热管以及具有不同段吸液芯结构的热管可由 LERCHP 建模。热管可细分为多达 20 个部分,远远超过一般建模需要。这些部分可以是热输入或蒸发段部分、绝热部分和排热或冷凝段部分,以任何方式组合,前提是第一部分是热输入部分。任何截面的性质由为该截面输入的边界条件数据类型表示。用户可以使用多种吸液芯结构,并包含用户吸液芯输入选项。LERCHP 有助于确定热管工作温度和在特定热输入和环境温度下可能遇到的热管传热极限。

数据输入是通过一个交互式子程序来实现的,该子程序向用户询问要运行的案例中使用的选项。对于每个部分,所需的数据可以作为与整个部分相关的单个值输入。输入参数的值也可以在沿截面分布的多达 20 个点处输入,每个点具有不同的大小,通过函数插值。沿管道的计算采用龙格-库塔方法,初始步长由龙格-库塔程序选择,当主要因变量(如压力)的斜率超过或低于某个界限时自动减小或增大。

主要变量的输出,如液体和蒸汽压力和温度,可在用户确定的沿管道等距轴向位置打印。LERCHP 允许用户选择沿管道轴均匀分布的点的数量,在这些点处将打印出主变量。这些点的间距不需要与龙格-库塔解的步长相对应。在获得溶液的热收敛性之后提供打印输出,如果在计算解决方案的过程中遇到热管极限,但不会导致计算停止,则会将极限类型与解决方案一起打印出来。如果有合适的绘图实用程序并且对源程序进行了必要的更改,则可以将输出定向到绘图设备。

热边界条件规范

可用的热边界条件规范如下:

1. 管道外表面的特定热量输入或移除率(版本 1 和版本 2)。

管段外部的特定环境温度,包括蒸发段的辐射或对流,以及用户提供的管道表面到环境的传热特性(版本 1 和版本 2)。

2. 均匀固定的蒸发段表面温度,如一个固定的物体(版本 2)。

版本的个别功能

第 1 版管道假定为圆柱形,并具有圆柱形蒸汽空间,管道是直的。

第 2 版的管道可以是直的,也可以在重力场或"g"场中有指定的平缓弯曲。

在程序扩展版本 2 中,添加了一些特性。特别是,非圆形横截面可以通过使用水力半径方法来处理。在含有干道的管段中,干道的存在通过指定蒸汽损失面积和额外湿周长的范围来表示。程序已被修改,以便为这些功能启用正确的输入。

具有多个蒸发段、冷凝段和绝热段串联的热管以及具有不同吸液芯结构的热管可由 LERCHP 建模。热管可细分为多达 20 个部分,远远超过通常需要。这些部分可以是热输入或蒸发段部分、绝热部分和排热或冷凝段部分,以任何方式混合,前提是第一部分是热输入部分。

LERCHP 计算机程序可用性

本程序 1.0 版可从以下两个来源获得:

1. 开放渠道基金会(http://www.openchannelsoftware.com),用户在该网站可以购买源程序且没有任何许可要求。在这种情况下,用户需要为所需的操作系统和计算平台编译源程序。

2. 银河高级工程公司(http://www.gaeinc.com),用户在该网站可以购买源程序以及为程序编写的手册。此公司的版本在 Windows/PC 上运行。

此程序的版本 2.0 可从以下渠道获得:

1. 银河高级工程公司(http://www.gaeinc.com),用户在该网站可以购买源程序以及为程序编写的手册。此公司的版本将在 Windows/PC 上运行。

此程序的版本 3.0 和扩展版本 2.0 可从以下渠道获得：

1. 银河高级工程公司（http：//www.gaeinc.com），用户在该网站可以购买源程序以及为程序编写的手册。此公司的版本将在 Windows/PC 上运行。

注：这两个版本的用户手册都可以从美国航空航天局技术报告服务器（NTRS）http：//naca.larc.nasa.gov/search.jsp 获得，也可以下载 PDF 格式。

3.15.3　洛斯阿拉莫斯稳态热管分析程序（HTPIPE）

本书介绍了 1988 年 11 月左右在洛斯阿拉莫斯国家实验室编写的稳态热管分析程序 HTPIPE[54]，该程序最初在 CRAY 计算机上运行，现在在 Windows/PC 计算机上运行。HTPIPE 有两个输入/输出（I/O）选项：

（1）沿热管的压力和温度曲线；

（2）传热极限的计算；

压力和温度参数是根据用户指定的约束条件计算的，这些约束条件可以是以下任意两种：

（1）输热；

（2）蒸发段出口温度；

（3）热源温度；

（4）冷源温度。

传热极限代表指定蒸发段出口温度下的最大热传输极限。计算出的性能限值包括毛细极限、黏性极限、声速极限、夹带极限和沸腾极限。用户输入是交互式的，在单个程序执行期间可以对参数进行选择，以便于热管设计优化。描述了水动力模型。程序 I/O 是详细的，并辅以例子。

本手册包括程序清单和流程图。HTPIPE 与洛斯阿拉莫斯国家实验室迄今用于热管设计的理论和公式是一致的。

HTPIPE 计算机程序可用性

市场上不再提供使用称为 CADISSPLA 的图形库的原始版本的计算机程序，没有它，程序的图形输出功能将无法正常工作。在 Windows/PC 上有两个版本的程序可用。一个来自银河高级工程公司，将 CRAY 版本的程序移植到 Windows/PC 系统，并开发了 CADISPLA 功能，称为通用图形库，以使程序像洛斯阿拉莫斯编写的原始版本一样运行。

要获取具有图形功能的 Windows/PC 程序，请转到以下站点：银河高级工程公司（http：//www.gaeinc.com），在这里可以购买源程序以及为程序编写的手册。该公司的版本将在 Windows/PC 加 UGL 功能上运行。

注：用户手册可从 NTIS 国家技术信息服务处（http：//www.ntis.gov）购买。手册中有 CRAY 的计算机程序列表，使用者可手动重新键入程序，但程序编排的质量较差，将其编写为一个可用的计算机源程序较为困难。

3.15.4　ANLHTP：一种模拟热管运行的计算机程序

ANLHTP[43] 是一种用于模拟热管运行和输热系统的计算机程序，由 McLennan[43] 于 1983 年左右在阿贡国家实验室开发。阿贡国家实验室热管（ANLHTP）设计用于预测稳态运行期间热管性能和温度分布。源、汇温度和传热系数可设置为输入边界条件，并可进行参数研究。包括五个程序选项，用于计算固定运行条件或改变四个边界条件中的任何一个的性能，以确定热传热极限。热管传热极限包括黏性极限、声速极限、夹带极限、毛细极限和沸腾极限，使用现有的最佳理论来模拟这些现象造成的影响。

该程序为许多吸液芯配置提供了内置模型，如开口槽、丝网覆盖槽、丝网和干道，并具有扩展功能。当前版本的程序在可扩展的子程序中包含了钠作为工作液体的热物理性质，计算结果与实测数据吻合较好。其中最重要的是计算热管与电源和电力系统耦合的传热系数的影响，以及给定热管在不同负载条件下运行和从一种负载状态转移到另一种负载状态的能力。程序是基于理论、分析和实验数据开发的，这些数据来自于对现有文献的归纳总结。用于热管的模型是其他研究人员普遍接受的模型，与 Chi[5] 和 Dunn 及 Reay[4] 提出的模型非常相似。如果有不同的理论模型，则根据与程序其他方面的一致性进行选择。与特定热管设计的特殊性不同，该程序是通用的。

工作液体的所有热物理性质都在一个单独的子程序中提供，该子程序可以很容易地扩展以添加其他的流体。银河高级工程公司开发了一个新版本的内部程序（现在称为 ANLYZIP），该程序分析了新版本中实现的热管新功能。ANLYZIP 程序是 G. A. McLennan[43] 编写的 Argonne 程序 ANL/HTP 的升级版本。该程序已经扩展到考虑更多流体，包括几种低温材料和额外的热管材料，它分析了一个给定的热管设计和计算传热边界的各种限制模式的运作方式。所有输入都通过名称列表块进行控制，因此可以非常有效地分析设计的多种变化。它还编写了一个可以绘制的图形文件，用 UGLI© 软件包对各种操作系统进行图形化解释。

注：UGLI© 是银河高级工程公司的产品，可在任何独立于其操作系统的计算平台上运行。

ANLHP 计算机程序可用性

该程序在 Windows/PC 上的适用性较差，需要进行重大修改才能使其在 Linux 或 Windows/PC 上运行。程序使用的是旧的方式，即利用 FORTRAN Ⅳ 的名称列表功能读取输入组，并且在 Linux 或 PC 上运行时，需要操作人员仔细处理。输入用户手册中提供的程序不是很清楚，作者的想法表述也不完整，可能导致程序无法正确执行，除非用户从提供的程序手册中细致地重新整理编写程序。在经过专业人员长时间的整理修改后，该程序能够正常运行，获取途径如下：

1. 银河高级工程公司（http://www.gaeinc.com），用户在该网站可以购买源程序以及为程序编写的手册。该公司的版本能够在 Windows/PC 加 UGL 功能上运行。

注：用户手册可从 NTIS 国家技术信息服务处购买。该手册列出了 IBM 360 的原始计算

机程序,可以手动键入程序,但程序列表的质量非常差,将整个程序编写到一个完全可靠的源程序中是一项较为烦琐的工作,且编写后初次运行不能保证其准确性,需要对初始源程序进行相应修改。

3.15.5 热管流体(HPF)特性程序

HPF[51]程序用于生成流体特性数据,并导出在航空航天和地面应用中广泛使用的工作液体的参数。该程序由美国航空航天局合同下的 B&K 工程公司的 Brennan 和 Kroliczek[38]编写。在作为用户手册第二部分为该程序生成的报告中,共列出了 30 种工作液体的数据。以下列出了国际单位制(SI)和英国工程单位制(BE)中每种液体的不变特性。液体按其熔点上升的顺序列出,并按其工作温度范围分为三组。

这三个组的定义如下:

第 1 组 0~350 K;

第 2 组 200~600 K;

第 3 组 600~3 000 K。

迄今为止,大多数航空航天应用都要求使用低温环境工作液体,其中氨的使用最为广泛。

热管流体特性程序用于将各种热管工作液体在饱和条件下的热力学特性制成表格,它导出了液体传输系数、毛细力系数等特性,这些特性也由该程序计算并制成表格。该程序使用最小二乘曲线来确定多项式的系数,该系数最符合特定的物理性质。然后使用多项式生成流体特性数据与温度的关系,还能够生成每组物理性质的最小二乘多项式系数以及输入值和计算值之间的标准偏差和误差百分比,对物理特性和导出特性都进行了误差分析。

热管流体性能计划可用性

本规范第一部分和第二部分的用户手册可从以下网站获得:

1. 用户手册可从 http://www.ntis.gov 购买或免费下载 PDF 版本。

第二部分列出了程序清单,输入 FORTRAN 程序清单,供用户的编译器编译并从源程序中生成可执行的程序,同样需要大量的工作量。

2. 可从以下网站获得经验证且有质量保证的版本:

银河高级工程公司(http://www.gaeinc.com),用户在该网站可以购买源程序以及为程序编写的手册。

3.15.6 槽分析程序(GAP)计算机程序

槽分析程序(Groove Analysis Program,GAP)[50]描述了使用 IBM 个人计算机(PC)的 GAP1.0 版。此版本是参考文献[6]中描述的模型的升级。在旧的程序中,液体摩擦压降略有低估,该误差在此 PC 版本中进行了修正。目前的 PC 程序旨在实现友好的用户交互界

面,并且可以在当今大多数 IBM PC 或兼容机型上运行。程序的其他特殊功能包括:

(1)易于实现各种热管高度和各种温度值的多次运行。

(2)流体性质直接由程序决定,程序中包含一个具有 24 种热管工作液体特性的综合数据库。

(3)对于压力管壳,可根据特定的安全系数确定所需的最小热管壁厚。

(4)用户可自行决定将所需的输出数据写入绘图文件,该文件可导入大多数电子表格或图形软件程序,以实现快速高质量绘图。

该程序旨在预测特定形状几何槽道和工作液体的轴向槽热管的稳态传热能力。毛细极限由动量守恒微分方程的数值解和适当的边界条件确定。

该控制方程解释了由于液体和蒸汽流中的摩擦以及由于液体-蒸汽剪切相互作用而产生的流体动力损失。冷凝段端部的边界条件考虑了 0 g 和 1 g 的反抽。模型中还考虑了 0 g 的段塞流和 1 g 的气泡流。根据用户的选择,该程序将对各种液体充量(充量不足、标称充量、过量充量或固定充量)和热管高度进行分析。GAP1.0 还可计算压力管壳在大于或低于工作液体临界温度的设计温度下所需的最小热管壁厚。

槽道分析程序可用性

遗憾的是,这个程序的源程序是不可用的,无论是最初负责开发该程序的美国航空航天局或 OAO 公司,都没有可用源程序。可从以下网站购买此程序的可执行版本:

1. http://www.openchannelsoftware.com/projects/GAP/,用户在该网站可以购买在 DOS 或任何 Windows/PC 下运行的程序的可执行版本,但在 DOS 模式下运行的 Windows7 除外。

2. 银河高级工程公司(http://www.gaeinc.com),用户在该网站可以购买在 DOS 或任何 Windows/PC 下运行的程序的可执行版本,但在 DOS 模式下运行的 Windows7 除外。

3.15.7　GASPIPE 2 计算机程序

GASPIPE 2[53] 是针对含有不凝性气体的热管的蒸汽-气体前沿分析程序,由 TRW 根据美国航空航天局合同 NAS2-5503 由 Edwards、Fleischman 和 Marcus 开发。该程序可用于含不凝性气体热管的设计和分析,既可用于温度控制,也可用于凝固状态启动分析。由于该方案包含了轴向传导和质量扩散对热管性能的影响,因此与之前文献[56-57]中的"平面前沿"理论相比,在稳态设计技术方面取得了重大进步。它具有如下功能:

(1)计算载气热管沿壁面的温度分布;

(2)计算在所需热负荷下获得所需蒸发段温度所需的气体负荷量;

(3)计算管道中固定量气体的热负荷与蒸发段温度之间的关系;

(4)计算沿管道的传热传质,包括汽-气前沿区;

(5)计算冷凝段充满气体时的热泄漏;

(6)计算冷凝段中是否发生凝固,如果发生,以何种速率发生;

(7)确定气控热管储气罐尺寸所需的信息。

该程序包含许多气体储罐选项,允许它用于热或冷储罐的非能动控制热管以及加热储罐主动控制热管。附加的输入选项允许其用于参数研究和非设计性能预测以及热管设计。

程序中还为具有两个冷凝段和一个绝热段的热管提供了设置选项。基本上,采用了一维稳态分析法,并假设沿管道的吸液芯阻力很小,蒸汽压降可以忽略不计。

GASPIPE 2 程序可用性

此程序在开放域和公共域中的任何位置都不可用。用户获得它的唯一来源是从 http://ntrs.nasa.gov 通过检索 NASA-CR-114672 下载 PDF 文件。该文件末尾列出了源程序,但阅读质量很差,很难编译。另一方面,您也可以访问以下资源以获取在 Windows/PC 下运行的它的更新版本:

银河高级工程公司(http://www.gaeinc.com),用户在该网站可以购买在 Windows/PC 下运行的程序的更新版本。

3.15.8　GRADE 计算机程序

根据美国航空航天局 CR-137618 号报告,开发了用于设计和分析梯度孔隙率热管[58]的 TRW 计算机程序,以通过数值方法求解描述具有梯度孔隙率丝网吸液芯热管的微分方程。这种吸液芯的孔隙率会在轴向上发生变化,因此,在最大传热速率下,孔隙率刚好足够低,使吸液芯能够支撑局部液体流动压降和任何静水压头。因此,沿吸液芯能够获得最高可能的渗透率。为了比较梯度和均匀孔隙率吸液芯,GRADE 还可以计算后者的性能。事实上,用户可以计算给定丝网直径的孔隙率,或同时计算孔隙率和丝网直径,从而为均匀孔隙率吸液芯提供最高的传热能力。

在梯度孔隙率的情况下,用户指定初始孔隙率(如果用户需要,可以让 GRADE 计算初始孔隙率,即冷凝段吸液芯在重力场中的最高自吸孔隙率),以及蒸发段端的最终孔隙率或最大液体应力(我们将应力定义为局部汽液压差)。然后 GRADE 计算沿芯线的最佳孔隙率变化和最大传热速率。GRADE 功能总结如下:

(1)最佳孔隙率变化及其对应的最大传热速率的计算;

(2)非吸液芯设计条件下最大传热速率的计算;

(3)考虑重力和零重力计算;

(4)具有不同倾斜角度的多个部分的热管;

(5)多热量输入和输出区;

(6)吸液芯中液体含量的计算;

(7)具有特定恒定孔隙率的均匀孔隙率吸液芯的性能计算;

(8)最佳均匀孔隙率吸液芯的计算。

GRADE 程序可用性

此程序在开放域和公共域中均不可用。用户获得该文件的唯一方法是下载 PDF 文件。该文件末尾列出了源程序,但阅读质量很差,很难编译。另一方面,您也可以访问以下资源以获取在 Windows/PC 下运行的它的更新版本:

银河高级工程公司(http://www.gaeinc.com)，用户在该网站可以购买在 Windows/PC 下运行的程序的更新版本。

3.15.9　变热导热管的推广应用

蒸汽调节热管程序是由 TRW[59] 开发的,在过去几年中,TRW 一直积极参与开发用于先进空间热控制系统的可变热导热管。1975 年,TRW 公司与 Ames 研究中心签订了 NAS2-8310 合同,制造并测试了两个原型蒸汽调节热管,通过诱导芯/槽干涸实现了变热导。第一个原型是为双热管配置中的中等容量而设计的。

该原型的测试显示了新的诱导干涸机制的完整性,并揭示了一些对性能产生不利影响的次要因素。改进设计的建议随后被纳入第二个大容量蒸汽调节原型的开发中。新设计采用短蒸汽调节热管耦合两个常规热管,并成功地进行了试验。热管的工作热负荷是设计值(100 W)的两倍,热源温度几乎不受热阱温度的影响,随着热负荷的增加,仅以 0.03 ℃/W 的速率增加。初步试验的结果以及蒸汽调节热管(VMHP)的详细信息在 Ames 研究中心研究报告 CR-137782 中给出。

3.15.10　SODART 程序

该程序是关于对载气的钠热管的启动瞬态和性能的研究[23]。高温金属热管由于工作液体固有的低近室温蒸汽压,很难从凝固状态启动。惰性气体负载是解决凝固状态启动问题的一种可能方法。1987 年 6 月,俄亥俄赖特-帕特森空军基地与通用能源系统公司(Universal Energy Systems,Incorporation)根据三阶段合同针对此问题开发了此程序。一些研究论文给出了这种技术的结果,但程序对具有槽道型和长绝热长度的热管的适用性是未知的。本程序研究了双壁型具有凹槽干道和长绝热段载气钠热管的设计、制造和启动试验,通过二维准稳态二元汽-气扩散模型确定了扩散前沿蒸汽的能量输运速率。根据该文献的研究,热蒸汽前沿似乎在蒸汽压等于初始充气压之前根本没有移动。在启动初期,扩散速率很高,并且随着时间的推移呈指数下降到很低的值。

热管启动过程的一维瞬态模型,考虑了冷区和热区的能量平衡,并以蒸汽扩散过程实现两个区域之间的传热耦合。对扩散模型进行解析求解,给出蒸汽流量,并将其用于热模型中,以预测温度变化的时间速率和热前沿的位置。开发 SODART 程序,以解决启动过程中计算蒸发段内液体消耗的瞬态问题,该问题规定了气体压力的最大限制,测定了启动温度和时间。从本研究看来,即使热管具有较长的绝热通道,也可以很容易地从凝固状态启动,而不会受到不利影响。该程序还涉及解决已知初始和边界条件的一阶、非线性、常微分方程组。该程序可确定热前沿长度和温度的时间变化率。

该研究还计算了启动过程中蒸发段内钠的质量消耗,以限制蒸发段热量,避免烧干。此外,还对一种能够在 1 000 K 下传输 1 800 W 的热管进行了实验,该热管的传热能力在高温时受毛细极限限制,在低温时受声速极限限制。经汇总,得到以下主要结论:

（1）液态金属热管中充装不凝性气体，可帮助热管即使在冻结情况下也能轻松启动。但如果突然施加 600 W 以上的输入功率，会导致蒸发段干涸。充气压力可以预先确定以使得非活性冷凝段长度最小化。

（2）在存在不凝性气体的情况下，没有毛细丝网表面的长绝热槽道不会引起任何启动问题。

（3）在气体充填模式下，启动过程中的热前沿传播仅受扩散控制，而在稳态下，轴向传导决定了热前沿的温度分布。轴向传导率约为 15 W，仅为冷凝段辐射功率的 2%～10%。

（4）可变热导特性将是启动解决方案的另一个好处。

（5）上升时间、上升温度、启动时间、启动温度、热前沿–时间图和热区温度–时间图的理论预测与实验验证一致。

（6）瞬态预测所需的计算时间很短。

（7）未加热的长度和吸液芯储液使蒸发段端部比蒸发段出口的温度更低。

（8）热区温度在充气模式下比在真空模式下更能保持等温。正如预期的那样，工作液体从液态启动比从冷冻态启动更平稳。

（9）稳态输运性能数据与预测的声速极限曲线非常接近。

（10）由于实验装置的限制，目前热管的完全无气模式（理想真空模式）无法实现。因此，无法证明真空模式下的冻结状态启动比气体充填模式更为困难。另一个缺点是，采用镍铬热阻加热需限制加热器温度低于 1 000 ℃。

SODART 程序可用性

此程序在开放域和公共域中都不可用。用户可以在 http://www. dtic. mil 通过检索 AD-A211880 获得其 PDF 文件。该文件末尾列出了源程序，但阅读质量很差，很难编译。此外，用户也可以访问以下资源以获取在 Windows/PC 下运行的它的更新版本：

银河高级工程公司（http://www. gaeinc. com），用户在该网站可以购买在 Windows/PC 下运行的程序的更新版本。

3.16　用于传热和翅片复合材料分析的计算机程序

世界各国的科研工作者开发了种类众多的计算机程序，而本书的读者可能也有自己的软件设计风格。在本节中，简要汇总了一些程序，这些程序可以从开发这些程序的国家实验室或全国各地的大学获得，也可以从作者工作的银河高级工程公司公司获得。例如，Myers[60] 所写的书提供了用 FORTRAN 编写的子程序，用户可以根据需要修改程序并使用它们。也有一些程序可以根据翅片效率和热管容器及翅片使用的复合材料来分析翅片设计。如果在热管换热器外部使用翅片，则需要评估效率 η_f，随后，确定扩展表面效率 η_0[32]。

3.16.1　现有计算机程序

以下小节中讨论的程序是作者接触过的,或者对其进行了修改,使其可以在 Windows/PC 上运行,或者是将程序从主框架或小框架直接迁移到宏框架计算平台(如 Windows/PC)。如上所述,这些程序资源的获得方法在下面的每一个程序部分中都会给出,读者或用户可自行选择。需要说明的是,银河高级工程公司公司的计算机程序经过了充分的测试和验证,可以在发布的平台上运行。

3.16.2　TOPAZ2D 有限元程序及其前后处理器

TOPAZ2D/PC 是一个二维隐式有限元计算机程序,用于传热分析、静电学和静磁问题。该程序可用于求解二维平面或轴对称几何体的稳态或瞬态温度场。材料的性质可以依据温度计算并可以是各向同性的,或是正交异性的。可以指定各种与时间和温度相关的边界条件,包括温度、流量、对流和辐射。通过用户子程序功能,用户可以对化学反应动力学过程进行建模,并允许使用函数表示边界条件和内部热源。

TOPAZ2D/PC 可以解决外壳中的漫反射和镜面反射带辐射以及外壳周围材料中的传导问题,还可以求解界面上的热接触热阻、体积流体、相变和能量平衡等问题。热应力可以使用固体力学程序 NIKE2D(也可从银河高级工程公司的 PC for Windows 和 Linux 操作系统上获得)计算,该程序读取 TOPAZ2D 计算的温度状态数据。

虽然 TOPAZ2D 最初用于传热分析,但它已用于解决静电学和静磁学中的问题。TOPAZ2D 为这些问题提供了一个有效的替代方案。软件包中包含了 E&M 问题的简化输入数据。这部分程序有自己的前置和后置处理器,即 MAZE 和 ORION,它们都可以为程序提供输入和打印输出。

1. 此程序的 PC 版本及其前置和后置处理器可从以下网站获得:银河高级工程公司,或购买在 Windows/PC 环境下运行的程序的更新版本,其中所有错误均已修复,并由 Art Shapiro 在 Lawrence Livermore 实验室开发的原始版本进行了修改。

2. 可以从能源部和橡树岭国家实验室(Oak Ridge National Laboratory)获得 VAX 计算机上开发的这些程序的旧版本(即 TOPAZ2D、MAZE 和 ORION),该数据库是美国能源部资助的大多数计算机程序的存储库。但是根据作者使用这些程序的经验,要求用户对 FORTRAN 编码、计算机图形设计有深刻的了解,以处理这些程序,使其能够在除此以外的任何其他计算平台上运行。这些程序最初是在 VAX、CDC 或 CRY 计算机上开发的,Oak Ridge 的 DOE 均不负责移植这些程序。

3.16.3　TOPAZ3D 有限元程序及其前后处理器

TOPAZ3D/PC 是用于传热分析的三维隐式有限元计算机程序。此程序最初由 Art

Shapiro 的 Lawrence Livermore 国家实验室在 CRAY 和 VAX 计算机上实现,银河高级工程公司将该功能移植到 Windows/PC 和 Linux 平台。TOPAZ3D/PC 可用于求解三维几何体上的稳态或瞬态温度场。材料的性质可选择是否与温度有关,各向同性或异性。可以指定各种与时间和温度相关的边界条件,包括温度、流量、对流和辐射。通过用户子程序功能,用户可以对化学反应动力学过程进行建模,并允许使用函数表示边界条件和内部热源。TOPAZ3D 可以解决外壳中的漫反射和镜面反射带辐射以及外壳周围材料中的传导问题,还可以求解界面上的热接触热阻、体积流体、相变和能量平衡等问题。可以使用固体力学程序 NIKE3D/PC(也可从银河高级工程公司获得)计算热应力,该程序读取 TOPAZ3D 计算的温度状态数据。

TOPAZ3D 没有通用的网格生成功能,但可以生成均匀间隔的节点行和连续元素行。对于复杂分区,应使用网格生成程序和预处理器 INGRID/PC(可从银河高级工程公司获得)。TAURUS /PC(也可从 Galaxy Advanced Engineering,Inc. 获得)交互式后处理器可用于提供温度等高线、温度-时间历史和各种几何图形。

TOPAZ3D 是二维传热程序 TOPAZ2D 到三维的扩展。该程序在一定程度上借鉴了 W. E. Mason 和 P、J. Burns 开发的 TACO3D。(TACO3D/PC 也可从银河高级工程公司获得)。S. J. Sackett 通过编写带宽和文件最小化例程、方程求解器 FISSLE 和许多实用程序,在 TOPAZ3D 的开发中发挥了重要作用。

此程序的 PC 版本及其前置和后置处理器可从以下网站获得:银河高级工程公司,或购买在 Windows/PC 环境下运行的程序的更新版本,其中所有错误均已修复,并由 Art Shapiro 在 Lawrence Livermore 实验室开发的原始版本进行了修改。

VAX 计算机上开发的旧版本程序(即 TOPAZ3D、TAURUS 和 INGRID)可以从能源部和橡树岭国家实验室获得,橡树岭国家实验室储存了 DOE 资助的大多数计算机程序。但根据作者使用这些程序的经验,要求用户对 FORTRAN 编码有很好的理解,并理解计算机图形设计,以处理这些程序,使其能够在除 VAX、CDC,或者在这些程序最初开发的地方应用,橡树岭国家实验室和美国能源部均不负责移植这些程序。

3.16.4　FACET 计算机程序

FACET 程序能够计算轴对称、二维平面和具有插入式第三表面障碍物的三维几何体的表面之间的辐射几何视角因子(也称为形状因子、角度因子或配置因子),以作为有限元传热分析程序的输入。

19 世纪 70 年代,LLNL 采用有限差分计算机程序 TRUMP 进行传热分析。使用 CNVUFAC 计算几何黑体辐射节点间视角因子。CNVUFAC 最初由通用动力公司开发,随后由 NASA-Lewis 的 J. C. Oglebay 和 Lawrence-Livermore 国家实验室(LLNL)的 R. W. Wong 进行了修改。以 CNVUFAC 计算的黑体视角因子作为输入,用计算机程序 GRAY 计算灰体交换因子。

从 1979 年开始,有限元计算机程序 TACO 被 LLNL 用于传热分析。有几种计算机程序可用于计算有限元模型的视角因子。VIEW 是 RAVFAC 程序修改版,以支持 NASTRAN 热分析程序,目前在 ORNL 中使用。为 VIEW 生成输入平台非常麻烦。SHAPEFACTOR 使用最初由 Mitalas 和 Stephenson 开发的轮廓积分技术来计算三维有限元网格的视角因子。SHAPEFACTOR 的编码效率很低,并且不使用动态存储分配。GLAM 程序适用于有限元网格,以计算带有阴影表面的轴对称几何的视角因子。为 GLAM 生成输入平台非常简单;该程序可计算出准确的视角因子,目前受到支持。使用蒙特卡洛方法的程序 MONTE 可用于计算二维平面几何的镜面发射和反射曲面的交换因子(即脚本 f)。除此之外,如有其他程序可用,若能告知作者,将不胜感激。

此程序的 PC 版本及其前置和后置处理器可从以下网站获得:银河高级工程公司,或购买在 Windows/PC 下运行的程序的更新版本,其中所有错误均已修复,并由 Art Shapiro 在 Lawrence Livermore 实验室开发的原始版本进行了修改。

VAX 计算机上开发的旧版本程序(即 FACET、MAZE 和 ORION)可从能源部和橡树岭国家实验室获得,橡树岭国家实验室储存了能源部资助的大多数计算机程序。但是基于作者对这些程序的经验,用户需要对 FORTRAN 编码有很好的理解,同时也要理解计算机图形设计,以处理这些程序,以便能够使它们在除 VAX、CDC,或者在这些程序最初开发的地方应用,橡树岭国家实验室和美国能源部均不负责移植这些程序。

3.16.5　MONTE2D 计算机程序

MONT2D 是由科罗拉多州立大学(CSU)的机械工程系开发的,自 1983 年开始由 Scott Statton 进行研发,后由 James D. Maltby[62-63],Charles N. Zeeb 和 Klemens Branner 接手。该程序包括了一个二维蒙特卡洛辐射因子计算程序 MONTE2D,并可用于计算非参与介质外壳的辐射交换因子。该程序主要关注复杂的几何形状而不是复杂的物理过程,可模拟的几何形状类型如图 3.61 所示。需要注意的是,二维程序能够模拟轴对称和棱柱几何,分别如图 3.61(a)、图 3.61(b)所示。

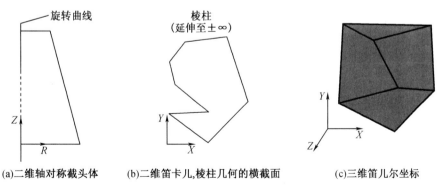

图 3.61　可模拟的几何形状类型

该三维程序能够模拟被约束为平面的以广义四边形集合为模型的几何形状。曲面必须由足够数量的平面近似,以"捕捉"曲率。表面可以吸收光子,也可以通过镜面漫反射的方式反射或传输光子。所有的外部表面必须是非透射性的(这是留给用户来确保这一点)。所有材料的入射辐射特性都可以作为入射光子角的显函数,并通过波段波长公式依赖于能量。LLNL 的 Mark Havstad 和 Charlie Landram 使用二维程序,检查其有效性。LLNL 的 Donald L. Brown 和橡树岭国家实验室的 Katherine Bryan 也用三维程序进行了类似的实验。

已有许多已发布的程序用于解决实际问题,包括分离器开发设施(SDF)的详细测试[62]、非能动太阳外壳中辐射交换的计算[63]以及激光同位素分离(LIS)过程的应用[64]。文献[65-66]是近期在该领域值得关注的出版物。最后,计算漫反射视角因子的另一种方法是 Shapiro 的 FACET 程序[67]。

为了更好地为用户服务,提供网址:www. colostate. edu/ ~ pburns/monte. html。

该网站将包括关于程序的一般信息、作者的联系信息、手册的当前版本和其他文档。

3.16.6　MONTE3D 计算机程序

MONTE3D 是由科罗拉多州立大学(CSU)的机械工程系开发的,自 1983 年开始由 Scott Statton 进行研发,后由 James D. Maltby[62,68],Charles N. Zeeb 和 Klemens Branner 接手。该程序用于计算非参与介质外壳的辐射交换因子。主要关注的是复杂的几何学而不是复杂的物理过程。图 3.62 显示了可模拟的简单几何结构。三维代码能够模拟作为广义四边形(和三角形)集合建模的几何体,这些四边形(和三角形)被约束为平面,但方向是任意的。曲面必须由足够数量的平面近似,有时称为"镶嵌面",以"捕捉"曲率。表面可以吸收光子,也可以反射和/或通过镜面反射、半镜面反射和/或漫射的方式传输光子。所有的外表面必须是非透射的(这是留给用户来确保这一点)。所有材料的入射辐射特性都可能是入射光子角度的显式函数,并且依赖于波段波长公式的能量。LLNL 的 D. L. Brown 和橡树岭国家实验室的 K. Bryan 已经详尽地运用了三维代码,检查了它的有效性。

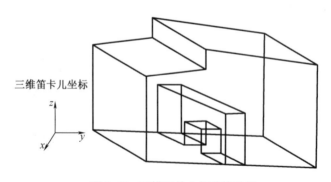

图 3.62　可模拟的几何结构示例

该程序最近进行了大幅度的更新。程序的关键内容已经重新编写,在测试用例中提高了大约 44% 的程序效率。另外,三维程序已经并行化,在 PVM 环境下运行,取得了很好的结果。此外,一个新的材料模型,其中包括反射和透射的半镜面反射组件,已经在三维程序中实现。为了最大限度地利用这些增强的功能,需要在输入文件中添加更多细节,输入文件的格式已从旧的格式更改为本文所述的格式。但是,"旧"格式的输入文件仍然有效,因为更改是向后兼容的。

为了更好地为用户服务,提供网址:www. colostate. edu/~pburns/monte. html。

该网站将包括关于程序的一般信息、作者的联系信息、手册的当前版本和其他文档。

3.16.7　视图辐射视角因子计算机程序

用通常的工程方法计算两个灰色漫反射表面之间的辐射交换是很困难的,因为它需要对两个表面进行全面而精确的描述。通常,计算传热的主要困难在于准确确定表面条件。对于多表面封闭问题,或者对于相互视野受到阻碍的表面之间的辐射,视角因子的评估是一项主要工作。在许多情况下,如在航天器或空间结构、太阳能接收器或工业厂房中,使用图形和数字技术进行估计是不够的。在太阳位置的变化导致不同表面在不同时间变得非常重要的结构中,准确地确定所有表面的视角因子尤为重要。

VIEW 系列计算机程序就是为了完成这个任务而创建的。VIEW 是一个交互式程序,用于确定视角因子、以图形方式显示曲面并评估曲面集合的太阳辐射。

VIEWC 和 VIEWH

VIEWC 和 VIEWH 可用于计算曲面之间的视角因子。这些视图可能会被其他表面或自身阻挡。视角因子通常通过最初由 Mittalas 和 Stevenson 开发的等高线积分技术来计算。当任何两个表面之间的辐射可能被阻挡时,可以通过双面积积分技术或应用于表面子元素的轮廓积分(VIEWC)或像素投影法(VIEWH)来计算它们的视角因子。结构根据曲面集合定义为 VIEWC/VIEWH,每个曲面都有三条或四条边(即三角形或四边形)。VIEWC 还可以计算二维曲面的视角因子。有几种方法可以输入 VIEWC/VIEWH 的数据。一种方法与通常的有限元表面定义兼容,允许使用有限元网格生成程序为 VIEWC/VIEWH 创建输入。VIEWCI 程序消除了自由格式数据输入中多余的公共节点,从而减少了所需的存储量。

VIEWI

VIEWI 是一个交互式图形程序,用于生成 VIEWC 所需的曲面信息。这些曲面可以单独生成,也可以成组生成,并且用户可以以各种不同的方式操纵它们来创建所需的结构。VIEWI 也可用于生成有限元二维网格。VIEWCM 将来自两个不同 VIEWI 会话的输出组合起来,以生成一个复合实体。VIEWG 提供由 VIEWI 生成的表面的交互式图形显示,具有完整的隐藏线消除功能,并可储存图片,以便进行高速处理(例如,快速旋转或透视查看结构)。

VIEWO

VIEWO 可用于计算落在轨道结构上的太阳辐射和从地球反射的太阳辐射。输入与VIEWC/VIEWH 相同,包含有关结构相对于太阳和地球的位置的附加数据。VIEWO 以批处理或交互模式运行,并计算太阳负荷作为轨道位置的函数。VIEWO 的输出包括太阳视角因子、地球长波视角因子、反射太阳视角因子和总太阳负荷。

VIEWS

VIEWS 可用于计算曲面的镜面反射,并可与 VIEWO 结合使用,以跟踪太阳光线在整个曲面集合中反射的过程。

此程序可从以下两个站点和来源获得:

1. http://www. openchannelsoftware. com/projects/GAP/,用户在该网站可以购买不同的源程序和可执行版本的程序,这些程序在该资源提供的平台和操作系统上运行。

2. 银河高级工程或(http://www. gaeinc. com),用户在该网站可以使用在 Windows/PC 模式下运行的程序的修改版本。

3.16.8　ALE3D(任意拉格朗日/欧拉多重物理3D)计算机程序

LLNL 将复合材料用于许多先进的应用系统和结构中。以前,我们通过从 DYNA3D(用于实体和结构力学的非线性,显式 3D FEM 代码)移植现有的复合本构模型(模型 22,具有损伤模型的纤维复合材料),增强了在 ALE3D(LLNL 开发的任意拉格朗日/欧拉多物理代码)中模拟复合系统的结构响应和渐进式破坏的能力。今年,已实施了更高级的模型(DYNA3D 模型 62,单向弹塑性复合材料模型),进行实验以验证模型的弹性响应,并提供将故障算法添加到模型所需的方法和数据。

在 ALE3D 中实现了单向弹塑性复合模型,包括实现将正交各向异性方向数据输入指定的局部体积单元的能力。另一个建模目标是通过结合失效算法来增强模型,该算法包括基体分层、翅片拉伸和翅片压缩失效。进行了几项实验,为在 ALE3D 中验证模型的实现提供数据。

改进后的翅片复合材料模型可用于许多 LLNL 程序的模拟(直至失效),如复合弹药、装甲突防、压力容器和火箭发动机的模拟。该项目有助于支持国防部联合弹药计划和重点杀伤性弹药计划中的复合建模工作。这项研究通过提供增强的 ALE3D 复合材料结构建模能力,支持 LLNL 在大型复杂结构高速机械变形模拟方面的工程应用。

本项目第一年完成的将翅片复合材料与损伤模型整合到 ALE3D 中的实施,通过若干程序对程序的比较进行了验证。模拟得到的加压圆柱体中的环向应力使用 DYNA3D、ALE3D 中的新翅片复合材料模型以及现有的各向异性 ALE3D 模型,误差均在 1% 以内。这包括显式和隐式 ALE3D 运行。

在 ALE3D 中实现了单向弹塑性复合材料模型,该任务的一个重要部分是创建一个算法,在层和单元级别初始化和更新材料方向。使用上述相同的加压气缸模拟对模型进行了验证,结果与 DYNA3D 预测结果非常吻合。

复合材料失效机制可分为两类:层内失效机制,如翅片断裂、基体失效(开裂/压碎)和翅片屈曲;层间失效机制涉及层间分层。

层内失效可应用于层水平,因此与该模型的"单元"方法很好地吻合。层间失效包括层间裂纹张开和层间相对滑动同时影响所有层,因此更难实施。这些功能所需的所有相关数学表达式已推导完成,并概述了需要对现有程序的内容更改,明年将实施。

在八个不同翅片、翅片取向和树脂的复合材料圆柱体试样上进行了一系列压缩破坏试验。收集的每个试样的刚度、泊松比和极限强度数据为新实施的模型 22 和 62 提供了模型验证数据。这些数据还为 ALE3D 中即将建立的故障模型验证提供了扩展的故障数据源。

使用 Aramis 视频应变测量系统测量了带孔和键合销的翅片复合材料圆柱体中的应变集中系数。带销配置的基本翅片复合材料圆柱体如图 3.63 所示。图 3.64 显示了测量的实验数据和 ALE3D 模拟响应之间在无销钉(裸孔)情况下的比较,结果符合很好。

图 3.63   1.0 in 直径销翅片复合材料压缩缸

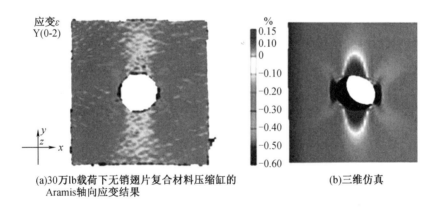

(a)30万lb载荷下无销翅片复合材料压缩缸的
Aramis轴向应变结果

(b)三维仿真

图 3.64   30 万 lb 载荷下无销翅片复合材料压缩缸的 Aramis 轴向应变结果与三维仿真

使用图 3.65 所示的试样测量复合材料中由于集中剪切而产生的应变集中系数。对该样品进行压缩加载,以在复合样品中产生集中剪切带。Aramis 载荷−应变曲线如图 3.66 所示。

在拟议的后续项目中,将继续改进 ALE3D 中的翅片复合材料建模,重点是局部弯曲响应和渐进损伤。计划实现一个专门的 LLNL 层级复合程序 ORTHO3D 的层级功能和损伤算法,并通过实验进行验证。

此程序可从 LLNL 获得,用户需要通过申请 LLNL 技术转让办公室获得副本,或联系程序作者 Andrew Anderson(925)423−9634,或通过网站 https://www−eng. llnl. gov/mod_sim/ mod_sim_tools. html 访问此程序。

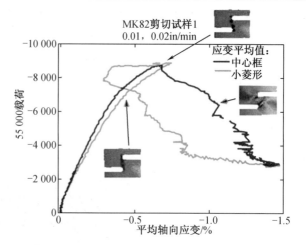

图 3.65　MK82 型复合剪切试样　　　　图 3.66　复合材料 MK82 剪切试样中的剪切应变集中

3.16.9　NASTRAN 计算机程序

NASTRAN(美国航空航天局的结构分析系统),是一个强大的通用有限元分析(FEA)程序,用于计算机辅助工程。NASTRAN 是结构分析领域的标准,为工程师提供了广泛的建模和分析能力。NASTRAN 的开发始于 20 世纪 60 年代中期,由美国国家航空航天局发起,旨在为其航空航天研究项目提供有限元分析能力。多年来,美国宇航局一直在积极维护和改进 NASTRAN,使之成为最先进的结构分析系统。

NASTRAN 的应用包括几乎所有的结构和构造。结构和建模元素用于更常见类型的结构构建块的具体表示,包括杆、梁、剪切板、板和旋转壳。更一般类型的构建块可以通过组合这些简单元素或使用“通用”元素功能来处理。子结构功能允许结构的不同部分在已经分别建模之后共同建模。

NASTRAN 允许将控制系统、气动传递函数和其他非结构特性的影响纳入结构问题的解决方案中。在其他分析功能中,NASTRAN 可以处理以下问题:

(1)集中荷载和分布荷载、热膨胀和强制变形的静态响应;

(2)对瞬态和稳态正弦负载以及随机激励的动态响应;

(3)振动分析、动力稳定性分析的复特征值确定;

(4)弹性稳定性分析。

NASTRAN 对非线性问题的求解能力有限,包括非线性静态响应的分段线性分析和非线性动态响应的瞬态分析。用户可以通过使用直接矩阵抽象编程(DMAP)语言来开发自己的分析程序,以使得 NASTRAN 用于解决一般矩阵问题。

该程序是美国航空航天局在没有任何修改的情况下发布的,开放渠道软件只需支付一些象征性的费用,一些目标平台还可以获得两种类型的 NASTRAN 许可证。源程序许可证适用于所有受支持的平台,包括源程序、可执行文件、演示问题和一套包含程序员手册的四卷文档。也提供仅包含可执行程序的许可证。请参阅 NASTRAN/XE 的摘要。NASTRAN

的四卷文档集的各个卷也可以单独获得。使用开放渠道软件的本程序的用户应自行确保程序的完整性和可移植性,并应参考以下网站:

1. http://www.openchannelsoftware.com/projects/GAP/,用户在该网站可以购买不同的源程序和可执行版本的程序,这些程序在该资源提供的平台和操作系统上运行。

2. 银河高级工程公司(http://www.gaeinc.com),用户在该网站可以购买在 Windows/PC 模式下运行的程序的修改版本。

3.16.10　NASA TRASYS 计算机程序

热辐射分析系统 TRASYS 是一个具有通用能力的计算机软件系统,可以解决热分析中与辐射有关的问题,可用于计算在轨航天器的总热辐射环境。该软件计算节间辐射交换数据以及来自环境辐射热源的入射和吸收热率数据。TRASYS 以其他热分析仪程序可直接使用的格式提供这两种类型的数据。

TRASYS 的一个主要特点是,它允许用户编写自己的驱动程序来组织和指导预处理器和处理器库例程,以解决特定的热辐射问题。预处理器首先读取并将用户的几何输入数据转换为处理器库例程使用的形式。然后,预处理器接受用户用 TRASYS 修改的 FORTRAN 语言编写的驱动逻辑。在许多情况下,用户可以选择一些例程来解决给定的问题。用户也可以在需要的地方提供自己的例程。特别是,用户可以编写输出例程,以提供 TRASYS 和任何使用 R-C 网络概念的热分析仪程序之间的接口。

TRASYS 程序的输入包括选项和编辑数据、模型数据、逻辑流程和操作数据。选项和编辑数据提供了基本的程序控制和用户编辑功能。模型数据从几何和其他特性方面描述了问题,其中包括曲面几何数据,文档数据、节点数据、块坐标系数据、形状因子数据和流动数据。逻辑流程和操作数据包含用户的驱动程序逻辑,包括子程序调用序列和子程序库。

TRASYS 的输出包括两种基本类型的数据:节间辐射交换数据与入射和吸收热率数据。TRASYS 的柔性结构允许在热辐射问题的定义和解决方法的选择上有相当大的自由度。程序的灵活结构也允许 TRASYS 在作者更新时保留相同的基本输入结构,以跟上不断变化的需求。其他重要特征包括:

(1)多达 4 000 个节点的问题大小功能(在 VAX/VMS 下为 3 200 个),通过中间不透明或半透明的表面进行遮蔽;

(2)漫反射、镜面反射或漫反射/镜面反射辐射交换解决方案的选择;

(3)具有最小化重新计算的重启功能;

(4)自动为轨道生成提供执行逻辑的宏指令,优化先前完成的计算的使用;

(5)具有时变几何包,提供铰接式航天器各部分的自动指向和消除冗余形状因子计算的自动回溯功能;

(6)能够指定子模型名称,以将多组曲面或组件标识为实体;

(7)执行函数的子例程,在可变几何运行期间,在后续步骤中为具有固定几何体的节点保存和调用节点间和/或空间形状因子。

本程序目前可从以下站点获取,也可根据得克萨斯州休斯顿 NASA 约翰逊航天中心创新伙伴关系办公室/AF2 的请求获取:

1. http://www.openchannelsoftware.com/projects/GAP/.,用户在该网站可以购买不同的源程序和可执行版本的程序,这些程序在该资源提供的平台和操作系统上运行。

2. 银河高级工程公司(http://www.gaeinc.com),用户在该网站可以购买在 Windows/PC 模式下运行的程序的修改版本。

3.17 管道应力分析软件

管道应力分析软件以简单、直接的方式计算给定应用的应力、工作压力或所需的管壁厚度。当前用于管道应力分析的方法往往依赖于基本公式和手动计算器或复杂的软件包,即使处理的问题很简单也常常难以使用。管道压力分析软件为个人和公司提供了一种便捷的方法,该产品比传统计算方法更强大,更灵活,并且比大多数当前可用的软件包更易于使用。此外,它可以在给定压力、最小管壁厚度或最大允许压力下计算给定管道中的应力水平。

管道应力分析软件允许用户从常用材料数据库中选择特定材料,或为未列出的材料创建自定义数据库。该程序根据多组要求分析管道,如 ASME/ANSI B31.1 和 B31.3 管道规范和 JIC 液压规范。标准版和 SI 公制版均可提供。

该实用软件基于成熟的弹性理论、材料强度和工业管道标准委员会的工作设计而成,并利用了拉梅方程、标准管道规范方程和自定义导出的高压弹塑性方程。

优势

管道应力分析软件比其他类型的市售软件包更易于使用,且更精炼,从而满足了许多用户的需求。此外,该软件使用方法灵活,可以在给定压力、最小管壁厚度或最大允许压力下计算给定管道中的应力水平。

管道应力分析软件可用性

该软件可从以下两个站点获得:

1. http://www.openchannelsoftware.com/projects/GAP/,用户在该网站可以购买不同的源程序和可执行版本的程序,这些程序在该资源提供的平台和操作系统上运行。

2. 银河高级工程公司或 http://www.gaeinc.com,用户在该网站可以购买在 Windows/PC 模式下运行的程序的修改版本。

3.18　其他热管分析规范

还有其他热管设计规范特别考虑瞬态分析而不是稳态情况。下面列出了几个已命名的程序,并介绍了它们的说明和功能。

3.18.1　VCHPDA:计算机程序子程序使用程序

可变热导热管系统(VCHPS)程序对本报告前面章节中描述的 VCHP 分析模型进行数值求解。它的解决方案逻辑是用 FORTRAN 语言编写的,并由银河高级工程公司进行了升级,升级后的版本与当前的 Windows/PC 计算平台兼容,而不是与 Control Data Corporation (CDC)编译器兼容的原始版本。VCHPDA 作为一个程序子程序,用于与一般的集总参数热力系统进行交互。然而,在目前的形式中,VCHPDA 仅适用于与 TRWS 系统改进的数值差分分析仪(SINDA)结合使用,

变导热管数据分析(VCHPDA)是一个子程序,它提供了在各种运行条件下变导热管瞬态和稳态性能的精确数学模型。它适用于具有冷、有害或热、非有害气储存的热管,并使用理想气体定律和"流动前沿"(可忽略的蒸汽扩散)气体理论。VCHPDA 通过求解一组非线性的能量和质量守恒方程组,计算了热管有效段的气阻长度和蒸汽温度。VCHPDA 是为了准确有效地预测航天器热控制系统中引入的可变热导热管(VCHPs)的性能而开发的。因此,VCHPDA 可与热分析仪程序(如 SINDA)差分分析器进行交互。

VCHPDA 与以前的程序相比的优点包括提高了精度、无条件稳定性,以及由于使用最先进的数值技术来求解 VCHP 数学模型而提高了求解效率。VCHPDA 程序是设计和评价采用变电导热管的先进热控制系统的一个有用工具。

子程序通常从变量调用:

(1)在生成涉及 VCHP 子系统的热模型的过程中,必须遵循以下约定:

①对热管壁节点进行编号,并从蓄热器端部按顺序逐级输入。

②壁到蒸汽导体按顺序编号和输入,如(a)所示。

③每个热管的蒸汽温度必须声明为边界节点。

④数组 A1 到 A5 必须作为正 SINDA 数组输入。

此程序可从以下站点获得:

银河高级工程公司或 http://www.gaeinc.com,用户在该网站可以购买在 Windows/PC 模式下运行的程序的修改版本。

3.18.2　HPMAIN 计算机程序

HPMAIN 项目是 1988 年 2 月 Jong Hoon Jang 对佐治亚理工学院机械工程博士学位要求

的部分补充,用于处理从凝固状态启动和热管瞬态性能的分析相关问题。

该程序建立了热管从凝固状态启动的数学模型和计算机程序。这些模型已与先前公布的分析和实验数据进行了核对。在大多数情况下,一致性相对较好。当液态金属热管通过向一端引入热量同时冷却另一端来启动时,内部工作液体动力学可能会极大地影响管道内的温度分布和流体特性以及管道的整体热导率。例如,如果工作液体最初凝固,在启动过程中,毛细管结构中会发生熔化,蒸汽会在不同时间经历自由分子流、阻塞流和连续流。这些不断变化的内部条件通常使热管从加热端到冷却端的能量传输相对缓慢,并且可能产生非常大的径向和轴向温度梯度。

该工作使用有限元公式的控制方程为每个热管地区的每一个操作过程中经历了从凝固状态启动。在管壁中,能量仅通过传导传递。在毛细管结构中,考虑了导热和熔化热。在蒸汽区,不同的控制方程组用于计算自由分子流、阻塞流和正常连续流的区域。针对三种特定类型的操作,根据文献中的分析和实验数据对各种模型进行了检查。例如,用于预测毛细管结构中熔化的模型与先前公布的角区熔化分析结果进行了对比。本文采用有限元方法对某航天飞机机翼采用热管冷却前缘的再入飞行任务进行了计算,机翼前缘附近有一根钠热管。美国航空航天局兰利研究中心的查尔斯卡马达对这种热管的启动行为进行了实验测量。计算结果与 Camarda 的数据进行了比较。

该程序通过有限元方法解决了带有金属工作液体的热管的启动和瞬态性能。根据二维和瞬态热传导方程预测温度,该方程使用焓法将相变过程的影响纳入体积热容的表达式中。Galerkin 加权残差法用于驱动有限元公式。蒸汽的流动动力学由一维,可压缩的层流动量和能量方程式描述。在一维模型中,考虑了横截面速度的变化,液-汽相界面的摩擦以及蒸汽的质量。使用 Runge-Kutta 方法的 DVERK 子程序可解决五个一维控制蒸汽的微分方程。规定的温度,热通量,对流和辐射边界条件均适用。该程序可单独用于解决纯传导或相变问题。使用隐式或显式时间步进方案。由于显式方案不是自启动方法,因此隐式方案用于最初的几个时间步骤。为此,请为变量 NTS 设置适当的编号。网格系统可以通过 HPGRNW 程序生成,也可以通过网格生成器程序生成。程序 HPMAIN 的输入数据文件包括 HPGRNW 的输出数据文件和指定某些一般条件的一般数据。此程序需要使用 IMSLIB 数学库,并且必须使用支持该库的 FORTRAN 编译器,并且能够将其合并为程序执行的一部分。

此程序可从以下站点获得:

银河高级工程公司或 http://www.gaecinc.com,用户在该网站可以购买在 Windows/PC 模式下运行的程序的修改版本。

3.18.3 SMLBUB 球形气泡模型计算机程序

在 NASA 的支持下,TRW 的实验计划的一部分是研究引起干道去压的各种机制的潜力,已经进行了一系列实验以检查作为工作液体的甲醇中的气泡成核作用。实验是为了确定在经过温度和/或压力降低后,充有氦气或氮气的液态甲醇中是否会产生气泡[69]。开发

SMLBUB 程序是为了验证其背后的此类实验和相关理论。

在实验之前,对通信技术卫星(CTS)热管中气泡形成可能性的理论分析表明,在与实验前相似的条件下,由于温度和压力降低导致的过饱和,甲醇中会产生大量气泡异常。该实验的其中一个目的是定性的验证理论结果。

此外,实验还考虑了丝网干道提供气泡成核位置的可能性。

实验装置包括一个半填充有 50cc 光谱级甲醇的玻璃板,并装有仪器,以便连续监测温度和压力。附有仪器的简图。位于流体和真空泵之间的针阀用于控制液体的压力水平或减压速率。通过将试验流体浸入液氮中实现液体冷却。然而,这种技术不允许任意控制冷却速度。用玻璃管将氮气或氦气通入液体,使液体饱和。允许该过程至少持续 2 h。

典型的减压试验顺序如下:

(1)在环境条件下用氮气或氦气饱和甲醇。

(2)在大气压下降低温度。采用 21 ℃ 和 40 ℃ 两种温度水平。

(3)将一段干燥的丝网投入液体中。

(4)将压力从 14.7 psi 降至 4 psi。在某些情况下,压降在 10 s 内完成,而在其他情况下,压降在 5 min 内完成。

典型的降温实验顺序如下:

(1)在环境条件下饱和甲醇。

(2)将一段干燥的丝网投入液体中。

(3)降低环境温度下的压力。使用 14.7 psi、10 psi 和 4 psi 的压力水平。

(4)降低温度。在某些情况下,温度会在大约 20 min 内从 21 ℃ 降低到-40 ℃。这是通过将烧瓶放置在杜瓦瓶中所含的液氮表面附近来实现的,在该瓶中,甲醇通过自然对流冷却。在其他情况下,通过将烧瓶浸入液氮中约 10 s,使液体快速冷却,此时,位于烧瓶底部和干道内部的液体会凝固(图 3.67)。

根据 Antoniuk[69] 的研究内容,重复实验可复现实验结果。最初在设定温度水平下进行减压时,没有观察到气泡。从降温实验中获得类似的结果,条件是液体温度不降到凝固点以下(-98 ℃)。

然而,其中液体部分凝固的实验却产生了截然不同的结果。观察到大量小气泡从融化的冰表面流出。随着熔化过程的完成,气泡逐渐减少,只有少数几个来自烧瓶底面和丝网外表面。冰融化后,在主管道内发现了大约 12 个小气泡。后来观察到这些气泡会聚结,形成较少但较大的气泡,并继续增长。这些气泡的最终尺寸取决于系统的压力。例如,在 4 lb/in^2(psi)时,随着液体温度从-40 ℃ 至 0 ℃,主管道内剩余的气泡继续增长约 10 min,此时气泡的大小使得主管道内的所有液体基本都处于异位状态。

TRW 关于该程序的报告是基于对现有 1.07 m 长玻璃热管进行的实验。该热管的横截面如图 3.68 所示。管道包含一个平板吸液芯,一侧连接 CTS 型干道。加热器和冷却回路分别连接到蒸发段和冷凝段部分芯的另一侧。这种安排允许对运行热管中主管道的行为进行观察。

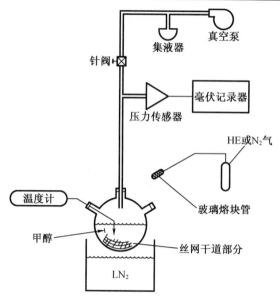

图 3.67　TRW 实验装置

(a)　　　　　　　　(b)　　　　　　　　(c)

图 3.68　圆柱形管道的内外螺纹和凹槽示意图

　　热管中的气体装有氮气(90%)和氦气(10%)混合物,压力相当于 CTS 管道中的条件。实验只涉及液氮通过冷却回路凝固其中的甲醇,然后终止液氮流解冻甲醇,从而直观地观察主管道的行为。

　　这些实验的结果表明,主管道中过饱和甲醇的凝固被认为是主管道中气泡形成的一种潜在机制,因为凝固面是成核点的良好来源。关于他的实验细节,请参阅他的报告[69]。

　　此程序可从以下站点获得:

　　银河高级工程公司,或 http://www.gaecinc.com,用户在该网站可以购买在 Windows/PC 模式下运行的程序的修改版本。

3.19　COMSOL 多物理软件

　　COMSOL Multiphysics 是一个有限元分析、求解和仿真软件/FEA 软件包,适用于各种物理和工程应用,特别是多物理耦合现象。该软件包是跨平台的(Windows、Mac、Linux)。除了传统的基于物理的用户界面外,COMSOL Multiphysics®还允许进入偏微分方程(PDE)耦合系统。偏微分方程可以直接输入,也可以使用所谓的弱形式(弱公式的描述见有限元法)。自 5.0 版(2014 年)以来,COMSOL Multiphysics 还用于创建基于物理的应用程序。这些应用程序既可以使用常规的 COMSOL Multiphysics 许可证运行,也可以使用 COMSOL 服务器许可证运行。早期版本(2005 年之前)COMSOL Multiphysics 被称为 FEMLAB。自本书出版之日起,COMSOL 的最新版本为 5.2 版。

在这里,我们展示了一些冷却管设计过程,其中 COMSOL Multiphysics®用于展示一个非常普遍的案例,其中管道用于冷却器、加热器(如热管)或热交换器,以提高性能。根据应用和要求,这些散热器有不同的尺寸和设计。当这些流体放置在管道外时,它们会增加管道的传热表面,从而使冷却或加热的外部流体能够更有效地交换热量。当它们被放置在管道内(即热管内的凹槽起到吸液芯的作用)时,内部流体从增加的热交换表面中受益。正如我们所说的那样,凹槽也可以扩大热表面,特别是在空间有限的管道内部(图 3.68)。

在该应用程序中,用户可以自定义一个带有预定义内外螺纹或凹槽的长圆柱形管道,以观察和评估其冷却效果。图 3.68 显示了用户界面提供的三个螺纹和凹槽示例。

内部流体为水,外部冷却流体为空气,管道由铜制成。但是,可以更改应用程序以设置不同的材质。在指定几何结构和操作条件后,应用程序通过以下参数值提供管道特性:

(1)管道质量;

(2)管道内部容积;

(3)内外热交换表面;

(4)散热率;

(5)内外流体压降;

(6)内部流体的温降。

图 3.69 显示了基于 COMSOL Multiphysics 的几何用户界面的凹槽以及连接管道的详细几何结构。

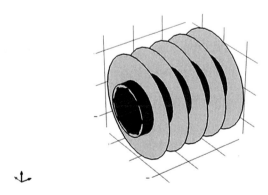

图 3.69　凹槽和连接管的几何结构示意图

图 3.70 显示了 COMSOL Multiphysics 应用软件的用户界面。

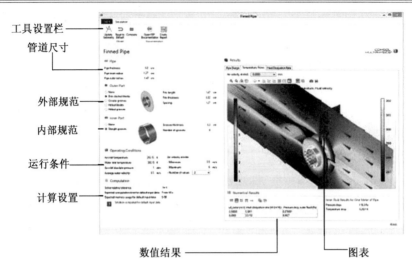

图 3.70　应用程序的用户界面

下面详细介绍管道设计的设置。

管道

使用此部分可以指定管道本身的尺寸。可操作的参数是管道厚度和管道内径。然后自动推导管道外半径。

外部零件

选择磁盘堆叠刀片、圆形槽、螺旋刀片、螺旋槽或无外部零件。根据选择,可以指定孔或槽的尺寸参数。

内部零件

对于内部零件,选择"无"或"直槽"。

操作条件

在本节中,确定管道周围气流的进气温度和进气绝对压力。进水温度自动更新当进气温度改变时。确定管道内水流的平均流速。应用程序针对气流速度的不同可能值求解模型,以分析其对冷却的影响。设置入口处空气速度范围的最小值和最大值,并选择要求解的值的数目,介于 2 和 10 之间。

计算

设置解算器相对公差。默认值以适中的计算成本提供了一个很好的解决方案。本节还显示有关计算时间和内存消耗的有用信息。

结果

本节显示了计算后的几个图形和数值结果。"管道设计"选项卡根据自定义输入显示几个图形。在底部,提供了有关管道质量和尺寸的信息。

"温度流"选项卡显示管道域中的温度以及水和空气域中的速度的图形图。更改"操作条件"部分中预先定义的入口空气速度值,以显示相应的绘图。在底部,数值结果部分显示了散热率、内外流体的压降以及内流体的温降。

"散热率"选项卡在"运行条件"部分中指定的范围内绘制散热率与进气速度的关系曲线。

嵌入式模型

这个模型由一个装有水的带槽的管道组成,水由周围的空气冷却。该模型利用伪周期性条件,只需计算管道的一小部分。如果沿着整个管道的温度场是周期性的,直到一个恒定的偏移量,并且遵循几何周期性,这将提供可靠的结果。

模型定义

该模型求解了管道内部和周围的湍流流动。事实上,管道外部的冷却气流通常达到高速,将问题带到湍流有效范围。在管道内部,水流已经达到 0.5 m/s 的湍流范围。

对于热传递,进水温度比空气入口温度高 10 K。这样可以确保整体温度梯度不会太大,并且管段中的材料特性保持不变。

为了避免对任何特定长度的管道进行建模,只需对几何周长为 0.5 in(1.27 cm)的管道样本进行求解。对于该样品,伪周期热条件适用于相反的极端。这样,这些边界处的热流是相同的,但温度场有一个由运行条件决定的偏移量。

结果

默认输入数据求解两个空气速度值:0.5 m/s 和 6 m/s。这些参数值的数值结果如表 3.13 所示。这些结果是针对 1 m 管道给出的。

表 3.13　数值结果

空气入口流速/(m · s⁻¹)	散热率	压降(空气)/Pa	压降(水)/Pa	管道与末端间的温降/K
0.5	5.981 1	0.079 081	118.3	0.282 1
6	33.150	8.892 7		

默认几何图形由以下数据表征(表 3.14)。

表 3.14　管道的质量和尺寸

参量	值
管道质量/kg	1.371
内流体体积(水)/cm³	0.523 5
内部换热面/cm²	8.758
外部换热面/cm²	41.19

图 3.71 显示了管道域温度和空气域的速度幅值。

图 3.72 显示了与空气速度有关的散热率曲线。只有两个值才能得到曲线。对于更显

著的趋势,应针对更多的气流速度值求解模型。

使用 COMSOL Multiphysics 软件可以轻松制作上述演示和图形。

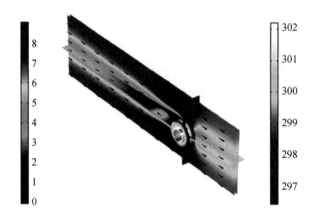

图 3.71　管道域温度图和空气域速度幅值图

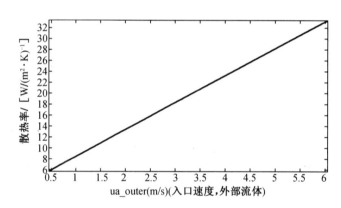

图 3.72　相对于空气速度的散热率

COMSOL Multiphysics 软件可用性

用户可从 COMSOL 公司及其网站 http://www.comsol.com.查询软件的可用性和价格。

参 考 文 献

[1]　Chi, S. W. (1971, December). Mathematical modeling of high and low temperature heat pipes. George Washington University Final NASA, Grant No. NGR 09-010-070.

[2]　Chi, S. W. (1970, September). Mathematical models of cryogenic heat pipes. Final Report to NASA, Goddard Space Flight Center, Grant No. NGR09-005-071.

[3]　Bienert, W. B., & Skrabeck, E. A. (1972, August). Heat pipe design handbook. Dynatherm Corporation. Report to NASA, Contract No., NASA 9-11927.

［4］　Reay, D. A., & Kew, P. A. (2006). Heat pipes(5th ed.). Tarrytown, NY: Butterworth-Heinemann.

［5］　Chi, S. W. (1976). Heat pipe theory and practice. New York: McGraw-Hill.

［6］　Cotter, T. P. (1965, February). Theory of heat pipes. Los Alamos Scientific Laboratory Report LA-3246-MS.

［7］　Marcus, B. D. (1972, April). Theory and design of variable conductance heat pipes. TRW Systems Group, NASA CR-2018.

［8］　Ribando, R. J. (2004) View factor for aligned parallel rectangles. Mechanical and Aerospace Engineering, University of Virginia

［9］　ASME Boiler and Pressure Vessel Committee. (1965). ASME boiler and pressure vessel code-Section Ⅷ Unfired pressure vessel. New York: American Society of Mechanical Engineering.

［10］　Tien, C. L., & Jun, K. H. (1971). Minimum meniscus radius of heat pipe wick materials. International Journal of Heat and Mass Transfer, 14, 1853-1855.

［11］　Colwell, G. T., Jang, J. H., & Camarda, J. C. (1987, May). Modeling of startup from the frozen state. Presented at the Sixth International Heat Pipe Conference, Grenoble, France.

［12］　Peterson, G. P. (1994). An introduction to heat pipes—Modeling, testing and applications. New York: John Wiley & Sons.

［13］　Faghri, A. (1995). Heat pipe science and technology. Washington, DC: Taylor & Francis.

［14］　Faghri, A., & Harley, C. (1994). Transient lumped heat pipe analysis. Heat Recovery Systems and CHP, 14(4), 351-363.

［15］　Jang, J. H., Faghri, A., & Chang, W. S. (1991). Analysis of the one-dimensional transient compressible vapor flow in heat pipes. International Journal of Heat and Mass Transfer, 34, 2029-2037.

［16］　Carslaw, H. S., & Jaeger, J. C. (1959). Conduction of heat in solids(2nd ed.). London: Oxford University Press.

［17］　Chang, W. S. (1981, March). Heat pipe startup form the supercritical state. Ph. D. Dissertation, Georgia Institute of Technology.

［18］　Colwell, G. T., & Chang, W. S. (1984). Measurement of the transient behavior of a capillary structure under heavy thermal loading. International Journal of Heat and Mass Transfer, 27(4), 541-551.

［19］　Change, W. S., & Colwell, G. T. (1985). Mathematical modeling of the transient operating characteristic of low-temperature heat pipe. Numerical Heat Transfer, 8, 159-186.

［20］　Colwell, G. T. Modeling of transient heat pipe operation. Final Report NASA GRANT

NAG-1-392, Period Covered August 19, 1983 through December 31, 1988, Submitted January 15, 1989.

[21] Cotter, T. P. (1967, October). Heat pipe startup dynamics. Proc. IEEE Thermionic Conversion Specialist Conference, Palo Alto, California(pp. 344-348).

[22] Luikov, A. V. (1968). Analytical heat diffusion theory. New York: Academic.

[23] Silverstein, C. C. (1992). Design and technology of heat pipes for cooling and heat exchange. Washington, DC: Taylor and Francis.

[24] Pakdemirli, M., & Sahin, A. Z. (2006). A similarity solution of fin equation with variable thermal conductivity and heat transfer coefficient. Mathematical and Computational Applications, 11(1), 25-30.

[25] Jiji, L. M. (2009). Heat conduction(3rd ed.). Berlin: Springer.

[26] Nnanna, A. G. A., Haji-Sheikh, A., & Agonafer, D. (2003). Effect of variable heat transfer coefficient, fin geometry, and curvature on the thermal performance of extended surfaces. Journal of Electronic Packaging, Transactions of the ASME, 125, 456-460.

[27] Lee, H.-L., Yang, Y.-C., & Chu, S.-S. (2002). Transient thermoelastic analysis of an annular fin with coupling effect and variable heat transfer coefficient. Journal of Thermal Stresses, 25, 1105-1120.

[28] Campo, A., & Salazar, A. (1996). Similarity between unsteady-state conduction in a planar slab for short times and steady-state conduction in a uniform, straight fin. Heat and Mass Transfer, 31, 365-370.

[29] Kuehn, T. H., Kwon, S. S., & Tolpadi, A. K. (1983). Similarity solution for conjugate natural convection heat transfer from a long vertical plate fin. International Journal of Heat and Mass Transfer, 26, 1718-1721.

[30] Rozza, G., & Patera, A. T. The thermal fin("Tfin")problem. In collaboration with D. B. P. Huynh, N. C. Nguyen and, previously, S. Sen and S. Deparis.

[31] Holman, J. P. (1986). Heat transfer(6th ed.). New York: McGraw-Hill.

[32] Nellis, G., & Klein, S. (2008). Heat transfer (1st ed.). Cambridge: Cambridge University Press.

[33] Marcus, B. D. (1965, May). On the operation of heat pipes. TRW Report 9895-6001-TU-000.

[34] Brennan, P. J., & Kroliczek, E. J. (1979). Heat pipe design handbook (Contract Report No NAS5-23406, Vols. I and II). Washington, DC: National Aeronautics and Space Administration.

[35] Asselman, G. A., & Green, D. B. (1973). Heat pipes. Phillips Technical Review, 16, 169-186.

[36] Eninger, J. E. (1974, August 1). Computer program grade for design and analysis of gradedporosity heat-pipe wicks. NASA-CR-137618.

[37] Eninger, J. E., & Edwards, D. K. (1976, November). Computer program grade Ⅱ for the designed analysis of heat pipe wick. NASA-CR-137954.

[38] Brennan, P. J., & Kroliczek, E. J. (1979, June). Heat pipe design handbook. Towson, MD: B & K Engineering, Inc. NASA Contract No. NAS5-23406 Report N81-70113.

[39] Tower, L. K. (1992, September). NASA Lewis steady-state heat pipe code users manual Version 1. 0. Cleveland, OH: NASA Lewis Research Center. NASA TM-105161.

[40] Busse, C. A. (1967). Pressure drop in the vapor phase of long heat pipes. IEEE Conference Record of the Thermionic Conversion Specialist Conference(pp. 391-398), IEEE.

[41] Tower, L. K., & Hainley, D. C. (1989). An improved algorithm for the modeling of vapor flow in heat pipes. NASA CR-185179.

[42] Tower, L. K. (2000, April). NASA Glenn steady-state heat pipe code users manual Version 2. 0. Cleveland, OH: NASA Glenn Research Center. NASA TM-2000-209807.

[43] McLennan, G. A. (1983, November). ANL/HTTP: A computer code for the simulation of heat pipe operation. Argonne National Laboratory, Report No. ANL-83-108.

[44] Marcus, B. D. (1972, April). Theory and design of variable conductance heat pipes. NASA CR-2018.

[45] Soliman, M. M., Grauman, D. W., & Berenson, P. J. (1970). Effective thermal conductivity of saturated wicks. ASME Paper No. 70-HT//SpT-40.

[46] Ferrel, K. J., & Alleavitch, J. (1970). Vaporization heat transfer in capillary wick structures. Chemical Eng., Prog. Symposium Series V66, Heat Transfer, Minneapolis, MN.

[47] Glass, D. Closed form equations for the preliminary design of a heat-pipe-cooled leading edge. NASA/CR-1998-208962

[48] Edelstein, F., & Haslett, R. (1974, August). Heat pipe manufacturing study. Final Report prepared by Grumman Aerospace Corp. for NASA No. NAS5-23156.

[49] Jen, H. F., & Kroliczek, E. J. (1976). Grooved analysis program. Towson, MD: B & K Engineering. NAS5-22562.

[50] Nguyen, T. M. (1994, February). User's manual for groove analysis program(GAP) IBM PC Version 1. 0. OAO Corporation.

[51] Skrabek, E. A., & Bienert, W. B. (1972, August). Heat pipe design handbook(Parts I and Ⅱ). Cockeysville, MD: Dynatherm Corporation. NASA CR-1342.

[52] Marcus, B. D., Eninger, J. E., & Edwards, D. K. (1976). MULTIWICK. Redondo Beach, CA: TRW System Group.

[53] Edward, D. K., Fleischman, G. L., & Marcus, B. D. (1973, October). User's

manual for the TRW Gaspipe 2 Program. Moffet Field, CA: NASA – Ames Research Center. NASA CR–114672.

[54] Woloshun, K. A., Merrigm, M. A., & Best, E. D. (1988, November). Analysis program a user's manual. Los Alamos National Laboratory. LA–11324–M.

[55] Kamotani, Y. (1978, September). User's manual for thermal analysis program of axially grooved heat pipes(HTGAP). NASA–CR–170563.

[56] Marcus, B. D., & Fleischman, G. L. Steady–state and transient performance of hot reservoir gas–controlled heat pipes. A. S. M. E. Paper No. 70–HT/SpT–11.

[57] Bienert, W. (1969). Heat pipes for temperature control. Proc: Fourth Intersociety Energy Conversion Engineering Conference, Washington, DC.

[58] Antoniuk, D., Edwards, D. K., & Luedke, E. E. (1978, September 1). Extended development of variable conductance heat pipes. NASA–CR–152183, TRW–31183–6001–RU–00.

[59] Ponnappan, R. Studies on the startup transients and performance of a gas loaded sodium heat pipe. Technical Report for Period June 1989, WRDC–TR–89–2046.

[60] Myers, G. E. (1987). Analytical methods in conduction heat transfer (2nd ed.). Schenectady, NY: Genium Publishing Corp.

[61] Scott, S. E. (1983). MONTE—A two–dimensional monte carlo radiative heat transfer code. M. S. Thesis, Department of Mechanical Engineering, Colorado State University, Fort Collins, CO 80523.

[62] Maltby, J. D. (1987). Three–dimensional simulation of radiative heat transfer by the MonteCarlo method. M. S. Thesis, Department of Mechanical Engineering, Colorado State University, Fort Collins, CO 80523.

[63] Maltby, J. D., & Burns, P. J. (1986). MONT2D and MONT3D user's manual. Internal Publication, Department of Mechanical Engineering, Colorado State University.

[64] Burns, P. J., & Pryor, D. V. (1989). Vector and parallel Monte Carlo radiative heat transfer. Numerical Heat Transfer, Part B: Fundamentals, 16(101), 191–209.

[65] Burns, P., Christon, M., Schweitzer, R., Wasserman, H., Simmons, M., Lubeck, O. et al. (1988). Vectorization of Monte Carlo particle transport–An architectural study using the LANL benchmark GAMTEB. Proceedings, Supercomputing '89, Reno, NV (pp. 10–20).

[66] Maltby, J. D., & Burns, P. J. (1988). MONT2D and MONT3D user's manual. Internal Publication, Department of Mechanical Engineering, Colorado State University.

[67] Arthur, B., & Shapiro. (1983). FACET–A radiation view factor computer code for axismmetric, 2D planar, and 3D geometries with shadowing, August, 1983. Lawrence Livermore Laboratory.

[68] Maltby, J. D. (1990). Analysis of electron heat transfer via Monte Carlo simulation.

Ph. D. Dissertation, Department of Mechanical Engineering, Colorado State University, Fort Collins, CO 80523.

[69]　Antoniuk, D. , & Edwards, D. K. (1980). Depriming of arterial heat pipe: An investigation of CTS thermal excursions. NASA CR 165153, Final Report August 20, 1980.

第4章　热管的应用

本章将讨论热管在能源系统中的应用,同时还将对其在太空计划和核工业中的应用进行展望。除此之外还将探讨热管在电子制造中冷却快速中央处理器(CPU)中的应用,以及如何将热管用作热交换器。

近年来,热管在诸如热能储存系统和集中式太阳能发电等可再生能源系统的应用中也展示出了较好的效果。

4.1　热管在工业中的应用

Grover 及其同事们[1-2]正在研究用于航天器的核动力电池冷却系统,这些核动力电池遭受航天器中的极热条件。热管作为一种管理航天器内部温度条件的方法已被广泛应用。

热管自 1964 年问世以来,已在许多方面得到了应用[3-4]。根据其设计用途,热管可以在 4.0~3 000 K 的温度范围内工作。热管的应用可以分为三大类:热源与散热器分离、温度平衡和温度控制。由于具有极高的热导率,热管可以有效地将热量从集中热源传输到安装在较远距离处的散热器中。这种特性可以实现电子产品的密集封装,而无需过多考虑散热器的空间需求。热导率高的另一个好处是能够提供精确的温度平衡方法。例如,在轨道平台的两个相对面之间安装一根热管,可以使两个面保持相同的温度,从而使热应力达到最小。温度控制依赖于热管能够非常迅速地输送大量热量。只要热流极值在热管的工作范围内,这种特性就能使热通量不断变化的热源保持恒定的温度。

热管在许多现代计算机系统中得到了广泛应用。现代计算机不断增加的功率需求,及随之增加的排热量,导致其对冷却系统有着更高的要求。热管通常用于将 CPU 和 GPU(图形处理单元)等部件的热量转移到散热器中,再通过散热器将热量排放到环境中。

在太阳能热水器的应用中,与传统的"平板"太阳能热水器相比,真空管集热器的效率最高可以提高 40%。因为真空有助于防止热损失,在真空管集热器中无需添加防冻液。这种类型的太阳能热水器能够防止在低于−3 ℃的温度下被冻结,可在南极使用。由于全球能源需求的急剧增加,以及化石燃料等传统能源面临枯竭,可再生能源被证明是提供清洁和低成本能源的最好选择。在这种需求下,热管作为加热和冷却系统的一部分变得非常合适并且有很好的应用前景。

热管在横贯阿拉斯加的管道系统中用于散热。如果没有热管,油中剩余的地热以及油在流动中摩擦和湍流产生的热,就会沿着管道的支撑腿向下传导。这可能会融化固定支架的永久冻土,导致管道下沉而被损坏。为了防止这种情况发生,每个垂直支撑构件都安装了四个垂直热管(图 4.1)。

　　热管还与真空管太阳能集热器阵列相结合而被广泛应用于太阳能加热器。在这类应用中,蒸馏水通常作为真空玻璃管内密封铜管中的传热流体。

　　TrueLeaf 等公司为温室应用提供了精密的热管组件,在热管冷凝段采用了 DuoFin 形状的结构,为整个温室种植区提供令人难以置信的均匀加热条件。其独特的锥形翅片设计将对流加热和辐射加热结合起来,使加热更加安静、高效。该热管组件只有两个散热片,意味着相比于其姊妹产品 StarFin 需要更多的环路来满足其热负荷。但这也意味着永远不需要清理翅片上的碎屑。此外,相比于其他竞争系统,其具有更大的内径,意味着提供更大均匀度所需的泵送能量更少(图 4.2)。

图 4.1　阿拉斯加管道支撑腿利用热管冷
　　　　却,以保证冻土不会融化

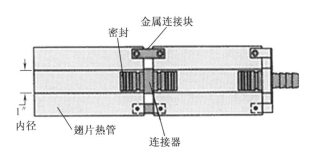

图 4.2　一种在温室中应用的翅片热管结构

　　TrueLeaf 公司生产的 DuoFin 翅片热管组件和连接件如图 4.3 所示,其一般应用如图 4.4 所示。

(a)

(b)

图 4.3　DuoFin 翅片热管组件和连接件

图 4.4　翅片热管的一般应用

4.2　热管的应用场景

一般来说,热管的应用可以分为几大类,每一类都描述了热管的一种特性。这些类别是[5]:

(1)热源与散热器分离;

(2)温度展平;

(3)热流转换;

(4)温度控制;

(5)热敏二极管或开关。

第一类应用,热管良好的导热性能够使热能在相当长的距离内高效传输。在许多需要对部件进行冷却的应用中,通过紧邻部件的散热器或冷却器散热可能不方便或者不可行。例如,在包含其他温度敏感元件的模块内,大功率器件的散热将受到将组件连接到位于模块外部的远端散热器上的热管的影响。隔热材料可以最大限度地减少热管中间部分的热量损失[5]。

第二类应用,温度展平,与热源和散热器分离密切相关。由于热管本质上趋向于在均匀温度下工作,因此它可用于减小物体各不均匀受热区域之间的热梯度。该物体可能是卫星的外壳,其中一部分面向太阳,而处于阴影中的部分温度较低。或者,安装在单个管道上的电子元件阵列往往会受到来自热管的反馈,从而使温度均衡。

第三类应用,热流转换,在反应堆技术中具有吸引力。例如,一些制造商,如Thermionics公司,已尝试将放射性同位素产生的相对较低的热通量转化为能够在热离子发生器中有效利用的足够高的热通量。

第四类应用,温度控制,最好采用可变热导热管,可用于精确控制安装在热管蒸发段部分的设备温度,而可变热导热管最初主要应用在许多日常的应用上,从电子设备的温度控制到烤箱、熔炉的温度控制。

与任何其他设备一样,热管必须满足许多标准才能在工业应用中完全被接受。例如,在压铸和注塑成型中,热管必须满足:

(1)可靠和安全性;

(2)满足需求性能;

(3)具有成本效益;

(4)易于安装和拆卸。

显然,每类应用都必须单独研究,其标准差异也很大。例如,注塑成型过程的一个特点是存在高频加速和减速。因此,在这些工艺中,热管应该能够在这种运动中正常工作,这就需要与潜在用户密切合作进行研制工作[5]。

4.2.1　电子元件冷却

目前,就使用数量而言,热管最主要的应用就是用于冷却电子元件,如晶体管、半导体器件和集成封装电路[5]。

热管有两种可能的使用方式:

(1)直接将组件安装到热管上;

(2)将组件安装在一个插入热管的板上。

4.2.2　航天器

蒸汽温度高达 200 ℃的热管,在航天器有关领域中获得的发展可能比从其他任何领域获得的都多。变热导热管就是这种"技术辐射"的一个典型例子。在文献中可以找到以下应用类型的详细信息:

(1)平衡航天器温度;

(2)设备冷却、温度控制和散热器设计;

(3)空间核动力源包括慢化剂冷却,在发射器温度下从反应堆中传导热量,消除沿发射器和集电器的热梯度。

4.2.3　能源节约

热管因其高效的传热性能,是涉及节能应用的主要候选者,并且已在热回收系统和能量转换设备中发挥优势。

随着燃料成本的上升和储量的减少,节能变得越来越重要,而热管在与节能有关的大量应用中被证明是一种特别有效的工具。

4.2.4　热管换热器

有很多技术可以从废气、气体流或热水流中回收热量。关于热管换热器的详细信息和解释可以在本段中找到。在工业热回收应用中具有吸引力的热管换热器的特点如下：

（1）无运动部件，无外部动力源要求，可靠性高；

（2）由于在冷热流体之间有一个固体壁，完全消除了交叉污染；

（3）易于清洁；

（4）有多种尺寸可供选择，并且该装置一般很紧凑，适用于所有应用；

（5）热管换热器的换热是完全可逆的，即热量可以沿任一方向传递；

（6）可收集废气中的冷凝物，可以在需要时灵活使用不同的翅片间距，方便清洗。

热管换热器的应用主要分为三类：

（1）回收某一过程中的余热，可以在同一过程或在另一过程中重复使用，例如，助燃空气的预热过程。这个应用领域是最多样化的，涉及广泛的温度和负荷。

（2）回收加工过程中产生的废热，预热用于供暖的空气。

（3）空调系统的热回收，通常涉及相对较低的温度和负荷。

4.2.5　冻土保护

阿拉斯加管道服务公司与 McDonnell Douglas 公司签订的为横贯阿拉斯加的管道提供近 10 万根热管的合同是最大的热管合同之一。

这些装置的作用是防止高架管道支撑物周围的永久冻土融化。所用热管的直径为 5～7.5 cm，长度在 8～18 m 之间。McDonnell Douglas 开发的热管使用氨作为工作液体，将来自管道的热量向上传输到位于地面以上的散热器。

4.2.6　融雪和除冰

在日本，利用热管来融雪和除冰是非常常见的一个应用领域。

热管融雪（或除冰）系统的工作原理是利用储存在地下的热量作为热管蒸发段的输入热量。

4.2.7　温度计校准用热管插件

Stuttgart，IKE，开发的热管插件可用于多种任务，包括热电偶校准。热管通常在传统的管状炉内运行。内置外壳提供了等温条件，这是温度传感器校准的必要先决条件。等温工作空间也可用于温度敏感的过程，如定点电池加热、晶体生长和退火。

4.2.8　高温热管炉

根据欧洲航天局的合同，IKE 开发了一种高温热管表面，用于在 900～1 500 ℃ 的微重力环境下进行材料加工。

近年来,对高温热管理的需求也在增加,对于高效的高温(热源温度在 300~2 000 ℃)传热、散热、热扩散、高热通量冷却和其他高温应用,如第四代(GEN-Ⅳ)先进高温反应堆(AHTR)等,高温热管作为传热和安全系数完全固有系统的一部分,是首选的热解决方案。这一需求是在 20 世纪 60 年代左右核反应堆热管理中热管应用的背景下建立起来的,如美国的液态金属快中子增殖反应堆(LMFBR)研究项目,以及西屋电气公司的 Clinch River 项目先进反应堆 Davison,该先进反应堆在 20 世纪 70 年代左右提出,最后在法国的 Phoenix-Ⅱ 电厂投入全面生产。

如今,Thermacore® 等公司的高温热管技术已经能够满足从海底到月球表面的热管应用需求。航空航天和化学加工,如退火、炉内等温状态、半导体材料晶体生长、油页岩开采,以及广泛的高科技电子冷却等也需要这样的高温热管,其中的散热和热均匀性应用都是必要的。

该系列热管的部分优点如下:

(1)大功率传热能力(>25 kW);

(2)高热通量冷却能力(>100 kW/cm²);

(3)高精度温度控制和快速温度恢复;

(4)高等温性(相等或恒定的温度);

(5)均匀的材料晶体生长;

(6)热电转换节能。

当今的尖端技术需要高温热管来提供其应用所需的性能。

4.2.9　各类热管应用

为了帮助读者横向思考,下面列出了热管的一些其他应用:

(1)用于加热浴室地板的热管地板(日本);

(2)冷却摩托车发动机油的热管冷却量油尺(日本);

(3)远程气象站设备的非能动冷却(加拿大);

(4)钻孔冷却(俄罗斯);

(5)热电发电机的热控制(美国);

(6)燃气轮机叶片的冷却(捷克共和国);

(7)蓄热式加热器的热控制(白俄罗斯,英国);

(8)养鱼场和观赏池塘除冰(罗马尼亚);

(9)在大型油罐中加热重油(罗马尼亚);

(10)烙铁头的冷却(英国);

(11)应急给水泵轴承的冷却(英国);

(12)粒子加速器目标靶的冷却(英国);

(13)生物反应器的等温化(中国);

(14)合成纤维工业中缓冲销的冷却(英国);

（15）蓄电池除湿机的热控制（美国）；

（16）车厢取暖；

（17）家用暖风加热器（美国）。

就热管的其他应用而言，还能够列举出大量的应用领域，这超出了本书的范围，读者可自行调研以获取更多信息；然而，还值得一提的是，对于作为固有传热系统一部分的高效数据中心冷却，计算机服务器微处理器，和其他集中热负荷可以直接耦合到冷却水（冷却器）回路，同时将水置于机柜外，Thermacore 的 Therma-Bus® 的技术提供了这样的解决方案。Therma-Bus® 提供了水作为冷却介质的好处是比空气有更好的传热性能，而无须担心将水引入电子环境。提高热效率（降低了 ΔT）还可以在没有主动制冷的情况下对主要数据中心负载进行冷却。

4.3　能量相关边界方程

热管冷却反应堆为从冻结状态启动提供了操作冗余度和简单性。冗余度是指基于反应堆可以在一根或多根热管失效的情况下继续运行，并且在移除其热能时不会出现单点故障。

热管已有 40 多年的历史，由于市场和技术的需求，热管这种独特热器件的研究和设计将会有越来越多的应用。

热管冷却反应堆设计用于为堆外热离子转换系统提供 3.2 MW 的功率。该反应堆是一个设计在 1 675 K 的额定热管温度下运行的快中子反应堆。每个反应堆燃料元件都是由一个六边形钼块组成的，该钼块沿其轴与锂蒸汽热管的一端相连。块体上有一排纵向孔，孔中装有 UO_2 颗粒。热管将热量直接传递到由六个热离子转换器组成的转换模块中，这些热离子转换器连接在热管的另一端。90 个这样的燃料元件组成一个六边形的堆芯。堆芯外包围着热辐射屏蔽层、中子吸收体和含硼控制的 BeO 反射器[6]。该研究描述了一个热功率为 3.2 MW 空间核反应堆和电功率为 500 kW 的堆外热离子转换系统的概念设计。该反应堆是一个热管冷却的快中子反应堆，其堆芯的每个燃料元件都通过热管直接与热离子转换器相连，如图 4.5 所示。

一个能够提供 50~250 kW 电功率的热管火星探测反应堆（HOMER），用于生命维持、运行、原位推进剂生产、科学实验、植物生长用高强度灯以及其他火星任务。火星探测反应堆对于火星探测活动来说是十分重要的，因为在火星上提供相同功率的太阳能电池阵列需要几个足球场那样大的面积。此外，诸如昼夜和季节、太阳照射的地理位置变化，沙尘暴和其他太阳现象等环境方面的问题都不会对裂变反应堆系统造成影响。图 4.6 展示了这种功率为 125 kW 的核动力的堆芯设计结构。环绕一周的控制鼓用于功率控制。这些控制鼓包括一个中子吸收体和一个中子散射、反射层，无须地面使用的控制棒即可实现功率控制。通过使用热管将热量转化为辐射排放到空间环境，无需运动部件，不使用如泵等任何机械运动部件[7]。

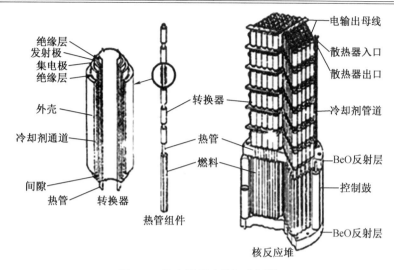

图 4.5　热离子反应堆概念图[6]

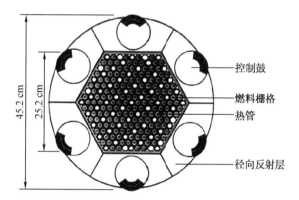

图 4.6　功率 125 kW 的热管空间堆截面,包含外围控制鼓[7]

核热源在空间中主要的功率转换技术如图 4.7 所示。图 4.8 展示了空间核能发展年表。

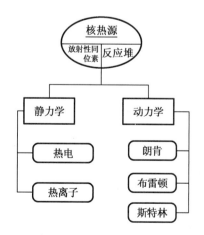

图 4.7　空间核热源中主要的功率转换技术

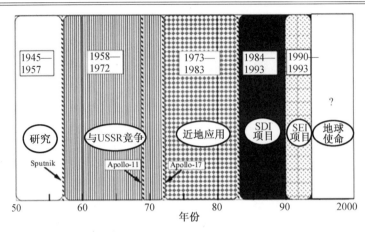

图 4.8　太空核能发展年表

4.4　热管在太空中的应用

"1996 年,用于先进航天器的液态金属热管原型——洛斯阿拉莫斯热管在'奋进号'(Endeavor)航天飞机上进行了飞行和测试。它们在运行温度超过 900 ℉的环境下表现良好。""热管在零重力环境下运行良好。"商业开发的在室温附近运行的热管现在通常用于地球同步通信卫星[8]。

大容量热管散热器板已被提议作为空间站的主要散热方式。在这个系统中,热管将与热总线冷凝段连接。系统热负荷的变化会使单个热管产生较大的温度和热负荷变化。热管可能需要从初始冷态启动,热负荷会短暂超过其低温输送能力。该研究的目的是需要准确预测这种瞬态运行条件。在这项工作中对 6.7 m 长的大容量热管的冷态启动过程进行了实验和分析研究。建立了热管的瞬态热工水力模型,可以模拟部分启动运行状态。用恒温和恒热流蒸发段边界条件进行的冷态启动实验结果与瞬态响应预测结果吻合较好[9]。

经过几年的时间,人们对利用核裂变动力进行太空任务重新燃起了兴趣[10]。

俄罗斯在太空中使用了 30 多个裂变反应堆,而美国仅在 1965 年发射了 1 个核辅助动力系统 SNAP-10A。

早期,从 1959 年到 1973 年,美国有一个核火箭计划——火箭运载器用核发动机(NERVA)——其重点是在发射的后期阶段用核能取代化学火箭。NERVA 使用石墨核反应堆加热氢气并通过喷嘴喷出。在内华达州测试了大约 20 个发动机,产生的推力高达航天飞机发射装置的一半以上。从那时起,"核火箭"的概念一直是关于太空推进,而不是发射。NERVA 的继任者是今天的核热火箭(NTR)[11]。

另一个早期的想法是美国的猎户座计划(Project Orion),该计划利用一系列小型核爆炸来推动从地球发射的一艘大型航天器。该项目于 1958 年开始,于 1963 年因《禁止大气层核试验条约》(atmospheric test ban treaty)将其定为非法而终止,放射性沉降物可能是一个主要的问题。虽然在考虑其他产生推进脉冲的方法,但是猎户座计划的想法仍然存在。

4.4.1 放射性同位素系统

自 1961 年以来,放射性同位素热电发电机(RTG)在 40 多年里一直是美国太空工作的主要电源。^{238}Pu 的高衰变热(0.56 W/g)使其可以作为航天器、卫星、导航信标等的放射性同位素热电发电机的热能。氧化物燃料的热量通过静态热电元件(固态热电偶)转换为电能,没有移动部件。放射性同位素热电发电机安全、可靠、无需维护,可以在非常恶劣的条件下(特别是在太阳能不可用的地方)数十年提供热量或电力。

到目前为止,45 台放射性同位素热电发电机已经为 25 架美国太空飞行器提供动力,包括执行太空任务的"阿波罗号""先锋号""海盗号""旅行者号""伽利略号""尤利西斯号""新视野号"以及许多民用和军用卫星。"卡西尼号"飞船在前往土星的途中携带了能够提供 870 W 功率的三个放射性同位素热电发电机。传回遥远行星照片的"旅行者号"宇宙飞船已经运行了 20 多年,预计将在未来 15~25 年内传回由放射性同位素热电发电机驱动的信号。在 2009 年发射的"海盗号"和"火星漫游者"着陆探测器都依赖于放射性同位素热电发电机提供电力。

最新的放射性同位素热电发电机是一个 290 W 的系统,称为 GPHS RTG。该系统的热源为通用热源(GPHS)。每一个 GPHS 包含 4 个铱包覆的^{238}Pu 燃料球,高 5 cm,宽 10 cm,重 1.44 kg。18 个 GPHS 单元为一台 GPHS RTG 供能。多任务放射性同位素热电发电机(MMRTG)使用 8 个 GPHS 单元,产生 2 kW 的功率,可用于产生 100 W 的电力,这也是当前研究的重点。

斯特林放射性同位素发电机(SRG)基于由一个 GPHS 单元供电的 55 W 的热电转换器。斯特林转换器的热端达到 650 ℃,被加热的氦气驱动自由活塞在线性交流发电机中往复运动,废热由发动机的冷端排出。然后将交流电转换成 55 W 的直流电。这种斯特林发动机从钚燃料中产生的电能大约是 RTG 的 4 倍。因此,每个斯特林放射性同位素发电机将使用两个斯特林转换器单元,由两个 GPHS 单元提供约 500 W 的热功率,并将提供 100~120 W 的电力。斯特林放射性同位素发电机已经进行了大量的测试,但还未进行飞行测试。

俄罗斯使用^{210}Po 开发了放射性同位素热电发电机,其中两个仍在 1965 年进入轨道运行的宇宙导航卫星中。但它们集中在空间动力系统的裂变反应堆。和放射性同位素热电发电机一样,放射性同位素热源(RHU)也被用于卫星和宇宙飞船,使仪器保持足够的温度从而有效地工作。它们的输出功率只有 1 W 左右,而且大多使用^{238}Pu,通常为 2.7 g 左右。长约 3 cm,直径 2.5 cm,重 40 g。到目前为止,美国已经使用了大约 240 个,还有两个在俄罗斯关闭的月球车中。美国 2003 年发射的每个火星探测器中都有 8 个。

放射性同位素热电发电机和放射性同位素热源的设计都可以完好无损地在重大发射和再入事故中幸存下来,斯特林放射性同位素发电机也是如此。

4.4.2　用作热源的裂变系统

电功率超过 100 kW 的裂变系统比放射性同位素热电发电机具有明显的成本优势。美国在 1965 年发射的 SNAP-10A 是一个热功率为 45 kW 的热核裂变反应堆,使用热电转换器产生了 650 W 功率并运行了 43 天,但由于卫星(而非反应堆)故障而关闭,但该反应堆仍然在轨道上,未回收。

美国上一个太空反应堆计划是美国航空航天局(NASA)-能源部(DOE)-国防部(Defense Department)联合计划开发的 SP-100 反应堆——一个热功率为 2 MWt 的快中子反应堆单元和热电系统,可提供高达 100 kW 的电功率作为轨道飞行任务或月球/火星表面发电站的多用途电源。该项目在耗费了近 10 亿美元资金后于 20 世纪 90 年代初终止。它使用氮化铀作为燃料,并采用锂冷却。

在 20 世纪 80 年代后期,国防部与能源部合作之下还有一个名为 Timberwind 的球床反应概念堆,这是一个兆瓦级空间电源计划。它的电力需求远远超过了任何民用太空计划。

在 1967 年到 1988 年之间,苏联在执行海洋侦察雷达卫星的宇宙任务中发射了 31 个低功率裂变反应堆,它们和放射性同位素热电式发电机一样,利用热电转换器发电。Romashka 反应堆是最初的核动力热源,这是一个快中子谱石墨反应堆,富集度为 90% 的碳化铀燃料在高温下运行。之后,Bouk 快堆在长达 4 个月的时间内产生了 3 kW 的功率。后来的反应堆,如 1978 年重新进入加拿大上空的 Cosmo-954 上的反应堆,具有 U-Mo 燃料棒和类似于下面描述的美国热管反应堆的布置。

紧随其后的是带热离子转换系统的 Topaz 反应堆,可产生约 5 kWe 的电力供飞船使用。这个起于美国的概念堆于 20 世纪 60 年代在俄罗斯得到了发展。在 Topaz-2 中,每个包裹在发射器内的燃料棒(富集度为 96%UO_2)都被一个集电极包围,组成了 37 个燃料元件,这些元件穿透圆柱形 ZrH 慢化剂,又被一个铍中子反射层包围,反射层内部有 12 个旋转控制鼓。NaK 冷却剂包围每个燃料元件。

Topaz-1 核反应堆于 1987 年在"Cosmo1818 号"和"1867 号"上运行。它能够为海洋监视提供 3~5 年的电力。之后,Topaz 核反应堆的目标是通过 1990 年主要在美国开展的一个国际项目实现 40 kW 的功率。1992 年两座 Topaz-2 核反应堆(不含燃料)出售给了美国。1993 年的预算限制迫使与此相关的核电推进航天测试计划取消。

4.4.3　用于推进的裂变系统

对于航天器推进应用,已经由核热火箭推进系统获得了一些经验,据说这些系统已经得到很好的开发和验证。核裂变加热储存在冷却罐中的液态氢推进剂,高温气体(大约 2 500 ℃)通过喷嘴喷出以提供推力(可通过将液氧注入超声速氢气排气中来增强推力)。这比化学反应更有效。双模式型号将支撑飞船上的包括强大的雷达在内的电子系统的运行,以及提供推进动力。与核电等离子体系统相比,这些系统能在更短的时间内具有更大的推力,可以用于发射和着陆。

然而,现在人们的注意力正转向核电系统,其中核反应堆是电离子驱动器的热源,将等离子体从喷嘴喷出,以推动已经进入太空中的航天器。超导磁单元将氢或氙电离,并将其加热到极高的温度(百万摄氏度),然后以非常高的速度(例如,30 km/s)排出以获得推力。其中一个型号的研究,可变比脉冲磁等离子体火箭(VASIMR),利用磁约束聚变能(托卡马克)发电,但在这里等离子体被故意泄漏以提供推力。该系统在低推力(可持续)、小等离子体流的情况下工作效率最高,但也可以进行大推力运行。它的效率很高,可将99%电能转换为动能。

4.4.4　热管动力系统

热管动力系统(HPS)反应堆是一种紧凑型快堆,可产生高达 100 kWe 的电功率,为航天器或行星表面车辆提供大约 10 年的动力。自 1994 年以来,洛斯阿拉莫斯国家实验室(Los Alamos National Laboratory)对这种系统进行了开发。热管动力系统作为一种强大的低技术风险系统,强调高可靠性和安全性。热管动力系统利用热管从反应堆堆芯导出热量,利用斯特林或布雷顿循环来发电。裂变产生的能量从燃料棒传导到充满钠蒸汽的热管中,钠蒸汽将热量输送到热交换器中,然后通过热气体输送到动力转换系统中,从而产生电力。气体是由 72% 的氦和 28% 的氙组成的氦−氙混合气体。

反应堆本身包含许多带有燃料的热管模块。每个模块都有中央热管,其周围布置有铼包层燃料套管。它们具有相同的直径并含有富集度为 97% 的氮化铀燃料,全部位于模块的包壳内。这些模块构成了一个紧凑的六边形堆芯。由六个不锈钢包覆铍转动鼓实现控制,每个转动鼓的直径为 11 cm 或 13 cm,在每个控制鼓上都有弧度为 120° 的碳化硼。这些控制鼓安装在环绕堆芯的铍径向中子反射层内,并通过旋转将碳化硼移进或移出,从而起到控制作用。屏蔽性能取决于任务或用途,但不锈钢罐中的氢化锂是主要的中子屏蔽材料。

SAFE-400(安全、经济的裂变发动机)空间裂变反应堆是一种热功率为 400 kWt 的热管动力系统(HPS),可以产生 100 kWe 的电功率,使用两个布雷顿动力系统(由反应堆的热气体直接驱动的燃气轮机)为航天器提供动力。热交换器的出口温度为 880 ℃。该反应堆有 127 个相同的、由钼或铌和 1% 锆制成的热管模块。每一个模块都含有三个直径为 1 cm 的燃料棒,它们嵌套在一起形成一个直径为 25 cm 的紧凑六边形堆芯。燃料棒长度为 70 cm(燃料长度 56 cm);热管总长度为 145 cm,在堆芯上方延伸 75 cm,并与热交换器耦合。带有反射层的堆芯直径为 51 cm。堆芯的质量大约是 512 kg,每个热交换器的质量为 72 kg。此外 SAFE 还进行了电离子驱动测试。

这种反应堆的一个较小型号是 HOMER-15——热管驱动的火星探索反应堆。HOMER-15 是一个 15 kW 的热单元,类似于较大的 SAFE 模型,高 2.4 m,包括热交换器和电功率为 3 kWe 的斯特林发动机(见上文)。HOMER-15 的运行温度只有 600 ℃,因此能够使用直径为 1.6 cm 的不锈钢燃料棒和热管。它有 19 个钠热管模块和 102 个燃料棒,每根热管连接 4 或 6 个燃料棒,总共可容纳 72 kg 的燃料。热管长 106 cm,燃料高 36 cm。堆芯为六边形(18 cm 宽),在堆芯转角有六个 BeO 销。反应堆系统的总质量为 214 kg,直径为 41 cm。

4.4.5 空间反应堆动力系统

在 1980 年,法国 ERATO 计划考虑了三个用于太空使用的 20 kWe 涡轮电力系统。每个涡轮电力系统都使用了一个以氦-氙混合气体作为工作液体的布雷顿循环转换器。第一个系统是以 UO_2 为燃料的,运行温度为 670 ℃的钠冷快中子反应堆,第二个系统是工作在 840 ℃的高温气冷堆(热中子或超热中子谱),第三个系统是以 UN 为燃料,运行温度为 1 150 ℃的锂冷快中子反应堆(表 4.1)。

表 4.1 空间核反应堆动力系统[11]

系统	SNAP-10 (美国)	SP-100 (美国)	Romashka (俄罗斯)	Bouk (俄罗斯)	Topaz-1 (俄罗斯)	Topaz-2 (俄罗斯、美国)	SAFE-400 (美国)
时间	1965	1992	1967	1977	1987	1992	2007
热功率/kWt	45.5	2000	40	<100	150	135	400
电功率/kWe	0.65	100	0.8	<5	5-10	6	100
转换形式	热电	热电	热电	热离子	热离子	热离子	热电
燃料	U-ZrHx	UN	UC_2	U-Mo	UO_2	UO_2	UN
反应堆质量/kg	435	5422	455	<390	320	1061	512
中子能谱	热中子	快中子	快中子	快中子	热中子	热中子/ 超热中子	快中子
控制材料	Be	Be	Be	Be	Be	Be	Be
冷却剂	NaK	Li	None	NaK	NaK	NaK	Na
堆芯峰值温度/℃	585	1 377	1 900	?	1 600	1 900?	1 020

4.4.6 2003 年 Prometheus 计划

2002 年,美国航空航天局宣布了其太空项目中的核系统计划,并在 2003 年将其更名为 Prometheus 计划,获得了更多资金资助,其目的是使执行太空任务的能力发生重大变化。核动力太空旅行将比现在进展更快,让载人火星任务成为可能。

NASA 的 Prometheus 计划中的一部分是开发放射性同位素热电发电机中描述的多任务热电发电机和斯特林放射性同位素发电机,美国能源部在核领域有着大量的参与。

Prometheus 计划的一个更激进的目标是制造出一种空间裂变反应堆系统,就像上面所描述的那样,既能安全发射又能提供推进动力,而且能运行多年。相比于放射性同位素热电发电机,空间裂变反应堆系统将提供更大的功率。由等离子体驱动的核电力推进系统的功率为 100 kW。

2004 财年预算提案为 2.79 亿美元,其中的 3 亿美元将在 5 年内使用。这其中包括以上一年拨款为基础的 1.86 亿美元(五年 1 亿美元),加上 9 300 万美元(5 年内 2 亿美元)用于首次飞往木星的飞行任务——木星冰月轨道器,预计将于 2017 年发射并开展为期十年的探索。Prometheus 计划在 2001 年获得了 4.3 亿美元的预算资助。

2003 年,美国宇航局的 Prometheus 计划成功测试了大功率电力推进(HiPEP)离子发动机。这是通过微波电离氙来实现的。发动机后部是一对电势差为 6 000 V 的带电矩形金属网格。该电场力对氙离子产生强大的静电拉力,使它们加速并产生推动宇宙飞船的推力。这次测试的功率高达 12 kW,是预期的 2 倍。该推进器的设计寿命为 7~10 年,具有高燃料效率,并由一个小型核反应堆提供动力。

(2006 年 7 月 14 日,在他们位于 Racine 的工厂,WI-Modine 制造公司纽约证券交易所代码:MOD)——为包括电子冷却、汽车、卡车、重型汽车在内的多元化市场设计和开发加热和冷却解决方案的全球领导者,通过其全资 Thermacore 国际公司,向俄亥俄州克利夫兰的 NASA 格伦研究中心提供高温钛热管。这些热管是评估原型,用以支持 NASA 开发散热器的需要,该散热器用于为长时间的空间和行星基地任务排出来自发电系统的热量,可用于前往月球、木星和更远的太空。

Thermacore 热管计划适用于 250 ℃ 的高温。交付的原型热管直径为 12.7 mm,长 1.15 m,由钛制成,使用水作为内部工作液体。这些设备能够传输超过 500 W 的功率,由位于宾夕法尼亚州的 Thermacore 公司在兰开斯特的研发中心生产。NASA 正在开发能够产生数十千瓦电力的发电系统,为将来飞往木星和更远地方的任务提供电力。布雷顿循环是美国宇航局正在评估的先进能量转换系统。就像所有的发电系统一样,未被转化的废热必须被排出。在这种情况下,能量转换系统将与大型散热板结合,该散热板中包含工作在 20~250 ℃ 温度范围的热管。为了减小质量,这些热管由钛制成。热管已被广泛应用于军事领域,具有较高的可靠性标准。

迄今为止,航天器应用的热管运行温度在 200~350 K 之间。因此,必须选择一种冰点和沸点在该温度范围内,且具有高潜热、低黏度和高传热能力的工作液体。在戈达德太空飞行中心(GSFC)最近的研究中选择氨作为合适的工作液体,其流体性质满足这些标准。然而,出于安全原因,氨的毒性使其无法在如航天飞机舱内等载人环境中使用[7]。因为铝合金与氨的长期相容性(表 1.2),戈达德太空飞行中心(GSFC)选择了 6061 和 6063 等铝合金作为热管的容器材料;铝合金具有挤压轴向槽吸液芯结构的能力;易于制造、成形和配置;与铝制散热器和散热器具有良好的热兼容性和可焊性特征。

Mahefkey 和 Lundberg 的论文[12]总结了未来高、低温热管在先进空军航天器中的应用前景。预测了各种通信、监视和空间防御任务的热控制需求。概述了由对潜在武器影响的生存能力所隐含的热设计约束。提出了热管在满足潜在的低功率和高功率航天器任务要求方面的应用和设想的设计约束。简要总结了过去美国空军赞助的热管开发工作,并概述了未来的发展方向,包括那些适用于热管的先进光伏和核电子系统应用。

4.5　热管在航天飞机轨道器中的应用

Grumman 公司在 NASA 的合同支持下发起了一项为航天飞机轨道飞行器制定和评估热管应用的调查。在已确定的 27 个特定应用中,NASA/Grumman 联合评估选择了 5 个最有希望的原型开发应用[1]。

该研究的主要目标是:

(1)确定航天飞机、轨道飞行器中潜在热管应用;

(2)对其应用进行评估,并提出进一步开发建议;

(3)对推荐的应用进行详细设计和分析;

(4)准备必要的材料规格和设计图纸,以允许制造至少三种推荐应用的原型热管;

(5)为三个或更多原型应用的性能验证准备测试计划。

该研究的次要目的是:

(1)评估一个通用的设计概念,在广泛使用热管系统的情况下,使用"现成的"热管组件,以降低成本;

(2)为空间站、航天飞机和普通航天飞机/空间站应用的原型热管的开发制定研究计划(包括空间散热器)。

在一份由 Grumman 公司[1]编写的报告中描述了制定过程,以及演化的应用。讨论的大部分内容是"最热门"的五个应用,即:

(1)热管增强型冷轨;

(2)航空电子热管电路;

(3)热管/相变材料模块化水槽;

(4)空气-热管换热器;

(5)用于舱室温度控制的热管散热器。

介绍了每个概念的原理、物理设计细节和性能数据,并在适用的情况下与基线设计进行了比较。第六个应用,用于废热排出的热管空间散热器,也被推荐用于原型开发——但它的开发在单独的合同下开展更有效。

航天飞机的每一个子系统,也就是结构系统,推进系统,航空电子设备系统,电力和环境控制系统,以及生命支持系统,都进行了详细审查,指明了整个航天飞机上的热源和散热器可能的热管应用领域。定义了 27 个初始应用,从中选择了 11 个进行进一步的设计和分析。用于评估这 11 个初始应用的步骤基于与基准系统的 6 个标准比较,即温度梯度、容量裕度、功率要求、控制要求、质量和安全性。由于缺乏实际数据,诸如成本、可维护性、可靠性、耐用性和开发风险等参数只能在次要基础上进行评估。

11 个主要应用的简要总结如下:

(1)机翼前缘等温化以降低峰值温度并延长任务时间;

(2)轮舱散热器通过提供废热来维持足以保证轮胎的最低温度;

(3)类似于(2)的吸气式发动机舱设计;

(4)航空电子热管回路,用于收集热负荷并将其从电子箱传递到传热系统;

(5)用于冷却远端部件的模块化散热器,无需长时间延长泵送冷却剂系统;

(6)一个基于(5)的改进的位于机尾的飞行/语音记录器;

(7)模块化热管换热器系统,用于将风冷商用和军用航空电子设备应用于航天飞机;

(8)用于废热排放的全热管散热器;

(9)(8)的改进版本,包含泵送流体回路集管;

(10)与简单的流体冷轨相比,热管增强冷轨能够吸收更大数量级的局部功率密度;

(11)燃料电池的高温散热系统。

这些主要竞争项目的初步设计研究包括对整个系统的描述、显示热管系统和航天飞机接口的配套图纸,以及热管设计细节,包括容量要求、工作液体、吸液芯设计、管道长度和直径(航天飞机着陆见图4.9)。

图 4.9　2010 年 4 月 20 日星期二,"发现号"航天飞机降落在佛罗里达州卡纳维拉尔角肯尼迪航天中心的 33 号跑道上

经过进一步的评估,11 个概念中有 6 个被选中进行详细设计和分析。表 4.2 总结了评估过程的结果。更多细节可以在 Alario 和 Prager 的报告[1]中找到。

表 4.2　航天飞机相关的热管应用评估[1]

最初的 27 个候选应用	11 个预备的概念，设计研究	6 个被选作详细设计和分析的应用
1. TPS 前沿		
2. 起落架		
3. 航空电子热管电路		
4. 模块化散热器		
5. ATR 设备		
6. 飞行和语音记录器		
7. 热管散热器		
8. 整体式热管散热器	TPS 前沿	
9. ECS 冷轨	起落架	
10. 热管燃料电池散热器	航空电子热管电路	
11. 吸气式发动机室	模块化散热器	
	ATR 设备	隔间用热管散热器
12. OMS LH$_2$ 蒸发	飞行和语音记录器	热管散热器，余热①
13. 高强度灯	热管散热器与热管压头	热管回路，航空电子设备②
14. 蓄电池	整体式热管散热器	增强型热管冷轨③
15. 追踪雷达		模块化散热器(语音识别)④
16. 液体蒸发段	热管增强冷轨(高容量)	气冷式装备架
17. 机身 TPS，干扰加热		
	燃料电池热管散热器	
18. TPS 面板	吸气式发动机室	
19. 控制面板中枢		
20. OMS LO$_2$ 蒸发		
21. 主 LO$_2$ 蒸发箱		
22. C 波段定向天线		
23. 电气布线		
24. 水力学的制动器		
25. APU(辅助动力系统)		
26. LO$_2$ 自然循环系统		
27. 水冷却器		

注:①根据单独的合同选择进行研究。

②③④根据原型生产和测试计划选择。

4.6　热管在电子元件中的应用

所有电子元件,从微处理器到高端电源转换器,都会产生热量,排出这些热量是保障这些电子元件最佳和可靠运行的必要条件。由于电子设备设计允许在更小的封装中实现更高的容量,散热热负荷成为一个关键的设计因素。当今的许多电子设备都需要超出标准金属散热器能力的冷却量。热管满足这一需求,并迅速成为主流的热管理(散热)工具。

自 20 世纪 60 年代中期以来,热管就已在市场上销售。然而,直到最近几年,电子行业才开始将热管作为高端冷却的可靠且具有成本效益的解决方案。本节将解释热管的基本运行,回顾热管设计的关键问题,并讨论目前热管在电子冷却中的应用[14]。

通过举一些比较常见的例子也许能够较好的展示热管在电子冷却中的应用。目前,热管最大的应用之一是冷却笔记本电脑中的奔腾(Pentium)处理器。由于笔记本电脑可用的空间和功率有限,热管非常适合用于大功率芯片的冷却[14]。

风扇辅助散热器需要电力,还会缩短电池寿命。能够散热的标准金属散热器太大而无法集成到笔记本电脑中。另一方面,热管提供了一种高效、非能动、紧凑的传热解决方案。直径 3 mm 或 4 mm 的热管可以有效地排除处理器的高热通量。热管将热负荷扩散到一个面积相对较大的散热器上,该散热器的热通量非常低,可以通过笔记本外壳有效地散发到周围的环境中。散热器可以是笔记本电脑的现有组件,从键盘下方的电磁干扰(EMI)屏蔽到金属结构组件[14]。笔记本热管散热器的各种配置如图 4.10 所示。

这些应用在 6~8 W 热负荷下的典型热阻是 4~6 ℃/W。大功率主机、小型主机、服务器和工作站的芯片也可以采用热管散热器。高端芯片的耗散量高达 100 W,超出了传统散热器的散热能力。热管用于将热量从芯片转移到足够大的翅片上,使热量对流到供应的气流中。热管使翅片等温,消除了与标准散热器有关的巨大传导损失。如图 4.11 所示的热管散热器,根据可用气流能耗散 75~100 W 范围内的热负荷,热阻为 0.2~0.4 ℃/W[15]。

图 4.10　典型笔记本热管散热器[15]

图 4.11　高端 CPU 热管散热器[15]

此外,其他大功率电子设备,包括可控硅整流器(SCR)、绝缘栅双极晶体管(IGBT)和晶体闸流管,通常使用热管散热器。类似于图 4.12 所示的热管散热器能够冷却总热负荷高达 5 kW 的几个设备。这些散热器还提供电隔离版本,其中翅片叠层可以处于接地电位,而蒸发段在高达 10 kV 的设备电位下运行。大功率散热器的典型热阻范围为 0.05~0.1 ℃/W。同样,热阻主要由可用翅片体积和气流控制。

图 4.12　高功率 IGBT 热管散热器

4.7　热管在国防和航空电子设备中的应用

对卫星热控制而言,可靠、快速地散热是一个日益严峻的挑战。航天电子正逐步变得更加小型化、复杂化和强大。增加的封装密度也限制了热管理系统的可用体积。最终促使热管理系统的性能、灵活性和通用性都必须提高,以应对日益增长的挑战。此外,"低维护"系统在太空中也还不够好;热控制必须做到"无维护"。但是,由不同公司和设计师开发的成熟热管技术可以应对所有的这些挑战。凭借广泛的先进固体传导、热管和回路热管技术可满足对高性能、高系统效率和低质量的需要,并且没有运动部件带来的故障。像 Thermacore 公司的先进固体传导解决方案、热管和回路热管都是免维护的,使其成为卫星、军事和航空航天应用的理想选择。

Thermacore 公司的军事装备热管理解决方案能够应对世界上最严峻的挑战——从恶劣环境中的潜艇电子设备和雷达电子设备冷却,到太空中的卫星热控制管理。

热技术的设计、开发和制造已经提供了数千种解决方案,这些解决方案在最恶劣的环境条件下的关键任务应用中运行。Thermacore 公司的先进热管理技术是卓越解决方案的主要来源,使我们的军事设备客户能够克服当前和未来一代电子设备的尺寸、质量和功率的限制。

4.7.1　陆上应用

为了获得用于军用雷达系统的下一代发射/接收模块的高性能、轻量级和紧凑型冷却解决方案,世界各地的主要承包商都向 Thermacore 公司寻求高性能冷却板技术。Thermacore 公司的解决方案是基于先进的固体传导(k-Core®)-嵌入式热管技术、均热板热管技术和真空钎焊液体冷却冷板。这些热解决方案能在这种空间和质量受限的应用中提供高性能、高效率的传热,热管和 k-Core 使冷板的质量相当于铝,而有效导热系数能够达到铜的 4 倍以上。

军用地面雷达的冷却解决方案利用了我们在密封外壳冷却技术方面的经验,可以在极端温度、雨、沙和雪的情况下提供可靠的性能。包括为坦克和高机动多功能轮式运输车(悍马)中的通信和目标捕获提供可靠的电子冷却,在这些地方,显示器和电子以及热解决方案本身都面临着酷热、高湿度、冲击和振动等恶劣条件。

军用电子机柜冷却是由紧凑、坚固和多功能横流式热交换器实现的,可以抵抗从冲击、风到微生物的一切问题。这些军用冷却解决方案提供了卓越的性能,并利用了我们在电力电子热管理方面的经验。

4.7.2　海洋应用

用于下一代海军驱逐舰雷达系统中的高效雷达电子设备和电源冷却是 Thermacore 公司热管和冷板的专业领域。这些技术专门为高性能、低质量和恶劣条件而设计,包括在 -40~75 ℃温度间的热循环。

海军天线冷却是用于降低 USG-2 海军平面阵列天线组件(PAAAs)的热负荷的热管冷却任务。这些卓越的 Thermacore 液冷系统能够吸收来自天气、热循环和冲击的剧烈冲击,为世界各地的海军军舰提供安心的服务。

在海底,核潜艇动力转换电子冷却是由 Thermacore 公司的嵌入式热管组件和均热板组件完成的。Thermacore 热解决方案也用于保护支持海军雷达平台的电源子系统。Thermacore 热交换器还可用于核反应堆控制电子设备的降温。

4.7.3　空中应用

Thermacore 获得专利的封装石墨 k-Core 热管正用于新型 F-35 联合攻击战斗机上的关键电子部件的冷却,与传统石墨导热的解决方案相比,该方案能以更低的成本提供更好的热性能。

来自 Thermacore 的回路热管为 F-16 战斗机上的目标捕获系统、远程机翼电子设备和导航航空电子设备提供高度可靠的光电冷却,可承受极端温度和高达 $9g$ 的加速度。这是我们航空航天和航空电子设备热解决方案的典型案例。

Thermacore 远程散热管组件为美国海岸警卫队直升机雷达系统提供卓越的热保护,其将热管与翅片相结合,以获得更好的整体热性能。为了在最寒冷条件(低至-70 ℃)下对飞机电子设备进行热管理,设计人员利用 Thermacore 热管组件以保持接近航空电子设备运行的最佳温度。

4.7.4 太空应用

在卫星热控制和传热方面,Thermacore 的先进固体传导、轴向槽道低温热管和回路热管为太空应用提供了最广泛的高性能热解决方案。Thermacore 的 k-Core 空间散热器面板和倍增器具有轻质、高散热性能。Thermacore 的轴向槽道低温热管使用氨和乙烷作为工作液体,可以嵌入到散热器面板中,以提高散热器面板热量的扩展长度。此外,Thermacore 的回路热管具有高总功耗(>2 000 W)和轻量级(质量小于 55 磅的可展开散热器面板)。可展开的蜂窝粘合面板结构可在最苛刻的环境中提供可靠的性能——传统的维护是不可能的。

4.8 热管在换热设备中的应用

热交换器是最常见和常用的换热设备,它把热量从热流体转移到冷流体中。热交换器应用于各种热力设备,从核反应堆系统等现代发电装置到家庭供暖和空调。如图 4.13 所示,换热器有三种基本设计,它们分别是:

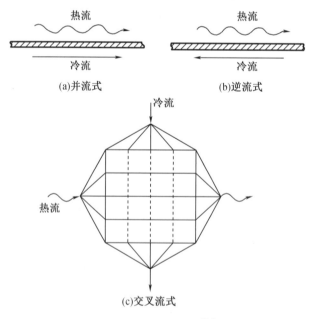

图 4.13　热交换类型[16]

(1)并流式;

(2)逆流式;

(3)交叉流式。

热交换器效率 ε 的定义如下:

$$\varepsilon = \frac{Q}{C_{\min}(T_{h_{in}} - T_{c_{in}})} \tag{4.1}$$

式中　Q——传热速率;

　　　$C_{\min}$——热容率,定义为比热容和热流体或冷流体中两个较小的质量流量的乘积;

　　　$T_{h_{in}}$——热流体的入口温度;

　　　$T_{c_{in}}$——冷流体的入口温度。

从理论上来说,在其他条件都相同的情况下,逆流式热交换器的效率比并流和交叉流式热交换器都要高。

由于热管几乎可以在等温模式下运行,即在温降很小的情况下,热管换热器的效率也可以很高。热管换热器的主要热阻来自热管外表面与冷热流体的交界面。为了降低热流阻力,可在热管的蒸发段和冷凝段部分设置外部翅片。然后可以获得从热流体到冷流体的出色传热,因为热流体和冷流体都会通过翅片管的管盘,热量在"等温"的热管中,从热流体侧传递到冷流体侧。图4.14 所示为一种采用热管的逆流式热交换器,设计和制造都很简单,没有任何困难。

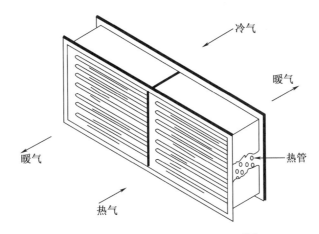

图 4.14　逆流式热管换热器原理图[16]

热管换热器也可以利用交错的翅片管。图 4.15 给出了这种热管的典型布置。

目前市场上的热管换热器种类繁多。制造商为其产品提供的技术数据通常包括热效率和工作温度范围[16]。给出的效率几乎总是基于逆流式运行,因此热管换热器的设计者应该充分利用冷热流体之间的逆流。

热管换热器的设计或定型涉及热管和热交换器等换热设备的设计,使其满足规定的热负荷、两侧压降,并且热管要在设计范围内正常运行[15]。

热管换热器的设计过程如图 4.16 所示。这个设计过程可以用一个案例研究的方法来描述。这是一个复杂的程序,因此必须引入许多定性判断(除了定量计算)[15]。

通过数值算例可以说明热管换热器的一般特性。这可能有助于工程师的初步设计,尽管最终的设计应在咨询制造商的数据和分析后得出。

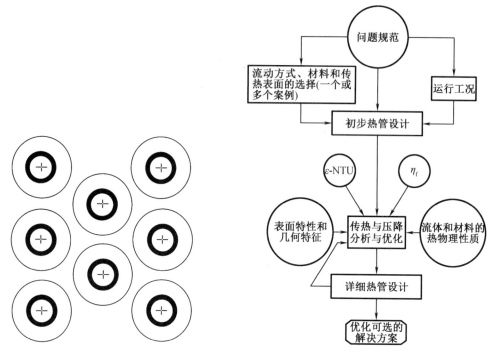

图 4.15　交错布置翅片管的热管换热器图示　　图 4.16　热管换热器的整体热力和水力设计过程

4.9　热管在房屋建筑中的应用

世界各地建造了如此多的房屋,这些房屋的供暖、空调和热水供应对各地每年的能源消耗都是一个挑战。在美国中部地区的一个典型家庭每个供暖季使用的热能约是 2 亿 Btu $(2.1 \times 10^{11}$ J)。因此,对家庭节能有很迫切的需求。已经开发了几种从炉烟气、废热水和壁炉中回收热量的热管设备。用于供暖的家用炉的烟气温度约为 500 ℉（533 K),约占燃料可用能量的 12%。为了回收这些余热,Isothermics 等公司已经开发了一种使用热管的设备,如图 4.17 所示,该设备由一个连接到炉膛上方烟道的热管加热器组成。对于这种应用,强烈推荐使用铜作为热管加热器,使用水作为工作液体。该装置采用烟道气体作为热源,这些热量可以用来加热部分或全部的家庭地下室、娱乐室、车间或洗衣房;或者可以利用两个热管连接到设备上,以将热量输送到房屋内的其他寒冷空间[16]。

利用空气加热的房屋还可以将回收的热量输送到附近地下室的冷空气返回管道中,以加热从房屋其他部分返回炉子的冷空气,使加热空气到再循环所需要的温度需要的燃料更少。

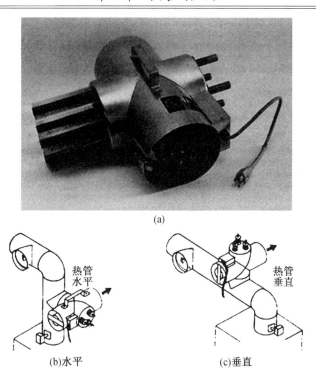

(a)

(b)水平　　　　　　　　　　(c)垂直

图 4.17　用于回收住宅炉烟气中热量的热管加热器

4.10　热管在热能储存系统中的应用

用于太阳能、风能和地热能等可再生能源应用的热管和其他热能管理系统能够帮助设计出更高效、经济、环保的系统。

在聚光太阳能(CSP)的应用中,均匀的热量分布对斯特林发动机和太阳能电池板等应用的发电效率至关重要。Thermacore 热管技术依靠热力学定律非能动传热,使热量的均匀分布成为可能。这解决了聚光太阳能系统中两个太阳反射镜重叠时产生的不均匀热流和相关热点等问题。此外,Thermacore 热管技术可以去除光伏太阳能系统(PV)中太阳能电池的余热,降低太阳能电池的温度,提高光伏转换效率。

对于风力发电热解决方案,热管组件可能是对偏远地区的、难以维护的发电子系统进行冷却的理想选择。

然而,由于全球能源需求的巨大增长和化石燃料等常规能源可能面临的枯竭,可再生能源是供应清洁和低成本能源最有前途的选择。这些能源的主要问题是它们的不可持续性,这造成了能源需求和供应之间的矛盾。大多数关于可再生能源的研究都集中在如何提高它们的效率,以使它们能够适当地取代传统的能源技术。热能存储单元可以集成到可再生发电系统中,以缓解上述能源供应和需求之间的时间不匹配,以可调度的方式提供电力。与采用显热储能相比,采用相变介质(PCM)储能和聚变潜热的优势,能够提高储能密度,降低系统的体积和成本。然而,市售相变材料的低导热性限制了它们的性能,降低了热源与相变材料之间的传热速率,从而延长了熔化或凝固过程。采用热管等非能动传热装置,可以提高热源与相变材料之间的传热速率,从而提高系统效率。在本节中,我们将讨论热管在高或低工作温度的潜热储能系统中的应用。对于生活热水生产等低温应用,可以使用温度范围为 0 ~ 220 ℃的有机和无机储热材料,包括石蜡、脂肪酸和无机盐水合物。对于可集成在聚光太阳能发电系统中的高温潜热储能系统,相变材料大多为无机盐或其低共熔混合物,工作温度可达 800 ℃。这些应用中的每一种都需要特定的热管配置和运行条件,将在以下小节中讨论。

4.10.1 储能方式

设计和开发具有成本效益的储能技术对实现能源部 SunShot 计划的平准化能源成本(LCOE)目标具有重要意义。不同形式的能量均可被储存,这里将某些储能方式总结为了以下几个小节。

1. 电能储存

抽水蓄能(PHPS)、压缩空气储能(CAES)和飞轮储能是不同的机械储能方法。对于大规模的公用事业能源存储,可以采用抽水蓄能和压缩空气储能。飞轮储能更适合中间规模的存储[17]。

2. 热能储存

热能储存(TES)方法被描述为在高温或低温下发生的热能的临时存储。热能储存可以通过冷却、加热、熔化、凝固或汽化某种物质来获得,通过这种物质的相反过程获得热能。使用这种方法提供了减轻环境影响并产生更高效和清洁能源系统的机会。热能储存方法分为以下三大类:显热储能、潜热储能和热化学储能。

(1)显热储能

在显热储能系统(STES)中,能量以储存介质的温度变化形式储存。储存介质可以是土壤、岩石等固体,也可以是水等液体。储存热量是储存介质质量、比热容以及温度变化的函数:

$$Q = \int_{T_i}^{T_f} m C_p \mathrm{d}T \tag{4.2}$$

式中　Q——储存的热量;

　　　m——储能介质的质量;

　　　C_p——储能介质的比热容;

　　　T_i——储能介质的初始温度;

　　　T_f——储能介质的最终温度。

如果定压比热容 C_p 的温度变化范围为无穷小,式(4.2)简化为

$$Q = m C_{pa} (T_f - T_i) \tag{4.3}$$

方程中的参数 C_{pa} 是储能介质的初始温度 T_i 和最终温度 T_f 下的平均定压比热容。

虽然显热储能系统设计简单,但与潜热储能相比,显热储能系统具有体积更大,不能在

恒温环境下工作的缺点。

（2）潜热储能

潜热储能系统（LHTES）的工作原理是在储能材料的相变过程中吸收和释放热量。在固-液相潜热储能系统中，储存的热量可由下式计算：

$$Q = \int_{T_i}^{T_m} mC_p dT + ma_m \Delta H_m + \int_{T_m}^{T_f} mC_p dT \tag{4.4}$$

式中　T_m——储能介质的熔化温度；

　　　a_m——熔化分数；

　　　H_m——单位质量的熔化热。

潜热储能系统得益于较高的存储密度和等温运行。

在潜热储能系统中使用的储能介质称为相变材料（PCMs）。相变可以是从固体到气体、固体到液体，或者液体到气体[18]。

（3）热化学储能

最后一种储热方法是利用热化学反应。这种储能方式具有长期存储能力，但存在技术复杂、成本高、与经济效益目标不兼容的缺点[5]。

在上述储热技术中，最受欢迎的是潜热储能系统，因为潜热储能系统具有较高的储能密度，并具有与相变材料的相变温度相对应的恒温储能能力。

如前所述，潜热储能系统的相变可以从固体到固体、固体到液体、液体到气体。当一种材料从一种晶体转变为另一种晶体时，就发生了固-固相变。这些转变易于处理且具有成本效益，因为没有液体材料，消除了泄漏的风险，因此不需要封装。这些系统的主要缺点是熔合热小。固体或液体到气体的转变具有很高的相变潜热，但与之相关的巨大体积变化使该过程变得复杂且几乎不可能。尽管固液相变的相变热较小，但由于它们在该过程中发生的体积变化较小，因此用它们作为热能储存系统的相变材料，在经济和实用方面具有吸引力[18]。

4.10.2　潜热储能材料

理想的相变材料应该具有以下特点：

（1）热力性质

①熔化温度在所需的工作范围内；

②单位体积熔化潜热高；

③比热容高；

④两相的热导率高。

（2）物理性质

①相变过程中体积变化小；

②运行温度下的蒸汽压低；

③相变材料一致熔化；

④高密度。

（3）动力学性质

①没有过冷状态；

②成核速率高；

③结晶速度适当。

（4）化学性质

①化学性质长期稳定；

②完全可逆的凝固-熔化过程；

③与建筑材料的相容性；

④对建筑材料无腐蚀影响；

⑤无毒、不易燃、不易爆，确保安全。

最后，理想相变材料应具有价格低廉的特点[5]。

4.10.3　相变材料分类

目前已有大量的相变材料，对其进行了分类和介绍如图4.18所示。

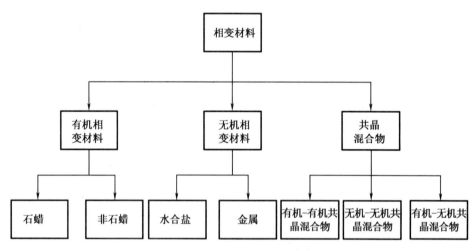

图4.18　相变材料分类图[19]

　　从图4.18中可以看出，用于热能储存的相变材料可以是有机化合物、无机盐及共晶物。用于相变材料的有机化合物通常有石蜡、酯、酸和醇。水合盐、无机盐共晶物、金属及其共晶物均属于无机物。有机类的相变材料通常具有较低的熔点，只能用于低温应用，如生活热水生产、直接或热泵辅助的空间供暖、温室供暖、太阳能制冷等[20]。对于高温储热应用，可以使用熔盐作为相变材料。高温相变材料可用于太阳能发电厂或工业废热回收系统[21]。因为质量较大，金属材料不像其他相变材料那样受欢迎。但是，如果优先考虑相变材料的体积，那么金属材料就会是很好的选择。金属材料最显著的特点是其具有高导热性，无需导热增强技术。

一般将熔点低于 220 ℃的材料视为低温材料,熔点在 200~420 ℃的称为中温材料,熔点大于 420 ℃的称为高温材料[22]。一些常见相变材料的详细数据如表 4.3~表 4.5 所示。

表 4.3　熔点在 100~280 ℃之间的无机相变材料

化合物(wt%)	熔点 /℃	潜热 /(kJ·kg⁻¹)	密度 /(kg·m⁻³)	能量密度 /(kJ·m⁻³)	热导率 /[W·(m·K)⁻¹]
$MgCl_2 \cdot 6H_2O$	117	168.6	1 450 (液相,120 ℃)	244,470 (液相,120 ℃)	0.570 (液相,120 ℃)
			1 569 (固相,20 ℃)	264,533 (固相,20 ℃)	0.694 (固相,90 ℃)
$NaNO_3-KNO_3$(50:50)	220	100.7	1 920	193 344	0.56
$KCl-ZnCl_2$(68.1:31.9)	235	198.0	2 480	491 040	0.80
$LiCl-LiOH$(37:67)	262	485.0	1 550	751 750	1.10

表 4.4　熔点在 280~400 ℃之间的无机相变材料

化合物 /(wt%)	熔点/℃	潜热 /(kJ·kg⁻¹)	密度 /(kg·m⁻³)	能量密度 /(kJ·m⁻³)	热导率 /[W·(m·K)⁻¹]
$ZnCl_2$	280	75.0	2 907.0	218 025	0.50
$NaNO_3$	308	199.0	2 257.0	449 143	0.50
$NaOH$	318	165.0	2 100.0	346 500	0.92
KNO_3	336	116.0	2 110.0	244 760	0.50
$NaCl-KCl$(58:42)	360	119.0	2 084.4	248 044	0.48
KOH	380	149.7	2 044.0	305 987	0.50

表 4.5　熔点大于 400 ℃的无机相变材料

化合物(wt%)	熔点/℃	潜热 /(kJ·kg⁻¹)	密度 /(kg·m⁻³)	能量密度 /(kJ·m⁻³)	热导率 /[W·(m·K)⁻¹]
$MgCl_2-NaCl$(38.5:61.5)	435	351	2 480	870 480	N/A
$Na_2CO_3-Li_2CO_3$(56:44)	496	370	2 320	858 400	2.09
$NaF-MgF_2$(75:25)	650	860	2 820	2 452 200	1.15
$MgCl_2$	714	452	2 140	967 280	N/A
$LiF-CaF_2$(80.5:19.5)	767	816	2 390	1 950 240	1.70(液相)
					3.8(固相)
$NaCl$	800	492	2 160	1 062 720	5.0
Na_2CO_3	854	275.7	2 533	698 348	2.0
K_2CO_3	897	235.8	2 290	539 982	2.0

尽管相变材料具有很多优点,但它们也存在着各种问题和技术难点,使其性能无法达到预期,限制了相变材料在实际应用中的广泛使用。其中一个主要的缺点是商用相变材料的低热导率,这限制了热源和相变材料之间的传热速率。低导热率将导致熔化和凝固过程的延长以及传热面过热。为了解决上述问题,已经提出了不同的技术。这些方法包括使用翅片管[23-24],将高热导率的小颗粒分散到相变材料中[25-26],对相变材料进行微胶囊封装[27],和采用高度多孔相变材料填充导热材料[28]。另一种方法是在相变材料内嵌入热管,将热源提供的热量扩散到整个相变材料中。由热管辅助的潜热储能系统可以在不同的应用场合中实现[29-33]。

4.10.4 由热管辅助的潜热储能系统

在最早的一项研究中,Abhat考虑利用热管来提高用于太阳能加热应用的相变材料的熔化和凝固速率(图4.19)。Abhat研究了以石蜡为相变材料的热管辅助潜热储能系统的性能。环形翅片连接到热管的外表面,以便更好地通过相变材料传播热量[35]。

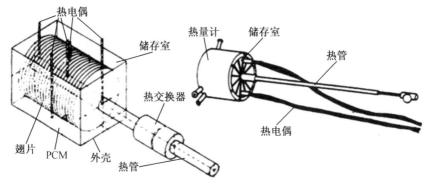

图4.19 带热管的潜热蓄热单元

Abhat[34]在另一项研究中,研究了图4.20所示的带有翅片的热管的模块化潜热储能系统在充、放热和同时充放热模式下的性能。选用了一种轴向开槽的铜/水热管,在长度大于3 m,最大温差10 K的条件下输送1 000 W的热量。

该模块由一个方形截面的容器和位于中心的热管组成。B部分填充相变材料,A部分和C部分与传热流体接触[34]。

如图4.20所示,Liu和Ma[36]对使用石蜡作为相变材料($T_m = 52.1$ ℃)的重力驱动的热管辅助的潜热储能系统进行了实验研究。研究了传热流体在充液、放液和同时充/放液过程中入口温度和流量的关系(图4.21)。

Sharifi等人开发了一个数值模型来检测垂直圆柱形容器中相变材料的熔化,该容器由一个位于容器中心的垂直热管加热。热管冷凝段被相变材料包围(图4.22)。通过比较系统每次的熔化率与用等温表面或热同心棒管辅助的熔化率来评价该系统的性能。选择硝酸钠($NaNO_3$, $T_m = 580$ K)作为相变材料,钾作为热管工作液体(K,饱和蒸汽压下 $T_{Sat} = T_m = 580$ K)。

热管的吸液芯、壁材以及棒和管都是不锈钢材质,满足了与热管相关的兼容性问题。

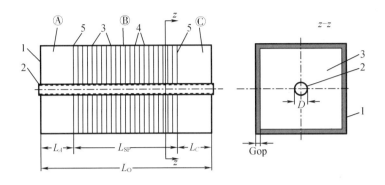

Ⓐ—热源部分;Ⓑ—调节室;Ⓒ—散热部分;1—外壳;2—热管;3—翅片;4—储存介质;5—隔板。

图 4.20　采用热管换热器的潜热储能技术

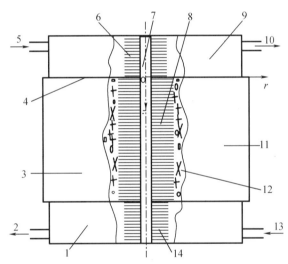

1—热流体流动通道;2—热流体出口;3—下分离;4—上分离;5—冷流体入口;6,8,14—环形翅片;

7—热管;9—冷流体流动通道;10—冷流体出口;11—相变材料室;12—相变材料;13—热流体入口。

图 4.21　一种具有潜热储存功能的热管换热器系统的配置

随后,Sharifi 等人[31]将相变材料嵌入铝箔基体,相比于有热管和无金属泡沫的情况,其熔化和凝固速率分别提高了约 200% 和 600%。选用正十八烷作为相变材料,并与铜/水热管相结合。

Liu 等人提出了一种以复合颗粒状固-液相变材料为多孔介质层的新型热管-潜热储热系统。该相变材料由在 200~250 ℃ 范围内熔化的混合金属盐和无机膨润土组成。选用萘作为热管工作液体。在另一项研究中,他们使用了 RT100 和高密度聚乙烯复合而成的颗粒状的相变温度为 100 ℃ 的固-液相变材料。为了与相变温度相适应,选用了水作为热管的工作液体。图 4.23 是制作的实验装置示意图。

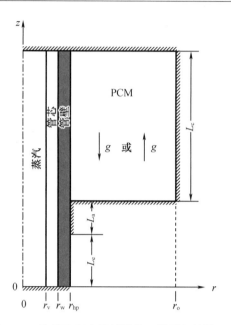

图 4.22　热管和相变材料的物理模型和计算区域

如图 4.23 所示,Tiari 等人进行了热管对封闭在方形腔中的相变材料熔化凝固速率的影响数值研究。研究了热管间距、翅片长度和数量以及自然对流对潜热储热系统热性能的影响(图 4.24)。

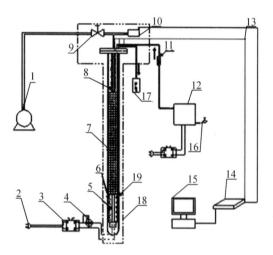

1—真空泵;2—电源;3—变压器;4—功率计;5—电热棒;6—水;7—相变材料;8—冷却盘管;
9—真空阀;10—压力传感器;11—转子流量计;12—电热器;13—热电偶;14—数据采集器;15—计算机;
16—阀门;17—水箱;18—橡塑保温棉;19—真空玻璃管。

图 4.23　实验装置示意图

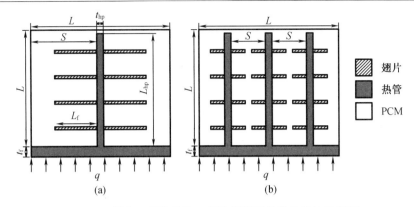

图 4.24　带有一根热管和三根热管的潜热储热系统示意图

他们还研究了嵌入的圆形翅片热管对使用硝酸钾和硝酸钠的共晶混合物在垂直圆柱形容器中熔化过程(图 4.25)。考虑了热管的不同布置方式。

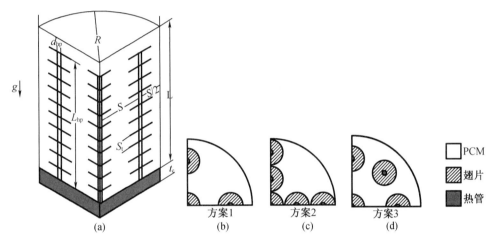

图 4.25　热管辅助蓄热装置原理图及热管的不同布置方式

图 4.26 展示了不同高度时热管配置对相变材料液相分数演变的影响。可以看出,方案 3 提供了更好的热量扩散效果,使相变材料的熔化更加均匀,熔化速率也更快。

Robak 等人对热管辅助的潜热储能系统的有效性进行了实验评估。为了得到这个结果,实验针对一个由热管辅助的系统,一个用翅片代替热管的系统,一个没有热管和翅片的系统(基准案例)进行了熔化和凝固过程实验。每个方案的有效性定义为有热管或翅片的情况下储存或释放的能量与基准情况的比率:

$$\varepsilon_{HP} = \frac{E_{HP}}{E_{BM}} \quad \varepsilon_{F} = \frac{E_{F}}{E_{BM}} \tag{4.5}$$

式中,E 是储存或释放的能量,如图 4.27 所示。

采用石蜡、纯度为 99% 的正十八烷($C_{18}H_{38}$,$T_m = 27.5$)作为相变材料,密封在垂直圆柱形容器中。在储热过程中,热量通过容器下面的热交换器从传热流体传递到热管蒸发段。嵌入热管的 PCM 容器示意图如图 4.28 所示。

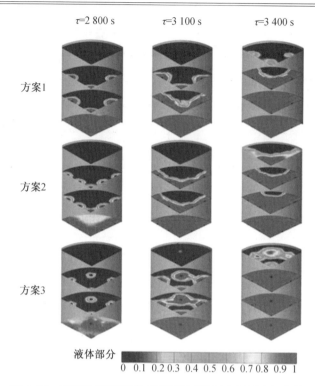

图 4.26　不同热管配置时不同高度下的相变材料液相分数

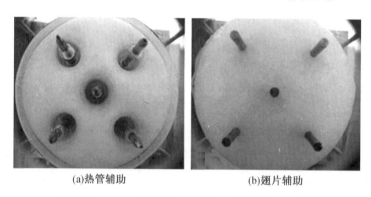

(a)热管辅助　　　　　　　　　　(b)翅片辅助

图 4.27　Robak 等人的 TES 单元测试储热过程[18]

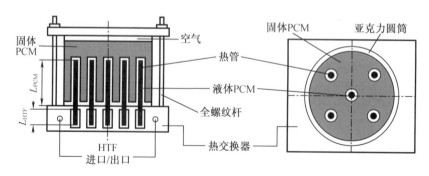

图 4.28　嵌入热管的 PCM 容器示意图

　　结果表明,无翅片或热管的情况与有翅片的情况相比,热管辅助装料的熔化速率分别提高了 70% 和 50%。在放热过程中,采用热管凝固使凝固速率提高了 1 倍。也有报道称,热管辅助机组的最大效率约为 1.6,而翅片辅助机组的最大效率仅为 1.1。

　　Nithyanandam 和 Pitchumani[29] 开发了一种利用热阻网络模型的数值程序来研究热管辅助蓄热系统在充放热过程中的性能。研究的重点是热管和潜热储能系统的几何形状以及潜热储能系统运行条件的影响。在他们的研究中实现的系统配置如图 4.29 所示,其中包括一个封装在外壳中的管阵列。四根热管安装在管壁的外表面(两根水平方向热管和两根垂直方向热管)。根据相变材料和传热流体的相对位置,可以考虑两种不同的布置。在情况 1 中,传热流体在被相变材料包围的管道中流动,而在情况 2 中,相变材料被放置在管道中,传热流体横向流过管子。

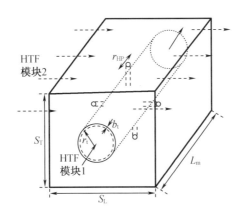

图 4.29　潜热储能系统模块 1 和模块 2 的流量配置示意图

　　应用热阻网络模型和准稳态近似对系统的瞬态运行进行了研究。开发的热阻网络如图 4.30 所示。热元件 $E_1 \sim E_6$ 属于热管,热管的组成包括径向传热的蒸发段(蒸发段壁面为 E_1,吸液芯为 E_2),冷凝段(冷凝段壁面为 E_3,吸液芯为 E_4)和绝热部分的轴向传导(壁面为 E_5,吸液芯为 E_6)。部件 E_7 到 E_{11} 代表与热管相连的相变材料熔化(固体)前沿,E_{12} 到 E_{17} 对应于与管道相连的相变材料熔化(固体)前沿。忽略热管中与蒸汽流动、蒸发和冷凝相关的热阻。管口和管口之间的传热流体(HTF)的温度变化忽略不计。假设此时熔体前沿的半径是均匀的,然而提高液体相变材料的导热系数使半径的变化包含在了其中。通过热管(网络的实线)和管(网络的虚线)的热能传递发生在温度为 T_{HTF} 的传热流体和温度为 T_m 的液体(固体)相变材料之间。对于网络中的任意热元件,其能量平衡可表示为

$$\rho_i C_{p,i} V_i \frac{\mathrm{d} T_i}{\mathrm{d} t} = \left[\frac{T_{i,1} - T_i}{R_{i,1}} - \frac{T_i - T_{i,2}}{R_{i,2}} \right] \tag{4.6}$$

　　T_i 指每个元件中间的表面温度,而 $T_{i,1}$ 和 $T_{i,2}$ 表示热导体元件两端的温度。热管的热阻在第 3 章中解释过。

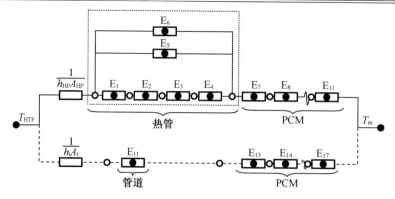

图 4.30 LHTES 的热阻网络[29]

利用表面能量平衡跟踪热管或热管外表面附近 PCM 的固液界面,如下:

$$\rho\Delta H_f A_{11}\frac{\mathrm{d}S_{HP}}{\mathrm{d}t}=\pm 2\pi L_{11}k_{11}(T_{11}-T_m)/\ln\left(1-\frac{L_{11}}{2S_{HP}}\right)\qquad(4.7)$$

$$\rho\Delta H_f A_{17}\frac{\mathrm{d}S_{HP}}{\mathrm{d}t}=\pm 2\pi L_{17}k_{17}(T_{17}-T_m)/\ln\left(1-\frac{L_{17}}{2S_{HP}}\right)\qquad(4.8)$$

S 是熔化(固体)前沿的位置,T_m 为相变材料的熔化温度。充放热分别用正负号表示。将物理模型与数值优化技术相结合,以最大限度地提高充放热的有效速率。选定的决策变量有传热流体的质量流量、模块长度 L_m、管外半径 r_t、热管汽芯为 r_v 的蒸发段长度 L_e 和冷凝段长度 L_c、热管吸液芯厚度 T_w。

总的来说,研究的结果表明,传热流体质量流量、模块长度和管径的增加会降低热管的效率,而热管的蒸发段和冷凝段截面越长,热管的效率越高。在情况 1 中,热管对提升潜热储能系统的热工性能方面效果显著,而在情况 2 中相变材料的有效储热(放热)速率更高。

将热管的简化热阻网络模型与传热流体和相变材料熔化/凝固的三维数值模型相结合,研究了热管构型对相变材料性能的影响。采用"熔-孔隙度"技术模拟相变材料的熔化和凝固过程。图 4.31 中给出了五种不同的热管布置方式。对于具有两个热管的情况,考虑了垂直放置或水平放置这两种布置方式。对于具有三根热管的系统考虑了两种布置方式,对于具有四根热管的系统考虑了一种布置方式[36]。

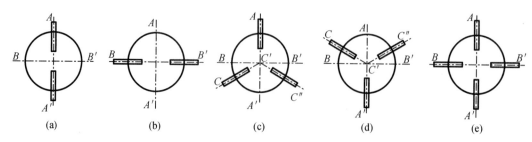

图 4.31 热管的不同布置方式示意图[36]

为了更好地理解热管配置的影响,图 4.32 给出了以无热管的配置作为基本配置进行对比的,储热过程中熔融相变材料的轮廓。固体相变材料以浅色表示,熔融的相变材料以白色表示。值得注意的一点是,作为熔融相变材料内部自然对流的结果,顶部相变材料的熔化速度比底部更快。该图说明了两种模式下都是四个热管情况的熔化率更高[36]。

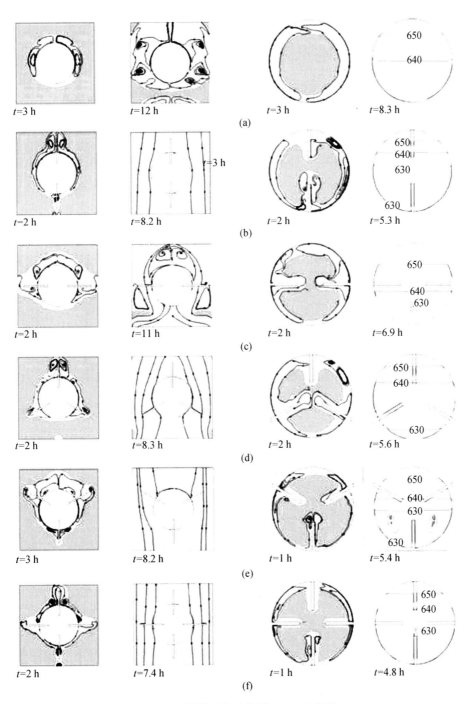

图 4.32 储热过程中熔融 PCM 的轮廓

在 Nithyanandam 和 Pitchumani 提出的另一种配置中,热管被嵌入到相变材料中。在储热过程中,热的传热流体从右侧流入底部通道($x=0$),与热管蒸发段进行热量交换,从而将相变材料封装在容器中(图4.33)。当放热时,冷的传热流体从右侧 $x=l_d$ 进入位于顶部的通道。为了给相变材料的体积膨胀提供足够的空间,还提供了气隙。

传热流体沿通道的能量守恒可以写成:

$$\rho_f \Delta H_f \frac{\partial T_f}{\partial t} + \rho_f c_f U_f \frac{\partial T_f}{\partial x} = \dot{Q}_d + N_{HP} \dot{Q}_{HP} \qquad (4.9)$$

式中　f——传热流体;

　　　U_f——传热流体通过单通道的速度。

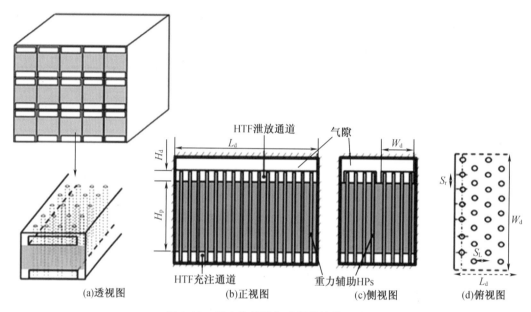

(a)透视图　　　(b)正视图　　　(c)侧视图　　　(d)俯视图

图 4.33　重力热管嵌入式潜热储能系统

如图4.34所示,相变材料和传热流体之间的传热可以通过管道壁面 $\dot{Q}_d$ 或者热管壁面 $\dot{Q}_{HP}$。式(4.9)中,N_{HP} 表示每个控制容积内的热管数量。与之前的工作类似,相变材料和传热流体通过通道壁或热管之间的热交换使用热阻网络类比来描述。在这项工作中,对前面提到的每个热元件的能量平衡方程进行了修正,使其包含相变材料熔化:

$$\rho_i C_{p,i} V_i \frac{dT_i}{dt} + p_i h_{sl,i} V_i \frac{d\gamma}{dt} = \left[\frac{T_{i,1}-T_i}{R_{i,1}} - \frac{T_i-T_{i,2}}{R_{i,2}} \right] \qquad (4.10)$$

式中　γ——相变材料的熔化组分;

　　　h_{sl}——相变材料熔化组分的潜热。

应该注意的是,这个术语只适用于相变材料热元件。结果表明,热管之间存在一个最佳的纵向间距。这是有道理的,因为更小的间距会导致更高的存储成本,而更大的间距会导致相变材料和传热流体之间的热交换率有限。本研究以美国能源部门 SunShot 应用的不同运行和设计参数为函数,提供了最大的放热时间、使用效率和最低存储成本。

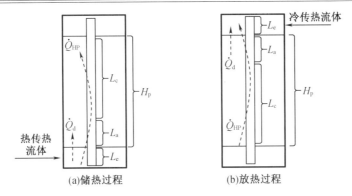

图 4.34　HP-TES 系统的传热途径[36]

　　Khalifa 等人利用热阻网络对采用翅片热管的高温潜热储热单元的性能进行了评估。将翅片热管置于传热通道附近,以提高相变材料的整体热导率。长度为 L_m 的单元模型如图 4.35 所示。

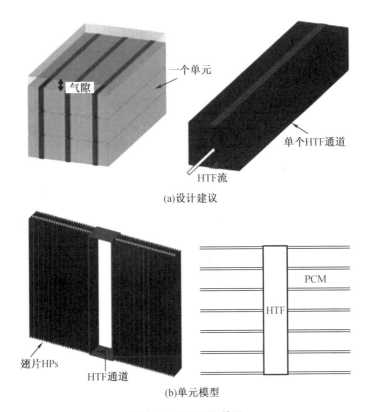

图 4.35　LHTES 单元

　　潜热储能系统的另一个优点是其能够接近等温运行,这使它们非常适合用于需要等温输入的发电系统,如斯特林发动机。Qiu 等人设计并测试了与聚光太阳能集成的热能储存(TES)系统。他们工作的主要目标是验证这个概念的可行性。该系统由一台 3 kW 的斯特林发电机组和储热系统组成,如图 4.36 所示。为了提高系统性能,采用了不同的热管配置,同时提供了相变材料的储热和放热。为了实现这一目标,在相变材料内部嵌入了一个热管网络,由一个主热管和一个次级热管阵列组成。如图 4.36(a) 所示,在储热过程中,照射在主热管蒸发段表面上的太阳能将液态钠转化为蒸汽,蒸汽向热机热接收器移动,在此冷凝并释放热量。多余的热量通过次级热管阵列输送给相变材料。在放热模式下,相变材料凝固,释放的潜热将转移到热机。该模块的测试分两个阶段进行:在第 1 阶段,热能储存模块储热和放热,同时热机的氦工作液体被抽空,因此发动机不工作。在第 2 阶段,发动机储热并放置在适当的位置,它与储热相变材料并行运行。测试结果表明,系统的性能没有达到预期。不足之处很可能是由于冷凝液不能通过热管吸液芯正确地返回到蒸发段造成的。另一个造成没能达到预期的原因可能是次级热管的结构,如热管的间距和数量,以及主热管的几何特征。

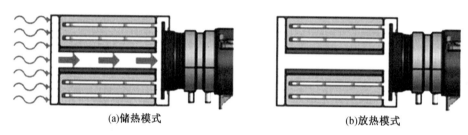

(a)储热模式　　　　　　　　　　　　(b)放热模式

图 4.36　Qui 等在储热模式和放热模式下测试的热能存储模块

为了提高系统的性能,Mahdavi 等人着重研究了热管的流体力学和热特性。他们研究的目的是了解物理和几何特征,特别是次级热管布置对热管整体性能的影响。寻找在初级冷凝段中为热机提供更均匀散热的配置也很有趣,这提高了发动机效率和更均匀的相变以实现有效的热能存储。研究了热输入、次级热管换热率、绝热截面半径、主冷凝段厚度、次级热管布置等因素对主冷凝段和次级热管温度分布的影响。结果表明:由于绝热段到主冷凝段的高膨胀比,离开绝热段的汽流类似于射流,撞击在主冷凝段表面并向径向扩散。当蒸汽沿径向流动时,由于黏性力和惯性力的相互作用,形成了几个回流区,使热管的性能复杂化。从图 4.37 可以看出,回流区对主冷凝段和次级热管的温度分布起着决定作用。为了获得更均匀的温度分布,需要修改结构,减小涡流的大小和数量。他们还研究了冷凝段入口形状和绝热截面位置对主冷凝段温度分布均匀性的影响。结果表明,将绝热段径向向外移动,可以显著减小回流区的尺寸和数量,使温度分布更加均匀。

如图 4.38 所示,Sandia 国家实验室的 Andraka 等人提出了一种与碟式斯特林集成的配置热管辅助热能存储系统。在建议的配置中,潜热蓄热单元和发动机被放置在碟形盘的后部,而不是放在焦点上,使得功率转换单元能够支持更高的相变材料质量。热能通过泵送热管从太阳能接收器转移到储存介质,该介质可以是盐或金属相变材料。次级热管将相变材料的热量等温传递到斯特林发动机,减少了系统的流动损失同时带来更高的效率。

Shabgard 等人对 Andraka 等人提出的配置进行了数值研究,该配置用于预测斯特林发动机储能单元的瞬态响应和提供给斯特林发动机的热能。为了降低计算成本,将热管辅助的相变材料(HP-PCM)单元简化为二维数值模型。图 4.39 给出了蓄热单元的三维和简化的二维视图。相变材料选用熔点为 800 ℃ 的 NaCl,热管的工作液体选择钠。基于太阳辐照度的时变特性,研究了三个运行阶段。第一阶段从日出开始一直持续到上午 9 点,所有输入的热能都用来为相变材料储热。第二阶段是同时对储存单元进行储热和放热,从上午 9 点开始到日落时结束(大约下午 7 点)。第三阶段在太阳落山后开始,在此期间储存的热能被回收用来发电。研究发现,潜热储能单元抑制了太阳辐照度随时间的变化,为斯特林发动机提供了相对平稳的热能。研究还表明,热管间距对潜热储能系统的热性能有重要影响,且最小的热管间距系统能提供最大的㶲效率。

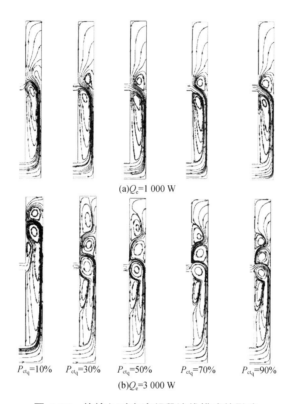

(a)Q_e=1 000 W

P_{ctq}=10%　P_{ctq}=30%　P_{ctq}=50%　P_{ctq}=70%　P_{ctq}=90%

(b)Q_e=3 000 W

图 4.37　热输入对主冷凝段流线模式的影响

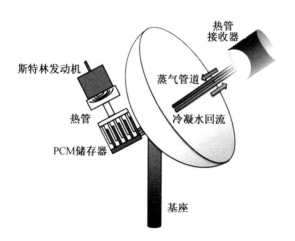

图 4.38　一种热管辅助的带有圆盘式斯特林系统的潜热储能结构

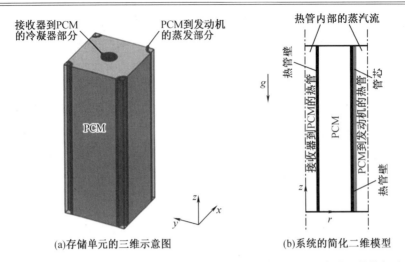

接收器到PCM的冷凝器部分　　PCM到发动机的蒸发部分

PCM

(a)存储单元的三维示意图

热管内部的蒸汽流

接收器到PCM的热管　　PCM到发动机的热管

PCM

热管壁

(b)系统的简化二维模型

图4.39　接收器到相变材料热管和相变材料到四个四分之一发动机热管部分

Malan 等人对集成了热管辅助潜热储能单元的聚光太阳能系统进行了实验和数值分析。在实验研究中,Malan 等人建立了以石蜡为相变材料的低温储存装置,并对该低温储存装置进行了试验。对于数值模拟,采用 KCl 和 KF 的共熔合金(T_m = 605 ℃)的高温潜热储能单元来模拟南非的 Meerendal 的太阳能塔设施。该设施是 Helio 100 项目的一部分。该测试模块的实验研究表明了相变材料在特定几何形状下的熔化和凝固过程中的特性。另一方面,所建立的数值模型对热能储存系统的热力性能进行了分析,为系统设计和运行模式提供了更详细的描述。他们的研究还得出需要进一步研究热管和翅片表面的腐蚀问题的结论(图 4.40)。

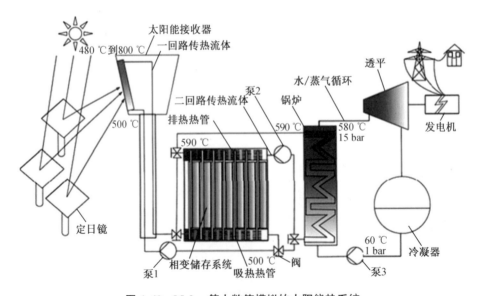

图4.40　Malan 等人数值模拟的太阳能热系统

如图 4.41 所示,Naghavi 等人提出了一种太阳能热水系统的理论模型,该系统由一组真空管热管太阳能收集器(ETHPSCs)连接到一个填充了相变材料的公共管。热管蒸发段暴露在太阳辐射下,冷凝段部分插入焊接到公共管的翅片插座中。因此,从太阳接收到的能量将通过热管转移到相变材料中。热管冷凝段配有翅片,通过相变材料传播热量。家用冷水在流过潜热储能水箱时被加热。图 4.42 说明了在储放热过程中三种不同的传热过程。

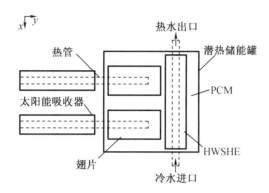

图 4.41　真空管热管太阳能集热器

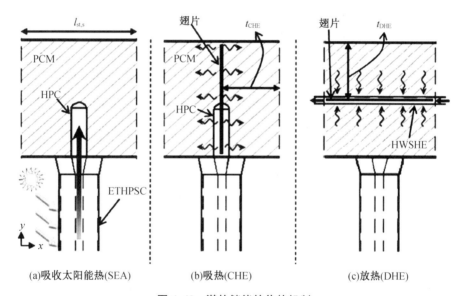

(a)吸收太阳能热(SEA)　　　(b)吸热(CHE)　　　(c)放热(DHE)

图 4.42　潜热储能的传热机制

参 考 文 献

［1］　Grover, G. M. , Cotter, T. P. , & Erickson, G. F. (1964). Structures of very high thermal conductance. Journal of Applied Physics, 35(6), 1990-1991.

［2］　Grover, G. M. , Bohdansky, J. , & Busse, C. A. (1965). The use of a new heat removal system in space thermionic power supplies. European Atomic Energy Community: EURATOM report EUR 2229.

［3］　Vasiliev, L. L. (2005). Heat pipes in modern heat exchangers. Applied Thermal Engineering,

25(1), 1-19.

[4] Mochizuki, M., Nguyen, T., Mashiko, K., Saito, Y., Nguyen, T., & Wuttijumnong, V. (2011). A review of heat pipe applications including new opportunities. Frontiers in Heat Pipes, 2, 013001.

[5] Transterm web site on Cheaper Heating by Recovering. (2002, January 10). Str. Bisericii Romane no. 27, 500068 Brasov, Romania.

[6] Daniel, R. K. (1976). Heat pipe nuclear reactor for space power. Los Alamos Scientifific Laboratory, LA - UR - 76 - 998, 11th Inter society Energy Conversion Engineering Conference, Sahara Tahoe, state Line, Nevada, September 12-17, 1976.

[7] Ragheb, M. (2010). Space power reactors. Urbana, IL: University of Illinois.

[8] Ranken, W. A., & Lundberg, L. B. (1978). High temperature heat pipes for terrestrial applications. International Heat Pipe Conference, 3rd, Palo Alto, Calif., May 22 - 24, 1978, Technical Papers. (A78 - 35576 14 - 34) (pp. 283 - 291). New York: American Institute of Aeronautics and Astronautics. ERDA sponsored research.

[9] Ambrose, J. H., & Holmes, H. R. (Lockheed Missiles and Space Co., Sunnyvale, CA), AB (Lockheed Missiles and Space Co., Sunnyvale, CA). (1991, June). AIAA, Thermophysics Conference, 26th, Honolulu, HI, June 24 - 26, 1991. p. 7, NASA - supported research.

[10] Uranium Information Centre Serving the web since 1995, now part of Australian Uranium Association.

[11] Most of the information on subject of Nuclear Reactor in Space comes from this site and user should refer to this site for further consultation. http://www. world - nuclear. org/ info/inf82. html

[12] Mahefkey, T., & Barthelemy, R. R. (1980). Heat pipe applications for future Air Force spacecraft. American Institute of Aeronautics and Astronautics, Thermophysics Conference, 15th, Snowmass, Colo., July 14-16, 1980, p. 9.

[13] Scott D. Garner P. E., Thermacore Inc., 780 Eden Road, Lancaster PA 17601 USA.

[14] Phillips, W. M., Estabrook, W. C., & Hsieh, T. M. (1976). Nuclear thermionic power system for spacecraft. Pasadena, CA: Jet Propulsion Laboratory.

[15] Shah, R. K., & Giovannelli, A. D. (1988). Heat pipe heat exchanger design theory. In R. K. Shah, E. C. Subbarao, & R. A. Mashelkar (Eds.), Heat transfer equipment design. Washington, DC: Hemisphere Publishing.

[16] Chi, S. W. (1976). Heat pipe theory and practice. New York: Hemisphere Publishing Corporation.

[17] Sharma, A., Tyagi, V. V., Chen, C. R., & Buddhi, D. (2009). Review on thermal energy storage with phase change materials and applications. Renewable and Sustainable Energy Reviews, 13(2), 318-345.

［18］　Pielichowska, K. , & Pielichowski, K. (2014). Phase change materials for thermal energy storage. Progress in Materials Science, 65, 67–123.

［19］　Ca′rdenas, B. , & Leon, N. (2013). High temperature latent heat thermal energy storage: Phase change materials, design considerations and performance enhancement techniques. Renewable and Sustainable Energy Reviews, 27, 724–737.

［20］　Abhat, A. (1983). Low temperature latent heat thermal energy storage: Heat storage materials. Solar Energy, 30(4), 313–332.

［21］　Xu, B. , Li, P. , & Chan, C. (2015). Application of phase change materials for thermal energy storage in concentrated solar thermal power plants: A review to recent developments. Applied Energy, 160, 286–307.

［22］　Hoshi, A. , Mills, D. R. , Bittar, A. , & Saitoh, T. S. (2005). Screening of high melting point phase change materials(PCM) in solar thermal concentrating technology based on CLFR. Solar Energy, 79(3), 332–339.

［23］　Sciacovelli, A. , Gagliardi, F. , & Verda, V. (2015). Maximization of performance of a PCM latent heat storage system with innovative fifins. Applied Energy, 137, 707–715.

［24］　Wang, W. –W. , Wang, L. –B. , & He, Y. –L. (2016). Parameter effect of a phase change thermal energy storage unit with one shell and one fifinned tube on its energy effifficiency ratio and heat storage rate. Applied Thermal Engineering, 93, 50–60.

［25］　Jin, Y. , Wan, Q. , & Ding, Y. (2015). PCMs heat transfer performance enhancement with expanded graphite and its thermal stability. Procedia Engineering, 102, 1877–1884.

［26］　Choi, D. H. , Lee, J. , Hong, H. , & Kang, Y. T. (2014). Thermal conductivity and heat transfer performance enhancement of phase change materials (PCM) containing carbon additives for heat storage application. International Journal of Refrigeration, 42, 112–120.

［27］　Calvet, N. , Py, X. , Olive's, R. , Be′de′carrats, J. –P. , Dumas, J. –P. , & Jay, F. (2013). Enhanced performances of macro–encapsulated phase change materials(PCMs) by intensifification of the internal effective thermal conductivity. Energy, 55, 956–964.

［28］　Zhou, D. , & Zhao, C. Y. (2011). Experimental investigations on heat transfer in phase change materials(PCMs)embedded in porous materials. Applied Thermal Engineering, 31 (5), 970–977.

［29］　Tiari, S. , Qiu, S. , Mahdavi, M. (2014). Numerical study of fifinned heat pipe–assisted latent heat thermal energy storage system. Bulletin of the American Physical Society, 59.

［30］　Tiari, M. M. , & Qiu, S. (2015). Analysis of a heat pipe – assisted high temperature latent heat energy storage system using a three – dimensional model. First Thermal and Fluids Engineering Summer Conference, New York, USA.

［31］　Sharififi, N. , Faghri, A. , Bergman, T. L. , & Andraka, C. E. (2015). Simulation of heat pipeassisted latent heat thermal energy storage with simultaneous charging and discharging. International Journal of Heat and Mass Transfer, 80, 170-179.

[32] Khalifa, A., Tan, L., Date, A., & Akbarzadeh, A. (2014). A numerical and experimental study of solidifification around axially fifinned heat pipes for high temperature latent heat thermal energy storage units. Applied Thermal Engineering, 70(1), 609-619.

[33] Jung, E. G., & Boo, J. H. (2014). Thermal analytical model of latent thermal storage with heat pipe heat exchanger for concentrated solar power. Solar Energy, 102, 318-332.

[34] Abhat, A. (1982). Performance investigation of a long, slender heat pipe for thermal energy storage applications. Journal of Energy, 6(6), 361-367.

[35] Abhat, A. (1978). Performance studies of a fifinned heat pipe latent thermal energy storage system. In F. D. Winter & M. Cox(Eds.), Sun: Mankind's future source of energy (pp. 541-546). New York: Pergamon.

[36] Liu, Z., & Ma, C. (2002). Numerical analysis of melting with constant heat flflux heating in a thermal energy storage system. Energy Conversion Manage, 43, 2521-38.

第5章 热管的制造

本章将对热管的制造方法进行讨论,目的是建立具有成本效益的制造流程,从而最终生产出更便宜、更可靠的热管。本章内容考虑了所有热管制造商普遍使用的主要制造步骤,包括外壳和吸液芯清洁、密封和焊接、机械验证、抽气和充注、工作液体纯度和充注管夹断。本章对现有制造商的技术和制造流程进行考察和评价,结合特定的面向制造的试验结果,给出了一套可供所有制造商使用的经济有效的推荐程序。

5.1 热管制造的基本内容

本章的主要目的是让读者了解如何建立能够保证最终产品可靠性的标准化制造流程。例如,通过评估和定义有效的清洁流程,可以提高正确制造的热管的可靠性。此外,由于当前每个制造商使用的制造流程都是独立的,并且是根据不同的规格和质量建立的,导致在实际操作过程中存在许多重复工作;许多公司的制造流程都是迭代制定的,这是开发一项技术的一种昂贵且费时的方法。因此,这项工作只是其他工作的先驱,这些工作最终将为所有制造商制定基本的热管制造规格和细节。

本质上,热管的主要基本构造包括以下五个部件:

(1)外壳;

(2)充注管;

(3)端盖;

(4)吸液芯;

(5)工作液体。

通过充注管将工作液体注入管道,随后通过夹管将其密封。当热量施加到热管的一部分(蒸发段)上时,工作液体蒸发,从而导致压力局部升高,将蒸汽驱动向热管的另一端(冷凝段)。热管冷凝段会使蒸汽在管壁上凝结。最后,在毛细作用力的驱动下,工作液体通过吸液芯流回到蒸发段。只要将热量输入到蒸发段并在冷凝段将热量导出,这个循环便会重复进行。但是,如果以高于吸液芯可以承受的速度向热管输入热量,那么热管将无法运行(蒸干)[2]。热管的一个严重问题是会产生不凝性气体,而不凝性气体的存在会限制热管的性能。

通常情况下,这些不凝性气体会积聚在热管的冷端(冷凝段),从而降低热管的有效热导率,直到冷凝段完全"堵塞",热管无法正常工作为止。图1.22给出了热管的基本构造。以下是本书中所讨论的主要部件的制造相关的简要总结[2]。

这些部件的制造和操作要点将在以下章节进行讨论。

5.1.1 外壳

外壳可以是设计者所需要的任何横截面,例如圆形、正方形等,并且可以包含安装凸缘以简化安装并弯曲成各种形状。吸液芯可以是挤压进外壳中的凹槽,也可以是由细金属丝网(图5.1)、烧结筛网、金属毡等制成的组件,例如格鲁曼公司的螺旋干道设计。其中,最常见的外壳结构是圆形。确定管子直径和壁厚的方法已在第3章中讨论过,并且可以在Chi[2]著作的第1章中找到更多细节内容。

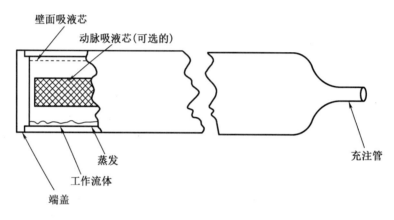

图5.1 典型的热管组件[2]

热管制造商很少关心管子的制造,因为不同材料和尺寸的管子都可以以合理的价格在市场上买到。无缝管和对焊管均可用作热管外壳。但是,在将管子切成所需要的长度时,应注意不要使管子的端部变形,否则会使管子与端盖的牢固连接变得困难。尽管在热管应用中通常使用具有光滑内表面的圆形管,但是目前已经开发出多种技术来生产具有内翅片的管子,且这种管子也已普及。Kemme[4]开发了第一个带有轴向凹槽的热管,该热管是通过在平板上铣削凹槽,然后对管进行轧制和对接焊而成的。如今,商用一体式翅片管也已上市。

5.1.2 端盖

尽管看似操作简单,但对于许多热管制造商而言,端部封闭和焊接一直是一个难题。常见的问题是焊缝中存在的气孔或裂纹,可能导致工作液体流失。为了最大限度地减少这种故障,应进行密封检查以验证密封性能是否足够。

经验和研究表明,热管不能通过密封检查的现象并不罕见,因此需要对密封进行修复。在这一过程中,可能要重复多次焊接操作才能修复故障,因此可靠性工艺流程可能导致制造周期的变更性。显然,这些增加的步骤将对时间和成本预算产生不利影响。为了符合研究的总体目标,"最佳"密封过程应易于执行,可重复,需要价格适中的设备,可靠且易于检查。

热管端盖所需的最小厚度可以通过第 3 章所述的应力分析来确定,并且计算机程序提供了这种分析功能。焊接接头的精心设计非常重要,对焊接端盖起着很大的作用。图 5.2 给出了四种类型的接头设计。

处理这些接头的对齐是另一个重要步骤。为了获得牢固、防漏的焊接接头,必须对端盖进行机加工,形成大致等于管壁厚度的焊接区域厚度[3],这个步骤确保了两个表面的熔化是均匀的,在这四种接头中,图 5.2(a)的对接接头相对于其他三个而言更加困难。

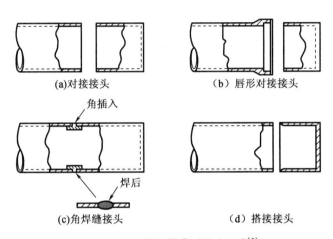

图 5.2　端盖焊接的典型接头设计[3]

带有焊接端盖的热管的详细设计应考虑以下几点:

(1)熔焊/连接过程可实现连接强度和密封性的最佳组合。

(2)应该优先选择完全机械化的熔焊工艺,而不是手工工艺。机械化工艺在接头质量(例如强度、热影响区的大小和焊缝几何形状)方面更加一致。

(3)使用 6061 铝合金或 304L 不锈钢合金可以消除对焊后热处理的需要,例如取消防止腐蚀或脆化的应力释放退火。

(4)焊接效率是首要考虑因素。304L 不锈钢合金不需要热处理,在"熔焊"状态下可获得相对较高的焊接效率。对于这种合金,保守的假设是焊接接头的强度是在退火状态下 304L 产品所保证的最小强度的 85%(自动过程)或 70%(手动过程)。对于 6061 铝合金,在确定焊接接头强度时,必须考虑焊接之前的材料状况,并且使用焊后热处理。

(5)设计者应事先知道由所选焊接工艺产生的焊缝的几何形状,由于焊后无法加工底部焊缝。通过焊缝的过大液滴会干扰热管的运行。应避免对焊缝顶部进行加工。去除焊缝顶部的表皮材料可能会暴露出晶间的孔隙,并导致气体从热管中泄漏出去。

(6)最好使用方形对接设计。

(7)端盖的细节应设计成在焊接过程中能够自动对准,还可以为接头提供充填金属。

(8)应考虑由于焊接热而可能对热管内部结构造成的损坏,并在必要时通过实验确定。

有关端盖焊接的更多过程以及详细信息,读者可以参阅 Edelstein 和 Haslett[2] 的报告

（图5.3）。

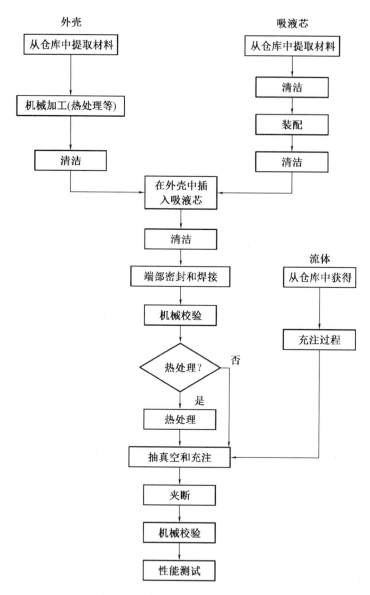

图5.3 典型的热管焊接流程

5.1.3 充注管

端盖和充注管用于完成密封。

充注管是通向热管的唯一通道,用于排空和充注流体,充注管也必须被关闭并密封。焊接后的卷曲密封是最方便的。为了获得良好的压接效果,充注管的外径不得超过 1/4 in $(6.35×10^{-3} \text{ m})$。通常使用内径为 1/16 in $(1.59×10^{-3} \text{ m})$ 的管子。另外,对于某些材料来说,充注管管壁的厚度也很关键[3]。

5.1.4　吸液芯

如果吸液芯结构是热管的组成部分,例如轴向凹槽式热管,则不需要准备吸液芯的操作。如果吸液芯是由金属丝布制成的,例如缠绕丝网和干道导管,则必须先将金属丝布切成所需的尺寸。金属丝布可能难以精确切割,因为它在材料平面上不是刚性的。可以将金属丝布夹在两个平板之间,沿直边进行切割[3]。

5.1.5　工作液体

热管中不能充满工作液体,也不能充注不足。热管工作液体必须是杂质最少的高品质气体、熔融固体或液体。如果不满足这些条件,则可能无法达到设计的热管性能。流体存量和净化技术将在下面有关管道排放和充注的部分中讨论[3]。

5.2　热管的制造流程

图 5.3 的流程图给出了热管制造中涉及的基本操作。读者可以参考第 3 章的 3.12.13 节关于主要制造步骤的简要介绍。

这些主要步骤如下:

(1)外壳和吸液芯清洁;

(2)端部密封和焊接;

(3)机械验证;

(4)排气和充注;

(5)流体评价;

(6)充注管夹断。

热管的基本制造过程在图 5.3 中进行了总结和说明。除非个别制造流程中另有规定,否则以下限制或假设都应适用[2]:

(1)考虑的外壳材料是铝和不锈钢管。

(2)工作液体仅限于氨、氟利昂-21 和甲醇。

(3)这些管道在中等温度范围内工作,标称温度范围为 $100\sim200$ ℉($200\sim366$ K)。

(4)典型的管道直径约为 0.5 in(0.012 7 m),最长约 12 ft(3.6 m)。

(5)所描述的流程通常基于小批量操作,最多可操作 $10\sim20$ 个组件。大量生产操作需要更多的自动化操作,其过程可能与此处描述的过程不同。

(6)所描述的流程是基于图 5.3 中所示的典型热管制造流程制定的。

5.3 零件的清洁

正如在选择合适的热管材料时需要格外小心以避免相容性问题一样,对热管组件进行清洁对于避免类似后果同样至关重要。很明显,目前在这个行业内还没有一个公认的标准[2]。尽管过程相似,但是每个制造商都使用不同的清洁流程,而且基本上都是独立开发的。每个清洁流程的有效性只能根据过去的经验进行评估。

从图5.3的热管制造流程中可以看出,有很多操作可能将污染物带入热管中。例如,不干净的吸液芯、外壳及工作液体中的杂质等。实际上,每次的操作如果执行不当,都可能造成热管污染。本节讨论铝和不锈钢外壳以及不锈钢吸液芯的清洁和预处理。该主题似乎应该被分为吸液芯和外壳两个主题内容。但是,在本书的写作过程中发现,几乎没有吸液芯清洁相关的资料。尽管大多数热管制造商都愿意讨论清洁问题,但是很少有人愿意专门讨论吸液芯的清洁问题。每个制造商都认为吸液芯的结构和制造细节是高度专有的,因为吸液芯从根本上决定了热管的性能,并将各家公司的产品区分开来。因此,在所联系的各个组织中,很少有人愿意提供吸液芯清洁相关的信息。

吸液芯的清洁和预处理至少应该与外壳的清洁一样重要。很明显,"脏"的吸液芯和其他未正确清洁的部件一样,都可能产生气体。必须清除嵌入细丝网或用于构造吸液芯的烧结材料中的油脂,以确保热管性能正常。在制造过程中可能会引入产生气体的异物,因此在装入吸液芯后需要设计一个清洗流程来除去这些杂质。例如,如果使用铜焊条通过点焊方式将吸液芯组装起来,那么一些铜颗粒可能嵌入不锈钢丝网中。为了去除这种与氨不相容的材料,需要使用硝酸冲洗。但是,在可能的情况下,最好通过使用钨电极来消除这一潜在问题[2]。

完成比较脏的操作(例如机加工)后,热管或外壳会进行初步清洁。机加工可能包括准备用于焊接、弯管的管端,在某些情况下,还需要在内表面上切出细的圆螺纹以提供毛细表面。在这些操作之后,可能会存在各种碎屑,例如金属屑、切削油、油脂、湿气等。因此,整个清洁流程有多个目标,即:

(1)机械清除可能会堵塞毛细结构、干道表面和在随后的干道插入过程中损坏表面的颗粒物,例如金属屑。

(2)除去可能引起铝和不锈钢腐蚀,并在两者之间提供电流耦合的水。有水存在的主要后果是形成颗粒反应产物以及产生气体。这种污染物的存在也可能引起缝隙、腐蚀和孔隙,导致容器结构完整性被破坏。

(3)除去不一定具有腐蚀性但可能会损害热管毛细作用和流体特性的污染物。这些典型的污染物是用于金属切割和切除操作、挤压、成型等工序的各种油脂。这些污染物可能会覆盖在管道内表面并增加接触角,或者可能溶解在工作液体中改变其输运性能。

(4)化学清洁并处理表面,以使其与随后的制造环境、吸液芯和工作液体不发生反应。

(5)以增强工作液体"润湿性"的方式处理吸液芯表面。

不管是因为操作不当还是操作人员的失误,如果不能实现这些目标,就会导致热管的性能下降甚至完全失效。例如,在一次事件报道中,无意留在螺纹铝管内表面的水被认为是造成热管无法达到其性能指标的原因。通过分析发现,在热管内表面有大量氢氧化铝存在,堵塞了径向流动通道。

污染物还会与壁面、吸液芯或工作液体发生化学反应,产生不凝性气态产物,这些气态产物会阻塞冷凝段并降低热管的热导率。在使用干道吸液芯的情况下,吸液芯内的气泡会严重限制热管的传热能力[4]。在 ATS 程序中,单个热管的凹槽失效是由于热处理过程中封闭在管道中的水导致的脆化和气孔造成的[2]。

不正确的清洁技术可能造成的问题概述如下:

(1)壁面和吸液芯毛细结构表面的物理堵塞,损害了热管的输运能力和导热率。

(2)产生不凝性气体,降低热管的导热(冷凝面积减小)和输送(干道导管中存在气泡)能力。

(3)降低吸液芯的润湿能力。

(4)流体特性的不利变化,例如表面张力、润湿角和黏度。

(5)由于电化学腐蚀、缝隙腐蚀和孔隙,容器壁结构完整性被破坏。

不幸的是,在对管道进行充注、密封和测试之前,其中许多问题是无法被发现的。在某些情况下,可能要花很长时间才能注意到其中的某些影响。到那时,采取纠正措施通常为时已晚。因此,必须要开发清洁程序,以防止这些问题的发生并生产出更可靠的产品。而且,为了符合本研究的总体目标,清洁程序还应该简单、便宜且尽可能避免人为错误[2]。

表 5.1 总结了热管行业目前采用的清洁流程,以及各种清洁技术的简要概述,并将介绍和分析每个制造商的方法。最后,基于此评估,提出了建议的清洁程序。请注意,各个制造商使用的清洁流程都是有针对性的。如果需要更多信息,建议联系制造商[1]。

铝、铜和不锈钢的清洁流程如下所示[2]:

1. 外壳清洁和预处理

(1)假定

①适用管子:铝 6061 或 6063;不锈钢 300 系列。

②管子状态:切割螺纹、吸液芯或其他内部机械加工前进行清洗。

③管子尺寸:直径 0.5 in(0.012 7 m),最长 12 ft(3.6 m)。

(2)材料

①非蚀刻碱性清洁剂(请参阅表 5.2)。

②铬酸盐脱氧剂(请参阅表 5.3)。

③过滤空气。

④无水异丙醇。

⑤干氮。

⑥钝化溶液(请参阅表 5.4)。

(3)铝管的清洁程序

①用钢丝硬毛刷在冷的 1,1,1-三氯乙烷中进行清洁。定期清洁刷子。

②用冷的三氯乙烷冲洗内表面;用过滤后的空气干燥并盖上端盖。

③浸入非蚀刻碱性清洁剂中至少 5 min。相关材料和温度参见表 5.2。

④冲洗时需进行 2 min 的自来水冲洗,冲洗过程中不断升高和降低管子。

⑤浸入铬酸盐脱氧剂中。有关材料、时间和温度参见表5.3。

⑥冲洗时需进行 2 min 的自来水冲洗，冲洗过程中不断升高和降低管子。

⑦用强制过滤的空气彻底干燥内表面。

⑧用无水异丙醇冲洗。

⑨用加热至 160 ℉ 的干净、过滤、干燥的氮气强制干燥。

⑩盖上端盖。

⑪如果适用，插入干道吸液芯，用异丙醇冲洗，然后按照步骤⑨进行干燥。

⑫如果焊接后需要热处理，则：

a. 在 600 ℉ 下抽空管道 4 小时，并检查泄漏情况。

b. 密封抽空的热管。

c. 在密封管上进行热处理操作。

（4）不锈钢的清洁程序

①用钢丝硬毛刷在冷的 1,1,1-三氯乙烷中进行清洁。定期清洁刷子。

②用冷的三氯乙烷冲洗内表面；用过滤后的空气干燥并盖上端盖。

③浸入钝化溶液中。有关材料、温度和时间参见表5.3。

④冲洗的需进行 2 min 的自来水冲洗，冲洗过程中不断升高和降低管子。

⑤用强制过滤的空气彻底干燥内表面。

⑥用无水异丙醇冲洗。

⑦用加热至 160 ℉ 的干净、过滤、干燥的氮气强制干燥。

⑧盖上端盖。如果适用，插入干道吸液芯，用异丙醇冲洗，然后按照步骤⑦进行干燥。

（5）一般注意事项

①清洁程序必须尽可能避免人为错误，因为不正确执行的程序还可能导致不必要的污染。必须对人员进行有关热管清洁度要求的培训。在程序步骤中也要有足够的保障和检查点，必须符合良好的质量保证规范。

②进行清洁和充气操作时要非常快，并且各操作场地要彼此靠近。避免长时间存放管道，这会增加污染的可能性。各操作场地彼此靠近可以降低运输过程中污染的危险。

有关此程序的更多详细信息，请参阅 Edelstein 和 Haslett[1] 的报告。

表5.1　当前正在使用的热管清洁流程摘要[1]

制造商	外壳清洁		吸液芯清洁（不锈钢）
	铝	不锈钢	
Dynatherm	●溶剂		
	●酸		
NASA/GSFC	●溶剂		
	●酸		
德国	●溶剂	●溶剂	●溶剂
	●碱/酸	●钝化	●钝化

表 5.1(续)

制造商	外壳清洁		吸液芯清洁(不锈钢)
	铝	不锈钢	
TRW	• 溶剂	• 超声波	• 超声波
	• 碱/酸	• 真空点火	• 真空点火
	• 超声波		
DWDL/MDAC	• 溶剂		
ESRO/MBB	• 超声波		• 超声波
GE	• 碱/酸	• 碱/酸	
斯图加特大学	• 超声波		
	• 钝化		
NASA/MSFC	• 溶剂	• 溶剂	
斯图加特大学	• 碱/酸	• 碱	
		• 钝化	

表 5.2　非蚀刻碱性清洁剂示例[1]

材料	浓度	温度
Ridoline No. 53 (Amchem Products Co.)	2~10 oz/gal	140~180 ℉
Oakete No. 164 (Oakite Products Co.)	2~10 oz/gal	140~180 ℉
Kelite Spray White (Kelite Corp)	容积比 40%~60%	环境温度
A-38 (Pennwatt Corp)	2~10 oz/gal	140~180 ℉

表 5.3　铬酸盐脱氧剂溶液示例(浸泡型)[1]

材料	浓度	温度	浸泡时间
17a 号铬化脱氧剂补充剂的混合物（Amchem 制品有限公司）	2~6 oz/gal	环境温度到 120 ℉	5~30 min
42° Be 硝酸	容积比 10%~20%		
17a 号铬化脱氧剂补充剂的混合物	2~6 oz/gal	环境温度	5~30 min
66° Be 硫酸	容积比 4%~7%		

表 5.4　钝化溶液示例[1]

材料	浓度	温度	浸泡时间
硝酸	容积比 35%~65%	环境温度	30 min~2 h
重铬酸钠或重铬酸钾的混合物	1~4 oz/gal	环境温度	30 min~2 h
硝酸	容积比 15%~30%		

5.4 热管的组装

热管零件的组装包括端盖和充注管的焊接,以及吸液芯的成型和插入(如果使用吸液芯)。由于零件已被彻底清洁,因此在可行的情况下应在清洁后立即进行组装。否则,清洁后的热管零件应存储在清洁干燥的环境中,以防止被空气中悬浮的蒸汽、烟雾和灰尘污染。处理零件时应戴橡胶手套,以防止零件被皮肤油脂和酸液污染。

1. 吸液芯成型和插入[4]

手工成型和插入丝网吸液芯的步骤如下:组装好的吸液芯不得存在褶皱,为防止出现褶皱,可将丝网包裹在干净的中心轴上。中心轴和包裹的丝网的总直径应仅略小于热管的内径,在将丝网从中心轴释放时,盘绕的丝网中的残余应力会迫使其抵靠在管壁上。丝网的端部必须平整,并且丝网必须正确放置,以使端盖的安装不会干扰或压碎丝网。为了确保丝网层与管壁之间的物理接触,可以用锥形塞子或球强制穿过吸液芯。有时也使用未拉伸直径略大于吸液芯内径的螺旋弹簧来保持丝网层与管壁接触。弹簧也可以借助中心轴安装,当弹簧被中心轴固定时,弹簧拉紧,拉伸弹簧的长度不得大大超过安装长度,否则当弹簧从中心轴释放时,轴向力可能会使丝网移位。将吸液芯正确放置在管道中后,将端盖焊接在管道上[2]。

2. 端盖安装[2]

如果充注管不是端盖的组成部分,则应首先将其焊接到端盖上。无论带或不带充注管的端盖通常都焊接到管端。在所有接缝处都需要高质量的焊接接头,因为焊缝中的孔隙或裂纹会导致工作液体流失。为了最大限度地减少此故障,应进行检查以验证密封是否足够。可以采用多种焊接技术。但是,一般不建议使用氧乙炔气的气焊,由于存在助焊剂,氧气和填充金属往往会污染清洁过的零件。研究发现,手动或自动钨极惰性气体(TIG)焊接和电子束焊(EBW)在热管焊接时可以达到令人满意的效果。

TIG 是一种电弧焊接工艺,使用的是尖头钨电极,惰性气体通过焊炬送入,在电弧四周和焊接熔池上形成屏蔽。填充金属通常不用于热管焊接,但是它们可能是端盖的组成部分,例如,图 5.4 中所示的唇形对接接头的唇边可以用作填充金属。另外,该过程不使用助焊剂。因此,TIG 不会污染清洁后的热管部件。EBW 是在真空室内进行的,这种焊接方式消除了金属在空气中形成表面化合物。此外,EBW 可提供最少的热量输入和最大的热密度,能够产生具有最小热影响区的焊接接头,接头性能接近母材的性能。因此,它是热管焊接的理想选择。但是,EBW 设备的投资成本比自动 TIG 的投资成本高出 1 倍以上,比手动TIG 的投资成本高 2 倍。因此,焊接工艺的选择取决于设备的可用性。设备的投资在很大程度上取决于生产的数量和所需的产品质量。TIG 和 EBW 是令人满意的热管焊接方式[2]。

3. 端部封闭和焊接[1]

端部封闭设计应遵守以下一般准则:

(1)对于平圆头,可接受的端部封闭设计是如图 5.4 所示的 I 型或 II 型。

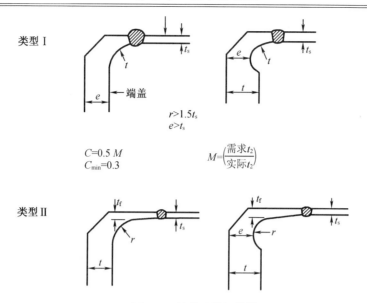

图 5.4　端盖设计细节[1]

（2）端盖厚度可由图 5.5 和图 5.6 确定。

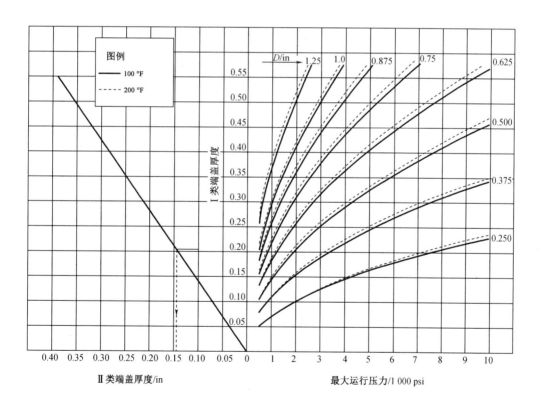

图 5.5　6061-T6 铝端盖设计曲线（熔焊）[2]

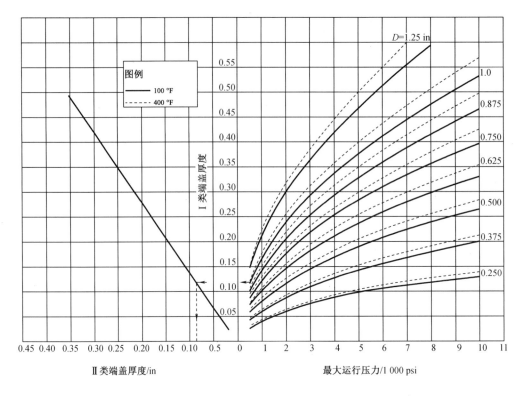

图 5.6　304 不锈钢端盖设计曲线(熔焊)[2]

(3)焊接端应采用方形对接设计(图 5.7)。

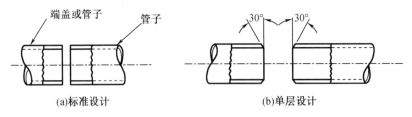

图 5.7　方形对接接头设计[2]

(4)对于不锈钢唇形对接接头(图 5.8)、铝的消耗性填料接头(图 5.9)或等效设计,焊接过程中应提供自动对准。

(5)应该达到完全的焊缝熔深。

(6)应避免对焊道顶部进行机加工。

4. 热管组装程序总结

以下是对上述过程的总结,在热管组装时应遵循以下步骤[5]:

(1)选择容器材料。

(2)选择吸液芯材料和形式。

(3)制造吸液芯和端盖等。

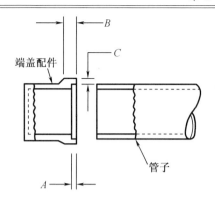

图 5.8　唇形对接接头设计[2]　　　　图 5.9　带有消耗性填料的方形对接接头[2]

（4）清洁吸液芯、容器和端盖。

（5）金属组件除气。

（6）插入吸液芯并固定。

（7）焊接端盖。

（8）焊缝泄漏检查。

（9）选择工作液体。

（10）净化工作液体（如有必要）。

（11）工作液体除气。

（12）抽空并充注热管。

（13）密封热管。

在插入吸液芯之前可以方便焊接空端盖,如果是烧结和扩散黏结吸液芯,则可以在将吸液芯放进容器中的情况下进行除气。

对于考虑大量生产相同热管的制造商,例如在原型试验后生产 50 个以上的热管,可以省略许多制造步骤。金属组件的除气不是必要的,并且,根据所使用的充注和抽真空程序,可以将工作液体的除气作为一项单独的工作而取消[5]。

在装料之前必须先抽空热管,以除去随后可能会产生不凝性气体或与工作液体发生化学反应而形成不良腐蚀产物的材料。

不凝性气体不仅有管中存在的自由气体,还有金属表面吸收的气体分子。只需用真空泵抽空,即可除去管道中的游离气体。如果想要除去被金属吸收的气体,则需要在高温下抽空管道。金属吸收表面污染物所需的时间通常随着温度的升高而减少。但是,金属可能会在高温下失去强度[3]。

热管组件设计指南

关于重力的方向

为了获得最佳性能,在热管使用时应考虑重力的作用。也就是说,相对于重力方向,蒸发段(加热部分)的位置应比冷凝段(冷却部分)低。在重力不能帮助冷凝液回流的其他方向上,热管的整体性能会下降。热管性能的下降取决于多种因素,包括吸液芯结构、热管长度、工作液体以及热通量。热管的精心设计可以最大限度地降低其性能损失,并提供准确的预测性能。

温度极限

大多数热管使用水和甲醇/酒精作为工作液体。根据吸液芯结构,热管可在低至40 ℃的环境中运行。温度上限取决于工作液体,平均温度为 60~80 ℃。

散热

可以使用翅片散热器或板翅式换热器,利用空气冷却从冷凝段中移出热量。将冷凝段封装在冷却水套中也可以进行液体冷却。

可靠性

热管没有活动部件,使用寿命可超过 20 年。影响热管可靠性的最重要的因素是对制造过程的控制。管道的密闭性、吸液芯结构使用的材料纯度以及内部腔室的清洁度都对热管的长期性能有影响。任何泄漏最终都会使热管无法使用。内部腔室和吸液芯结构的污染都将趋向于形成不凝性气体,随着使用时间的增加,热管的性能会下降。需要完善的工艺流程和严格的测试以确保热管的可靠性。

成型或塑形

热管很容易弯曲或展平,以适应散热器设计的需要。热管的形状可能会影响功率处理能力,因为弯曲和展平会导致热管内的流体运动发生变化。因此,考虑热管配置和对热性能的影响的设计规则,可确保所需解决方案的性能。

长度和管径的影响

冷凝段与蒸发段之间的蒸汽压差控制着蒸汽从一端流向另一端的速率。热管的直径和长度也会影响蒸汽的流动速度,因此在设计热管时必须加以考虑。直径越大,可允许蒸汽从蒸发段移动到冷凝段的横截面积越大。这就允许有更大的功率承载能力。相反,长度对传热有负面影响,因为工作液体从冷凝段返回蒸发段的速率受吸液芯的毛细极限控制,该毛细极限与热管长度负相关。因此,在没有重力辅助的应用中,较短的热管可以比较长的热管承载更多的功率。

吸液芯结构

热管内壁可以布置各种吸液芯结构。四种最常见的吸液芯是:凹槽、丝网、烧结金属粉末、纤维/弹簧。

吸液芯结构为液体提供了一条通过毛细管作用从冷凝段流向蒸发段的路径。根据所期望的散热器设计特性,吸液芯结构有性能上的优势和劣势。有些结构的毛细极限很低,不适合在没有重力辅助的情况下工作。

5.5 抽空和充注

在充注之前,必须先抽空热管,以去除可能随后看起来明显不需要的不凝性气体。抽空和充注是两个密切相关的过程。

图 5.10 给出了由 Edelstein 和 Haslett[2] 提出的热管制造商(例如 TRW、Grumman 和 McDonnell Douglas)使用的抽空和充注流程图。

最初,通常在 4 in Veeco 泵站上以约 10^{-6} mmHg 的真空度抽空管道。包裹在管子周围的加热器可提高抽气温度。抽空装置示意图如图 5.13 所示。图 5.10 所示的温度代表铝管的温度。TRW 在约 325 ℉的温度下烘烤 16 h,而 Grumman 在 170~250 ℉的较低温度下烘烤 48 h。尽管较高的抽空温度可能有助于去除其他吸附的分子,但 300 ℉的温度可能会破坏铝的机械性能。图 5.10 和 5.11 给出了高温暴露对铝 6061-T6 的室温极限和屈服强度的影响[1]。可以看出,在 380 ℉的温度下暴露 0.5 h 后,铝的强度开始下降。在图 10.10 中可以看到抽空和充注之间的紧密关系。因此,抽空和充注通常在同一设备中进行。

通常情况下,使用内径为 1/16 in(0.159 cm),大约 4 in(10.160 cm)长的管子作为充注管。根据上一节中给出的结果,这个尺寸的充注管在抽空 0.5 in(1.270 cm)直径的管道时存在微小的限制。稍后将介绍避免使用小直径充注管的技术。

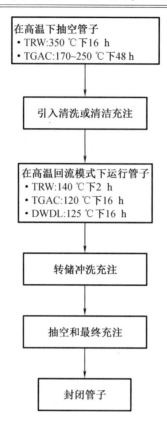

图 5.10　TRW、Grumman 和 DWDL/McDonnell Douglas 使用的一体化抽空和充注流程[2]

（注意：此处的温度仅适用于铝管）

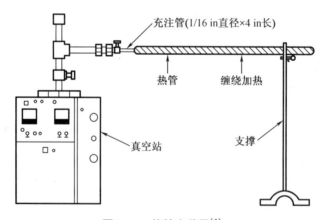

图 5.11　热抽空装置[2]

图 5.12 给出了抽空和充注的可能组合方案。步骤如下：在关闭阀门 B 并打开阀门 A 和 C 的情况下，首先在环境温度下抽空管道。然后，在加热管道的同时继续抽空管道。如前所述，热管的温度和抽气时间取决于热管材料及其最终的工作温度。此过程有时称为真空烘烤。在完成此真空烘烤过程后，用少量流体冲洗管道。可采取如下方式：首先，将装料瓶中的流体在真空系统的压力下加热到沸腾温度以上。然后，瞬时打开阀门 B，可将少量冲洗物充注到管道中。在以这种方式冲洗管道一次或两次之后，即可以对管道进行充注[3]。

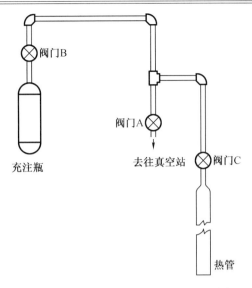

图 5.12　热管抽空和充注设备示意图[3]

5.5.1　流体充注

充注过程的细节取决于环境温度下工作液体的状态。如果流体在室温下处于气态,例如低温热管流体,则可以从装有高质量气体的气瓶中引出流体进行充注。充注量可以通过室温下管道中的气压来确定。因此,充注过程包括关闭阀门 A、打开阀门 B 和阀门 C。当将所需量的流体充注到管道中时,关闭阀门 B 和阀门 C。然后准备将管子夹紧并进行最终密封。

5.5.2　流体纯度和装量

制造商是否应该使用价格为每磅 40 美元的接近 99.999% 的纯氨水? 使用每磅 2.50 美元的 99.99% 的纯氨水是否也可以达到令人满意的效果? 氨中存在哪些杂质? 它们将如何影响热管性能? 这些都是热管制造商和用户提出的有关热管工作液体纯度要求的一些典型问题。这些考虑因素将会在很大程度上影响产品的可靠性和成本[2]。

热管中存在杂质的最显著表现是冷凝段中不凝性气体的积累造成热管热导率的损失。根据设计和运行条件,气体的存在可能并不严重,甚至可能完全不被注意。但是在某些情况下,干道可能会发生严重阻塞,导致泵送能力下降[2]。

即使在充入工作液体之前,杂质也会以吸附气体分子的形式存在于管道中。它可能在流体充注过程中引入,也可能存在于流体中。通常,从供应商处购买的流体的杂质含量可能比指定的标称值高得多[2]。

可以使用某些技术将流体净化到比从供应商处收到的状态更高的状态。为了满足功能要求,或者为了防止供应商流体中不确定的杂质含量,可能需要进行额外的净化[2]。

通常,工作液体(例如氨)中发现的杂质可能包括:

(1)气体,例如氮气、氧气、氩气、二氧化碳、一氧化碳和甲烷;

(2)水;

(3)杂质,例如油、碳氢化合物和非挥发性固体。

在其他材料中,对热管性能的最有害影响可能是油性残留物导致吸液芯的润湿性降低。如前所述,在液相氨中发现了大量(130ppm)油性污染物,被鉴定为邻苯二甲酸二辛酯。这些污染物(其中一些可能溶于工作液体中)也可能会对工作液体的性能产生不利影响,例如表面张力、润湿角和黏度[2]。

铝或不锈钢管中存在水会引起腐蚀,从而导致结构完整性被破坏。但是,可以通过各种净化技术将工作液体中通常存在的水含量降至最低。稍后将对其中一些技术展开讨论。一般在工作液体中的水含量以百万分之几计,足够小到不会出现严重的腐蚀强度损失问题,因为当水被消耗光时腐蚀反应通常会停止。但是,就产生的不凝性气体而言,反应产物可能会产生更加严重的后果[2]。

用于热管的流体显然必须具有高纯度。但是,不凝性物质可能会溶解在所谓的纯净液体和固体中。在蒸汽传输过程中转移到进料瓶中的不凝性物质可以通过对流体进行反复的冻融循环来去除[2]。此处理技术的示意图如图5.13所示。例如,当工作液体是氨时可以使用液氮,当工作液体是钠时可以使用环境空气,最终将流体冷冻在进料瓶中。

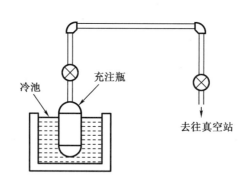

图5.13 流体净化过程示意图[3]

同时,还必须保证热管的工作液体既不能充注不足也不能充注过量。充注不足可能会导致其性能下降;充注过量会导致冷凝段堵塞(可以容忍轻微的过量充注)。流体装量可以通过式(5.1)计算。通过该公式计算出的流体装量大于所需的流体装量,因为该公式没有考虑弯液面的衰退。但是由于这种衰退而造成的液体消耗通常很小,可以忽略不计:

$$m = A_v L_t \rho_v + A_w L_t \varepsilon \rho_l \tag{5.1}$$

式中 m——流体装量;

A_v——蒸汽横截面积;

A_w——吸液芯横截面积;

L_t——热管总长度;

ρ_v——热管工作温度下的蒸汽密度;

ρ_1——热管工作温度下的液体密度；

ε——吸液芯孔隙率。

5.5.3　气体堵塞分析

在图 5.14 中,根据理想气体定律,不凝性气体占据的体积为

$$N = n_{\mathrm{G}} R T_{\mathrm{G}} / P_{\mathrm{G}} \tag{5.2}$$

式中　n_{G}——管道中不凝性气体的摩尔数；

R——气体常数；

T_{G}——气体/蒸汽混合物在堵塞段内的温度；

P_{G}——在堵塞冷凝段长度 l 内惰性气体的分压,也是热管内有效部分和无效部分中的工作液体压力之差,即

$$P_{\mathrm{G}} = P(T_{\mathrm{P}}) - P(T_{\mathrm{G}}) \tag{5.3}$$

其中　$P(T_{\mathrm{P}})$——温度 T 下的工作液体压力；

$P(T_{\mathrm{G}})$——温度 T 的气体压力；

l——堵塞冷凝器长度；

T_{P}——管道蒸汽温度。

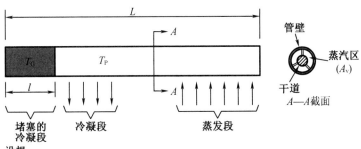

图中标注：
L；A；管壁；蒸汽区 (A_{v})；T_{G}；T_{P}；A；干道；A—A 截面；l；

堵塞的冷凝段　冷凝段　蒸发段

设想
- L—总管长；
- l—堵塞冷凝段长度；
- 管子截面一致；
- A_{v}—蒸气区的横截面积；
- T_{G}—是堵塞段内气体/蒸气混合物的温度
　（在没有冷凝或传导的情况下是绝热温度）；
- T_{P}—管内蒸气温度。

图 5.14　气体堵塞分析示意图[2]

从图 5.14 可以看出,气体量可以与阻塞长度相关

$$V = A_{\mathrm{v}} \cdot l \tag{5.4}$$

将式(5.3)和式(5.4)代入式(5.2)中,求解得出

$$l = \frac{n_{\mathrm{G}} R T_{\mathrm{G}}}{A_{\mathrm{v}} [P(T_{\mathrm{p}}) - P(T_{\mathrm{G}})]} \tag{5.5}$$

现在,可以根据工作液体的杂质含量 f 来定义不可冷凝的摩尔数：

$$f = \frac{n_G}{n_p} \tag{5.6}$$

式中　n_p——管道中的工作液体摩尔数；

　　　n_G——管道中的不凝性气体摩尔数；

　　　f——工作液体中不可冷凝的摩尔数。

将式(5.6)代入式(5.5)，除以总管道长度 L，得出的堵塞段占总管道长度的份额：

$$\frac{l}{L} = \frac{f n_p R T_G}{L A_v [P(T_p) - P(T_G)]} \tag{5.7}$$

如果将 n'_p 定义为每单位长度的热管装量，即 $n'_p = n_p/L$，则等式(5.7)变成

$$\frac{l}{L} = \frac{f n'_{pp} R T_G}{A_v [P(T_p) - P(T_G)]} \tag{5.8}$$

该表达式将阻塞与运行条件(T_p 和 T_G)与管道设计参数 n_p、A_v 和工作液体以及杂质含量 f 相关联起来。

5.5.4　气体阻塞对热管设计和运行条件的影响

在图5.15中给出的是0.5 in(1.270 cm)轴向槽氨热管的管道堵塞作为运行段和非运行段之间的温差的函数。假定杂质含量 f 为0.000 1，则可以认为充注流体中存在气体，或者认为抽空后气体残留在管道中。

该曲线表明，对于固定的温差($T_p - T_G$)，在较高的温度下堵塞减少。同样，在等温热管的情况下，由于管道和气体温度(散热器)之间的温差很小，阻塞长度会增加。例如，有一个10 ft(3 m)长的轴向凹槽氨热管，其温度(T_p)为420 °R，连接到一个温度为400 °R的水槽(T_G)，即 $T_p - T_G = 20$ °R。杂质含量为0.001时产生的堵塞是4.2%或0.42 ft(5.0 in)(12.7 cm)。对于10ppm的杂质含量水平(未显示)，与 f 成正比的阻塞将为0.50 in(1.27 cm)。

不同管道配置的影响如图5.16所示。其中将0.5 in的螺旋干道设计与0.5 in的凹槽设计进行了比较。由于其蒸汽空间较小，在相同条件下，螺旋形设计比凹槽设计产生的堵塞更大。

不同工作液体的影响如图5.17所示。图中给出了0.5 in轴向凹槽设计的氨气、丙酮和氟利昂-21热管设计。从图中可以看出，氨产生的堵塞长度比丙酮或氟利昂-21小。这是因为氨的压力随温度的变化比其他流体更快。这些曲线的价值在于，对于特定的应用，设计人员可以根据允许的气体杂质含量做出判断，或者相反，设计冷凝段的长度以适应可能存在的某些预计气体量。

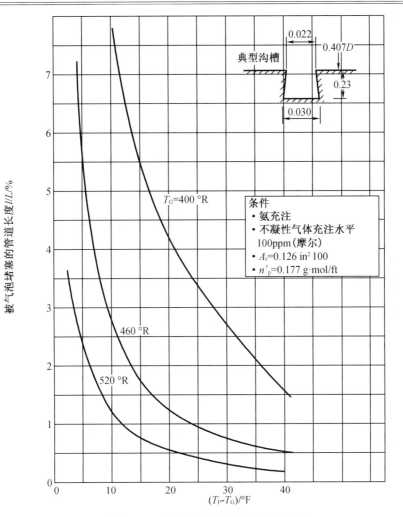

图 5.15　典型凹槽式热管的气体堵塞[2]

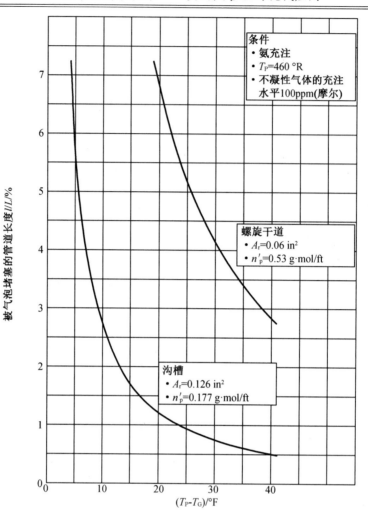

图 5.16　热管配置对气体阻塞的影响[2]

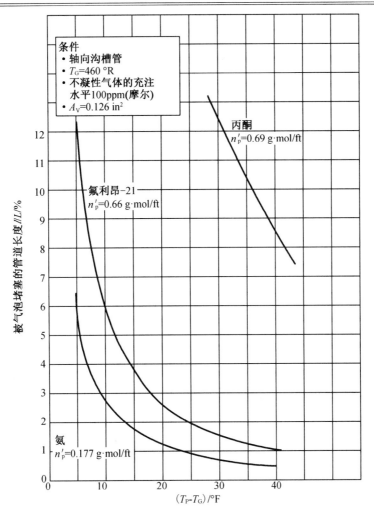

图 5.17   工作液体对气体阻塞的影响[2]

5.6   全 管 密 封

除了热管仍连接到充注管的关闭阀门上,热管的制造已接近完成状态。必须从阀门上切断管道,并在充注管上形成永久密封。在此过程中,必须保证没有气体能够进入管道,也不应从管道中损失任何流体。已被证明既经济又可靠的一种密封技术包括如下步骤:

(1)压接密封(压扁并捏住)充注管,形成临时的防漏盖。

(2)在压接密封靠近阀门一侧的充注管的扁平区域切开切口,从管道上切断阀门。

(3)通过 TIG 或 EBW 方式完成充注管切割端的焊接,然后卸下压接工具。

5.7 热管的测试技术

根据 Chi[2] 的研究,对热管的测试可以回答许多问题。对吸液芯的润湿性和泄漏情况的简单测试将确保该管子能够像热管一样工作。使用适当设计的热源和散热器进行导热测试可以验证热管的传热能力和特性。对热管寿命的测试可以记录长时间内样品热管的性能,或者开展加速寿命测试在预定的时间间隔内对材料进行检查。另外,可能需要测试并回答有关管道瞬态特性的问题。我们将把对热管测试的讨论集中在验证管道的机械可靠性、吸液芯的正确润湿性以及热管的工作特性上。

5.7.1 机械可靠性

经过无损试验验证的合理结构设计对于热管的可靠、长期运行至关重要。当指定许用设计应力、极限压力和爆破压力时,建议使用 ASME 的压力容器规范。Edelstein 和 Haslett[1] 还提出了一种简化方法,用于分析因内部压力、端盖、热膨胀、鞍形附件、弯管和动态载荷导致的应力影响。在氨、氟利昂和甲醇预充注和充注操作中使用的具有成本效益的泄漏检测方法中,包括 X 射线检查、水下加压检测、氦气检测和硫酸铜/乙二醇(用于氨)方法[2]。

热管必须能够承受最大蒸汽压。因此,在完成最终设计确认和生产程序并进行大批量生产之前,必须对外壳和端盖进行适当的设计,并对接头进行高质量的焊接。可以制造实验性热管,并通过加热实验性热管使其承受较高的蒸汽压,以确保管壳、端盖和接头在适当的安全范围内能够承受设计的蒸汽压[3]。

5.7.2 吸液芯润湿性

在对管道进行充注、密封和测试之前,许多问题是无法被发现的。在某些情况下,可能要花很长时间才能注意到其中的某些影响。到那时再采取纠正措施通常为时已晚。因此,必须开发清洁程序,以防止这些问题的发生并生产出更可靠的产品。而且,为了符合研究的总体目标,清洁程序还应该简单、便宜且尽可能避免人为错误[2]。

确定工作液体是否已浸湿吸液芯的最简单方法是用手沿其轴线摆动热管。如果液体撞击端盖,则很明显在蒸汽空间的吸液芯上有液体流动。对于在室温下为液态工作液体的管道,这种初步测试方法的效果很好。但是,人们可能因剧烈摇动管道导致表面张力被破坏,这样也会在蒸汽空间内形成液体。此方法仅限于吸液芯润湿的定性测试。可以使用 X 射线技术来观察吸液芯内部液体的均匀性或在管子底部是否存在过多的液体[3]。

5.7.3 性能验证

如果管道通过了机械和润湿性测试,则可以确保该管道能够在良好的条件下用作热管。为了建立管道性能,例如管道的最大传热能力和有效热导率,可以使用图 5.18 中所示的用于中温热管的示意性装置进行测试。管道可以以任何所需的方向放置。热量由缠绕在管道蒸发段的电热丝提供[3]。

通过控制进水温度和流速,无论供热速率如何变化,蒸发段或冷凝段的温度都可以保持恒定。在不同的传热速率下,沿热管壁面安装的热电偶测量管道的轴向壁温,传热速率可由电功率输入给出。随着功率输入逐渐提高到某个极限,可以观察到:蒸发段末端的热电偶测得的温度突然升高,且高于蒸发段中其他热电偶测得的温度。蒸发段末端的温度突然升高表明蒸发段变干。因此,可以使用图 5.18 所示的装置来测量传热极限和热管的温度特性。

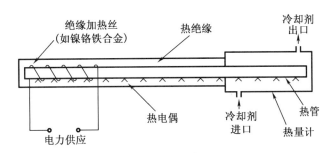

图 5.18　中温热管的测试装置[2]

液态金属热管的工作温度和传热能力通常比中温热管高得多。为了提高供热能力,可以用电感线圈代替图 5.18 所示的电加热带。当此装置用于测试液态金属热管时,向大气的辐射和自然对流可以提供一个方便的散热器。为了控制管道的工作温度,可以通过一个同心的环形间隙来控制冷凝段部分的热阻,如图 5.19 所示。

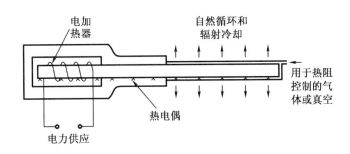

图 5.19　液态金属热管的测试装置[3]

参 考 文 献

［1］　Edelstein, F., & Haslett, R. (1974, August). Heat pipe manufacturing study. Final Report prepared by Grumman Aerospace Corp. for NASA, Contract No. NASS5-23156.

［2］　Chi, S. W. (1976). Heat pipe theory and practice. Washington, DC: Hemisphere

Publishing Corporation.

［3］ Kemme, J. E. (1966, August). Heat pipe capability experiment. Los Alamos Scientific Laboratory, Report No. LA-3585-MS.

［4］ Rhodes Jr., R. A. (1973, October). Procedures for the construction of a screen wick heat pipe. A Lecture Note on Heat Pipe, U. S. Army Mobility Equipment R and D Center.

［5］ Reay, D., & Kew, P. (2006). Heat pipes theory, design and application(5th ed.). Amsterdam: Elsevier.

第6章 其他类型的热管

在当今的市场上有各种类型的热管,它们之间有着不同的几何结构、运行方式和/或从热源到散热器,或是从蒸发段到冷凝段并把液体从冷凝段带回蒸发段的传热方式。Reay 和 Kew[1]对不同类型的热管及其应用进行了很好的描述,读者可以从他们的书中获得相关知识[1]。在本书的第 1 章中,我们讨论了固定热导热管和可变热导热管两种类型及其一般应用;在第 3 章和第 4 章,提出了热管的数学模型。简要地说,在这一章会再次提到固定热导热管和可变热导热管。本章将简要介绍不同类型的热管,但强烈推荐读者自行研究需要哪种类型的热管,以及与需要相匹配的应用。本章中讨论的一些不同类型的热管总结如下:

(1)可变热导热管;

(2)二极管热管;

(3)脉动热管;

(4)回路热管和毛细泵送回路热管;

(5)微型热管;

(6)利用电荷动力的热管;

(7)旋转热管和回旋热管;

(8)其他类型-吸附热管和磁流体热管。

6.1 热 虹 吸 管

热虹吸管是另一个相对简单、非能动的系统,也是世界上最流行的太阳能热水器中使用的热管形式。热虹吸管在日本、澳大利亚、印度和以色列都很常见。因为水箱必须位于收集器的正上方,所以热虹吸管很容易识别。

热虹吸系统的工作原理是热量上升。在开环系统中(仅适用于不结冰的气候),饮用水从收集器底部进入,随着温度升高上升到水箱中。在寒冷的气候条件下,在封闭的太阳能回路中使用防冻液,例如丙二醇;在阁楼和屋顶上的饮用水管线则使用耐冻管道,例如交联聚乙烯(PEX)。

有几家国际制造商生产热虹吸系统。该系统相对于间歇式加热器的优势在于,太阳能热量储存在一个隔热良好的水箱中,因此热水可以随时使用而不会造成夜间无法使用。

图 6.1 包含了任何热虹吸管系统的主要部件。

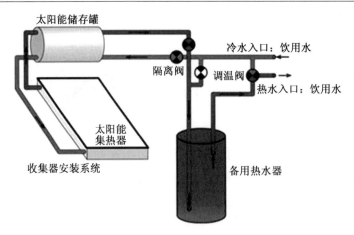

图 6.1　热虹吸系统

6.2　回路热管/毛细泵环路

回路热管热解决方案是完全非能动的(最小的移动部件)、可弯曲、灵活和可布线的两相传热设备。它们甚至可以作为热二极管用来防止反向热泄漏。Thermacore 回路热管(图 6.2)是当今军用飞机分散控制系统的理想冷却设备,它可以集成多个蒸发段和非能动/能动的热调节系统。

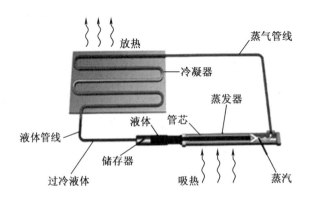

图 6.2　由 Thermacore 提供的回路热管示意图

回路热管的优势如下:

(1)完全非能动(不需要外部能量);

(2)热量输送的距离高达 75 ft(23 m);

(3)使用温度范围广,适用于从低温到高温的各个应用;

(4)柔韧性和抗弯曲疲劳(经过超 750 万次挠性循环测试);

(5)抗重力载荷(可达 9g)、冲击、振动、冻融;

(6)多种热负荷能力(耗散几瓦或几千瓦)。

6.3　脉动热管

脉动热管由一根毛细管直径大小、抽真空并部分填充有工作液体的管子组成。图 6.3 所示是脉动热管结构示意图,图 6.4 展示了其实际应用。通常脉动热管包括一个毛细管尺寸的蛇形通道,该通道已被抽空并部分填充工作液体。表面张力效应下形成散布有蒸汽气泡的液体段。文献[2]概述了脉动热管的工作原理。当毛细管或蒸发段的一端被加热时,工作液体蒸发,蒸汽压增大,从而导致蒸发段气泡增大,将液体推向低温端或冷凝段。冷凝段的冷却导致蒸汽压降低和热管该部分气泡的冷凝。气泡在蒸发段和冷凝段的上升和破裂导致了管内的振荡运动[1]。

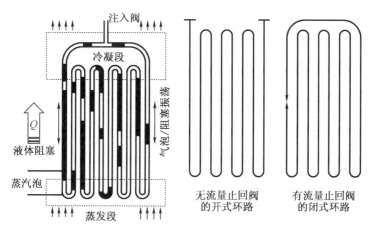

图 6.3　脉动热管结构示意图

(a)文献［5］

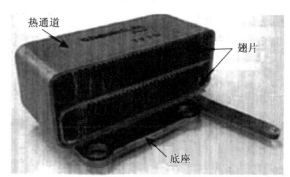

(b)文献［6］

图 6.4　脉动热管的实际应用

闭环脉动热管(CLPHP)的性能优于开环装置,因为回路内的流体循环与振荡叠加。有人建议,在回路内使用止回阀可能会进一步提高性能;但是,由于止回阀本身体积小,安装这种阀门既困难又昂贵。因此,不带止回阀的闭环装置是脉动热管最可行的实现方式(图6.4)[1]。

读者如果需要进一步了解脉动热管的更多信息,可以参考由 Reay 和 Kew[1] 编写的书。

6.4 微型热管

微型热管理论是由 Cotter 在 1984 年提出的。他将微型热管定义为"非常小，以至于液-气界面的平均曲率在大小上相当于总流道水力半径的倒数。"

微型热管是一种水力直径为 100 μm，长度为几厘米的小型装置。它与传统热管的不同之处在于它要小得多，微型热管的水力直径为 5~500 μm。一般来说不包含协助冷凝水返回到蒸发段部分的吸液芯结构，而是利用在管道横截面的锋利边缘产生的毛细作用力。

集成电路发展很快，同时晶体管的密度也更大。随着功率密度的增加，产生的热量变得更多。传统的冷却方法并不是解决散热问题的理想方案，因此需要小型高性能的冷却装置。一个简单的解决方案是在处理器的硅衬底上使用微型热管作为集成部件。目前，微型热管正在使用微加工技术制造并进行大量测试，以验证微型热管作为热辐射器运行的可行性(图 6.5)。

如今的计算机由许多部件决定其运行速度(图 6.6)。其中一个部件是处理器芯片及其在运行过程中自我冷却的能力。自从 1978 年的第一块计算机芯片(7.14 MHz)问世以来，计算机芯片技术已经有了很大进步，最新的双核计算机芯片(家庭用户)的最高速度是 5.32 GHz(2.66 GHz×2)，速度增加了 745%。但是，提高的不仅是芯片的速度，还包括功率密度和功耗。从图 6.6 可以看出，近 10 年来芯片的速度有明显的上升趋势。计算机处理器芯片的功率密度(图 6.7)和功耗(图 6.8)也有增加的趋势。

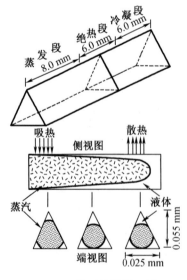

图 6.5 微型热管原理图

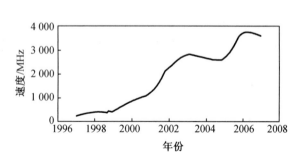

图 6.6 芯片速度

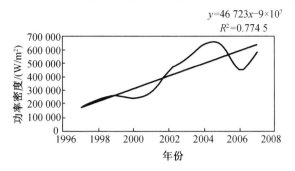

图 6.7　功率密度

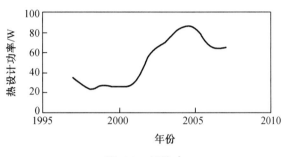

图 6.8　耗散功

请注意,由于几乎无法找到任何芯片的功率密度参考值。图 6.7 的功率密度图是用得到的耗散功率除以芯片的裸片尺寸计算得到的,并假设芯片的裸片尺寸是奔腾芯片的实际尺寸。

图 6.8 给出了设计热功率,也就是耗散功率。经过大量的研究也无法得出功耗。这是由于运行所需的功率几乎总是完全以热量的形式耗散掉,假设芯片不会产生或储存能量,那么功率密度与耗散功率接近(或相同)。

有很多方法可以排出笔记本电脑的热量。由于笔记本电脑被设计成放置在平面上,热量是从笔记本电脑的下端产生的,因此热量通常由风扇来排出。笔记本电脑依靠从笔记本电脑底部抽入的冷却空气带走多余的热量。在使用时把笔记本电脑放在沙发和床上是非常危险的,因为这会导致电脑过热并可能损坏内部电子元件。冷却处理器的另一种方法是使用热管。热管的中心含有传热工作液体。"当传热工作液体蒸发时,它把热量带到冷端,冷凝后回到热端。"(维基百科)。这种方法虽然非常昂贵,但在空间有限时非常有用。

图 6.9 展示了一个微型热管的例子。从这个图中可以看出,热管是一个封闭的圆柱形管道(抽真空),其中含有某种传热工作液体。如上所述,热量将从"热端"输送到温度较低的另一端。在冷却的一端,液体(以蒸汽的形式)会凝结并释放它所携带的所有热量。然后这些流体会流回热端,并不断重复整个过程。微型热管具有热响应快、体积小的优点。微型热管在小型机器如笔记本电脑和照相机中非常有用。微型热管也非常可靠,具有很长的使用寿命。图 6.10 为新研制的超薄微型热管。

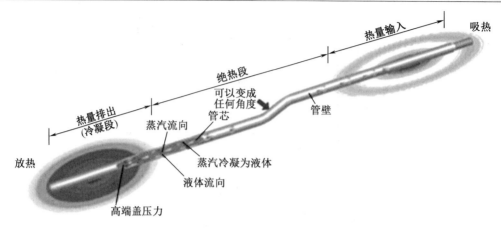

图 **6.9** 微型热管

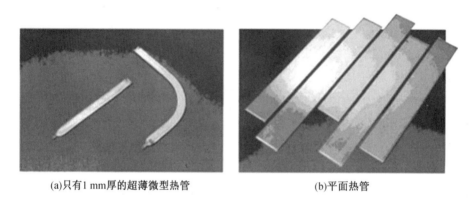

(a)只有1 mm厚的超薄微型热管　　　　　(b)平面热管

图 **6.10** 超薄微型热管和平面热管

微型热管技术不同于普通翅片技术。尽管这两种方法都是为了冷却处理器,但翅片技术的效果较差,即使增加了表面积,翅片技术也不能以足够快地速度传递热量来冷却处理器。翅片技术还需要空气自由流动区和翅片空间。但微型热管不占太多空间,而且由于冷却液中的瞬间相变,微型热管的冷却速度更快。

微型热管使用的一个具体例子就是 IBM 的 ThinkPad T60p 笔记本中所采用的微型热管。随着技术的进步,对更小更薄的笔记本电脑的需求越来越大;因此,惠普、戴尔和富士通的许多新款笔记本电脑都使用了微型热管技术。

总之,计算机处理器芯片是一个非常复杂的课题。很明显,随着技术的进步,速度和功率密度将线性增加。在未来,微型热管技术将在计算机芯片的大小、形状和传热方面发挥作用,这将是一件值得关注的事情。

6.5　恒定热导热管

　　恒定热导热管也称为固定热导热管。恒定热导热管以非常小的温差将热量从热源输送到散热器。恒定热导热管采用了轴向槽毛细芯结构,因为制造相对容易(铝挤压件),常在航天器和仪器的热控制中应用。恒定热导热管可以向任何方向传热,通常用于将热量从特定的热负荷转移到散热板或作为集成热管散热器的一部分。常见的工作液体包括氨、丙烯、乙烷和水。针对特定应用确定最佳流体装量,确定在 0-G(无重力或微重力)和 1-G(标准地球重力)运行中过剩流体装量的影响。图 6.11 给出了一个恒定热导热管的示例。

图 6.11　带整体式法兰的轴向槽挤压恒定热导热管

6.6　可变热导热管

　　在冷储层可变热导热管领域,即使已经阻止液体进入气体区域,早期工作人员还是受到蒸汽扩散到储层,随后出现冷凝的困扰。为了使冷凝物能够被除去,有必要利用毛细作用对冷储液装置的储液层进行处理。Berennan 和 Kroliczek[7] 描述了各种可变热导热管,本节的大部分内容都是从他们的报告中复制的。热源中蒸汽的分压将处于对应于其温度的蒸汽压力。原则上,可变热导热管热导率的变化,可以通过调节构成整体热导率的任何一个或几个单一热导率来实现。有许多技术能够实现可变热导,总体上可以分为以下四类:

　　1. 储气热管

　　这种技术是通过将一定量的不凝性气体充入热管,使其在运行期间形成阻塞蒸汽流动的"塞子"。充气可变热导热管的示意图如图 6.12 所示。通常,当需要"全部"热管运行时,需要增加一个储气罐来容纳气体。当蒸汽从蒸发段流到冷凝段时,蒸汽扫过积聚在热管冷端的不凝性气体。其中的气体形成了蒸汽流的屏障,并有效地"关闭"了它所填充的冷凝段部分。"塞子"的长度以及冷凝段的导热系数取决于诸如系统工作温度、热源和散热器的条件、储气罐大小和储气罐温度等因素。这些参数的影响以及获得气体可变热导热管的各种控制方法将在下一节中讨论。还应注意的是,气体阻塞也可以用来影响二极管的开关操作:但是,与"关闭"或"开关"操作相关的瞬态对于充气系统来说可能是禁止的[7]。

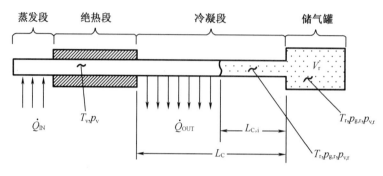

图 6.12　充气可变热导热管

2.过剩液体热管

这种方法类似于"储气"热管,不同的是,过剩液体在冷凝段末端形成一个小段,而不是不凝性气体。这种技术的控制往往对散热条件的变化不太敏感(然而,实际设计可能更难实现)。图 6.13 展示了一种通过装载过量液体获得可变导热率的方法。再次利用一个位于热管外壳内的储层。储层的有效容积通过一个包含一种与其蒸汽平衡的辅助流体的波纹管来改变。根据系统温度的变化调整波纹管,从而改变其中储层的容积,允许多余的液体进入或流出冷凝段。图 6.14 给出了一个变热二极管热管,它利用液体堵塞在相反的方向上"关闭"热管。在正常的正向运行模式下,多余的液体被扫入冷凝段末端的储液器中。当出现导致冷凝段温度升高到蒸发段以上的条件时(例如,由于空间轨道条件导致冷凝温度升高等),蒸汽流的方向会反转。然后将多余的液体从储液器驱动到正常蒸发段部分,从而阻塞蒸汽流,并使该部分失去排出热量的能力。因此,热源与热的冷凝段是绝缘的,这样,热管的作用只有在正向模式下才有效[7]。

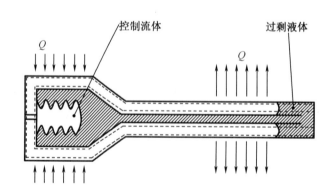

图 6.13　可变热导热管

3.液体流动控制

液体流动控制包括中断或阻碍冷凝液回流到吸液芯,以"干燥"一部分或全部的蒸发段。这种技术通过影响工作液体的循环,从而在部分蒸发段中产生流体动力失效,从而实现对蒸发段热导率的控制。

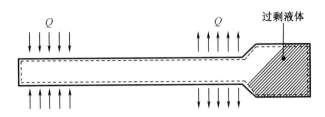

图 6.14 变热二极管热管

当热源是耗散热源时,液体流动控制通常仅限于为热二极管和热开关提供"通断"控制,因为流体动力失效会导致热源温度分布不均匀。然而,对于固定温度热源,通过改变吸液芯流动阻力来连续调制热管的导热是可以接受的,因为部分蒸发段干涸只会导致进入热管的热量减少。

图 6.15(a)展示了用于航空航天应用的液体二极管热管。在这种情况下,一个芯吸式储液器位于蒸发段末端。这个储液器不与主吸液芯相通;因此,当温度梯度反转时,液体在管道的热侧蒸发,然后冷凝并储存在储液器内。最终吸液芯部分饱和,冷凝液不能返回到热输入部分,热管作用被有效地"关闭"。

重力式二极管热管如图 6.15(b)所示。温度梯度的逆转会导致液体在管道底部聚集,无法抵消重力将其送回。

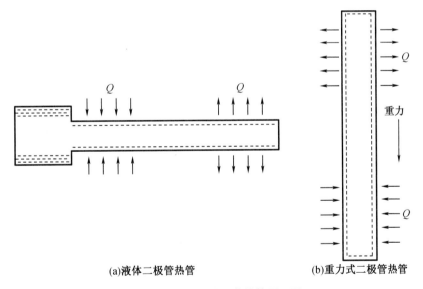

(a)液体二极管热管   (b)重力式二极管热管

图 6.15 液体流动调节热管原理图

4. 蒸汽流动控制

蒸汽流动控制包括在蒸汽从蒸发段进入冷凝段时对其进行节流或中断。这会在两个部分之间产生压降,从而产生相应的温度降。

蒸汽调节的可变热导热管的原理图如图 6.16 所示。波纹管和辅助流体用于实现节流作用。热负荷或热源温度的增加导致蒸汽温度的升高,从而导致控制流体膨胀并部分关闭其中的节流阀,从而产生压差。这种控制方法实质上受限于蒸发段到冷凝段的压差不能超过由流体/吸液芯组合产生的毛细力这一事实。

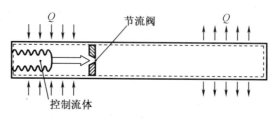

图6.16　蒸汽流动调节热管原理图[7]

如果阀门结构与图6.17所示相反,当出现与正常温度梯度相反的条件时,就实现了二极管作用[7]。

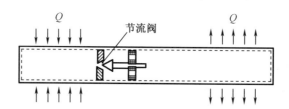

图6.17　蒸汽调节热二极管热管原理图[7]

充气可变热导热管这种技术的原理是在冷凝段的末端形成气塞,防止蒸汽在气体堵塞部分冷凝。这种气塞是将一定量的不凝性气体引入热管的结果。

在没有工作液体循环(即没有热传输)的情况下,除了少量溶解在工作液体液相中的气体外,气体在蒸汽空间内均匀分布。在运行过程中,蒸汽从蒸发段稳定地流向冷凝段。气体被蒸汽扫到冷凝段。这部分气体不同于蒸汽,它不会凝结,而是在热管冷凝段的一端形成"气塞"。

通过添加不凝性气体来改变热导率十分具有吸引力,因为它实现了蒸汽温度的非能动控制。在传统(固定热导率)热管中,蒸汽温度会自行调节,以满足给定散热条件下的热排出要求。因此,如果热负荷和/或冷凝温度增加,蒸汽温度也将上升。

在充气热管中,固定量的气体占据冷凝段的一部分;气塞的长度取决于蒸汽(和冷凝段)温度。当热负荷增加时,蒸汽温度会和固定热导热管中一样有上升趋势。

然而,工作液体蒸汽压的相应增加会压缩气塞,从而增大了冷凝段尺寸。导致较高的热导率,有效地抑制蒸汽温度增加的趋势。同样如果热源和/或冷源温度下降,蒸汽温度和压力趋于下降,从而使气塞膨胀,热管的热导率降低,蒸汽温度降低到最低限度。因此,充气热管可以减少工作温度的波动,表现为一个能够自我控制的可变热导热管[7](图6.18)。

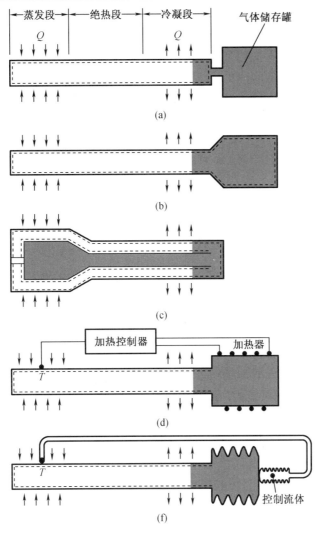

图 6.18 充气热管原理图

6.7 旋转热管和回旋热管

Wu 和 Peterson[8]对旋转热管和回旋热管进行了综述。在他们的综述中,首先定义了旋转热管和回旋热管之间的区别,这两种热管有时可以互换使用。在旋转热管或回旋热管中,冷凝物通过离心力返回蒸发段,不需要毛细吸液芯。这种类型的热管用于冷却涡轮部件和电动机的电枢。图 6.19(a)是一个作为电机轴的旋转热管的示意图,图 6.19(b)是回旋热管的示意图,回旋热管围绕一个与管的中心轴有一定距离并平行的轴旋转,可用于平衡旋转打印头鼓的温度。这两种类型的热管性能特征完全不同,读者应该参考 Peterson[9]的书以了解更多的细节。

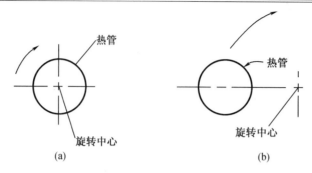

图 6.19 旋转热管和回旋热管

关于旋转热管,已经有不少科学家进行了大量的调查和研究,但相比之下,围绕回旋热管的研究十分有限,部分文献参考了 Bontemps[10] 等人,Chen 和 Lou[11],Chen 和 Tu[12-13],Keiyou 和 Maezawa[14],Mochizuki 和 Shiratori[15] 及 Niekawa 等人[16] 的著作。在大多数情况下,转速是影响热管传热性能的最重要的参数,这与旋转热管的情况非常相似(图 6.20)。

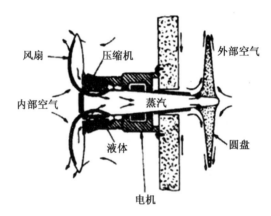

图 6.20 一种基于无吸液芯旋转热管的小型空调机组

6.8 高温热管(液态金属热管)

最初 Grover 对高温热管的开发很感兴趣,该热管采用液态金属作为工作液体,适用于向热离子发电机的发射器提供热量,并从这些设备的集热器中排出多余的热量。高温热管适用于从海底到地球同步轨道的各种应用和服务条件。这些高温热管改进了玻璃制造、油页岩提取和外延沉积等高科技工艺(图 6.21)

研究发现,热管单元具有较好的传热性能、较低的压降及较低的维护和安装成本,适用于不同的工业应用,特别是核电厂和高热量转换。

图 6.21　971 ℃的高温热管(由 Thermacore 提供)

6.9　低温热管

目前为止,关于热管的大部分工作都是与液态金属工作液体和较低温度的水、丙酮、酒精等有关。随着卫星的红外扫描系统对探测器冷却的需求,低温热管开始受到特别的关注[17-18]。这些热管中最常见的工作液体是氮气,工作液体温度的可接受范围在 77~100 K 之间。液氧也被用于这个温度范围。Rutherford 高能实验室(RHEL)是英国第一个使用低温热管的组织[19],用于冷却的液氢装置也在 RHEL 开发中。

低温热管的长期寿命试验比高温热管的长期寿命试验开始的稍晚。但是,欧洲航天局[20]提供了关于使用甲烷、乙烷、氮气或氧气为工作液体的不锈钢(容器为 304L 型,吸液芯为 316 型)热管的综合数据,这些数据来源于长达 13 年的试验。测试单元的长度为 1 m,外径为 3.2 mm 或 6.35 mm。热传输能力可达 5 W/m(意味着热管在 1 m 的距离上输送 5 W 的热量,或者在 0.5 m 的管道上输送 10 W 的热量),蒸汽温度为 70~270 K。测试在 20 世纪 90 年代中期完成[8]。主要成果如下:

(1)所有热管都保留了最大的传热能力。

(2)所有热管保持最大倾斜能力(毛细泵送演示)。

(3)蒸发段的传热系数保持恒定。

(4)氧、氮热管未见明显的不相容性和腐蚀。

(5)乙烷和甲烷装置存在轻微的不相容,导致不凝性气体延伸超过热管长度的 1%,从而影响冷凝段的效率。

使用氧和氮的热管使用 TIG 焊,而乙烷和甲烷热管则使用硬钎焊,但是硬钎焊会产生气体。使用液体(如液态空气)的低温热管应具有特殊的压力释放装置或具有足够的强度,因为它们在不使用时经常被允许上升到室温。氮气的临界压力是 34 bar[8]。

低温热管在真空室中进行测试。这样可以防止对流换热,并且可以使用冷却壁面将环境保持在所需的温度。作为对辐射热输入的保护,热管、流体管线和冷却壁面都应该覆盖超级隔热层。如果安装热管时,安装点都处于相同温度(冷壁和散热器),因为不存在进入环境的热路径,可以假定进入蒸发段的所有热量都将由热管输送。低温热管试验的进一步数据可以从文献[21-22]获得。

低温热管的工作范围受限于临界点和三相点之间相对较小的温度范围。因此,低温热管的吸液芯材料必须具有高效的导热性,并与管道内壁有良好的热接触。分析了已知的毛细管结构,如金属丝网、毛毡、金属陶瓷、纵向凹槽、带凹槽的螺旋螺纹等,结果表明,低温热管最适合的毛细管结构是由铜丝、烧结金属粉末制成的陶瓷和螺旋螺纹组成的通道[22]。

参 考 文 献

[1] Reay, D., & Kew, P. (2006). Heat pipes theory, design and application(5th ed.). New York, NY: Butterworth-Heinemann.

[2] Polasek, F., & Rossi, L. (1999). Thermal control of electronic equipment and two-phase thermosyphons. In 11th IHPC.

[3] Akachi. (1996). US Patent No. 5490558, United States Patent Offifice Search. See the following link on the web http://www. freepatentsonline. com/5490558. pdf

[4] Charoensawan, P., Khandekar, S., Groll, M., & Terdtoon, P. (2003). Closed loop pulsating heat pipes, Part A: Parametric experimental investigations. Applied Thermal Engineering, 23, 2009-2020.

[5] Vogel, M., & Xu, G. (2005, February). Low profifile heat sink cooling technologies for next generation cpu thermal designs. Electronics Cooling 11(1).

[6] Duminy, S. (1998). Experimental investigation of pulsating heat pipes. Diploma Thesis, Institute of Nuclear Engineering and Energy Systems (IKE), University of Stuttgart, Germany.

[7] Berennan, P. J., & Kroliczek, E. J. (1979, June). Heat pipe design. B & K Engineering Volume I and II. NASA contract NAS5-23406.

[8] Wu, D., & Peterson, G. P. A Review of Rotating and Revolving Heat Pipes. 1991 National Heat Transfer Conference Paper No. 91-HT-24, Minneapolis, MN, American Society of Mechanical Engineers, New York.

[9] Peterson, P. (1994). An introduction to heat pipes—Modeling, testing and applications. New York, NY: John Wiley & Sons.

[10] Bontemps, A., Goubier, C., Marquet, C., & Solecki, J. C. (1984, May 14-18). Theoretical analysis of a revolving heat pipe. In Proc. 5th Int. Heat Pipe Conf., Tsukube Science City, Japan(pp. 274-279).

[11] Chen, J., & Lou, Y. S. (1990, May 21-25). Investigation of the evaporation heat transfer in the rotating heat pipe. In Proc. 7th Int. Heat Pipe Conf., Minsk, USSR.

[12] Chen, J., & Tu, C. (1986). Theoretical and experimental research of condensation heat

transfer in parallel rotating heat pipe. In Int. Heat Pipe Symposium, Osaka, Japan(pp. 155-165).

[13] Chen, J. , & Tu, C. (1987, May 25-29). Condenser heat transfer in inclined rotating heat pipe. In Proc. 6th Int. Heat Pipe Conf. , Grenoble, France.

[14] Keiyou, G. , & Maezawa, S. (1990, May 21 - 25). Heat transfer characteristics of parallel rotating heat pipe. In Proc. 7th Int. Heat Pipe Conf. , Minsk, USSR.

[15] Mochizuki, S. , & Shiratori, T. (1980). Condensation heat transfer within a circular tube under centrifugal acceleration fifield. Transactions of the ASME, 202, 158-162.

[16] Niekawa, J. , Matsumoto, K. , Koizumi, T. , Hasegawa, K. , & Kaneko, H. (1981). Performance of revolving heat pipes and application to a rotary heat exchanger. In D. A. Reay(Ed.), Advances in heat pipe technology (pp. 225 - 235). London, England: Pergamon Press.

[17] Eggers, P. E. , & Serkiz, A. W. (1970). Development of cryogenic heat pipes, ASME 70-WA/Ener-1. New York, NY: American Society of Mechanical Engineers.

[18] Joy, P. (1970). Optimum cryogenic heat pipe design, ASME Paper 70-HT/SpT-7. New York, NY: American Society of Mechanical Engineers.

[19] Mortimer, R. (1970, October). The heat pipe, Engineering Note-Nimrod/NDG/70-34. Harwell: Rutherford Laboratory, Nimrod Design Group.

[20] Van Oost, S. , & Aalders, B. (1997, September 21-25). Cryogenic heat pipe ageing. Paper J-6, Proceedings of the 10th International Heat Pipe Conference, Stuttgart.

[21] Marshburn, J. P. (1973, August). Heat pipe investigations. NASA TN-D-7219.

[22] Rice, G. , & Fulford, D. (1991). Capillary pumping in sodium heat pipes. In Proceedings of 7th International Heat Pipe Conference, Minsk, 1990. New York, NY: Hemisphere.

[23] Vasil'ev, L. L. , Kiselev, V. G. , Litvinets, M. A. , & Savchenko, A. V. (2004). Experimental study of heat and mass transfer in a cryogenic heat pipe. Journal of Engineering Physics and Thermophysics, 28, 19-21.

附录 A　单位转换关系和物理常数

在本附录中,提供了一些物理单位的换算关系。

等效尺寸

表 A.1　物理单位的换算关系

长度	1 ft = 12 in = 30.48 cm = 0.304 8 m
	1 m = 100 cm = 39.37 in = 3.28 ft
质量	1 lbm = 0.031 08 slug = 453.59 g = 0.453 59 kg
	1 kg = 1 000 g = 0.068 52 slug = 2.205 lbm
时间	1 h = 3 600 s
	1 s = 2.778×10^{-4} h
力	1 lbf = 4.448×10^5 dyne = 4.448 N
	1 N = 10^5 dyne = 0.224 9 lbf
角度	1° = 1.745×10^{-2} rad
	1 rad = 57.30°
温度	1 °F = 1 °R = 0.555 6 ℃ = 0.555 6 °K
	1 °K = 1 ℃ = 1.8 °R = 1.8 °K
	°F = 1.8 ℃ + 32
	℃ = 0.555 6(°F − 32)
	°R = °F + 459.69
	°K = ℃ + 273.16
	°R = 1.8 °K
	°K = 0.555 6 °R
能量	1 Btu = 777.66 ft · lbf = 252 cal = 1.054×10^{10} erg = 1 054 J
	1 J = 10^7 erg = 0.239 cal = 0.737 5 ft · lbf = 9.485×10^{-4} Btu
功率	1 Btu/h = 2.778×10^{-4} Btu/s = 2.929×10^6 erg/s = 0.292 9 W
	1 W = 10^7 erg/s = 9.481×10^{-4} Btu/s = 3.414 Btu/h
压力	1 lbf/ft^2 = 6.944×10^{-3} lbf/in^2 = 4.78.8 dyne/cm^2 = 47.88 N/m^2
	1 lbf/in^2 = 144 lbf/ft^2 = 69.948 dyne/cm^2 = 6 894.8 N/m^2
	1 N/m^2 = 10 dyne/cm^2 = 1.450×10^{-4} lbf/in^2 = 2.089×10^{-2} lbf/ft^2

表 A.1(续)

面积	$1\ \text{ft}^2 = 1.44\ \text{in}^2 = 929\ \text{cm}^2 = 0.092\ 9\ \text{m}^2$
	$1\ \text{m}^2 = 10^4\ \text{cm}^2 = 1\ 550\ \text{in}^2 = 10.75\ \text{ft}^2$
体积	$1\ \text{ft}^3 = 1\ 728\ \text{in}^3 = 2.832 \times 10^4\ \text{cm}^3 = 0.028\ 32\ \text{m}^3$
	$1\ \text{m}^3 = 10^6\ \text{cm}^3 = 6.102 \times 10^4\ \text{in}^3 = 35.31\ \text{ft}^3$
	$1\ \text{gal}(美制液体) = 0.133\ 68\ \text{ft}^3 = 0.003\ 785\ \text{m}^3$
密度	$1\ \text{lbm/ft}^3 = 0.031\ 08\ \text{slug/ft}^3 = 1.602 \times 10^{-2}\ \text{g/cm}^3 = 16.02\ \text{kg/m}^3$
	$1\ \text{kg/m}^3 = 10^{-3}\ \text{g/cm}^3 = 0.001\ 94\ \text{slug/ft}^3 = 0.062\ 42\ \text{lbm/ft}^3$
黏度(动态)	$1\ \text{lbm/(ft} \cdot \text{h}) = 8.634 \times 10^{-6}\ \text{slug/(ft} \cdot \text{s}) = 4.134 \times 10^{-3}\ \text{g/cm} \cdot \text{s} = 4.134 \times 10^{-4}\ \text{kg/(m} \cdot \text{s})$
	$1\ \text{kg/(m} \cdot \text{s}) = 10\ \text{g/(cm} \cdot \text{s}) = 2.089 \times 10^{-2}\ \text{slug/(ft} \cdot \text{s}) = 2.419 \times 10^3\ \text{lbm/(ft} \cdot \text{h})$
导热系数	$1\ \text{Btu/(ft} \cdot \text{h} \cdot \text{F}) = 2.778 \times 10^{-4}\ \text{Btu/(ft} \cdot \text{s} \cdot \text{F}) = 1.730 \times 10^5\ \text{erg/(cm} \cdot \text{s} \cdot \text{K}) =$ $1.730\ \text{W/(m} \cdot \text{K})$
	$1\ \text{W/(m} \cdot \text{K}) = 10^5\ \text{erg/(cm} \cdot \text{s} \cdot \text{K}) = 1.606 \times 10^{-4}\ \text{Btu/(ft} \cdot \text{s} \cdot \text{F}) = 0.578\ \text{Btu/(ft} \cdot \text{h} \cdot \text{F})$
表面张力	$1\ \text{lbf/ft} = 1.459 \times 10^4\ \text{dyne/cm} = 14.59\ \text{N/m}$
	$1\ \text{N/m} = 10^3\ \text{dyne/cm} = 0.068\ 54\ \text{lbf/ft}$
汽化潜热	$1\ \text{Btu/lbm} = 32.174\ \text{Btu/slug} = 2.32 \times 10^7\ \text{erg/g} = 2.324 \times 10^3\ \text{J/kg}$
	$1\ \text{J/kg} = 10^4\ \text{erg/g} = 1.384 \times 10^{-2}\ \text{Btu/slug} = 4.303 \times 10^{-4}\ \text{Btu/lbm}$
传热系数	$1\ \text{Btu/(ft}^2 \cdot \text{h} \cdot \text{F}) = 5.674 \times 10^3\ \text{erg/(cm}^2 \cdot \text{s} \cdot \text{K}) = 5.674\ \text{W/(m}^2 \cdot \text{K})$
	$1\ \text{W/(m}^2 \cdot \text{K}) = 10^3\ \text{erg/(cm}^2 \cdot \text{s} \cdot \text{K}) = 0.176\ 2\ \text{Btu/(ft}^2 \cdot \text{h} \cdot \text{F})$

物理常数

重力加速度(标准),$g = 32.174\ \text{ft/s}^2 = 980.7\ \text{cm/s}^2 = 9.807\ \text{m/s}^2$

摩尔气体常数,$R = 1\ 545.2\ \text{ft} \cdot \text{lb/(mol} \cdot \text{°R}) = 1.987\ \text{Btu/(lbm} \cdot \text{mol} \cdot \text{°R})$
$= 8.314 \times 10^7\ \text{erg/(g} \cdot \text{mol} \cdot \text{K}) = 8.314 \times 10^3\ \text{J/(kg} \cdot \text{mol} \cdot \text{K})$

机械热当量,$J = 777.66\ \text{ft} \cdot \text{lbf/Btu} = 4.184 \times 10^7\ \text{erg/cal}\ 1\ \text{N} \cdot \text{m/J}$

Stefan–Boltzmann 常数,$\sigma = 0.171\ 3 \times 10^{-8}\ \text{Btu/(ft}^2 \cdot \text{h} \cdot \text{R}^4) = 5.670 \times 10^{-5}\ \text{erg/(cm}^2 \cdot \text{s} \cdot \text{K}^4) = 5.657 \times 10^{-8}\ \text{W/(m}^2 \cdot \text{K}^4)$

附录 B　固体材料性质

本附录的大部分内容来自 Chi 的《热管理论与实践》,以及由 Patrick J. Berennan 和 Edward J. Kroliczek 撰写的,1979 年 6 月根据 NASA 合同 NAS5-23406 出版的 B & K 工程卷一和卷二中的《热管设计》。

本附录中以图表的形式对热管容器和吸液芯使用的固体材料的性能进行介绍和总结,见图 B.1~图 B.3 和表 B.1。目的是为读者在完成设计任务时需要开展的工作提供说明,而不一定要满足大多数这种性质的常见手册的所有要求。例如,材料的极限抗拉强度不仅取决于温度,还取决于材料的工艺和处理。对于本附录中的图形表示,使用了最常用的商用材料的平均性能。更详细的信息属性和材料属性,读者可以参考以下参考资料。

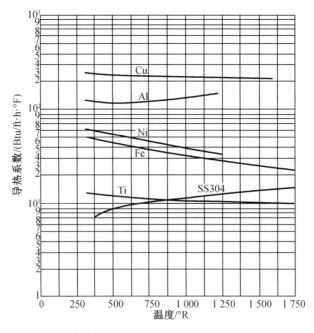

图 B.1　几种固体材料的导热系数[$1°R = 0.555\ 6$ K,$1Btu/(ft \cdot h \cdot °F) = 1.730$ W/$(m \cdot K)$)][2]

1. *International Critical Table*

E. W. Washington, McGraw-Hill, New York, 1993.

2. *Mechanical Engineers Handbook*

L. S. Marks, McGraw-Hill, New York, 1967.

3. *Cryogenic Engineering*

R. B. Scott, Van Nostrand, Princeton, New Jersey, 1959.

4. *A Compendium of Properties of Materials at Low Temperature*

V. J. Johnson, Wright Air Development Division of Air Research and Development Command, Technical Report 60-56, Part I, July 1960, Part Ⅱ, October 1960.

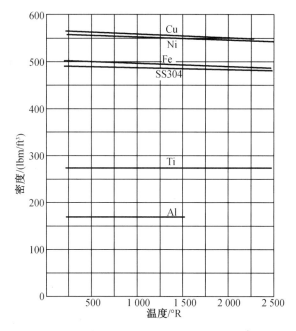

图 B.2　几种固体材料的密度(1°R=0.555 6 K,1 lbm/ft³=16.02 kg/m³)[2]

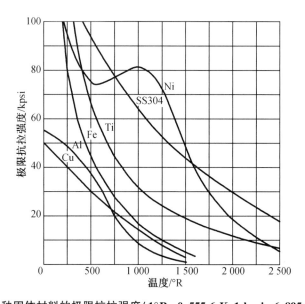

图 B.3　几种固体材料的极限抗拉强度(1°R=0.555 6 K,1 kpsi=6.895×10⁶ N/m²)

表 B.1　固体材料的特性

化合物		熔点/K	300 K 时的特性 $\rho/(\text{kg}\cdot\text{m}^{-3})$	300 K 时的特性 $c_p/(\text{J}/\text{kg}\cdot\text{K})$	300 K 时的特性 $k/[\text{W}/(\text{m}\cdot\text{K})]$	300 K 时的特性 $\alpha_f\times10^6/(\text{m}^2/\text{s})$	特性	100 K	200 K	400 K	600 K	800 K	1 000 K	1 200 K	1 500 K	2 000 K	2 500 K
铝	纯铝	933	2 702	903	237	97.1	k	302	237	240	231	218					
	铝合金 2024-T6 (4.5%Cu, 1.5%Mg, 0.6%Mn)	755	2 770	875	177	73.0	k	65	163	186	186						
							c_p	473	787	925	1 042						
	铝合金 铸铝 195 (4.5%Cu)		2 790	883	168	68.2	k			174	185						
铍		1 550	1 850	1 825	200	59.2	k	990	301	161	126	106	90.8	78.7			
							c_p	203	1 114	2 191	2 604	2 823	3 018	3 227	3 519		
镉		594	8 650	231	96.8	48.4	k	203	99.3	94.7							
							c_p	198	222	242							
铬		2 118	7 160	449	93.7	29.1	k	159	111	90.9	80.7	71.3	65.4	61.9	57.2	49.4	
							c_p	192	384	484	542	581	616	682	779	937	
铜	铜/纯铜	1 358	8 933	385	401	117	k	482	413	393	379	366	352	339			
							c_p	252	356	397	417	433	451	480			
	青铜 (90%Cu,10%Al)	1 293	8 800	420	52	14	k		42	52	59						
							c_p		785	460	545						
	磷青铜 (88%Cu,11%Sn)	1 104	8 780	355	54	17	k	41	65	74							

表 B.1(续 1)

化合物	熔点/K	300 K 时的特性				不同温度下的特性 $k/(W/m \cdot K)$ $c_p/(J/kg \cdot K)$									
		$\rho/(kg \cdot m^{-3})$	$c_p/(J \cdot kg \cdot K)$	$k/[W/(m \cdot K)]$	$\alpha_f \times 10^6 /(m^2/s)$	100 K	200 K	400 K	600 K	800 K	1 000 K	1 200 K	1 500 K	2 000 K	2 500 K
弹壳黄铜 (70%Cu,30%Zn)	1 188	8 530	380	110	33.9	75	95	137	149						
							360	395	425						
康铜(55%Cu,45%Ni)	1 439	8 920	384	23	6.71	17	19								
						237	362								
锗	1 211	5 360	322	59.9	34.7	232	96.8	43.2	27.3	19.8	17.4	17.4			
						190	290	337	348	357	375	395			
金	1 336	19 300	129	317	127	327	323	311	298	284	270	255			
						109	124	131	135	140	145	155			
铁	1 810	1 810	447	80.2	23.1	134	94.0	69.5	54.7	43.3	32.8	28.3	32.1		
						216	384	490	574	680	975	609	654		
纯铁 Armco (99.75% 纯铁)		7 870	447	72.7	20.7	95.6	80.6	65.7	53.1	42.2	32.3	28.7	31.4		
						215	384	490	574	680	975	609	654		
碳钢 普碳 (Mn≤1%,Si≤0.1%)		7 832	434	60.5	17.7			56.7	48.0	39.2	30.0				
								487	559	685	1 169				
AISI 1010		7 832	434	63.9	18.8			58.7	48.8	39.2	31.3				
								487	559	685	1 168				
碳-硅(Mn≤1%, 0.1%≤Si≤0.6%)		7 817	446	51.9	14.9			49.8	44.0	37.4	29.3				
								501	582	699	971				

表 B.1(续 2)

化合物	熔点/K	300 K 时的特性				不同温度下的特性 $k/(\text{W}\cdot\text{m}\cdot\text{K})\ c_p(\text{J/kg}\cdot\text{K})$									
		$\rho/(\text{kg}\cdot\text{m}^{-3})$	$c_p/(\text{J/kg}\cdot\text{K})$	$k/[\text{W}/(\text{m}\cdot\text{K})]$	$\alpha_t\times10^6/(\text{m}^2/\text{s})$	100 K	200 K	400 K	600 K	800 K	1 000 K	1 200 K	1 500 K	2 000 K	2 500 K
碳-锰-硅 (1%≤Mn≤1.65%, 0.1%≤Si≤0.6%)		8 131	434	41.0	11.6			42.2 / 487	39.7 / 559	35.0 / 685	27.6 / 1 090				
低铬钢															
$\frac{1}{2}$Cr-$\frac{1}{4}$Mo-Si (0.18%C, 0.65%Cr, 0.23%Mo, 0.6%Si)		7 822	444	37.7	10.9			38.2 / 492	36.7 / 575	33.3 / 688	26.9 / 969				
1Cr-$\frac{1}{2}$Mo (0.16%C, 1%Cr, 0.54%Mo, 0.6%Si)		7 858	442	42.3	12.2			42.0 / 492	39.1 / 575	34.5 / 688	27.4 / 969				
1Cr-V (0.2%C, 1.02%Cr, 0.15%V)		7 836	443	48.9	14.1			46.8 / 492	42.1 / 575	36.3 / 688	28.2 / 969				
不锈钢															
AISI 302		8 055	480	15.1	3.91			17.3 / 512	20.0 / 559	22.8 / 585	25.4 / 606				
AISI 304	1 670	7 900	477	14.9	3.95	9.2 / 272	12.6 / 402	16.6 / 515	19.8 / 557	22.6 / 582	25.4 / 611	28.0 / 640	31.7 / 682		
AISI 316		8 238	468	13.4	3.48			15.2 / 504	18.3 / 550	21.3 / 576	24.2 / 602				

表 B.1（续 3）

化合物	熔点/K	300 K 时的特性				不同温度下的特性 k/(W/m·K)，c_p/(J/kg·K)									
		$\rho/(\mathrm{kg\cdot m^{-3}})$	$c_p/(\mathrm{J/kg\cdot K})$	$k/[\mathrm{W/(m\cdot K)}]$	$\alpha_f\times10^{6}/(\mathrm{m^2/s})$	100 K	200 K	400 K	600 K	800 K	1 000 K	1 200 K	1 500 K	2 000 K	2 500 K
AISI 347		7 978	480	14.2	3.71			15.8	18.9	21.9	24.7				
								513	559.	585	606				
铅	601	11 340	129	35.3	24.1	39.7	36.7	34.0	31.4						
						118	125	132	142						
钼	2 894	10 240	251	138	53.7	179	143	134	126	118	112	105	98	90	86
						141	224	261	275	285	295	208	230	280	459
镍　纯镍	1 728	8 900	444	90.7	23.0	164	107	80.2	65.6	67.6	71.8	76.2	82.6		
						232	383	485	592	530	562	594	616		
镍铬合金（80%Ni，20%Cr）	1 672	8 400	420	12	3.4			14	16	21					
								480	525	545					
Inconel x-750（73%Ni，15%Cr，6.7%Fe）	1 665	8 510	439	11.7	3.1	8.7	10.3	13.5	17.0	20.5	24.0	27.6	33.0		
							372	473	510	546	626				
铌	2 741	8 570	265	53.7	23.6		55.2	52.6	55.2	58.2	61.3	64.4	67.5	72.1	79.1
60Pt-40Rh 合金（60%Pt，40%Rh）	1 800	16 630	162	47	17.4			52	59	65	69	73	76		
硅	1 685	2 330	712	148	89.2	884	264	98.9	61.9	42.2	31.2	25.7	22.7		
						259	556	790	867	913	946	967	992		
银	1 235	10 500	235	429	174	444	430	425	412	396	379	361			
						187	225	239	250	262	277	292			

表 B.1(续 4)

化合物	熔点/K	300 K 时的特性				不同温度下的特性 $k/(W/m \cdot K)$ $c_p/(J/kg \cdot K)$									
		$\rho/(kg \cdot m^{-3})$	$c_p/(J/kg \cdot K)$	$k/[W/(m \cdot K)]$	$\alpha_f \times 10^6/(m^2/s)$	100 K	200 K	400 K	600 K	800 K	1 000 K	1 200 K	1 500 K	2 000 K	2 500 K
锡	505	7 310	227	66.6	40.1	85.2	73.3	62.2							
						188	215	243							
钛	1 953	4 500	522	21.9	9.32	30.5	24.5	20.4	19.4	19.7	20.7	22.0	24.5		
						300	465	551	591	633	675	620	686		
钨	3 660	19 300	132	174	68.3	208	186	159	137	125	118	113	107	100	95
						87	122	137	142	145	148	152	157	167	176

参 考 文 献

［1］　Berennan, P. J. , & Kroliczek, E. J. (1979). Heat pipe design. From B & K Engineering Volume I and Ⅱ. NASA contract NAS5−23406.

［2］　Chi, S. W. (1976). Heat pipe theory and practice. New York：McGraw−Hill.

［3］　Peterson, G. P. (1994). An introduction to heat pipes—Modeling, testing and applications. New York：John Wiley & Sons.

附录 C 工作液体性质

本节的大部分内容来自 Chi 的《热管理论与实践》，以及由 Patrick J. Berennan 和 Edward J. Kroliczek 撰写的，1979 年 6 月根据 NASA 合同 NAS5-23406 出版的 B & K 工程卷一和卷二中的《热管设计》。

本附录中以图表的形式介绍了九种与热管性能有关的工作液体的性质，它们分别是：

(1)氖；

(2)氮；

(3)甲烷；

(4)氨；

(5)甲醇；

(6)水；

(7)汞；

(8)钾；

(9)钠。

通常有必要从不同的来源为每种流体收集特性。液态金属的性质由 Deverall，Kemme 和 Frank 及 Smith 和 Taylor 总结。参考以下文献：

1. *Sonic Limitation and Startup Problems of Heat Pipes*

J. E. Deverall, J. E. Kemme and L. W. Florschuetz, Los Alamos National

Laboratory, Report LA-4818, September 1970.

2. *Heat Pipe Design Manual*

S. Frank, J. T. Smith and K. M. Taylor, Martin Marietta Corporation, Report

MND-3288, February 1967.

Properties of mercury have been compiled by Deverall.

3. *Mercury as a Heat Pipes Fluid*

Deverall, Los Alamos National Laboratory, LA-4300, October 1969.

4. *Heat Pipe Design Handbook*

Bienert and Skrabek and Taylor, Dynatherm Corporation, Report to NASA,

Contract No. NAS9-11927, August 1972.

低温流体的性质已由 Chi 在下面的参考文献中编译，并在第 3 章中给出了计算机程序。

5. *Mathematical Modeling of Cryogenic Heat Pipes*

S. W. Chi, NASA CR-116175, September 1970.

在编写本附录中介绍的图表时，使用了上述汇编的属性值。

此外,Reay 和 Kew[3] 提供了以下工作液体的性质:

(1)氦;

(2)氨;

(3)丙酮;

(4)全氟甲基环己烷;

(5)庚烷;

(6)全氟甲基十氢萘;

(7)汞;

(8)钾;

(9)锂;

(10)氮;

(11)水;

(12)高温有机物;

(13)戊烷;

(14)铯;

(15)甲醇;

(16)钠;

(17)乙醇。

性质如下:蒸发潜热;蒸汽动力学黏度;液体密度;蒸汽压力;蒸汽密度;蒸汽比热容;液体热导率;液体表面张力;液体动力学黏度,见图 C.1～图 C.6 和表 C.1～表 C.17。

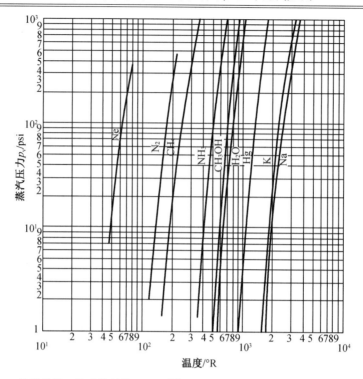

图 C.1　几种热管工作液体的饱和压力[2]（1°R = 0.555 6 K，1 psi = 6.895×10³ N/m³）

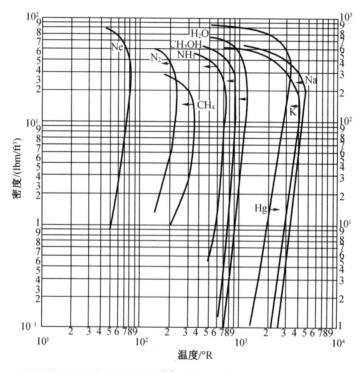

图 C.2　几种热管工作液体的饱和密度[2]（1°R = 0.555 6 K，1 lbm/ft³ = 1.602 kg/m³）

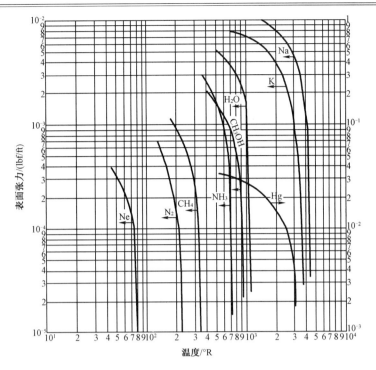

图 C. 3 几种热管工作液体在饱和状态下的表面张力[2]（1°R=0.555 6 K, 1 lbm/ft·h=4.134×10⁻⁴ kg/m·s）

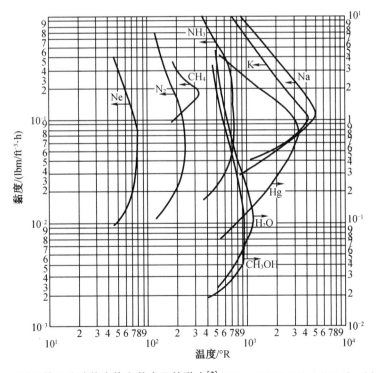

图 C. 4 几种热管工作液体在饱和状态下的黏度[2]（1°R=0.555 6 K, 1 lbm/ft=14.59 N/m）

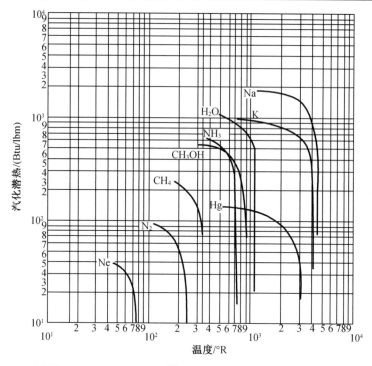

图 C.5 几种热管工作液体的汽化潜热[2]（1°R=0.555 6 K,1 Btu/lbm=2.324×10³ kg）

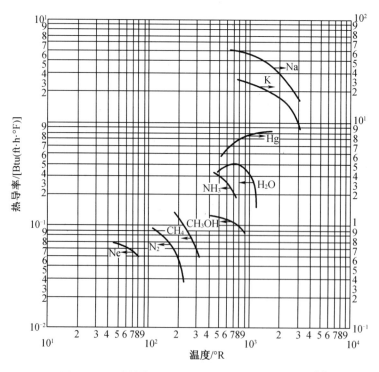

图 C.6 几种热管工作液体在饱和状态下的热导率[2]

[1°R=0.555 6 K,1 Btu/(ft·h·F)=1.730 W/m·K]

表 C.1 氦的性质

温度/℃	潜热/(kJ·kg^{-1})	液态密度/(kg·m^{-3})	气态密度/(kg·m^{-3})	液态热导率/[10^{-2} W·(m·℃)$^{-1}$]	液态黏度 $c_p/10^2$	气态黏度 $c_p/10^3$	气态压力/bar	气态比热容/[kJ·(kg·℃)$^{-1}$]	液态表面张力/(10^3 N·m^{-1})
−271	22.8	148.3	26.0	1.81	3.90	0.20	0.06	2.045	0.26
−270	23.6	140.7	17.0	2.24	3.70	0.30	0.32	2.699	0.19
−269	20.9	128.0	10.0	2.77	2.90	0.60	1.00	4.619	0.09
−268	4.0	113.8	8.5	3.50	1.34	0.90	2.29	6.642	0.01

表 C.2 氮的性质

温度/℃	潜热/(kJ·kg^{-1})	液态密度/(kg·m^{-3})	气态密度/(kg·m^{-3})	液态热导率/[10^{-2} W·(m·℃)$^{-1}$]	液态黏度 $c_p/10$	气态黏度 $c_p/10^2$	气态压力/bar	气态比热容/[kJ·(kg·℃)$^{-1}$]	液态表面张力/(10^3 N·m^{-1})
−203	210.0	830.0	1.84	0.150	2.48	0.48	0.48	1.083	1.054
−200	205.5	818.0	3.81	0.146	1.94	0.51	0.74	1.082	0.985
−195	198.0	798.0	7.10	0.139	1.51	0.56	1.62	1.079	0.870
−190	190.0	778.0	10.39	0.132	1.26	0.60	3.31	1.077	0.766
−185	183.0	758.0	13.68	0.125	1.08	0.65	4.99	1.074	0.662
−180	173.7	732.0	22.05	0.117	0.95	0.71	6.69	1.072	0.561
−175	163.2	702.0	33.80	0.110	0.86	0.77	8.37	1.070	0.464
−170	152.7	672.0	45.55	0.103	0.80	0.83	10.7	1.068	0.367
−160	124.2	603.0	80.90	0.089	0.72	1.00	19.37	1.063	0.185
−150	66.8	474.0	194.00	0.075	0.65	1.50	28.80	1.059	0.110

表 C.3 氨的性质

温度/℃	潜热/(kJ·kg^{-1})	液态密度/(kg·m^{-3})	气态密度/(kg·m^{-3})	液态热导率/[10^{-2} W·(m·℃)$^{-1}$]	液态黏度 c_p	气态黏度 $c_p/10^2$	气态压力/bar	气态比热容/[kJ·(kg·℃)$^{-1}$]	液态表面张力/(10^3 N·m^{-1})
−60	1 343	714.4	0.03	0.294	0.36	0.72	0.27	2.050	4.062
−40	1 384	690.4	0.05	0.303	0.29	0.79	0.76	2.075	3.574
−20	1 338	665.5	1.62	0.304	0.26	0.85	1.93	2.100	3.090
0	1 263	638.6	3.48	0.298	0.25	0.92	4.24	2.125	2.480
20	1 187	610.3	6.69	0.286	0.22	1.01	8.46	2.150	2.133

表 C.3(续)

温度 /℃	潜热 /(kJ· kg^{-1})	液态 密度 /(kg· m^{-3})	气态 密度 /(kg· m^{-3})	液态热 导率 /[10^{-2} W·(m· ℃)$^{-1}$]	液态 黏度 c_p	气态 黏度 c_p/10^2	气态 压力 /bar	气态 比热容 /[kJ·(kg· ℃)$^{-1}$]	液态表 面张力 /(10^3 N·m^{-1})
40	1 101	579.5	12.00	0.272	0.20	1.16	15.34	2.160	1.833
60	1 026	545.2	20.49	0.255	0.17	1.27	29.80	2.180	1.367
80	891	505.7	34.13	0.235	0.15	1.40	40.90	2.210	0.767
100	699	455.1	54.92	0.212	0.11	1.60	63.12	2.260	0.500
120	428	374.4	113.16	0.184	0.07	1.89	90.44	2.292	0.150

表 C.4 戊烷的性质

温度 /℃	潜热 /(kJ· kg^{-1})	液态 密度 /(kg· m^{-3})	气态 密度 /(kg· m^{-3})	液态热 导率 /[10^{-2} W·(m· ℃)$^{-1}$]	液态 黏度 c_p	气态 黏度 c_p/10^2	气态 压力 /bar	气态 比热容 /[kJ·(kg· ℃)$^{-1}$]	液态表 面张力 /(10^3 N·m^{-1})
−20	390.0	663.0	0.01	0.149	0.344	0.51	0.10	0.825	0.01
0	378.3	644.0	0.75	0.143	0.283	0.53	0.24	0.874	1.79
20	366.9	625.5	2.20	0.138	0.242	0.58	0.76	0.922	1.58
40	355.5	607.0	4.35	0.133	0.200	0.63	1.52	0.971	0.37
60	342.3	585.0	6.51	0.128	0.174	0.69	2.28	1.021	0.17
80	329.1	563.0	10.61	0.127	0.147	0.74	3.89	1.050	0.97
100	295.7	537.6	16.54	0.124	0.128	0.81	7.19	1.088	0.83
120	269.7	509.4	25.20	0.122	0.120	0.90	13.81	1.164	0.68

表 C.5 丙酮的性质

温度 /℃	潜热 /(kJ· kg^{-1})	液态 密度 /(kg· m^{-3})	气态 密度 /(kg· m^{-3})	液态热 导率 /[10^{-2} W·(m· ℃)$^{-1}$]	液态 黏度 c_p	气态 黏度 c_p/10^2	气态 压力 /bar	气态 比热容 /[kJ·(kg· ℃)$^{-1}$]	液态表 面张力 /(10^3 N·m^{-1})
−40	660.0	860.0	0.03	0.200	0.800	0.68	0.01	2.00	3.10
−20	615.6	845.0	0.10	0.189	0.500	0.73	0.03	2.06	2.76
0	564.0	812.0	0.26	0.183	0.395	0.78	0.10	2.11	2.62
20	552.0	790.0	0.64	0.181	0.323	0.82	0.27	2.16	2.37
40	536.0	768.0	1.05	0.175	0.269	0.86	0.60	2.22	2.12
60	517.0	744.0	2.37	0.168	0.226	0.90	1.15	2.28	1.86

表 C.5(续)

温度 /℃	潜热 /(kJ·kg^{-1})	液态密度 /(kg·m^{-3})	气态密度 /(kg·m^{-3})	液态热导率 /[10^{-2} W·(m·℃)$^{-1}$]	液态黏度 c_p	气态黏度 c_p/10^2	气态压力 /bar	气态比热容 /[kJ·(kg·℃)$^{-1}$]	液态表面张力 /(10^3 N·m^{-1})
80	495.0	719.0	4.30	0.160	0.192	0.95	2.15	2.34	1.62
100	472.0	689.6	6.94	0.148	0.170	0.98	4.43	2.39	1.34
120	426.1	660.3	11.02	0.135	0.148	0.99	6.70	2.45	1.07
140	394.4	631.8	18.61	0.126	0.132	1.03	10.49	2.50	0.81

表 C.6 甲醇的性质

温度 /℃	潜热 /(kJ·kg^{-1})	液态密度 /(kg·m^{-3})	气态密度 /(kg·m^{-3})	液态热导率 /[10^{-2} W·(m·℃)$^{-1}$]	液态黏度 c_p	气态黏度 c_p/10^2	气态压力 /bar	气态比热容 /[kJ·(kg·℃)$^{-1}$]	液态表面张力 /(10^3 N·m^{-1})
-50	1194	843.5	0.01	0.210	1.700	0.72	0.01	1.20	3.26
-30	1187	833.5	0.01	0.208	1.300	0.78	0.02	1.27	2.95
-10	1182	818.7	0.04	0.206	0.945	0.85	0.04	1.34	2.63
10	1175	800.5	0.12	0.204	0.701	0.91	0.10	1.40	2.36
30	1155	782.0	0.31	0.203	0.521	0.98	0.25	1.47	2.18
50	1125	764.1	0.77	0.202	0.399	1.04	0.55	1.54	2.01
70	1085	746.2	1.47	0.201	0.314	1.11	1.31	1.61	1.85
90	1035	724.4	3.01	0.199	0.259	1.19	2.69	1.79	1.66
110	980	703.6	5.64	0.197	0.211	1.26	4.98	1.92	1.46
130	920	685.2	9.81	0.195	0.166	1.31	7.86	1.92	1.25
150	850	653.2	15.90	0.193	0.138	1.38	8.94	1.92	1.04

表 C.7 全氟甲基环己烷的性质

温度 /℃	潜热 /(kJ·kg^{-1})	液态密度 /(kg·m^{-3})	气态密度 /(kg·m^{-3})	液态热导率 /[10^{-2} W·(m·℃)$^{-1}$]	液态黏度 c_p	气态黏度 c_p/10^2	气态压力 /bar	气态比热容 /[kJ·(kg·℃)$^{-1}$]	液态表面张力 /(10^3 N·m^{-1})
-30	106.2	1 942	0.13	0.637	5.200	0.98	0.01	0.72	1.90
-10	103.1	1 886	0.44	0.626	3.500	1.03	0.02	0.81	1.71
10	99.8	1 829	1.39	0.613	2.140	1.07	0.09	0.92	1.52
30	96.3	1 773	2.96	0.601	1.435	1.12	0.22	1.01	1.32

表 C.7(续)

温度 /℃	潜热 /(kJ· kg⁻¹)	液态 密度 /(kg· m⁻³)	气态 密度 /(kg· m⁻³)	液态热 导率 /[10⁻² W·(m· ℃)⁻¹]	液态 黏度 c_p	气态 黏度 $c_p/10^2$	气态 压力 /bar	气态 比热容 /[kJ·(kg· ℃)⁻¹]	液态表 面张力 /(10³ N·m⁻¹)
50	91.8	1 716	6.43	0.588	1.005	1.17	0.39	1.07	1.13
70	87.0	1 660	11.79	0.575	0.720	1.22	0.62	1.11	0.93
90	82.1	1 599	21.99	0.563	0.543	1.26	1.43	1.17	0.73
110	76.5	1 558	34.92	0.550	0.429	1.31	2.82	1.25	0.52
130	70.3	1 515	57.21	0.537	0.314	1.36	4.83	1.33	0.32
160	59.1	1 440	103.63	0.518	0.167	1.43	8.76	1.45	0.01

表 C.8　乙醇的性质

温度 /℃	潜热 /(kJ· kg⁻¹)	液态 密度 /(kg· m⁻³)	气态 密度 /(kg· m⁻³)	液态热 导率 /[10⁻² W·(m· ℃)⁻¹]	液态 黏度 c_p	气态 黏度 $c_p/10^2$	气态 压力 /bar	气态 比热容 /[kJ·(kg· ℃)⁻¹]	液态表 面张力 /(10³ N·m⁻¹)
−30	939.4	825.0	0.02	0.177	3.40	0.75	0.01	1.25	2.76
−10	928.7	813.0	0.03	0.173	2.20	0.80	0.02	1.31	2.66
10	904.8	798.0	0.05	0.170	1.50	0.85	0.03	1.37	2.57
30	888.6	781.0	0.38	0.168	1.02	0.91	0.10	1.44	2.44
50	872.3	762.2	0.72	0.166	0.72	0.97	0.29	1.51	2.31
70	858.3	743.1	1.32	0.165	0.51	1.02	0.76	1.58	2.17
90	832.1	725.0	2.59	0.163	0.37	1.07	1.43	1.65	2.04
110	786.6	704.1	5.17	0.160	0.28	1.13	2.66	1.72	1.89
130	734.4	678.7	9.25	0.159	0.21	1.18	4.30	1.78	1.75

表 C.9　庚烷的性质

温度 /℃	潜热 /(kJ· kg⁻¹)	液态 密度 /(kg· m⁻³)	气态 密度 /(kg· m⁻³)	液态热 导率 /[10⁻² W·(m· ℃)⁻¹]	液态 黏度 c_p	气态 黏度 $c_p/10^2$	气态 压力 /bar	气态 比热容 /[kJ·(kg· ℃)⁻¹]	液态表 面张力 /(10³ N·m⁻¹)
−20	384.0	715.5	0.01	0.143	0.69	0.57	0.01	0.83	2.42
0	372.6	699.0	0.17	0.141	0.53	0.60	0.02	0.87	2.21
20	362.2	683.0	0.49	0.140	0.43	0.63	0.08	0.92	2.01
40	351.8	667.0	0.97	0.139	0.34	0.66	0.20	0.97	1.81

表 C.9(续)

温度 /℃	潜热 /(kJ· kg⁻¹)	液态 密度 /(kg· m⁻³)	气态 密度 /(kg· m⁻³)	液态热 导率 /[10⁻² W·(m· ℃)⁻¹]	液态 黏度 c_p	气态 黏度 $c_p/10^2$	气态 压力 /bar	气态 比热容 /[kJ·(kg· ℃)⁻¹]	液态表 面张力 /(10³ N·m⁻¹)
60	341.5	649.0	1.45	0.137	0.29	0.70	0.32	1.02	1.62
80	331.2	631.0	2.31	0.135	0.24	0.74	0.62	1.05	1.43
100	319.6	612.0	3.71	0.133	0.21	0.77	1.10	1.09	1.28
120	305.0	592.0	6.08	0.132	0.18	0.82	1.85	1.16	1.10

表 C.10　水的性质

温度 /℃	潜热 /(kJ· kg⁻¹)	液态 密度 /(kg· m⁻³)	气态 密度 /(kg· m⁻³)	液态热 导率 /[10⁻² W·(m· ℃)⁻¹]	液态 黏度 c_p	气态 黏度 $c_p/10^2$	气态 压力 /bar	气态 比热容 /[kJ·(kg· ℃)⁻¹]	液态表 面张力 /(10³ N·m⁻¹)
20	2 448	998.2	0.02	0.603	1.00	0.96	0.02	1.81	7.28
40	2 402	992.3	0.05	0.630	0.65	1.04	0.07	1.89	6.96
60	2 359	983.0	0.13	0.649	0.47	1.12	0.20	1.91	6.62
80	2 309	972.0	0.29	0.668	0.36	1.19	0.47	1.95	6.26
100	2 258	958.0	0.60	0.680	0.28	1.27	1.01	2.01	5.89
120	2 200	945.0	1.12	0.682	0.23	1.34	2.02	2.09	5.50
140	2 139	928.0	1.99	0.683	0.20	1.41	3.90	2.21	5.06
160	2 074	909.0	3.27	0.679	0.17	1.49	6.44	2.38	4.66
180	2 003	888.0	5.16	0.669	0.15	1.57	10.04	2.62	4.29
200	1 967	865.0	7.87	0.659	0.14	1.65	16.19	2.91	3.89

表 C.11　全氟甲基十氢萘的性质

温度 /℃	潜热 /(kJ· kg⁻¹)	液态 密度 /(kg· m⁻³)	气态 密度 /(kg· m⁻³)	液态热 导率 /[10⁻² W·(m· ℃)⁻¹]	液态 黏度 c_p	气态 黏度 $c_p/10^2$	气态 压力 /bar	气态 比热容 /[kJ·(kg· ℃)⁻¹]	液态表 面张力 /(10³ N·m⁻¹)
-30	103.0	2 098	0.01	0.060	5.77	0.82	0.00	0.80	2.36
0	98.4	2 029	0.01	0.059	3.31	0.90	0.00	0.87	2.08
30	94.5	1 960	0.12	0.057	1.48	1.06	0.01	0.94	1.80
60	90.2	1 891	0.61	0.056	0.94	1.18	0.03	1.02	1.52
90	86.1	1 822	1.93	0.054	0.65	1.21	0.12	1.09	1.24

表 C.11（续）

温度 /℃	潜热 /(kJ·kg⁻¹)	液态密度 /(kg·m⁻³)	气态密度 /(kg·m⁻³)	液态热导率 /[10⁻²W·(m·℃)⁻¹]	液态黏度 c_p	气态黏度 $c_p/10^2$	气态压力 /bar	气态比热容 /[kJ·(kg·℃)⁻¹]	液态表面张力 /(10³N·m⁻¹)
120	83.0	1 753	4.52	0.053	0.49	1.23	0.28	1.15	0.95
150	77.4	1 685	11.81	0.052	0.38	1.26	0.61	1.23	0.67
180	70.8	1 604	25.13	0.051	0.30	1.33	1.58	1.30	0.40
225	59.4	1 455	63.27	0.049	0.21	1.44	4.21	1.41	0.01

表 C.12 高温有机物（联苯–联苯的氧化物共晶）的性质

温度 /℃	潜热 /(kJ·kg⁻¹)	液态密度 /(kg·m⁻³)	气态密度 /(kg·m⁻³)	液态热导率 /[10⁻²W·(m·℃)⁻¹]	液态黏度 c_p	气态黏度 $c_p/10^2$	气态压力 /bar	气态比热容 /[kJ·(kg·℃)⁻¹]	液态表面张力 /(10³N·m⁻¹)
100	354.0	992.0	0.03	0.131	0.97	0.67	0.01	1.34	3.50
150	338.0	951.0	0.22	0.125	0.57	0.78	0.05	1.51	3.00
200	321.0	905.0	0.94	0.119	0.39	0.89	0.25	1.67	2.50
250	301.0	858.0	3.60	0.113	0.27	1.00	0.88	1.81	2.00
300	278.0	809.0	8.74	0.106	0.20	1.12	2.43	1.95	1.50
350	251.0	755.0	19.37	0.099	0.15	1.23	5.55	2.03	1.00
400	219.0	691.0	41.89	0.093	0.12	1.34	10.90	2.11	0.50
450	185.0	625.0	81.00	0.086	0.10	1.45	19.00	2.19	0.03

表 C.13 汞的性质

温度 /℃	潜热 /(kJ·kg⁻¹)	液态密度 /(kg·m⁻³)	气态密度 /(kg·m⁻³)	液态热导率 /[10⁻²W·(m·℃)⁻¹]	液态黏度 c_p	气态黏度 $c_p/10^2$	气态压力 /bar	气态比热容 /[kJ·(kg·℃)⁻¹]	液态表面张力 /(10³N·m⁻¹)
150	308.8	13 230	0.01	9.99	1.09	0.39	0.01	1.04	4.45
250	303.8	12 995	0.60	11.23	0.96	0.48	0.18	1.04	4.15
300	301.8	12 880	1.73	11.73	0.93	0.53	0.44	1.04	4.00
350	298.9	12 763	4.45	12.18	0.89	0.61	1.16	1.04	3.82
400	296.3	12 656	8.75	12.58	0.86	0.66	2.42	1.04	3.74
450	293.8	12 508	16.80	12.96	0.83	0.70	4.92	1.04	3.61
500	291.3	12 308	28.60	13.31	0.80	0.75	8.86	1.04	3.41

表 C.13(续)

温度 /℃	潜热 /(kJ·kg⁻¹)	液态密度 /(kg·m⁻³)	气态密度 /(kg·m⁻³)	液态热导率 /[10⁻²W·m·℃)⁻¹]	液态黏度 c_p	气态黏度 $c_p/10^2$	气态压力 /bar	气态比热容 /[kJ·(kg·℃)⁻¹]	液态表面张力 /(10³N·m⁻¹)
550	288.8	12 154	44.92	13.62	0.79	0.81	15.03	1.04	3.25
600	286.3	12 054	65.75	13.87	0.78	0.87	23.77	1.04	3.15
650	283.5	11 962	94.39	14.15	0.78	0.95	34.95	1.04	3.03
750	277.0	11 800	170.00	14.80	0.77	1.10	63.00	1.04	2.75

表 C.14 铯的性质

温度 /℃	潜热 /(kJ·kg⁻¹)	液态密度 /(kg·m⁻³)	气态密度 /(kg·m⁻³)	液态热导率 /[10⁻²W·m·℃)⁻¹]	液态黏度 c_p	气态黏度 $c_p/10^2$	气态压力 /bar	气态比热容 /[kJ·(kg·℃)⁻¹]	液态表面张力 /(10³N·m⁻¹)
375	530.4	1 740	0.01	20.76	0.25	2.20	0.02	1.56	5.81
425	520.4	1 730	0.01	20.51	0.23	2.30	0.04	1.56	5.61
475	515.2	1 720	0.02	20.02	0.22	2.40	0.09	1.56	5.36
525	510.2	1 710	0.03	19.52	0.20	2.50	0.16	1.56	5.11
575	502.8	1 700	0.07	18.83	0.19	2.55	0.36	1.56	4.81
625	495.3	1 690	0.10	18.13	0.18	2.60	0.57	1.56	4.51
675	490.2	1 680	0.18	17.48	0.17	2.67	1.04	1.56	4.21
725	485.2	1 670	0.26	16.83	0.17	2.75	1.52	1.56	3.91
775	477.8	1 655	0.40	16.18	0.16	2.28	2.46	1.56	3.66
825	470.3	1 640	0.55	15.53	0.16	2.90	3.41	1.56	3.41

表 C.15 钾的性质

温度 /℃	潜热 /(kJ·kg⁻¹)	液态密度 /(kg·m⁻³)	气态密度 /(kg·m⁻³)	液态热导率 /[10⁻²W·m·℃)⁻¹]	液态黏度 c_p	气态黏度 $c_p/10^2$	气态压力 /bar	气态比热容 /[kJ·(kg·℃)⁻¹]	液态表面张力 /(10³N·m⁻¹)
350	2 093	763.1	0.002	51.08	0.21	0.15	0.01	5.32	9.50
400	2 078	748.1	0.006	49.08	0.19	0.16	0.01	5.32	9.04
450	2 060	735.4	0.015	47.08	0.18	0.16	0.02	5.32	8.69
500	2 040	725.4	0.031	45.08	0.17	0.17	0.05	5.32	8.44
550	2 020	715.4	0.062	43.31	0.15	0.17	0.10	5.32	8.16

表 C.15（续）

温度/℃	潜热/(kJ·kg⁻¹)	液态密度/(kg·m⁻³)	气态密度/(kg·m⁻³)	液态热导率/[10⁻² W·(m·℃)⁻¹]	液态黏度 c_p	气态黏度 $c_p/10^2$	气态压力/bar	气态比热容/[kJ·(kg·℃)⁻¹]	液态表面张力/(10³ N·m⁻¹)
600	2 000	705.4	0.111	41.81	0.14	0.18	0.19	5.32	7.86
650	1 980	695.4	0.193	40.08	0.13	0.19	0.35	5.32	7.51
700	1 969	685.4	0.314	38.08	0.12	0.19	0.61	5.32	7.12
750	1 938	675.4	0.486	36.31	0.12	0.20	0.99	5.32	6.72
800	1 913	665.4	0.716	34.81	0.11	0.20	1.55	5.32	6.32
850	1 883	653.1	1.054	33.31	0.10	0.21	2.34	5.32	5.92

表 C.16　钠的性质

温度/℃	潜热/(kJ·kg⁻¹)	液态密度/(kg·m⁻³)	气态密度/(kg·m⁻³)	液态热导率/[10⁻² W·(m·℃)⁻¹]	液态黏度 c_p	气态黏度 $c_p/10^2$	气态压力/bar	气态比热容/[kJ·(kg·℃)⁻¹]	液态表面张力/(10³ N·m⁻¹)
500	4 370	828.1	0.003	70.08	0.24	0.18	0.01	9.04	1.51
600	4 243	805.4	0.013	64.62	0.21	0.19	0.04	9.04	1.42
700	4 090	763.5	0.050	60.81	0.19	0.20	0.15	9.04	1.33
800	3 977	757.3	0.134	57.81	0.18	0.22	0.47	9.04	1.23
900	3 913	745.4	0.306	53.35	0.17	0.23	1.25	9.04	1.13
1 000	3 827	725.4	0.667	49.08	0.16	0.24	2.81	9.04	1.04
1 100	3 690	690.8	1.306	45.08	0.16	0.25	5.49	9.04	0.95
1 200	3 577	669.0	2.303	41.08	0.15	0.26	9.59	9.04	0.86
1 300	3 477	654.0	3.622	37.08	0.15	0.27	15.91	9.04	0.77

表 C.17　锂的性质

温度/℃	潜热/(kJ·kg⁻¹)	液态密度/(kg·m⁻³)	气态密度/(kg·m⁻³)	液态热导率/[10⁻² W·(m·℃)⁻¹]	液态黏度 c_p	气态黏度 $c_p/10^2$	气态压力/bar	气态比热容/[kJ·(kg·℃)⁻¹]	液态表面张力/(10³ N·m⁻¹)
1 030	20 500	450	0.005	67	0.24	1.67	0.07	0.532	2.90
1 130	20 100	440	0.013	69	0.24	1.74	0.17	0.532	2.85
1 230	20 000	430	0.028	70	0.23	1.83	0.45	0.532	2.75
1 330	19 700	420	0.057	69	0.23	1.91	0.96	0.532	2.60

表 **C. 17**(续)

温度 /℃	潜热 /(kJ· kg⁻¹)	液态 密度 /(kg· m⁻³)	气态 密度 /(kg· m⁻³)	液态热 导率 /[10⁻² W·(m· ℃)⁻¹]	液态 黏度 c_p	气态 黏度 $c_p/10^2$	气态 压力 /bar	气态 比热容 /[kJ·(kg· ℃)⁻¹]	液态表 面张力 /(10³ N·m⁻¹)
1 430	19 200	410	0. 108	68	0. 23	2. 00	1. 85	0. 532	2. 40
1 530	18 900	405	0. 193	65	0. 23	2. 10	3. 30	0. 532	2. 25
1 630	18 500	400	0. 340	62	0. 23	2. 17	5. 30	0. 532	2. 10
1 730	18 200	398	0. 490	59	0. 23	2. 26	8. 90	0. 532	2. 05

参 考 文 献

[1] Berennan, P. J. , & Kroliczek, E. J. (1979). Heat pipe design. From B & K Engineering Volume I and Ⅱ. NASA contract NAS5−23406.

[2] Chi, S. W. (1976). Heat pipe theory and practice. New York: McGraw-Hill.

[3] Reay, D. , & Kew, P. (2006). Heat pipes theory, design and application(5th Ed.). Oxford: Butterworth-Heinemann.

附录 D　几种热管的设计案例

本附录给出了来自不同资料和参考文献的各种设计实例,以帮助读者更好地理解正常情况下不同工况和功能要求下的热管设计方法。

设计案例 1

该案例是 Kenneth A. Carpenter 在 1994 年 12 月的硕士论文《横向振动对轴向槽道热管性能影响》中的一部分。国防技术信息中心注册编号:ADA289349。

通过实验研究了横向振动对氨-铝轴向槽道热管性能的影响。理论计算预测了由于工作液体从上部毛细槽中被抖出而导致的性能下降。

使用台式激振器施加 30 Hz、35 Hz 和 40 Hz 的横向正弦振动,对应的加速度峰值振幅分别为 1.84g、2.50g 和 3.27g。测量了振动热管的最大热输送量 $Q_{S_{max}}$,将这些值与静态 $Q_{S_{max}}$ 值进行比较,可以看出热管性能的下降。在峰值加速度为 1.84 g 的情况下,平均性能下降 27.6 W,与静态热管性能相比平均下降了 12.9%。在峰值加速度为 2.50g 的情况下,平均性能下降达到了 37.3 W,相比静态热管的性能平均下降了 14.8%。在峰值加速度为 3.27g 的情况下,性能平均下降 28.1%,也就是说热管的平均性能下降了 69.3 W。结果表明,横向正弦振动对氨/轴向槽道热管的性能有不利影响。而且,随着振动峰值加速度的增大,性能下降的幅度也随之增大。

热管几何结构

热管的性能既是吸液芯几何形状的函数,也是工作液体的函数。本实验用的热管是由 Dynatherm 公司提供的,是一种轴向槽道挤压铝热管。热管被充入 8.6 g 无水氨用作工作液体。图 D.1 是用于测试的热管截面,表 D.1 是热管的临界尺寸。用于测试的热管如图 D.2 所示,图中给出了蒸发段、绝热段和冷凝段部分的尺寸。

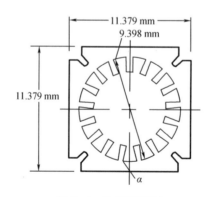

图 D.1　热管截面图

表 D.1　热管截面参数

壁厚(底部)	t_1	0.020 in	0.508 mm
凹槽(顶部)	w	0.025 in	0.635 mm
凹槽(底部)	w_b	0.048 in	1.219 mm
凹槽深度	δ	0.055 in	1.397 mm
凹槽角度	α	13.9°	0.242 6 rad
凹槽数	n	17	17

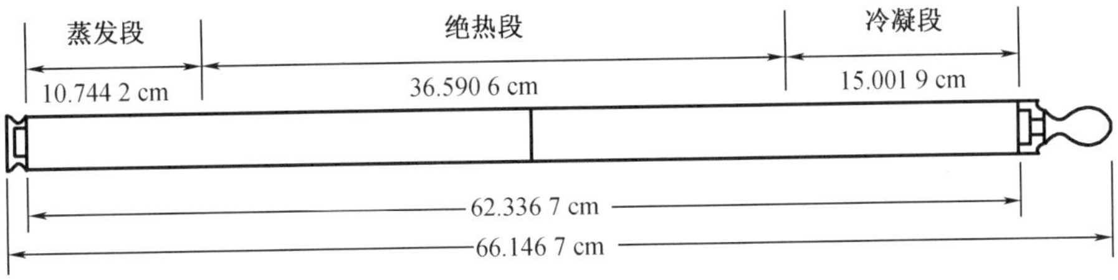

图 D.2　热管侧视图

传热极限

　　所有的热管都受到四个运行传热极限的限制,分别是声速极限、夹带极限、毛细极限和沸腾极限。传热极限是热管的几何形状、工作液体性质和热管运行环境的函数。热管运行环境包括热管倾斜角度、热管截面长度和其他外部影响。

　　下面提供了测试热管传热极限的完整注释和推导。表 D.2 是被测热管的理论工作极限。该表的第一列给出了热管的工作温度,也就是热管绝热部分的温度。其余的列给出了在不同运行温度下的四个传热极限值。由表 D.2 可知,在预期工作温度范围为 40~80 ℃时,因为在整个工作范围内沸腾极限的热传递值是最低的,所以认为沸腾极限限制了产品的最大传热量。然而,正如 Chi 指出的[2],必须通过实验验证热管的沸腾极限。

表 D.2　理论热传递极限

T_{op}	$Q_{s_{max}}$	$Q_{e_{max}}$	$Q_{c_{max}}$	$Q_{b_{max}}$
运行温度/℃	声速极限/W	夹带极限/W	毛细极限/W	沸腾极限/W
40	99 050	529.29	289.09	18.22
50	124 740	543.15	263.78	12.69
60	158 550	554.04	234.78	8.58
70	202 230	558.36	202.64	5.63
80	256 760	551.02	168.05	3.59

　　实验研究表明,理论沸腾极限过于保守。这与 Brennan 和 Kroliczek 的发现一致。他们指出,沸腾极限模型是非常保守的。

　　在他们的工作中发现理论沸腾极限可能比实际沸腾极限低一个数量级。在 40~80 ℃

的工作温度范围内,热传递的真正极限被证明是毛细极限。

热管受四种不同的传热极限限制,具体取决于热管使用的运行范围。从最低运行温度到最高运行温度,这些极限如下:声速极限,夹带极限,毛细极限和沸腾极限。

声速极限分析

当离开蒸发段或绝热段的蒸汽速度达到声速极限时,可以使用式(2.20)[或此处的式(D.1)]。该声速极限方程是由 Levy[3]首先推导出来的,称为 Levy 方程。Chi 也重现了这个方程的推导过程[2]:

$$Q_{S_{max}} = A_v \rho_0 \lambda \left[\frac{\gamma_0 R_v T_0}{2(\gamma_0 + 1)} \right]^{\frac{1}{2}} \tag{D.1}$$

式中　$Q_{S_{max}}$——声速传热极限,W;

　　　A_v——蒸汽芯的横截面积,m^2;

　　　ρ_0——驻点温度(临界温度)下的蒸汽密度,kg/m^3;

　　　λ——汽化潜热,J/kg;

　　　γ_0——比气体常数;

　　　R_v——蒸汽气体常数,$J/(kg \cdot K)$;

　　　T_0——驻点温度(临界温度)。

图 D.3 所示为该热管示例中的声速极限。

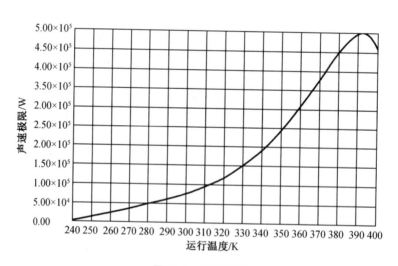

图 D.3　声速极限

夹带极限分析

夹带极限是蒸汽流和液体流相互作用的结果。这些流动方向相反的流体之间的界面是一个相互剪切层。当蒸汽流和液体流之间的相对速度足够大时,液滴将从液体流中撕裂,并被卷入蒸汽流中[1]。当这种情况发生时,蒸发段的吸液芯会迅速干涸[2]。Chi 推导出了计算夹带极限的方程:

$$Q_{e_{max}} = A_v \lambda \left[\frac{\sigma \rho_v}{2 r_{h,s}} \right]^{\frac{1}{2}} \tag{D.2}$$

式中　$Q_{e_{max}}$——夹带传热极限,W;

　　　A_v——蒸汽芯的横截面积,m^2;

　　　λ——汽化潜热,J/kg;

　　　σ——表面张力系数,N/m;

　　　ρ_v——蒸汽密度,kg/m^3;

　　　$r_{h,s}$——在蒸汽/吸液芯界面处的吸液芯水力半径,m。

本实验所用热管的夹带极限如图 D.4 所示。

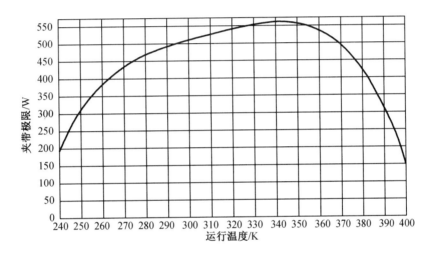

图 D.4　夹带极限

毛细或吸液芯极限分析

当液体蒸发速度超过毛细作用力补充液体的速度时,就会出现毛细极限。这种情况会导致局部吸液芯变干和壁面温度升高[1]。Chi 推导了毛细或吸液芯传热极限的公式:

$$Q_{c_{max}} = \frac{(QL)_{c_{max}}}{\left(\frac{1}{2} L_c + L_a + \frac{1}{2} L_e \right)} \tag{D.3}$$

$$(QL)_{c_{max}} = \frac{\left(\frac{2\sigma}{r_e} - \Delta p_\perp - \rho_1 g L_t \sin \Phi \right)}{(F_1 + F_v)} \tag{D.4}$$

$$F_1 = \frac{\mu_1}{K A_W \rho_1 \lambda} \tag{D.5}$$

$$F_v = \frac{(f_v Re_v) \mu_v}{(2 r_{h_v}^2 A_v \rho_v \lambda)} \tag{D.6}$$

式中　$Q_{c_{max}}$——毛细传热极限,W;

　　　L_c——冷凝段长度,m;

L_a——绝热段长度,m;

L_e——蒸发段长度,m;

L_t——热管总长度,m;

σ——表面张力系数,N/m;

r_c——有效孔径,m;

r_h——蒸汽半径,m;

$\Delta p_\perp$——垂直于管道轴的静水压,N/m²;

ρ_l——液体密度,kg/m³;

ρ_v——蒸汽密度,kg/m³;

λ——汽化潜热,J/kg;

Φ——热管倾斜角度,rad;

g——重力,9.81 m/s²;

F_l——液体摩擦系数;

F_v——气体摩擦系数;

μ_l——液相黏度,kg/(m·s);

μ_v——气相黏度,kg/(m·s);

K——有效吸液芯渗透率,m⁻²;

f_v——蒸汽阻力系数;

Re_v——雷诺数;

A_w——吸液芯横截面积,m²。

对于这个例子,可以对式(D.4)做一些简化。因为被测热管的凹槽之间没有连接,因此静水压 $\Delta p_\perp$ 为0。在整个测试过程中,热管几乎保持在水平状态,因此管道倾斜角度 Φ 等于0。式(D.4)可以简化为

$$(QL)_{c_{max}} = \frac{\left(\dfrac{2\sigma}{r_c}\right)}{(F_l+F_v)} \tag{D.7}$$

式(D.5)中所用的有效吸液芯渗透率是吸液芯几何形状的函数。对于本研究使用的轴向槽道,采用 Brennan 和 Kroliczek[1] 的方法建立了梯形槽吸液芯的有效渗透率方程:

$$K = 0.435 \left\{ \frac{(w\delta+\delta^2\tan\alpha)^{\frac{1}{2}}}{w^{0.2}\left[\dfrac{2\delta}{\cos\alpha(1-\sin\alpha)+w}\right]^2} \right\} \tag{D.8}$$

式中　K——吸液芯的有效渗透率,m⁻²;

w——凹槽内径宽度,m;

δ——凹槽深度,m;

α——凹槽角度,(°)。

本例所使用热管的毛细或吸液芯极限如图 D.5 所示。

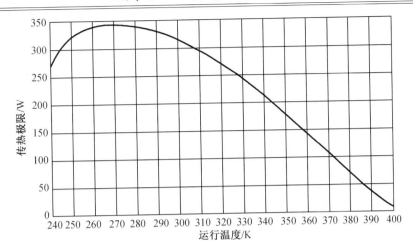

图 D.5　毛细或吸液芯传热极限

沸腾极限分析

　　当热流密度大到足以使吸液芯与壁面交界面处饱和蒸汽压超过同一点液体压力时,就会产生沸腾极限。发生这种情况时,液体流中会形成蒸汽泡。这些气泡会引发热点并限制液体循环,导致吸液芯蒸干[2]。发生这种情况时的传热极限称为沸腾极限。Chi 推导了沸腾传热极限的计算公式:

$$Q_{b_{max}} = \frac{2\pi L_e k_e T_v}{\lambda \rho_v \ln\left(\dfrac{r_i}{r_v}\right)} \left(\frac{2\sigma}{r_n} - p_c\right) \tag{D.9}$$

式中　$Q_{b_{max}}$——沸腾传热极限,W;

　　　　L_e——蒸发段长度,m;

　　　　k_e——液体或饱和吸液芯的有效导热系数,W/(m·K);

　　　　T_v——蒸汽温度,K;

　　　　λ——汽化潜热,J/kg;

　　　　ρ_v——蒸汽密度,kg/m³;

　　　　r_i——管道内半径,m;

　　　　r_v——蒸汽芯半径,m;

　　　　σ——表面张力系数,N/m;

　　　　r_n——沸腾成核半径,m;

　　　　p_c——毛细力,N/m²。

　　式(D.9)中的有效导热系数 k_e 高度依赖于吸液芯的几何形状。Chi 给出了计算轴向槽道热管有效导热系数的公式:

$$k_e = \frac{w k_1 (0.185 w_f k_w + \delta k_1) + (w_f k_1 k_w \delta)}{(w + w_f)(0.185 w_f k_w + \delta k_1)} \tag{D.10}$$

式中　w_f——热管槽厚度,m;

　　　　w——凹槽内径宽度,m;

δ——凹槽深度,m;

k_1——液体热导率,W/(m·K);

k_w——热管壁热导率,W/(m·K)。

式(D.9)中的成核半径 r,也是沸腾表面的函数[2]。r 的取值范围很广。Chi 给出的典型成核半径为 254~2 540 nm,而 Silverstein 报告的值为 1~7 μm(Silverstein[3])。Brennan 和 Kroliczek 给出的典型成核半径为 1~10 μm[1]。Brennan 和 Kroliczek 还指出,沸腾极限模型是非常保守的。即使使用其给出的成核半径的下限,他们发现模型计算的沸腾极限很容易比实际测量的沸腾极限低一个数量级。本实验所用热管采用 Chi 给出的成核半径的下限 254 nm,得出沸腾极限的结果如图 D.6 所示。

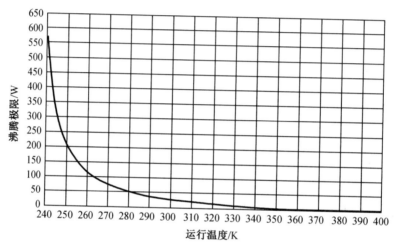

图 D.6　沸腾传热极限

注意:成核半径的推荐值[3]。在制备条件适当的条件下,可以认为成核半径在 1~7 μm 范围内是合理的。初步设计时建议使用的数值为 3 μm。

此示例的评估

本研究的传热是基于预期工作温度 313~353 K(40~80 ℃)的热管。根据图 D.3~D.6 所示的理论曲线,沸腾传热极限预计是所测热管的性能限制条件。这是由于沸腾极限在预期工作温度范围内具有最低的热传输能力。

设计案例 2

该实例是由 Larry W. Swanson[4] 给出的。

设计一根将 80 W 的废热从电子元件处输送到冷却水中的水热管。热管规格如下:

(1)轴向方位为完全的重力辅助运行(冷凝段在蒸发段上方,$\Psi = 180°$);

(2)最大传热速率为 80 W;

(3)标称运行温度为 40 ℃;

(4)热管内径为 3 cm;

(5)热管长度为,蒸发段 25 cm,绝热段 50 cm,冷凝段 25 cm。

最简单的吸液芯结构是表 D.3 所示的单层丝网吸液芯。吸液芯的几何和热物理特性如下：

$$d = 2.0 \times 10^{-5} \text{ m}$$

$$w = 6.0 \times 10^{-5} \text{ m}$$

$$\frac{1}{2N} = r_c = 1/2(2.0 \times 10^{-5} + 6 \times 10^{-5}) = 4.0 \times 10^{-5} \text{ m}$$

$$\varepsilon = 1$$

$$k_{eff} = k_1 = 0.630 \text{ W/(m·K)}$$

$$t_w = 1.0 \times 10^{-3} \text{ m}$$

$$K = \frac{t_w^2}{12} = \frac{(1 \times 10^{-3})^2}{12} = 8.33 \times 10^{-8} \text{ m}^2$$

热管的其他几何特性：

$$r_v = r_i - t_w = 0.015 - 0.001 = 0.014 \text{ m}$$

$$l_{eff} = \frac{0.25 + 0.25}{2} + 0.5 = 0.75 \text{ m}$$

$$L_t = 0.25 + 0.50 + 0.25 = 1.0 \text{ m}$$

$$A_w = \pi(r_i^2 - r_v^2) = \pi[(0.015)^2 - (0.014)^2] = 9.11 \times 10^{-15} \text{ m}^2$$

$$A_v = \pi r_v^2 = \pi(0.014)^2 = 6.16 \times 10^{-4} \text{ m}^2$$

水在 40 ℃ 时的热物理性质（表 D.3）：

$$\rho_1 = 992.1 \text{ kg/m}^3$$

$$\rho_v = 0.05 \text{ kg/m}^3$$

$$\delta_1 = 2.402 \times 10^6 \text{ J/kg}$$

$$\mu_1 = 6.5 \times 10^{-3} \text{ kg/ms}$$

$$\mu_v = 1.04 \times 10^{-4} \text{ kg/ms}$$

$$p_v = 7\,000 \text{ Pa}$$

水在 -40 ~ 40 ℃ 范围内的汽化潜热 $h_{fg} = 2.402 \times 10^6$。

表 D. 3　吸液芯结构的物理性能

吸液芯类型	热导率	孔隙度	最小毛细直径	渗透率
单层金属丝网（热管轴向示意图） 环形 $1/N=d+w$ N 为每单位长度的孔数	$k_{\mathrm{eff}}=k_e$	$\varepsilon=1$	$r_c=1/(2N)$	$K=t_{\mathrm{w}}^2/12$
多种金属丝网，平面或烧结（尺寸如上面所示的单层）	$k_{\mathrm{eff}}=\dfrac{k_e\left[k_e+k_s-(1-\varepsilon)\left(k_e-k_s\right)\right]}{k_e+k_s+(1-\varepsilon)\left(k_e-k_s\right)}$	$\varepsilon=1-(\pi Nd)/4$	$r_c=1/(2N)$	$K=\dfrac{d^2\varepsilon^2}{122(1-\varepsilon)^2}$

表 D.3(续 1)

吸液芯类型		热导率	孔隙度	最小毛细直径	渗透率
松散填充的球形粒子 (d:平均粒径)	普通烧结	$k_{\text{eff}} = \dfrac{k_e[2k_e + k_s - 2(1-\varepsilon)(k_e - k_s)]}{2k_e + k_s + (1-\varepsilon)(k_e - k_s)}$	假设立方排列: $\varepsilon = 0.48$	$r_c = 0.21d$	$k = \dfrac{d^2 \varepsilon^2}{150(1-\varepsilon)^2}$
烧结金属纤维 (d:纤维直径)		$k_{\text{eff}} = \varepsilon^2 k_e (1-\varepsilon)^2 k_s + \dfrac{4\varepsilon(1-\varepsilon)k_e k_s}{k_e + k_s}$	使用制造商的数据	$r_c = \dfrac{d}{2(1-\varepsilon)}$	$k = C_1 \dfrac{y^2-1}{y^2-1}$ $y = 1 + \dfrac{C_2 d^2 \varepsilon^3}{(1-\varepsilon)^2}$ $C_1 = 6.0 \times 10^{-10} \ \text{m}^2$ $C_2 = 3.3 \times 10^7 \ 1/\text{m}^2$

资料来源:改编自 Peterson, G. P. , An Introduction to Heat Pipes: Modeling, Testing, and Applications, John Wiley & Sons, New York, 1994。

注:1. 管道轴线和流体流动方向垂直于纸面。
2. 这些吸液芯的位置遵循使各层遵循管壁内表面的轮廓。

现在可以确定各种传热极限以确保热管满足 80 W 的传热速率。蒸汽压极限(黏性极限)为

$$Q_{vp_{max}} = \frac{\pi r_v^4 h_{fg} \rho_{ve} p_{ve}}{12 \mu_{ve} l_{eff}}$$

$$Q_{vp_{max}} = \frac{\pi (0.014)^4 (2.402 \times 10^6)(0.05)(7\,000)}{12(1.04 \times 10^{-4})^4 (0.75)} = 1.08 \times 10^5 \text{ W}$$

声速极限为

$$Q_{S_{max}} = 0.474 A_v h_{fg} (\rho_v p_v)^{1/2}$$

$$Q_{S_{max}} = 0.474 (6.16 \times 10^{-4})(2.402 \times 10^6) \left[(0.05)(7\,000) \right]^{1/2} = 1.31 \times 10^4 \text{ W}$$

夹带极限为

$$Q_{e_{max}} = A_v h_{fg} \left(\frac{\rho_v \sigma_1}{2 r_{c_{ave}}} \right)^{1/2}$$

$$Q_{e_{max}} = (6.16 \times 10^{-4})(2.402 \times 10^6) \left[\frac{(0.05)(0.07)}{2(4.0 \times 10^{-5})} \right]^{1/2} = 9.979 \times 10^3 \text{ W}$$

注意 $\cos \Psi = 1$,毛细极限为

$$Q_{c_{max}} = \left(\frac{\rho_1 \sigma_1 h_{fg}}{\mu_1} \right) \left(\frac{A_w K}{l_{eff}} \right) \left[\frac{2}{r_{c,e}} - \left(\frac{\rho_1}{\sigma_1} \right) g L_t \cos \Psi \right]$$

$$Q_{c_{max}} = \left[\frac{(992.1)(0.07)(2.402 \times 10^6)}{6.5 \times 10^{-3}} \right] \left[\frac{(9.11 \times 10^{-5})(8.33 \times 10^{-8})}{0.75} \right] \times$$

$$\left[\frac{2}{4.0 \times 10^{-5}} + \frac{992.1}{0.07} 9.8(1.0) \right]$$

沸腾极限为

$$Q_{b_{max}} = \frac{4 \pi l_{eff} T_v \sigma_v}{h_{fg} \ln(r_i / r_v)} \left(\frac{1}{r_n} - \frac{1}{r_{c,e}} \right)$$

$$Q_{b_{max}} = \frac{4 \pi (0.75)(0.63)(313)(0.07)}{(2.402 \times 10^6)(992.1) \ln \left(\frac{0.015}{0.014} \right)} \left(\frac{1}{2.0 \times 10^{-6}} - \frac{1}{4.0 \times 10^{-5}} \right) = 0.376 \text{ W}$$

除沸腾极限外,所有的传热极限都超过规定的 80 W 的传热速率。沸腾极限的低值 0.376 表明液体会在蒸发段中沸腾,并可能导致局部蒸干点的形成。液体沸腾的原因是吸液芯的有效热导率等于液体的热导率,在这种情况下热导率很低。由于液体在汽-液交界面处于饱和状态,低有效导热系数需要大量的壁面过热度,从而导致液体沸腾。这一问题可以通过使用高热导率的丝网或烧结金属粉末吸液芯来解决,从而大大提高有效热导率。然而,应该注意的是,由于多孔吸液芯具有较低的渗透性,毛细极限也相应较低。我们尝试了一种由铜制成的烧结金属粉末吸液芯,其性能如下(表 D.3):

$$d = 1.19 \times 10^{-4} \text{ m}$$

$$r_c = 0.21d = 4.0 \times 10^{-5} \text{ m}$$

$$\varepsilon = 0.48$$

$$K = \frac{(1.91 \times 10^{-4})(0.48)}{150(1-0.48)^2} = 2.07 \times 10^{-10} \ \text{m}^2$$

$$铜: K_1 = 400 \ \text{W/mK}$$

$$水: K_1 = 0.630 \ \text{W/mK}$$

$$k_{\text{eff}} = \frac{400[2(400)+0.63-2(0.48)(400-0.63)]}{2(400)+0.63+0.48(400-0.63)} = 168 \ \text{W/(m·K)}$$

所有其他的几何和热物理性质都是相同的。吸液芯结构变化会对毛细极限和沸腾极限产生影响。烧结金属粉末吸液芯的毛细极限为

$$Q_{c_{\max}} = \left[\frac{(992.1)(0.07)(2.402 \times 10^6)}{6.55 \times 10^{-3}}\right]\left[\frac{9.1 \times 10^{-5}(2.07 \times 10^{-10})}{0.75}\right] \times$$

$$\left[\frac{2}{4.0 \times 10^{-5}} + \frac{992.1}{0.07}(9.8 \times 1.0)\right]$$

$$= 122 \ \text{W}$$

烧结金属粉末吸液芯的沸腾极限为

$$Q_{b_{\max}} = \frac{4\pi(0.75)(168)(313)(0.07)}{(2.402 \times 10^6)(992.1)\ln\left(\frac{0.015}{0.014}\right)}\left(\frac{1}{2.0 \times 10^{-6}} - \frac{1}{4.0 \times 10^{-5}}\right) = 100 \ \text{W}$$

这个设计现在满足了问题陈述中定义的所有规范。可以计算更多的点来揭示在 $-40 \sim 40\ \text{℃}$ 的预期工作温度范围内,沸腾极限的热传递值是最低的,因此,认为沸腾极限限制了最大热传递。根据示例 1 能够绘制出所有限制运行的热负荷,以给出最佳优化设计和与热管规格相应的运行范围。

设计案例 3

该实例是由 G. P. Peterson[5] 给出的。

G. P. Peterson:热管建模、测试及应用简介,1994 年由 John Wiley & Sons 出版。

由一个内径 1.5 cm,长 0.75 m 的管构造成一个简单的水平铜/水热管,用于如图 D.7 所示的封闭电柜的冷却。热管的蒸发段、冷凝段长度各为 0.25 m,吸液芯的结构由两层 100 目铜网组成。当绝热蒸汽的温度为 30 ℃时,热管的最大传热能力预计为 20 W。

1. 如果工作液体是水,并假定能够完全润湿吸液芯结构,那么这种热管是否足够?

2. 由于清洁不良,润湿角增加到 45°,最大输运能力会发生什么变化?

解　首先,有必要对该应用的物理参数和已知信息进行总结。

吸液芯几何结构:

$N = 100 \ \text{in.}^{-1} = 3\ 937 \ \text{m}^{-1}$(吸液芯网格数);

$d_{\text{w}} = 0.004\ 5 \ \text{in.} = 1.143 \times 10^{-4} \ \text{m}$(丝网直径);

空隙 $= d_{\text{w}} = 1.143 \times 10^{-4} \ \text{m}$(假定);

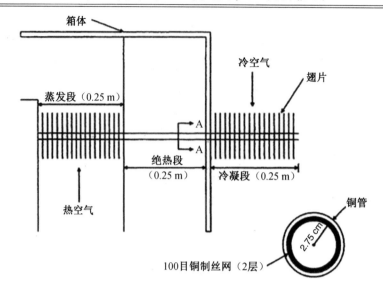

图 D.7 铜/水热管示意图

30 ℃时的流体特性：

$\lambda = 2\,425 \times 10^3$ J/kg(汽化潜热)；

$\rho_1 = 995.3$ kg/m³(工作液体密度)；

$\rho_v = 0.035$ kg/m³(蒸汽密度)；

$\mu_1 = 769 \times 10^{-6}$ N·s/m²(工作液体的绝对黏度)；

$\mu_v = 70.9 \times 10^{-6}$ N·s/m²(蒸汽的绝对黏度)；

$\sigma = 70.9 \times 10^{-3}$ N/m；

接下来，计算蒸汽腔直径：

$$d_v = d - 2(2\,层丝网 + 间隙)$$

$$= 00.015 - 2\left[4(1.143 \times 10^{-4})\right]$$

$$= 0.014\,1\ \text{m}$$

要评估最大热传导能力，必须计算毛细极限。由式(2.8a)表示：

$$(\Delta p_c)_m \geqslant \int_{L_{eff}} \frac{\partial p_v}{\partial x}\mathrm{d}x + \int_{L_{eff}} \frac{\partial p_1}{\partial x}\mathrm{d}x + \Delta p_{e_{phase}} + \Delta p_{c_{phase}} + \Delta p_\perp + \Delta p_{/\!/}$$

式中 $(\Delta p_c)_m$——在干点和湿点之间毛细芯结构产生的最大毛细压差；

$\displaystyle\int_{L_{eff}} \frac{\partial p_v}{\partial x}\mathrm{d}x$——蒸汽压降[式(2.55)]；

$\displaystyle\int_{L_{eff}} \frac{\partial p_1}{\partial x}\mathrm{d}x$——液体压降[式(2.38)]；

$\displaystyle\int_{L_{eff}} \frac{\partial p_1}{\partial x}\mathrm{d}x$——蒸发段中跨相变的压力梯度；

$\Delta p_\perp$——正常净水压降，$\Delta p_\perp = \rho_1 g d_v \cos\Psi$[式(2.8b)]；

$\Delta p_{/\!/}$——轴向净水压降，$\Delta p_{||} = \rho_1 g L \sin\Psi$[式(2.8c)]。

假设一维流动和湿点都在冷凝段的末端，

$$\int_{L_{\text{eff}}} \frac{\mathrm{d}p_v}{\mathrm{d}x}\mathrm{d}x = \Delta p_v = \left(\frac{C(f_v Re_v)\mu_v}{2(r_{h_v})^2 A_v \rho_v \lambda}\right)L_{\text{eff}}q \ [\text{式}(2.55)\ \text{和式}(2.56)]$$

$$\int_{L_{\text{eff}}} \frac{\mathrm{d}p_1}{\mathrm{d}x}\mathrm{d}x = \Delta p_1 = \left(\frac{\mu_1}{KA_w \rho_1 \lambda}\right)L_{\text{eff}}q \ [\text{式}(2.38)\ \text{和式}(2.41)]$$

$$\Delta p_\perp = \rho_1 g d_v \cos\Psi = \rho_1 g d_v$$

$$\Delta p_{/\!/} = 0$$

对于水平热管，$\Psi = 0$，那么 $\sin\Psi = 0$。

Ψ 是热管相对于水平参照系的倾斜角。

利用式(2.7a)和式(2.7b)，可以得到

$$(\Delta p_c)_m = \frac{2\sigma\cos\theta}{r_c}, r_c = \frac{1}{2N}$$

则式(2.8a)和式(2.8b)可以采用如下形式：

$$\frac{2\sigma\cos\theta}{r_c} = \left[\frac{C(f_v Re_v)\mu_v}{2(r_{h_v})^2 A_v \rho_v \lambda}\right]L_{\text{eff}}q + \left(\frac{\mu_1}{KA_w \rho_1 \lambda}\right)L_{\text{eff}}q + \rho_1 g d_v$$

接下来，有必要从表2.1中找到毛细半径 r_c。

$$r_c = \frac{1}{2N} = \frac{1}{2(3937)} = 1.27\times10^{-4}\ \text{m}$$

然后，汽相空间面积 A_v 由以下关系式给出：

$$A_v = \frac{1}{4}\pi(d_v)^2 = \frac{1}{4}\pi(0.014\ 1\ \text{m})^2 = 1.56\times10^{-4}\ \text{m}^2$$

液体流动面积 A_1 由以下关系式给出：

$$A_1 = \frac{1}{4}\pi(d^2 - d_v)^2 = \frac{1}{4}\pi[(0.015\ \text{m})^2 - (0.014\ 1\ \text{m})^2] = 1.057\times10^{-5}\ \text{m}^2$$

由表2.2可以计算出吸液芯的渗透率 K：

$$K = \frac{d_1^2 \varepsilon^3}{122(1-\varepsilon)^2}, \varepsilon = 1 - \frac{1.05\pi N d_1}{4}$$

$$\varepsilon = 1 - \frac{1.05\pi N d_1}{4} = 1 - \frac{1.05\pi(3937)(1.143\times10^{-4})}{4} = 0.629$$

计算渗透率 K，有

$$K = \frac{d_1^2 \varepsilon^3}{122(1-\varepsilon)^2} = \frac{(1.143\times10^{-4})^2(0.629)^3}{122(1-0.629)^2} = 1.94\times10^{-10}\ \text{m}^2$$

因为在这一点上，还不知道蒸汽流是层流还是湍流，是可压缩还是不可压缩；作为一种近似，先假定为层流、不可压缩的流动情况，在式(2.56)中，$f_v Re_v = 16$ 并且 $C = 1.0$，将上述值代入上述式(2.8a)和式(2.8b)来修正，可以得到

$$\frac{2(70.9\times10^{-3})\cos\theta}{1.27\times10^{-4}} = \frac{1.0(16)(9.29\times10^{-6})(0.50)q}{2(0.00705)^2(1.56\times10^{-4})(0.035)(2425\times10^3)}+$$

$$\frac{(796\times10^{-6})(0.50)q}{(1.94\times10^{-10})(2.057\times10^{-5})(2425\times10^3)(995.3)}+$$

$$995.3(9.81)(0.0141)$$

或者

$$1116.5 = 0.0565q+25.1q+137.7$$

求解 q, 有

$$q = \frac{1116.5-137.7}{0.0565+39.9}$$

热管在达到毛细极限之前所能输送的最大轴向传热量由下式给出:

$$q_m = 24.5\ \text{W}$$

接下来, 通过计算雷诺数来验证流动是层流不可压缩流的假设是否正确。

$$Re = \frac{4\dot{m}}{\pi d_v\mu} = \frac{4q}{\pi d_v\mu\lambda} = \frac{4(24.5)}{\pi(0.0141)(2.29\times10^{-6})(2\ 425\times10^3)}\Rightarrow Re=97.9$$

这个雷诺数验证了层流假设。对于均匀的质量输入(蒸发)和均匀的质量输出(冷凝), L_{eff} 由下式给出

$$L_{\text{eff}} = 0.5L_e+L_a+0.5L_c$$

最后, 必须计算马赫数以验证不可压缩流动的假设:

$$M = \frac{v_m}{c} = \frac{\dot{m}/A_v}{\sqrt{\gamma RT_v}} = \frac{4q/(\lambda\pi d_v^2)}{\sqrt{\gamma RT_v}}$$

$$= \frac{4(38.91)/[(2\ 425\times10^3)\pi(0.014\ 1)^2]}{[(1.22)(461.89(30+273))]^{1/2}}$$

$$= \frac{0.1\ 028}{431.4} = 2.38\times10^{-4} = 0.3 \Rightarrow 不可压缩流体$$

由于最初的假设是有效的, 最大的热传导能力大约等于 24.5 W。

如果 θ 达到 45°, 由于清洁不良, 那么最大毛细力变成

$$(\Delta p_c)_m = \frac{2\sigma\cos\theta}{r_c} = \frac{2(70.9\times10^{-3})\cos45°}{1.27\times10^{-4}} = 789.5\ \text{Pa}$$

并且, $q_m = 15.98$ W 或者是在 $\theta=0°$ 是 q_m 值的 66%。

前面的例子说明了寻找和估计由毛细极限决定的最大输运能力的过程, 该过程假设热管是水平放置的, 可能并不适合某些应用。

设计案例 4

该案例是由 G. P. Peterson[5] 给出的。

G. P. Peterson:热管建模、测试及应用简介, 1994 年由 John Wiley & Sons 出版。

对于设计案例 3 的热管, 确定倾斜角度(蒸发段高于冷凝段)对热管性能的影响。以及确定热管能够正常运行的最大倾斜角度是多少?

解 如果 Δp_{11} 不等于 0,那么毛细极限可以由图 D.8 和表 D.4 表示。

$$(\Delta p_c)_m \geqslant \int_{L_{eff}} \frac{\partial p_v}{\partial x} dx + \int_{L_{eff}} \frac{\partial p_l}{\partial x} dx + \Delta p_{\perp} + \Delta p_{//}$$

在 30 ℃时,这些项分别等于

$$1116.5 = 0.0565q + 39.9q + 137.7 + \rho_l g L \sin \Psi$$

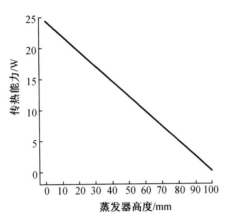

图 D.8 案例 4 中蒸发段高度与传热能力之间的关系

表 D.4 案例 4 中不同倾角热管数据

$\Psi/(°)$	$h = L \sin \Psi/\text{cm}$	q_m/W
0	0	24.5
1	1.31	21.28
2	2.62	18.18
3	3.92	14.89
4	5.23	11.70
5	6.54	8.52
6	7.83	5.33
7	9.14	2.16
8	10.43	—

或者

$$978.8 = 39.96q + 995.3(9.81)(0.75)\sin \Psi$$

$$\Rightarrow q_m = \frac{978.8 - 7\,323\sin \Psi}{39.96}$$

当 $q_m = 0$ 或者 $\Psi = 7.68°$($h = 10.02$ cm)时,将会出现热管运行的最大角度。然而,传递所需热负荷 20 W 时,倾斜角度应小于约 1.4°。

注意:因为 $\cos \theta \cong 1.0$(例如 $\cos 7° = 0.993$),所以倾角 Ψ 较小时,$\Delta p_{\perp}$ 不会改变

除了确定倾斜角度对传热能力的影响外,平均运行温度的变化也可能对传热能力有显

著的影响。虽然在实践中很难估计该值是多少,但可以在合理的温度范围内估算毛细极限,从而使设计人员能够确定设计是否合适。

设计案例 5

该实例是由 G. P. Peterson[5]给出的。

G. P. Peterson:热管建模、测试简介及应用,1994 年由 John Wiley & Sons 出版。

对于设计案例 3 所描述的热管,确定在 10~120 ℃的温度范围内改变绝热蒸汽温度对毛细极限的影响。

解 绝热蒸汽温度的变化将引起工作液体性质的相应变化,反过来又会影响传热性能和毛细极限。基本方程是

$$\frac{2\sigma\cos\theta}{r_c} = \left(\frac{C(f_v Re_v)\mu_v}{2(r_{h_v})^2 A_v \rho_v \lambda}\right) L_{eff} q + \left(\frac{\mu_1}{KA_w \rho_1 \lambda}\right) L_{eff} q + \rho_1 g d_v$$

就流体性质而言,减少到

$$\frac{2\sigma}{1.27\times10^{-4}} = \frac{1(16)\mu_v(0.5)q}{2(0.0075)^2(1.56\times10^{-4})} + \frac{\mu_1(0.50)}{(1.94\times10^{-10})(2.057\times10^{-5})\rho_1\lambda} + \rho_1(9.81)(0.0141)$$

或者

$$1.575\times10^4 \sigma = \left(4.546\times10^8 \frac{\mu_v}{\rho_v\lambda} + 1.25\times10^{14} \frac{\mu_1}{\rho_1\lambda}\right) q + \rho_1(0.138)$$

简化后的 q:

$$q = \frac{(1.575\times10^4)\sigma - (0.138)\rho_1}{(4.56\times10^8)(\mu_v/\rho_v\lambda) + (1.25\times10^{14})(\mu_1/\rho_1\lambda)}$$

结果作为温度的函数可以计算和列表见表 D.5。

表 D.5 温度与物性的关系

$T/℃$	λ /(kJ /kg)	σ /(N/m)	ρ_v /(kg /m³)	ρ_1 /(kg /m³)	$\mu_v/$(Ns /10^{-7} m²)	$\mu_1/$(Ns /10^{-4} m²)	Δp_e /Pa	$\Delta p_1/q$ /(Pa /W)	$\Delta p_v/q$ /(Pa /W)	Δp_+ /Pa	q /W
10	2 478.0	0.075	0.006	1 000.0	82.9	14.2	1 181.3	71.6	0.191	138.0	14.5
20	2 453.8	0.073	0.017 3	999.0	88.5	10.0	1 149.8	51.0	0.095	137.86	19.8
40	2 460.5	0.069	0.051	993.1	96.6	6.51	1 086.8	34.1	0.036	137.05	27.8
60	2 358.4	0.066	0.130	983.3	105.0	4.63	1 039.5	25.0	0.016	135.7	36.0
80	2 308.9	0.063	0.293	971.8	113.0	3.51	992.3	19.55	0.008	134.1	43.9
100	2 251.2	0.059	0.597	958.8	121.0	2.79	929.3	16.2	0.004	132.3	49.2
120	2 202.2	0.055	1.121	943.4	128.0	2.3	866.3	13.8	0.002	130.2	53.3

或用图形表示(图 D.9)。

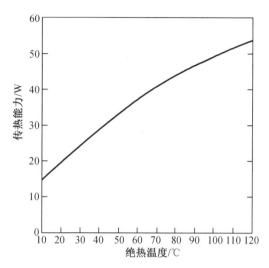

图 D.9　传热能力与绝热温度的关系图

前面的案例说明了重力环境和工作温度对热管毛细极限的影响,但正如之前所提到的,这只是热管设计和运行过程中遇到的几种极限之一。下面的案例说明了寻找第 2 章中列出的其他极限的建模过程。

设计案例 6

该实例是由 G. P. Peterson[5]给出的。

G. P. Peterson:热管建模、测试简介及应用,1994 年由 John Wiley & Sons 出版。

除了毛细极限外,在许多应用中还需要确定毛细极限、声速极限、沸腾极限和夹带极限,这些极限与平均工作温度和设计案例 3 中描述的热管倾斜角度有关。假设一根圆形铜/水热管,总长度为 25.4 mm;翅片式冷凝段长 9.39 mm;蒸发段的部分由直径 3.2 mm、壁厚 0.9 mm 的铜管构成,长 11.81 mm;吸液芯结构由直径为 0.035 5 mm 的磷青铜丝网(编号 325)构成;冷凝段部分由大约 0.2 mm 宽,6 mm 厚,间距为 1 mm 的 10 个翅片组成。这些限制如下所示。

解　工作液体的热物理性质总结如表 D.6 所示。

表 D.6　工作液体热物理性质

运行温度/K	ρ_l	ρ_v	μ_l	μ_v	k_{eff}	σ	λ
298.15	996.92	0.024	9.47×10^{-4}	1.03×10^{-5}	0.605	7.29×10^{-2}	2.347
323.15	996.92	0.083	5.5×10^{-4}	1.116×10^{-5}	0.640	6.93×10^{-2}	2.324
348.15	974.50	0.247	3.93×10^{-4}	1.119×10^{-5}	0.657	6.20×10^{-2}	2.254
373.15	960.72	0.580	2.82×10^{-5}	1.28×10^{-5}	0.680	5.84×10^{-4}	2.1

注:ρ_l 表示液体密度,kg/m³;ρ_v 表示气体密度,kg/m³;μ_l 表示液体黏度,kg/(m·s);μ_v 表示气体黏度,kg/(m·s);σ 表示表面张力,N/m;k_{eff} 表示热导率,W/(m·K)。

对于金属丝网,毛细半径见表 2.1:

$$r_{\mathrm{c}} = \frac{1}{2N} = \frac{2}{2(12795.25)} = 3.91 \times 10^{-5}\ \mathrm{m}$$

最大毛细力可由式(2.10)给出:

$$p_{\mathrm{capillary_{max}}} = \frac{2\sigma}{r_{\mathrm{c}}}\ (\mathrm{N/m^2})$$

正常的静水压降由式(2.8a)可得:

$$\Delta p_{\perp} = \rho_1 g d_{\mathrm{v}} \cos\ \Psi\ (\mathrm{N/m^2})$$

轴向静压由式(2.28b)可得:

$$\Delta p_{/\!/} = \rho_1 g L \sin\ \Psi\ (\mathrm{N/m^2})$$

最大有效泵送压力可表示为:

$$p_{\mathrm{p,m}} = p_{\mathrm{c,m}} - \Delta p_{\perp} - \Delta p_{/\!/}$$

使用这些表达式,每个压力项的贡献可以总结为如附表 D.7 所示。

表 D.7　各压力项贡献

运行温度/K	$\sigma/(\mathrm{N/m})$	$p_{\mathrm{c,m}}/(\mathrm{N/m^2})$	$\Delta p_{\perp}/(\mathrm{N/m^2})$	$\Delta p_{/\!/}/(\mathrm{N/m^2})$	$p_{\mathrm{p,m}}/(\mathrm{N/m^2})$
298.15	7.29×10^{-2}	3 728.90	12.21	0	3 716.70
232.15	6.93×10^{-2}	3 544.76	12.10	0	3 532.66
348.15	6.20×10^{-2}	3 171.35	11.94	0	3 159.41
373.15	5.84×10^{-2}	2 987.21	11.77	0	2 975.44

其他必须计算的中间值如下。

吸液芯横截面积:

$$A_{\mathrm{w}} = \frac{1}{4}\pi(d_i^2 - d_{\mathrm{v}}^2) = 2.9 \times 10^{-7}\ \mathrm{m^2}$$

吸液芯孔隙度:

$$\varepsilon = 1 - \frac{1}{4}\pi S N d = 0.625 \quad [\text{表 2.2,式(2.53)},\text{吸液芯影响因素}\ S = 1.05]$$

吸液芯渗透率:

$$K = d^2[t^3/122(1-t)^2] = 2 \times 10^{-11}\ \mathrm{m^2} \quad [\text{表 2.2,式(2.52)}]$$

液体摩擦系数:

$$F_1 = \frac{\mu_1}{KA_{\mathrm{w}}\lambda\rho_1} \quad [\text{式(2.47)}]$$

蒸汽芯横截面积,$A_{\mathrm{v}} = \frac{1}{4}\pi d_{\mathrm{v}}^2 = 1.277 \times 10^{-6}\ \mathrm{m^2}$

蒸汽芯水力直径,$r_{\mathrm{h_v}} = \frac{1}{2}d_{\mathrm{v}} = 0.000\,625\ \mathrm{m}$

阻力系数,$(f_{\mathrm{v}} Re_{\mathrm{v}}) = 16$(圆形蒸汽流道)

蒸汽摩擦系数，$F_v = \dfrac{(f_v Re_v) \mu_v}{2r_{h_v}^2 A_v \rho_v \lambda}$　［式(2.60)］

假设相变压强接近于 0，那么有

$$\Delta p_{Ph} \sim 0$$

控制方程变为如下形式

$$p_c = F_l L_{eff} q + F_v L_{eff} q + \Delta p_{\perp} + \Delta p_{||} + \Delta p_{Ph}$$

摩擦系数可归纳如表 D.8 所示。

表 D.8　摩擦系数

运行温度/K	F_e	F_v	$(q_{c,m}L)/(\text{W} \cdot \text{m})$	$q_{c,m}/\text{W}$
298.15	69 782.83	3 052.10	0.051 0	3.45
323.15	41 287.91	965.68	0.083 6	5.65
348.15	30 848.13	335.50	0.101 3	6.85
373.15	23 182.43	168.66	0.127 5	8.61

计算有效长度为

$$L_{eff} = 0.5L_c + L_a + 0.5L_e = 0.014\ 8\ \text{m}$$

传热能力可以认为是长度的函数或总功率：

$$(q_{c,m}L) = \frac{P_{p,m}}{F_l + F_v}(\text{W} \cdot \text{m})\ \text{或}\ (q_{c,m}L) = \frac{q_{c,m}L}{L_{eff}}$$

使用类似的方法，倾斜角为 15°的条件下，单独的压力项和传热能力可以根据附表 D.9 确定。

表 D.9　倾斜角为 15°的条件下，单独的压力项和传热能力

运行温度/K	$\Delta p_{c,m}/(\text{N/m}^2)$	$\Delta p_{\perp}/(\text{N/m}^2)$	$\Delta p_{///}/(\text{N/m}^2)$	$\Delta p_{p,m}/(\text{N/m}^2)$
298.15	3 728.90	11.79	63.26	3 653.85
323.15	3 544.76	11.69	62.71	3 470.36
348.15	3 171.35	11.53	31.84	3 097.98
373.15	2 987.21	11.38	60.96	2 914.87

运行温度/K	$(q_{c,m}L)/(\text{W} \cdot \text{m})$		$q_{c,m}/\text{W}$	
298.15	0.050 2		3.39	
323.15	0.082 1		5.55	
348.15	0.099 3		6.71	
373.15	0.124 9		8.44	

倾斜角为 45°的条件下，单独的压力项和传热能力可以根据表 D.10 确定。

表 D. 10　倾斜角为 45°的条件下,单独的压力项和传热能力

表 D. 10　倾斜角为 45°的条件下,单独的压力项和传热能力

运行温度/K	$\Delta p_{c,m}/(\text{N/m}^2)$	$\Delta p_{\perp}/(\text{N/m}^2)$	$\Delta p_{/\!/}/(\text{N/m}^2)$	$\Delta p_{p,m}/(\text{N/m}^2)$
298. 15	3 728. 90	8. 64	172. 64	3 547. 62
323. 15	3 544. 76	8. 56	171. 14	3 365. 06
348. 15	3 171. 35	8. 44	168. 75	2 994. 16
373. 15	2 987. 21	8. 32	166. 37	2 812. 52
运行温度/K	$(q_{c,m}L)/(\text{W}\cdot\text{m})$		$q_{c,m}/\text{W}$	
298. 15	0. 048 7		3. 29	
323. 15	0. 079 6		5. 38	
348. 15	0. 096 0		6. 48	
373. 15	0. 120 5		8. 14	

声速极限

声速极限见式(2.24):

$$Q_{S_{max}} = A_v \rho_0 \lambda \left[\frac{\gamma_0 R_v T_0}{2(\gamma_0 + 1)} \right]^{1/2} (\text{W})$$

蒸汽分子量 $M = 18$

蒸汽比热容 $\gamma_0 = 1.33$

通用气体常数 $\widetilde{R} = 8.314 \times 10^3 \text{ J/(kg}\cdot\text{mol}\cdot\text{K})$

蒸汽常数 $R_v = \dfrac{8.314 \times 10^3}{18} = 462 \text{ J/(kg}\cdot\text{K})$

经计算,可得到不同温度下声速极限如表 D. 11 所示。

表 D. 11　不同温度下声速极限

运行温度/K	$Q_{S_{max}}/\text{W}$
298. 15	13. 70
323. 15	48. 85
348. 15	146. 36
373. 15	344. 76

沸腾极限

沸腾极限见式(2.109):

$$Q_{b_{max}} = \frac{2\pi L_e k_{eff} T_v}{\lambda \rho_v \ln(r_i/r_v)} \left(\frac{2\sigma}{r_n} - p_{c,m} \right)$$

其中,$p_{c,m}$ 为吸液芯结构中的毛细力,如果 $p_c < p_{c,m}$,最大毛细力在较早的时候出现,成核半径

r_n 的范围是 2.54×10^{-7}~2.54×10^{-5}。饱和吸液芯的有效热导率为

$$k_{\text{eff}} = \frac{k_1 \left[k_1 + k_w - (1 - \varepsilon)(k_1 - k_w) \right]}{k_1 + k_w (1 - \varepsilon)(k_1 - k_w)}$$

其中，$L_e = 0.011\,8$ m，$r_n = 2.54 \times 10^{-7}$ m 或 $k_w = 402$ W/(m · K)。

经计算，可得到不同温度下沸腾极限如表 D.12 所示。

表 D.12　不同温度下沸腾极限

运行温度/K	k_{eff}/(W/m · K)	$Q_{b_{\max}}$/W
298.15	1.327	2 797.53
323.15	1.404	890.54
348.15	1.441	305.24
373.15	1.491	140.35

夹带极限

夹带极限见式(2.36)：

$$Q_{e_{\max}} = A_v \lambda \left[\frac{\sigma \rho_v}{2 r_{h,w}} \right]^{1/2}$$

其中，吸液芯表面孔隙水力直径为 $r_{h,w} = \dfrac{1}{2N} - \dfrac{d}{2} = 2.13 \times 10^{-5}$ m

经计算，可得到不同温度下夹带极限如表 D.13 所示。

表 D.13　不同温度下夹带极限

运行温度/K	$Q_{e_{\max}}$/W
298.15	18.45
323.15	33.13
348.15	52.44
373.15	75.56

黏性极限

最终的黏性极限可以用式(2.110)估算：

$$Q_{\text{vapor}_{\max}} = \frac{\pi r_v^4 h_{fg} \rho_{v_e} p_{v_e}}{12 \mu_{v_e} l_{\text{eff}}}$$

其中，$(f_v Re_v) = 16$。

经计算，可得到不同温度下黏性极限如表 D.14 所示。

表 D.14 不同温度下黏性极限

运行温度/K	$p_v/(N/m^2)$	$Q_{vapor_{max}}/W$
298.15	3 293	42.93
323.15	12 349	219.25
348.15	37 290	760.72
373.15	101 350	2 095.25

这五个极限可以用图形表示为平均绝热温度或运行温度的函数,如图 D.10 所示。

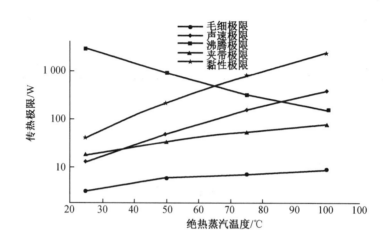

图 D.10 传热极限与绝热蒸汽温度的关系

如图 D.10 所示,在整个运行温度范围内,这种结构主要受毛细极限影响。

注意:值得注意的是,为了确定上述 Peterson[5] 示例 6 中的实际热传输能力,必须先知道平均运行温度或绝热蒸汽温度,而通常情况下并非如此。

在 Peterson 的书[5]中,还有更多的案例,推荐读者参考。

参 考 文 献

[1] Berennan, P. J., & Kroliczek, E. J. (1979). Heat pipe design. From B & K Engineering Volume I and II. NASA contract NAS5-23406.

[2] Chi, S. W. (1976). Heat pipe theory and practice. New York: McGraw-Hill.

[3] Silverstein, C. C. (1992). Design and technology of heat pipes for cooling and heat exchange. Washington, DC: Taylor and Francis.

[4] Swanson, L. W. Heat Transfer Research Institute College Station, Texas. The CRC Handbook of Mechanical Engineering(2nd Ed., Handbook Series for Mechanical Engineering).

[5] Peterson, G. P. (1994). An introduction to heat pipes—Modeling, testing and applications. New York: John Wiley & Sons.